电子与嵌入式系统
设计译丛

DSP for Embedded and Real-Time Systems

DSP嵌入式实时系统
权威指南

［美］ 罗伯特·奥沙纳（Robert Oshana） 编著

王建群 李玲 刘元 黄晨曦 等译

姚琪 审校

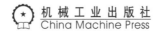

机 械 工 业 出 版 社
China Machine Press

图书在版编目（CIP）数据

DSP 嵌入式实时系统权威指南 /（美）罗伯特·奥沙纳（Robert Oshana）编著；王建群等译 .
—北京：机械工业出版社，2017.8
（电子与嵌入式系统设计译丛）
书名原文：DSP for Embedded and Real-Time Systems

ISBN 978-7-111-57641-9

I. D… II. ①罗… ②王… III. 数字信号处理 IV. TN911.72

中国版本图书馆 CIP 数据核字（2017）第 198881 号

本书版权登记号：图字 01-2013-0736

DSP 嵌入式实时系统权威指南

出版发行：机械工业出版社（北京市西城区百万庄大街 22 号 邮政编码：100037）

责任编辑：谢晓芳　　　　　　　　　　　责任校对：李秋荣

印　　刷：北京诚信伟业印刷有限公司　　版　　次：2017 年 10 月第 1 版第 1 次印刷

开　　本：186mm×240mm 1/16　　　　印　　张：28.5

书　　号：ISBN 978-7-111-57641-9　　　定　　价：129.00 元

凡购本书，如有缺页、倒页、脱页，由本社发行部调换

客服热线：（010）88379426 88361066　　投稿热线：（010）88379604

购书热线：（010）68326294 88379649 68995259　　读者信箱：hzit@hzbook.com

译 者 序

2004 年左右，我作为国内较早接触并使用 Freescale 多核 DSP MSC8102 进行产品开发的工程师，跑遍了北京海淀图书城中工具书的摊位，都没有找到一本介绍 Starcore 或多核产品的中文工具书。项目的开发选择了最新款芯片，但熟悉该芯片的工程师几乎没有，这注定我就是吃螃蟹的人。无奈之余，我只好乖乖地回去啃厚厚的英文产品手册。

短短几年时间，Freescale 的多核 DSP 产品凭借其优异性能得到了通信设备厂商的认可，Freescale 多核 DSP 产品的身影不断地出现在他们的各类通信产品中。闲暇时和同事们聊起有关 Starcore 多核产品的成功市场推广，我们都有共同的感慨，那就是如果市面上能够有关于 Starcore 多核产品的入门级工具书，将对 Freescale 多核 DSP 产品的普及大有益处。这既能让更多的高校学生有机会了解并接触它，也能为开发者提供参考。

作为 Freescale 的应用工程师，我和同事们曾有过出版一本关于 Starcore 多核 DSP 应用开发书籍的想法，由于诸多原因，始终未能实现这个愿望。偶然机会，通过我们大学计划的同事马莉得到机械工业出版社编辑的邀请，翻译本书，让我得偿夙愿。原书作者 Robert Oshana 在嵌入式软件行业拥有超过 30 年的工作经验，他主要侧重于国防工业和半导体行业的嵌入式实时系统设计。他拥有电子工程学士学位、电子工程硕士学位、计算机科学硕士学位和 MBA 学位，同时他还是 IEEE 资深会员。阅读之后，我认为这是一本非常好的多核 DSP 开发的工具书。作者侧重于解决方案，它是你不可缺少的类似百科全书的参考书目，它可以帮助你解决嵌入式 DSP 系统应用开发过程中遇到的问题。于是我欣然接受了出版社的邀请，有幸成为翻译团队中的一员。

我们的翻译团队由王建群、李玲、刘元、黄晨曦、姚琪组成。其中王建群老师是难得一见的数字信号处理专家，而姚琪则是前 BEEcube 公司的核心研发工程师，软硬兼通，刘元、黄晨曦和我则浸淫 DSP 产品线多年，拥有非常丰富的多核 DSP 开发经验和现场技术支持经验，翻译团队可谓阵容强大。我坚信，在翻译团队成员的一致努力下，必然会为广大读者奉上一本内容实用、知识丰富的 DSP 工具书。

本书涵盖了嵌入式 DSP 系统开发所需的多方面内容，其中包括 DSP 系统设计，DSP 软件架构设计，DSP 系统开发中常用的实时操作系统，DSP 软件开发调试工具、调试手段、DSP 软件优化等诸多实用性强的内容，并附以工业应用实例。

本书包括 17 章及 6 个案例分析。第 1 章主要介绍数字信号处理；第 2 章介绍实时系统与嵌入式系统；第 3 章讲述嵌入式 DSP 系统的开发阶段；第 4 章讲述可编程 DSP 体系结构；第 5 章讲述 FPGA 在无线通信系统中的应用；第 6 章讲述 DSP 软硬件协同；第 7 章讨论 DSP 算法；第 8 章介绍 DSP 高级设计工具；第 9 章讲述 DSP 系统基准测试和性能分析；第 10 章讲述 DSP 软件中的高级语言和编程模型优化；第 11 章讲述 DSP 优化之代码优化；第 12 章讲述 DSP 优化之内存优化；第 13 章讨论如何从功耗角度出发对 DSP 进行优化；第 14 章介绍 DSP 操作系统；第 15 章讨论如何管理 DSP 软件开发流程；第 16 章讲述多核 DSP 软件开发；第 17 章介绍 DSP 应用程序的开发和调试手段；案例分析 1 介绍 LTE 基带软件设计；案例分析 2 介绍医疗设备中的 DSP 应用；案例分析 3 介绍 VoIP 中的 DSP 软件系统；案例分析 4 介绍嵌入式 DSP 应用系统的软件性能；案例分析 5 介绍嵌入式系统的行为定义；案例分析 6 介绍软件无线电中 DSP 的应用。

在翻译任务的划分上，我们秉持取长补短的原则，翻译人员选择自己擅长的内容进行翻译，尽量做到翻译准确、翔实。其中王建群老师承担文前第 1 章、第 5 章、第 6 章、第 7 章、第 8 章的翻译；刘元承担第 3 章、第 13 章、案例分析 1 的翻译；姚琪承担了第 2 章、第 11 章、第 14 章的翻译并审校了全书；黄晨曦承担了第 9 章、第 10 章、第 12 章、案例分析 2、案例分析 3 的翻译，李玲承担了第 4 章、第 15 章、第 16 章、第 17 章、案例分析 4、案例分析 5、案例分析 6 的翻译。

新书付梓之际，我心怀喜悦，太多的人需要感谢。感谢为本书贡献过力量和提供过帮助的人！尽管我和整个翻译团队对本书的翻译投入百倍的热情和认真，我们非常希望能够呈现给读者一本精致的技术专著，然而由于时间和精力所限，某些疏忽和错误在所难免。我代表整个翻译团队恳请广大读者和 DSP 开发领域的专家在阅读本书的过程中把书中的问题及时反馈给我们，并就书中内容与我们进行交流，具体可以发邮件至 b19714@freescale.com。

李玲

前　　言

DSP 嵌入式系统软件开发遵循标准的嵌入式系统软硬件协同设计模型，如图 1 所示。

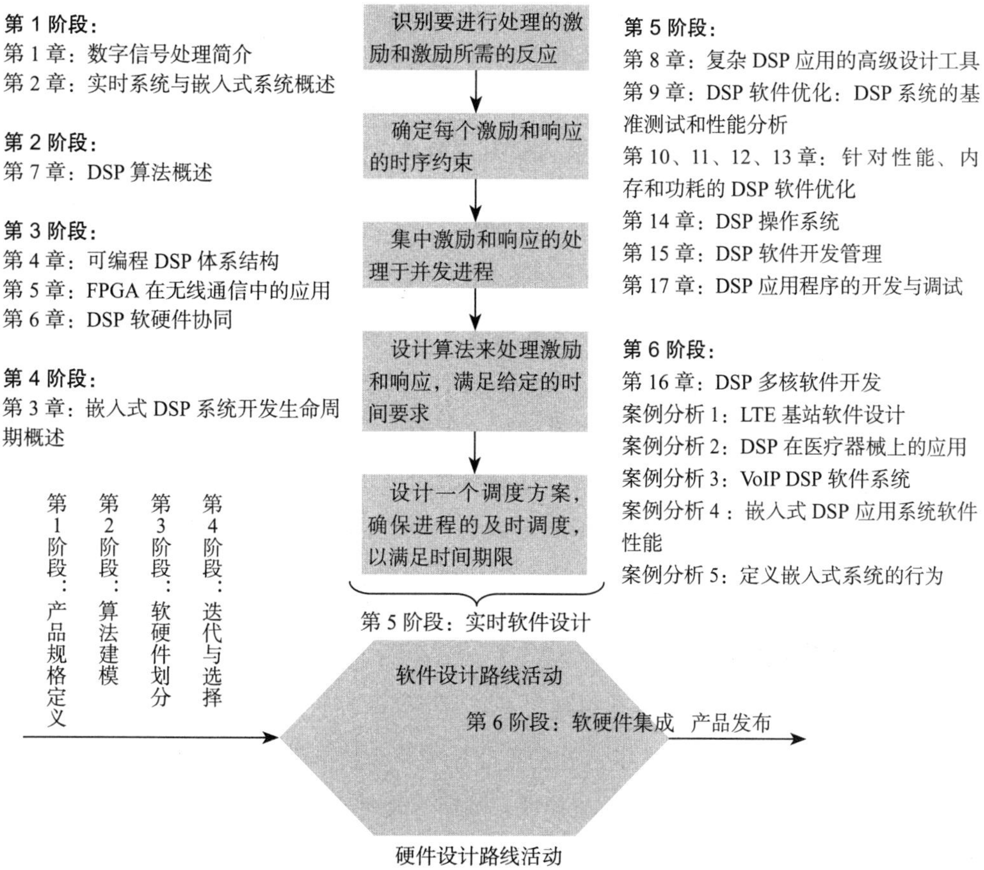

第 1 阶段：
第 1 章：数字信号处理简介
第 2 章：实时系统与嵌入式系统概述

第 2 阶段：
第 7 章：DSP 算法概述

第 3 阶段：
第 4 章：可编程 DSP 体系结构
第 5 章：FPGA 在无线通信中的应用
第 6 章：DSP 软硬件协同

第 4 阶段：
第 3 章：嵌入式 DSP 系统开发生命周期概述

识别要进行处理的激励和激励所需的反应

确定每个激励和响应的时序约束

集中激励和响应的处理于并发进程

设计算法来处理激励和响应，满足给定的时间要求

设计一个调度方案，确保进程的及时调度，以满足时间期限

第 5 阶段：
第 8 章：复杂 DSP 应用的高级设计工具
第 9 章：DSP 软件优化：DSP 系统的基准测试和性能分析
第 10、11、12、13 章：针对性能、内存和功耗的 DSP 软件优化
第 14 章：DSP 操作系统
第 15 章：DSP 软件开发管理
第 17 章：DSP 应用程序的开发与调试

第 6 阶段：
第 16 章：DSP 多核软件开发
案例分析 1：LTE 基站软件设计
案例分析 2：DSP 在医疗器械上的应用
案例分析 3：VoIP DSP 软件系统
案例分析 4：嵌入式 DSP 应用系统软件性能
案例分析 5：定义嵌入式系统的行为

第 1 阶段：产品规格定义
第 2 阶段：算法建模
第 3 阶段：软硬件划分
第 4 阶段：迭代与选择

第 5 阶段：实时软件设计

软件设计路线活动

第 6 阶段：软硬件集成　产品发布

硬件设计路线活动

图 1　DSP 软件开发遵循嵌入式软硬件协同设计模型

这个开发过程可分为 6 个阶段：

- 第 1 阶段：产品规格定义
- 第 2 阶段：算法建模
- 第 3 阶段：软硬件划分

- 第 4 阶段：迭代与选择
- 第 5 阶段：实时软件设计
- 第 6 阶段：软硬件集成

本书将涵盖以上每个 DSP 软件开发的重要阶段。

第 1 阶段：产品规格定义

第 1 阶段是嵌入式和实时系统的概述，向读者介绍这一类型软件开发的独特方面。

我们需要先理解几个关于嵌入式系统的挑战，才可以基于数字信号处理展开讨论。这些挑战涉及非常复杂的环境，以及系统之间的交互，嵌入式组件内比重渐增加的软件，软件代码复用及快速再造工程的需求，快速创新和不断变化的市场需求推动下的产品发布周期，众多实时的要求和需求管理的需要，及对于质量和过程成熟度日益的关注。

第 1 章和第 2 章会提供 DSP 以及嵌入式系统的概述，简要说明一般嵌入式系统和 DSP 的主要区别。

第 2 阶段：算法建模

第 2 阶段的重点在于对信号处理基本算法本质的理解。数字信号处理是使用数字或符号组成的序列来代表离散时间信号，并处理这些信号。DSP 涉及音频和语音信号处理、声呐和雷达信号处理、统计信号处理、数字图像处理、通信、系统控制、生物医学信号处理等诸多领域。DSP 算法用于处理这些数字信号。在信号处理中有一组基本算法，例如傅里叶变换、数字滤波器、卷积和相关性。第 7 章将会介绍和解释一些最重要和最基本的 DSP 算法，作为本书后面许多主题的基础。

第 3 阶段：软硬件划分

系统的硬件和软件组件划分在任何嵌入式开发项目中都是重要的一步。

大部分 DSP 是可编程的。数字信号处理的可编程架构有多种形式，每个都对成本、功耗、性能和灵活性有所权衡。在谱系的一端，数字信号处理系统设计人员通过使用专有的汇编语言可以实现应用的高效率和高性能。在谱系的另一端，系统开发人员可以使用普遍的 ANSI C 或 C++ 或其他领域特定的语言，并在商用台式电脑上执行所实现的算法，实现数字信号处理软件栈。第 4 章详述在一连续体不同的点上实现的权衡：一端的最大数字信号处理性能以及另一端由软件实现的灵活性和便携性。每个解决方案的权衡都一步步详细描述，以带领数字信号处理系统开发者找到满足他们特定用例需求的解决方案为目标。

DSP 可采用现场可编程门阵列（Field Programmable Gate Array，FPGA）实现。作为一个

例子，第 5 章讨论关于空间复用和不同增益架构上的挑战，并介绍 FPGA 的一些架构，报告使用 FPGA 实现这些系统的实验结果。第 5 章将介绍一个灵活的架构和空间复用 MIMO 检测器的实现、Flex-sphere 及其 FPGA 实现。我们还介绍 WiMAX 系统中的波束形成硬件架构，作为给下一代无线系统增加多样性和提高性能的方法。

用于数字信号处理系统的硬件平台有很多种不同的设计，每个都有其固有可编程性、功耗和性能的权衡。适合一个系统设计师的可能不适合另一个。第 6 章详细描述多种数字信号处理平台以及相关系统的可配置性和可编程性设计。在谱系的一端，详细了解特定应用集成电路（Application Specific Integrated Circuit，ASIC）这种高性能、低可配置的解决方案。在谱系的另一端，作为高度可配置的解决方案介绍具有 SIMD 扩展的通用型嵌入式微处理器，这种解决方案支持强大的软件可编程性。不同的设计重点逐个介绍，如基于可重新配置的现场可编程门阵列解决方案，以及有不同程度软件可编程性的高性能特定应用集成处理器（Application Specific Integrated Processor，ASIP）。第 6 章将介绍每个系统的设计权衡，作为一种指导系统开发人员的方法，帮助他们选择适合当前和未来系统部署的数字信号处理硬件平台和组件。

第 4 阶段：迭代与选择

DSP 开发的另一个关键问题是嵌入式生命周期管理。这个周期始于 DSP 解决方案的选择，要制定一个嵌入式系统以满足性能以及成本、上市时间及其他重要的系统约束。正如前面提到的，嵌入式系统是一个整合在大系统中的专门计算机系统。许多嵌入式系统使用数字信号处理器来实现。DSP 将与其他嵌入式元件连接，以执行特定的功能。具体的嵌入式应用将决定其需使用的 DSP。例如，如果嵌入的应用程序执行视频处理，系统设计人员可以选择定制的 DSP 来执行媒体处理，包括视频和音频处理。第 3 章将讨论嵌入式生命周期和 DSP 的各种选项，以及如何来确定整个系统的性能和能力。

第 5 阶段：实时软件设计

实时软件设计遵循的五个步骤如图 1 所示。

1. 识别要进行处理的激励和激励所需的响应。

2. 确定每个激励和响应的时序约束。

3. 在并发进程中集中处理激励和响应。

4. 设计算法来处理激励和响应，满足给定的时间要求。

5. 设计一个调度方案，确保进程的及时调度，以满足时间期限。

我们将详细讨论这一阶段的每个过程。

1. 识别要进行处理的激励和激励所需的响应

首先，我们需要识别信号处理的系统激励以及它们的响应。不管使用硬件还是软件，这都是必须做的。

在案例分析 2 中，我们介绍一个简单实用但非常强大的规格说明技术，为开发者在这个规格层次提供一些指引。重点是 DSP 开发过程中针对采用 DSP 的嵌入式系统行为的指定。设计需求的正确性、完整性及可测试性是软件工程中的基本原则。设计要求的质量会影响功能上及财务上的成功。这些成功始于良好的设计要求。需求的范围可能会从对于服务或系统约束的高层次抽象语句到详细的数学功能规范。指定系统外部行为、指定实现约束，作为维修参考工具，记录系统生命周期的预期（即变化的预测），及表征突发事件的响应，都需要相关要求。该案例分析介绍了一种严谨的行为规范技术，它可以暴露含糊的设计要求并发布显性或隐性信息来大大降低风险。这样的外部或"黑匣子"规格，可以系统化的方式通过过程序列枚举从行为要求得到。这个过程可以得到一个完整的、一致的、可溯源的系统外部行为规范。序列抽象提供了强有力的手段来管理和集中枚举过程。一个简单的手机设计用来加强这些概念。

有一些可用于包括硬件和软件的更先进技术。第 8 章重点讨论设计和综合实时数字信号处理系统的系统级方法。这是 DSP 开发领域的另一个挑战。DSP 系统当前的硬件设计和实现在新 DSP 应用算法的开发和硬件实现之间有一个巨大的时间差距。高层次的设计和综合工具从高抽象级别为复杂 DSP 处理硬件创建特殊应用的 DSP 加速器硬件，从而大大缩短了设计周期，同时仍保持面积和功耗效率。该章介绍了两个高级设计方法，1）DSP 系统的 C 到 RTL 的 ASIC/ FPGA 实现高层次综合（High Level Synthesis，HLS）和 2）用于 DSP 系统 FPGA 实现的 System Generator。在这些案例分析中，我们将使用高级设计工具介绍三种复杂 DSP 加速器设计：1）使用 PICO C 的低密度奇偶校验（Low Density Parity Cheek，LDPC）解码加速器设计；2）使用 Catapult C 的矩阵乘法加速器设计；3）使用 System Generator 的 QR 分解加速器设计。

2. 确定每个激励和响应的时序约束

优化 DSP 软件的一个关键部分是适当地分析 DSP 内核和 DSP 系统的性能并进行基准测试。通过对 DSP 内核坚实的基准测试和性能分析，才能对最佳情况及系统正常运行的性能进行评估。正确的性能分析和基准测试往往是一种艺术。通常情况下，一个算法在接近理想的条件下进行测试，然后在性能预算里使用其性能测试结果。要真正理解一个算法的性能，需要掌握该算法最好情况下的性能，然后对系统影响进行建模。系统影响包含着变化，如一个正在运行的操作系统，内存不足时执行有着不同的延迟、缓存开销，及管理内存一致性。所有这些影响都需要精心制作的基准测试，它可以用独立方式模拟这些行为。如果建模正确，独立的基准测试几乎可以再现一个DSP内核的运行状况，相当于它在一个运行系统中的行为。第9章讨论如何执行这种基准测试。

3. 在并发进程中集中处理激励和响应

一旦理解了输入和输出，就要设计并开发DSP的软件解决方案。DSP的软件开发同样有其他类型软件发展面临的制约因素和开发挑战。这些包括缩短的上市时间、烦琐和重复的算法集成周期、实时应用的时间密集的调试周期、同一个DSP上运行多个差别化任务的整合，以及其他的实时处理要求。高达80%的DSP系统开发工作涉及分析、设计、实施，及软件组件整合。

第15章将涵盖多个关于管理DSP软件开发工作的主题。该章的第一节将讨论DSP系统的工程和问题，讨论框架是DSP和实时软件开发涉及的问题。然后讨论DSP应用开发背景下的高级设计工具，也对集成开发环境和原型环境进行讨论，回顾DSP应用程序开发人员面临的挑战，如代码性能调整、性能分析和优化。本章最后面讨论DSP和实时系统的开发、集成和分析的相关主题。

4. 设计算法来处理激励和响应，满足给定的时间要求

编写DSP软件以满足实时约束是具有挑战性的，所以有几个重点关注这方面内容的章节。从前，DSP软件用汇编语言编写。然而，现代编译器问世后，使用C语言编写高效的DSP代码已经成为标准。但是，由于大多数的DSP特性不能完全用C语言表达，存在各种加强标准C和C++语言的替代品，如语言扩展、更高级的语言，及自动向量化编译器。第10章说明用于编写DSP软件的高级语言和编程模型。

优化是转换一段代码并使它更有效（无论是在时间、空间或功耗上）的过程，而不改变其输出或副作用。代码用户唯一可见的差异，是增加的运行速度和消耗更少的内存或功率。说优化有些用词不当，在某种意义上说，顾名思义，优化会尝试找到"最优"的解决方案，但在现实中，优化的目的是改善，而不是达到完美的结果。

DSP的重中之重就是优化，这包括优化性能、内存，及功耗。

第11章重点讨论代码的性能优化。这是开发过程中关键的一步，因为它直接影响系统完成其拟定工作的能力。执行速度更快的代码意味着需要更多的数据通道、完成更多的工作和竞争优势。该章旨在帮助程序员写尽可能最高效的代码。该章先介绍工具链的使用，涉及在优化前理解数字信号处理器架构的重要性，然后讨论各种优化技术。这些技术适用于所有可编程DSP架构——C语言优化技术和一般循环转换。该章介绍的都是现实世界的例子，通

过讨论德州仪器公司和 Freescale 公司的 DSP 来说明概念。

第 12 章重点讨论内存优化。围绕内存系统性能的应用程序代码优化,在可执行代码的篇幅以及运行时性能方面往往能产生巨大的收益。该章介绍了应用开发者可以用于在资源有限的嵌入式系统中缩减其可执行文件静态大小的方法。此外,该章说明的代码优化技术,通过提高软件构建工具在编译、汇编,及链接时优化代码的能力,可以提供应用程序代码显式的性能收益或隐式收益。

第 13 章重点讨论功耗优化。该章的目的是给需要使用纯软件方法优化 DSP 功耗的程序员提供资源。为了提供最全面的 DSP 软件电源优化源头,该章提供了一个基本的功耗背景介绍、测量技术介绍,然后讨论电源优化的细节。该章将重点讨论三个主要领域:算法优化、软件控制的硬件电源优化(低功耗模式、时钟控制、电压控制)和数据流优化,并讨论使用快速 SRAM 类型存储器(常见的缓存)和 DDR SDRAM 时的功能和功率考虑。

5. 设计一个调度方案,确保进程的及时调度,以满足时间期限

DSP 应用有着非常苛刻的数据速率和实时计算要求。这些应用程序还可以有非常不同的实时要求。为了获得最高性能,DSP 设计者必须了解实时设计的问题。而且,由此产生的复杂性要求使用实时操作系统(Real Time Operating System,RTOS)。一个 DSP RTOS 的主要特点包括:速度极快的上下文切换,非常低的中断延迟时间,优化的调度、中断处理程序、任务、事件、消息、循环队列,定时器管理,资源和信号灯处理,固定块和内存管理,这些特点和完整的先发功能也有合作和时间片调度。第 14 章将深入讨论 DSP RTOS,以便在应用程序的开发上有效地利用 DSP RTOS。

在整个实时软件设计和开发阶段,工程师需要使用软件开发工具以迭代步骤建立和调试系统。DSP 调试技术包括硬件和软件技术。调试硬件包含了 DSP 芯片上的功能,DSP 芯片有收集数据的能力。此数据提供状态行为和其他系统可见性。硬件还需要以高速率从 DSP 器件提取此信息并格式化数据。调试软件为主机提供了额外的更高级控制和一个接口,通常从调试器接口方面来说。调试器让开发工程师简单地从编译过程(编译、汇编和链接一个应用程序)迁移到执行环境。调试器将编译过程的输出镜像加载到目标系统中。工程师使用调试器与仿真器进行交互来控制和执行应用程序,并发现和解决问题。这些问题可能是硬件和软件的问题。为此,调试器被设计成为一个完整的集成和测试环境。第 17 章讨论了调试复杂的 DSP 系统的一系列活动和技术。

案例分析 1 将通过一个 DSP 系统性能工程的优秀案例分析把所有这一切融合在一起。重点是分析性能工程案例。系统性能评估发生在软件开发周期的早期可以避免严重损失。当于实现之前评估替代设计时,应用普遍有更好的性能。软件性能工程(SPE)是一组用于收集数

据、构建系统性能模型、评估性能模型、管理不确定风险、评估替代品，并验证模型和结果的技术。SPE 也包括有效利用这些技术的战略。软件性能工程的概念已用于同时开发数字信号处理应用程序与新一代基于 DSP 的阵列处理器。算法性能和高效的实现为程序标准的推进动力。当软件应用程序和处理器同时开发时，数量可观的系统和软件开发会在物理硬件可用前完成。这使得 SPE 技术纳入开发生命周期。这些技术被跨职能地纳入系统工程组织（负责开发信号处理算法）以及软硬件工程组织（负责在嵌入式实时系统中实现算法）。

第 6 阶段：软硬件集成

在集成阶段系统整合成一个功能齐全的实时系统。这里选择描述几个案例分析来巩固前面章节讨论过的多个重点。我们将介绍系统集成中涉及 DSP 系统的更有用且更重要的方面。在这个阶段的主题领域包括：

- 多核 DSP 系统的集成
- 基站 DSP 系统的集成
- 医疗 DSP 系统的集成
- IP 语音电话（Voice over IP，VoIP）DSP 系统的集成
- 软件定义的无线电 DSP 系统的集成

多核数字信号处理器的重要性近年来逐渐提升，主要是因为数据密集型应用程序的出现，比如移动设备上的视频和高速互联网的浏览。这些应用需要显著的计算性能和较低的成本和功耗。第 16 章将讨论这些话题，并讲解由一个单核应用程序移植到多核环境的例子，除了执行所需的处理算法之外，还需要考虑复杂的编程与进程调度。该章讨论两个基本多核编程方法：多单核和真多核。真多核模型用于移植一个运动 JPEG(MJPEG) 应用程序到多核 DSP 器件，并用于说明提出的概念。该章还谈到了向多核环境移植应用程序时会出现的问题并提出了解决这些问题的解决方案。

针对越来越多的以信号处理为中心的应用程序，越来越多的 DSP 算法组件开发了出来，对于编程模型和标准的需求也开始出现。正如其他编码标准一样，DSP 编程标准可以提高工程效率、缩短集成时间和提高有效性。它也可以更有效地整合来自多个供应商的 DSP 组件。

第 6 阶段还包括一个案例分析，描述的是长期演进（Long Term Evolntion，LTE）基站的第一层和第二层软件设计以及用于开发这个应用多核的实现技术（案例分析 1）。它汇集了在本书前面提出的多个重点。该案例分析总结了从单核嵌入式应用软件到多核 SoC（System on a Chip，片上系统）迁移的各种挑战和应对方法。以 LTE eNodeB 协议栈的迁移为案例分析主题。

该案例分析介绍了基本的软件工程实践，涉及复杂嵌入式平台软件开发的工程团队用这些实践可以提高项目的可行性。

此后，这个案例分析介绍定义明确的 3 步过程，以及借助每一步中相关示例开发多核 SoC 的嵌入式应用所需的步骤。每个步骤进一步细分为子步骤，以确保在每个开发阶段结束时，有一个可衡量的进展。在此使用一个高性能的多核 SoC 的例子讲解其中的各种技术挑战及其解决方案并提出建议。

有一个案例分析（案例分析 3）与 DSP 的 IP 语音电话系统有关。相比基于铜缆的传统电话，VoIP 提供了许多与成本相关的优势，物理端（设备布线材料），以及逻辑端（考虑增加服务和区分成本模型的灵活性）皆是如此。该案例分析说明了 DSP 在过去十年中如何让 VoIP 尽可能普及。

一旦从双绞线和 E1/T1 中继接线的迁移给以太网 LAN 和光纤骨干网腾出空间，很多基于数据包的语音技术便重塑了电信网络。VoIP 网关就是过渡时期的主力系统基础设施。网络段被基于 IP 的技术取代，但遗留技术和新技术相撞时服务仍然必须正常。VoIP 媒体网关处理不同侧的网络接口技术所需的语音和信令信息，例如，由一个数据包网络的 TDM（时分复用）网络。全双工实时语音或传真 / 调制解调通信由 DSP 引擎压缩并编码成 IP 数据包，然后发送到 IP 网络。从网络接收到的数据包解码，然后向 TDM 端进行解压。动态抖动缓冲区自动补偿网络延迟变化，实现实时语音通信。语音处理包括回音消除、语音压缩、语音活动检测、语音打包。其他功能包括信号检测、继电器和传真 / 调制解调器中继。DSP 技术使所有这些底层技术能够实现。这个案例将描述媒体网关的架构。

还有一个关于医疗领域 DSP 的案例分析（案例分析 2）。使用的示例是一个实时超声系统。实时超声检查系统已有 40 余年历史。在这段时间内，系统的体系结构显著变化，在质量和运营模式方面引入了新的功能。

在这个案例分析中，我们给出一些常见操作模式的概述，这些操作模式专注于以工程方法来回答一些频繁出现的设计问题。该案例的重点是现代 DSP 架构上波束成形和 B 模式的实施，其中讨论了权衡和硬件功能。

当今这代 DSP 有强大的处理能力，更适合医疗超声波应用。案例分析 2 中的案例和实例将展示 DSP 可以实现什么，瓶颈在哪里，优势在哪里。

有一个关于软件定义无线电（Software Defined Radio, SDR）的案例分析（案例分析 6）。数字信号处理已成为无线通信的一个大前提。所有最新的技术（包括 OFDM、CDMA、SC-FDMA），它们代表 3 G ~ 4 G 网络（如 HSPA，LTE 或 WiMAX）的核心基础，现在都可以通过高密度数字算法，在一个小型低功耗的芯片上实现。更重要的是，额外的信号处理技术，如波束成形或空间复用，对实现每秒几百兆位的吞吐量和每赫兹每秒几十位的频谱效率有很大的贡献。此外，在信道估计器、均衡器和比特解码器中可以找到的一些其他复杂算法允许恶劣的无线电环境中应用所有这些技术，这些环境包括具有高移动性，甚至是远距离情况下的非视距通信。

大规模的整合使手持设备包括一个多标准的终端来兼容大量的各种无线标准。设想一款智能手机，根据其服务需求和信道条件，很方便地为数据和语音传输选择最好的技术。这就是为什么你的智能手机可以通过 GSM、EDGE、UMTS 或 LTE 基站连接到 BTS。在同一时间，手机可以与 Wi-Fi、蓝牙、GPS 连接，所有这些功能都在一个非常小的终端实现，而且电池的寿命也较长。在将来，这种服务的选择和复用可以仅通过软件定义。如果没有数字信号处理，仅仅依靠模拟组件，这样的性能将不可能实现。现在，收发机中的模拟部分正被数字部分取代。越来越多的操作都可以在数字部分用较低的价格和更好的性能实现，包括滤波、上 / 下变频、模拟链中产生的失真的补偿。此外，可以预计在未来模拟部分在高速 A / D 和 D / A 转换器的帮助下将被彻底征服，从而将使数字收发机直接连到天线。这部分称为收发机前端，而十几年前，它曾经是完全模拟的，现在则越来越数字化。该案例分析（案例分析 6）试图揭示数字收发机前端一些现有的数字信号处理技术。

在多数应用里，DSP 系统需要准确规范的处理要求。在本书中，我们有一个案例分析涉及使用 DSP 技术的手机应用的规范步骤。详细和精确的规范技术可以使系统满足客户要求，并且在现场良好工作。该案例分析将带领读者在规范软件系统中经历这些有趣的实际步骤。

最后，还有几个案例分析概述软件性能工程（Software Performance Engineering，SPE）。SPE 是满足系统性能要求并带来成本效益的软件系统开发的系统、定量方法。SPE 是一个面向软件的方法，它专注于架构、设计和实现所选方案。本书有一个很好的案例分析重点讨论在具有硬实时期限的大规模 DSP 应用中 SPE 的使用。

作 者 简 介

Kia Amiri

kiaa@alumni.rice.edu

Kia Amiri 分别于 2007 年和 2010 年在得克萨斯州休斯敦市的莱斯大学获得电气和计算机工程硕士和博士学位，在此期间他也是大学多媒体通信中心实验室的成员。他的研究方向是无线通信的物理层设计和硬件架构。他是该领域 7 项专利的共同发明者。2007 年的夏天和秋天，在加州圣何塞 Xilinx 公司先进系统技术组内，Kia 曾经承担 MIMO 算法的设计与实现工作。

Arokiasamy I

arokia@freescale.com

Arokiasamy I 目前担任 Freescale LTE Layer-1 的工程经理，他拥有超过 25 年的软件架构和开发经验，包括水力发电站工业自动化系统、实时操作系统、CodeWarrior 工具的 MIPS 平台编译器后端、Freescale MSC8144 平台的 WiMAX PHY 等。Arokiasamy I 从印度班加罗尔的印度科学研究所获得了电子与通信工程学院工程学士学位。

Michael C. Brogioli

Michael C. Brogioli 博士目前在美国得克萨斯州奥斯汀市担任计算机工程和软件顾问，同时也是莱斯大学的计算机工程兼职教授。此外，他还在奥斯汀和纽约地区一些刚起步的科技公司担任咨询工作。在此之前，他是一名资深的技术专家和编译器首席架构师，负责搭建技术解决方案组织的构建工具。在 Freescale 工作期间，他还曾与下一代 DSP 平台的硬件开发团队一起工作。在 Freescale 之前，Brogioli 博士在得克萨斯州 Stafford 的 TI 先进体系架构和芯片技术组以及加州圣克拉拉英特尔微处理器研究实验室工作。在嵌入式计算和信号处理空间领域，他撰写了十几本书并参与撰写了三本书。他拥有美国得克萨斯州休斯顿莱斯大学计算机工程博士学位和硕士学位，以及美国纽约州特洛伊市伦斯勒理工学院电气工程学士学位。

Cristian Caciuloiu

Cristian Caaciuloiu 是 Freescale 半导体公司罗马尼亚分公司的一名软件工程师。他于 1999 年获得罗马尼亚布加勒斯特 POLITEHNICA 大学计算机科学学士 / 硕士学位。2000 年，Cristian 加盟 Freescale（当时是 Motorala 半导体产品部门），在几个 DSP 和 PowerPC 平台上进行各种嵌入式软件项目的工作。从 2005 年起，他担任高级技术领导和管理职位，最近在 Freescale 罗马尼亚分公司担任信号处理软件和系统团队 VoIP 媒体网关软件产品的软件架构师。

Joseph R. Cavallaro

cavallar@rice.edu

Joseph R. Cavallaro 是得克萨斯州休斯敦莱斯大学电子与计算机工程系教授以及多媒体通信中心主任。他也是芬兰 Oulu 大学的无线通信中心的讲师。他 1981 年获得宾夕法尼亚大学学士学位，1982 年获得普林斯顿大学硕士学位，1988 年获得康奈尔大学博士学位，均为电气工程专业。自 1981 年，作为技术人员加入 AT&T 贝尔实验室后，他一直从事研究工作，他的研究方向包括无线通信系统中的 VLSI 信号处理应用程序。

Stephen Dew

stephendew@yahoo.com

Stephen Dew 目前是 Freescale 半导体公司的编译器工程师。之前，他曾在 Freescale 和 StarCore 公司从事应用工程工作。2001 年他获得了佐治亚理工学院电子与计算机工程理学硕士。

Chris Dick

chris.dick@xilinx.com

Chris Dick 博士是 Xilinx 公司的 DSP 首席科学家，并担任 Xilinx 无线系统工程团队的工程经理。Chris 从事信号处理技术工作逾二十年，工作领域跨越商业、军事和学术部门。在 1997 年加入 Xilinx 之前，他在澳大利亚墨尔本 La Trobe 大学担任了 13 年教授，管理一个名为信号处理解决方案的 DSP 顾问团队。Chris 的工作和研究方向是信号处理、数字通信、MIMO、OFDM、软件定义的无线电、DSP 的 VLSI 体系结构、适应信号处理、同步、实时信号处理硬件架构、自定义计算机中 FPGA 的应用，以及实时信号处理。他拥有计算机科学和电子工程领域学士学位和博士学位。

Melissa Duarte

megduarte@gmail.com

Melissa Duarte 出生于哥伦比亚的库库塔。2005 年她获得哥伦比亚波哥大市哈维里亚那天主教大学（Pontificia Universidad Javeriana）的电气工程学士学位，在 2007 年和 2012 年分别获得得克萨斯州休斯敦莱斯大学的电气硕士学位和计算机工程博士学位。她的研究方向是下一代无线通信、全双工系统、基于反馈的多输入多输出天线系统的架构设计与实现，开发无线开放访问研究平台（WARP）实施并评估无线通信算法。Melissa 是莱斯大学 2006～2007 年 Xilinx 奖学金、莱斯大学 2007～2008 年 TI 奖学金和 2009～2012 年罗伯托·罗卡奖学金的获得者。

Michelle Fleischer

Michelle.fleischer@freescale.com

Michelle Fleischer 在密歇根州东南部长大，并在密歇根州霍顿密歇根理工大学获得了电子工程学士学位（1992 年）和硕士学位（1995 年），主修电气工程。1992 年开始，她在基威诺研究中心（Keweenaw research center）为美国宇航局进行声学建模实验工作，以及为美国陆军坦克司令部进行有源噪声控制实验。1995 年开始，她在得克萨斯州达拉斯的 TI 工作。2006 年加入伊利诺伊州芝加哥的 Freescale，成为现场应用工程师，支持 Motorola 和 RIM 等关键客户的无线组，以及网络和多媒体组的关键网络客户。在她的职业生涯中，Fleischer 女士撰写了大量的应用说明、设计文档、软件规格和软件设计。

Umang Garg

Umang.Garg@gmail.com

Umang Garg 目前是 Freescale 网络和多媒体解决方案集团 LTE Layer 2 软件开发的工程经理，他拥有 10 年 DSP 和通信处理器软件开发经验。他目前的工作方向是利用多核架构开发 LTE 软件，而之前的工作方向包括音频、语音、图像处理和 VoIP 技术。Umang 拥有英国苏塞克斯大学计算机系统工程（荣誉）学士学位，以及英国帝国学院高级计算机科学硕士学位。

Vatsal Gaur

vatsal@freescale.com

Vatsal Gaurisa 在无线基带领域作为 DSP 软件工程师拥有超过 7 年的经验。他曾从事 L1 软件开发的各种技术工作，如 GSM、GPRS、EDGE、WiMAX 和 LTE。他目前的工作包括 LTE eNodeB 各种功能的算法开发和系统设计。在加入 Freescale 之前，Vatsal 曾在 Houghes

软件系统（现 Aricent 科技）公司担任技术领导人。Vatsal 拥有印度比尔拉科技学院（Birla Institute of Technology）电气和电子工程学士学位。

Mircea Ionita

Mircea.Ionita@freescale.com

Mircea Ionita 从 2007 年开始担任 Freescale 半导体公司罗马尼亚分公司的网络与信号处理软件和系统的团队经理。Mircea 在 2001 年加入 Freescale/Motorala，担任高级技术和管理职务，直到 2007 年，他被任命领导网络和信号处理软件与系统团队的领导。Mircea 拥有罗马尼亚布加勒斯特 POLITEHNICA 大学电子工程的学士、硕士和博士学位。

Nitin Jain

nitin19@gmail.com

Nitin Jain 在 2003 年获得印度贝尔高姆 Visvesvaraya 理工大学电子与通信专业学士学位。2004～2007 年，他与 MindTree 的研究小组负责开发语音和音频算法，并把这些算法集成在不同的蓝牙和移动产品中。Nitin 于 2008 年加入 Freescale，成为网络团队的高级工程师，并参与 Freescale 的基带设备宏观和微观产品分部 WiMAX 和 LTE 物理层开发工作。作为首席工程师，他最近的任务是执行 LTE Femto eNB 的商业级更高层次和用户设备的集成和验证。他的作品曾发表于嵌入式和 DSP 领域的著名杂志和会议上。

Michael Kardonik

michael.kardonik@gmail.com

1999 年 Michael Kardonik 的职业生涯开始于 Motorala 半导体公司以色列分公司，在那里他负责 PowerQUICC Ⅱ 处理器的板级支持包。后来，Michael 带领工程团队，设计并实现了 Motorala 的 StarCore DSP 的智能 DSP 操作系统。搬迁到美国奥斯汀后，Michael 担任 DSP 应用工程师、先进调试技术的工具工程师。目前，Michael 是 Freescale 半导体公司当前和下一代 QorIQ 架构团队的一分子。Michael 拥有以色列内盖夫本古里安大学（Ben Gurion University）的经济和计算机科学学士学位和奥斯汀得克萨斯大学软件工程科学硕士学位。

Robert Krutsch

Robert Krutsch 是 Freescale 半导体公司的 DSP 软件工程师，主要关注医疗和基带应用。他拥有蒂米什瓦拉理工大学（Polytechnic University of Timisoara）自动化和计算机科学专业的学士 / 硕士学位、不来梅大学自动化研究所学士 / 硕士学位。

Tai Ly

tai.ly@ni.com

Tai Ly 于 1993 年获得加拿大阿尔伯塔大学高层次综合专业的博士学位，曾在多家公司从事研发工作，包括 Synopsys、0-In Design Automation、Mentor Graphics 和 Synfora 公司。他拥有 14 项专利，涵盖多个领域，包括高层次综合、断言验证、形式验证和时钟域交叉验证。他目前是 National Instrument 的首席工程师。

Akshitij Malik

akshitij.malik@freescale.com

Akshitij Malik 是一名在电信／无线行业拥有逾 11 年经验的软件工程师。Akshitij 之前担任 Hughes Systique 和 Hughes 软件系统公司的高级首席工程师，目前是 Freescale 半导体公司的首席软件工程师。他曾开发过 WCDMA 的 RNC L3 软件、WiMAX 基站的 L2 软件。Akshitij 拥有印度普纳大学计算机工程专业学士学位。

Robert Oshana

robert.oshana@freescale.com

Robert Oshana 拥有 30 年的软件行业经验，主要专注于国防和半导体行业的嵌入式和实时系统。他拥有 BSEE、MSEE、MSCS 和 MBA 学位，是 IEEE 的高级会员。Robert 是多个咨询委员会的成员，包括 Embeded Systems Group，同时他也是国际演讲者。他经常在各种技术领域发表演讲，发表多篇论文，并著有嵌入式软件技术方面的书籍。Robert 在南卫理公会大学担任兼职教授，教授软件工程研究生课程。他是 Freescale 半导体公司网络和多媒体技术方面杰出的技术人员和全球软件研发主管。

Raghu Rao

raghu.rao@xilinx.com

Raghu Rao 是 Xilinx 公司通信业务部通信信号处理团队的首席工程师和系统架构师。他和他的团队目前负责 FPGA 的信号处理和数字通信算法。他是 IEEE 高级会员，拥有洛杉矶加州大学的无线通信博士学位。之前，他曾先后任职于 TI 公司印度分公司、Exemplar Logic 公司和 Mentor Graphics 公司。他的研究方向是基于 FPGA 高效实现数字通信和信号处理算法和架构。

Ashutosh Sabharwal

ashu@rice.edu

Ashutosh Sabharwal 是莱斯大学电气和计算机工程教授。他的研究方向是信息论、网络协议和高性能无线平台。他是莱斯无线开放访问研究平台（http://warp.rice.edu）的创始人，目前全球超过 100 家组织使用该平台。

Yang Sun

ysunrice@gmail.com

Yang Sun 于 2000 年获得中国浙江大学测试技术及仪器专业学士学位，于 2003 年获得该校仪器科学与技术硕士学位。2010 年获得莱斯大学电气和计算机工程博士学位。目前，他是美国 Qualcomm 公司的高级工程师。他的研究方向包括无线通信系统、数字信号处理系统、多媒体系统以及通用计算系统的并行算法和 VLSI 架构。

Adrian Susan

Adrian.Susan@freescale.com

Adrian Susan 是布加勒斯特 Freescale 半导体公司罗马尼亚分公司的 L1 DSP 的软件组件团队技术经理。Adrian 是一名软件工程师，毕业于 "Politehnica" Timioara 大学，拥有计算机科学学士学位。自 2004 年以来，Adrian 便在 Freescale 半导体公司罗马尼亚分公司工作，他是负责 Freescale 的 VoIP 多媒体网关的开发团队的成员。

Andrew Temple

temple.andrewr@gmail.com

Andrew Temple 是一名应用工程师，拥有超过 10 年的半导体行业经验。Andrew 之前在 TI 和 StarCore 公司担任应用工程师，目前是 Freescale 半导体公司的 DSP 应用工程师。他之前的工作内容涉及功耗、总线接口、死锁仲裁、串行快速 IO 用法、以太网的性能和连通性，以及其他主题的应用笔记。Andrew 拥有美国得克萨斯州大学奥斯汀分校的计算机工程科学学士学位和软件工程硕士学位。

Guohui Wang

gw2@rice.edu

Guohui Wang 拥有中国北京大学的 EE 学士学位和中国科学院计算技术研究所 CS 硕士学位。2008 年开始，他在得克萨斯州莱斯大学攻读电气工程和计算机系博士学位。他的研究方向包括移动计算、无线通信系统的 VLSI 信号处理和 GPGPU 并行信号处理。

Bei Yin

by2@rice.edu

    Bei Yin 于 2002 年获得中国北京科技大学的电气工程学士学位，2005 年获得瑞典斯德哥尔摩皇家技术研究所电气工程学士学位。2005 ～ 2008 年，他曾在方舟科技有限公司担任 ASIC/SoC 设计工程师。他目前是得克萨斯州莱斯大学电气工程和计算机系的博士研究生。他的研究领域包括 VLSI 信号处理和无线通信。

目　　录

案例分析

第 1 章
数字信号处理简介

Robert Oshana

1.1 何谓数字信号处理

数字信号处理（Digital Signal Processing，DSP）是一种处理信号与数据的方法，目的在于通过增强、更改、分析信号以确定其中包含的具体信息，主要处理从现实世界中转换而成的数列或信号。这些信号经数学技术处理后，可提取出一定的信息，或者以较优的方式转换。

DSP 中的术语"数字"表示需要以容易处理的数字形式来处理用离散信号表示的数据。换句话说，信号会数字化表示。这种表示方式意味着对信号（包括时间）一个或多个属性某种形式的量化。

这仅仅是其中一种类型的数字数据；其他的类型还包括用数字表示的 ASCII 数字和字母。

DSP 中的术语"信号"是一种可变参数，这个参数可视为在电路中传输的信号。这个信号一般起始于模拟世界里不停变化的信息⊖。现实世界里的信号包括：

- 大气温度
- 声音
- 湿度
- 速度
- 位置
- 流量
- 光
- 压力
- 容积

我们可以把信号看成一个理论上有无限个值的电压。它代表某种物理数量的变化。其他信号的实例还有正弦波，用于表示真人发声的波形，以及普通电视的信号。信号是一个

⊖ 通常因为某些信号也可能是离散形式，离散形式的一个示例可以是开关，它以或开或关的形式离散地表示。

可检测到的物理量。消息或信息可以通过信号来传输。

　　一维信号使用只有一个自变量的函数来描述一个物理量的变化。语音信号是一维信号，它表示一个空气压力随时间连续变化的函数。

　　最后，"处理"这个词，在 DSP 里涉及软件程序的使用，而不直接以硬件来处理数据。DSP 是一个执行信号处理的设备或系统，主要用软件操纵信号。软件程序的优势在于可以相对简单地改变信号处理行为或性能，而这很难用模拟电路做到。

　　由于 DSP 在环境下与信号相互作用，因此 DSP 系统必须要对环境做出反应。换句话说，DSP 必须要能够跟上环境的变化，这就是稍后要讲到的"实时"处理。

1.2　DSP 的优势

　　数字信号处理方案相对模拟方案有许多优势，其中包括如下几个。

- 可变性：数字系统可以通过简单的重新编程来变更应用，或微调现有的应用。DSP 可以很容易地修改和更新应用程序。
- 可重复性：模拟器件在时间里或温度变化中会有细微的变化。由于系统的可编程特性，一个可编程数字解决方案有更多的可重复性。例如，一个系统中的多个 DSP 芯片可以运行完全一样的程序，并且非常容易实现可重复性。通过模拟信号处理，系统中的每个 DSP 芯片都需要单独调谐。
- 体积、重量、功耗：相对于全硬件元器件的方案，DSP 方案大部分为软件，设备功耗更低。
- 可靠性：模拟系统的可靠性取决于硬件设备工常工作的程度。由于一些物理条件造成的设备失效会影响整体系统，可能使其退化甚至失效。用软件实现的 DSP 方案，在软件正确实现的前提下，都可以正常工作。
- 可扩展性：在一个模拟系统中加入新的功能，工程人员必须加入更多硬件。有时即使加入更多硬件也无法实现。在一个 DSP 系统里加入新功能只涉及加入软件代码，更加便捷。

1.3　DSP 系统

　　DSP 处理的信号来自现实世界，由于 DSP 必须对这些信号作出反应，它必须能够根据现实世界的变化而变。我们生活在模拟世界中，周边的信息快速变化着。一个 DSP 系统能够及时处理这些模拟信号并反馈结果。一个典型的 DSP 系统（图 1-1）包含：

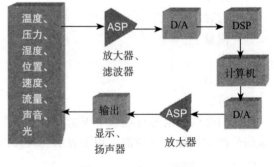

图 1-1　一个 DSP 系统

- 信号源：一个用来产生信号的设备，如麦克风、雷达传感器、流量仪。
- 模拟信号处理（Analog Signal Processing，ASP）：在信号源端对信号放大或滤波的电路。
- 模数转换（Analog-to-Digital Conversion，ADC）：一种电子化的过程，即将一个持续变化的信号变换成多量级（数字）信号，而不改变其携带的基本内容。ADC 的输出有确定的量级或状态，状态的数量为 2 的幂——2，4，8，16 等。最简单的数字信号只有两个状态，即二进制。
- 数字信号处理：用来提高现代数字通信精度及可靠性的多种方法。DSP 的工作原理为清晰及标定数字信号的量程或状态。比如，一个 DSP 系统能够分辨出有序的人造信号和紊乱的噪声。
- 计算机：为需要的额外信号处理提供更多的计算资源。比如，如果需要格式化 DSP 处理后的信号以向用户显示，额外的计算机可以用来完成这个工作。
- 数模转换（Digital-to-Analog Conversion，DAC）：一个信号从几个（一般为两个）定义的量程或状态转换为理论上有无限多个状态的信号。一个普遍的例子为使用调制解调器将计算机数据处理成能够通过双核电话线路传输的音频信号。
- 输出：一个可以表示处理后信号的系统。例如显示终端、扬声器或另一个计算机。

系统通过运算信号来生成新的信号。例如，麦克风将空气压力转换为电流，扬声器将空气压力转换成电流。

1.3.1 模数转换

信号处理系统的第一步是将现实世界中的信息输入系统。这也要求转换模拟信号为数字信号以便于数字系统的处理。模拟信号通过一个叫作模数转换器（A/D 或 ADC）的器件。模数转换器通过采样将模拟信号转换成数字信号，采样即等时间间隔地测量信号。每个信号都赋予一个数码（图 1-2）。这些数码可以用 DSP 来处理。这些数码的数量通常为 2 的幂（2，4，8，16 等）。最简单的数字信号只有两个状态，即为二进制信号。

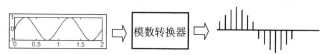

图 1-2 数字信号中的模数转换器

模拟信号的例子有代表人声（语音）的电波，及电视摄像机的信号。这些模拟信号都可以使用模数转换器转换成数字信号，然后由可编程数字信号处理器处理。

相对于模拟信号，数字信号处理更加高效。数字信号普遍有明确的定义且顺序，这使电路更容易将它从噪声中区分出来。噪声是不需要的信息。噪声可以是任何信号：从汽车发动机的背景噪声到数字化后的照片上的划痕。在模拟世界里噪声可以表示为让信号及数据品质降低的电能或电磁能。数字及模拟系统里都会有噪声。采样错误（我们稍后会提到更多）也会让数字信号的品质下降。噪声太大时会让所有信息（包括文字、程序、影像、音频、视频及遥测信号）的品质下降。数字信号处理提供一个有效降低噪声影响的方法，以便捷地从信号中过滤掉"坏"信号。

举个例子，假设要将一个如图 1-2 的模拟信号转换成数字信号，以进行更多处理。第一个要考虑的问题就是要多快的采样或测量模拟信号，才能准确地在数字域来表示它。采样率以每秒取得的模拟事件（如声音）采样值在数字域代表它。再假设我们将以 T 秒为周期来采样。如此看来：

$$采样周期（T）= 1/ 采样频率（f_s）$$

采样频率使用赫兹（Hz）[⊖]为单位。

如果采样率是 8kHz，即每秒 8000 个周期，采样周期为：

$$T = 1/8000 = 125ms = 0.000125s$$

这告诉我们，当信号以这样的采样率采样时，在下一个采样信号到达前我们有 0.000125s 的时间来对此信号执行所有需要的处理（要记得这些采样值会不断地到来，我们不能在处理时出现延迟）。这是"实时系统"的普遍原则，我们会很快在下面讨论。

如果知道时间上的限制，我们就可以将能赶上采样率所需的处理器速度确定下来。处理器速度并不以时钟速度来衡量，而以执行指令的速度来衡量。当我们知道处理器的指令周期时，我们就能够确定能有多少个指令来处理采样信号：

$$采样周期（T）/ 指令周期 = 每个采样的指令数$$

对于一个 100MHz 的处理器，每个周期执行一条指令，它的指令周期将是：

$$1/100MHz = 10ns$$

$$125μs/ 10ns =12500 条指令 / 秒$$

$$125μs/ 5ns –12500 条指令 / 秒（200MHz 处理器）$$

$$125μs/ 2ns =12500 条指令 / 秒（500MHz 处理器）$$

这个例子表明，更高的指令执行速度能够让我们对采样值进行更多处理。如果只是这样简单，我们只要选择可有的最高处理速度即可以有丰富的裕量。遗憾的是，事情并不如此简单。很多其他因素（如成本、准确度、功耗限制）也必须一并考虑。嵌入式系统有众多类似的限制，还有体积及重量限制（对于便携式设备很重要）。例如，我们怎么知道我们对输入的模拟信号进行多快的采样才能在数字域准确地表示信号携带的信息呢？如果采样次数不够多，我们获得的信息将无法表征真实的信号。如果采样次数太多，系统会"过度设计"，同时会过多地约束我们自己。

1.3.2　奈奎斯特准则

奈奎斯特定理[⊖]是最重要的采样准则之一，它指出可准确表达出来的最高信号频率是采样率的一半。奈奎斯特采样率指能够完整表达一个信号的最低采样率。遵守奈奎斯特采样率能够准确地对初始信号进行还原。实际的采样率要比奈奎斯特采样率高，因为在采样过

⊖　赫兹是频率（状态变化或声波、交流电或其他周期性波形中的周期）的单位。赫兹这个单位是为了纪念德国物理学家海因里希·赫兹。

⊖　在 1933 年为了纪念科学奈奎斯特而命名。

程还会带来各种量化错误。

　　例如，人类能听到的声音频率范围是 20～20000Hz，所以将声音记录到 CD 上，采样频率必须为 40000 才能恢复 20000Hz 的信号。CD 标准采样率是每秒 44100 次，即 44100Hz。

　　如果信号不使用奈奎斯特采样率来采样，采样后的数据将无法准确地代表真正的信号。请看以下正弦波：

　　垂直虚线是采样区间。每个点是信号交叉处。这些代表着转换过程中的实际采样（例如模数转换器）。如果图 1-3 所示的采样率低于所需的奈奎斯特采样率，问题就出现了。当信号恢复时，波形结果将可能如图 1-4 所示。

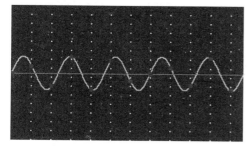 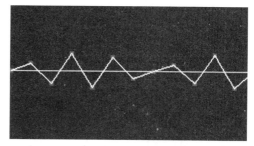

图 1-3　如果一个信号用低于奈奎斯特采样率的速　　图 1-4　未能按照奈奎斯特采定理来采样，
　　　　 率来采样将无法完整地代表原来的信号　　　　　　 重建的波形就存在问题

　　这个信号一点都不像原来的输入。这个不良的特性称为"混叠"。混叠为采样一个信号时，同正确频率一起产生出来的虚假（或混叠）频率。

　　混叠会因信号不同而有所不同。混叠在图像中出现为锯齿边际或阶梯效应，在声音上产生"嗡嗡"声。为了减少或消除这种噪声，模数转换器的输出一般会以低通滤波来去除比奈奎斯特采样率高的信号。低通滤波也能去除在采样前引入的高频噪声及干扰。第 2 章将详细介绍相关知识。

　　我们假设要将模拟音频转换为数字信号，以进行更多处理。在音频信息中，我们用"模拟信号"一词来表示在空气中传播的声波。一个简单的音频信号（如正弦波），会让空气形成间隔均匀、高低变换的气压波纹。这些信号进入一个麦克风（或耳鼓膜），能让传感器前后均匀移动，产生同频电压。根据从麦克风测量的电压而绘出的图形会与图 1-5 很相像。

　　如果我们要编辑、操作或用通信链路发送这个信号，这个信号必须要先数字化。进来的模拟电压需要模数转换成二进制数值。这里两个重要的约束是采样率（测量这个电压的频率）及分辨率（衡量电压数位值的长短，具体就是模数转换器的位宽）。

　　更大的 ADC 拥有加长的输入动态范围。当一个模拟信号被数字化时，我们其实就像在一定的间隔（也就是以采样率），连续拍下这个波形的快照，然后将这些快照另存为二进制编码或数值。

　　当这个波形从数列恢复后，结果将是原来波形（图 1-6）的"阶梯"近似值。

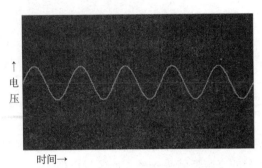

图 1-5　模拟数据随时间轴变化的波形

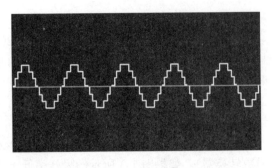

图 1-6　由数字化的采样值重建模拟信号

要将这个数字数据转换为模拟电压，这个"阶梯"近似值要用一个滤波器来作"平滑"处理。这样将会产生一个类似于输入的输出（假设没有经过其他的处理）。一旦采样率、解析度（或两者）均太低，恢复后波形的品质会变差。若不按照采样率（或更高）来处理数据，结果等同于硬实时系统（如 CD 播放器）出现计算错误。一般可以如此计算：

$$（需处理的指令数量 \times 采样率）< f_{clk} \times 每时钟周期处理的指令数（MIPS）$$

其中 f_{clk} 为数字信号处理器的时钟频率。

对采样率的需求取决于应用。采样率的应用范围很大，从高端的雷达及信号处理（使用高至及高于 1GHz 的采样率），到采样率需求低得多的控制及仪器应用（在 10～100Hz 范围）。算法的复杂度也必须要顾及。普遍来说，更复杂的算法需要更多的指令周期来获得计算结果，所以必须要用更低的采样率来满足处理这些复杂算法所需要的时间。

1.3.3　数模转换

在许多应用里，一个信号经过数字信号处理器的处理、增强及变换后必须送回现实世界。数模转换是这样一个过程，即把有若干（通常为 2）量级或状态的数字信号转换成状态数量极多的模拟信号。

DAC 及 ADC 在数字信号处理的应用中都非常重要。经 ADC（输出直流电压的单一数字输出）将模拟输入转换为数字，再对数字信号滤波或增强，最后经 DAC 将增强的数字脉冲转换成模拟的形式，这样，模拟信号的品质通常会有所提升。

图 1-7 所示为一个数字信号通过数模转换器（DAC）将数字信号转换成模拟信号之后送到外部环境。

图 1-7　数模转换过程

1.4　DSP 的应用

本节将会探索一些常见的 DSP 应用。虽然 DSP 有众多不同的应用，这里重点讨论以下三类应用：

- 低成本并且性能优越的 DSP 应用
- 低功耗的 DSP 应用
- 高性能的 DSP 应用

低成本 DSP 应用

DSP 在很多领域里正逐渐变成普遍的低成本应用方案。DSP 电机控制就是一种普遍的应用。从洗衣机到电冰箱的许多消费产品里都有电机。在这些用品里，电动机的能耗在总能耗里占很大比重。

控制电动机的速度在能耗上有着直接的作用。生产商们使用三相变速驱动系统来改善性能而达到低能耗的目标。DSP 电动机控制系统有着足够的带宽以为家电应用开发先进的电机驱动系统。

从简单的数字控制到先进的噪声及振动消除，应用的复杂度在不断提升。随着应用复杂度的增加，控制也由模拟变迁到了数字，于是增加了系统的可靠性、效率、灵活性和集成度，降低了整个系统的成本。

许多早期的控制功能都使用微控制器。但随着电动机控制算法复杂度增加后，对更高性能、更多可编程解决方案的需求也在增加。数字信号处理器为这些应用提供了充足的带宽和可编程的要求。如今，可以在许多更先进的电动机控制技术上找到 DSP 应用：

- 电动机变速控制
- 无传感器控制
- 磁场导向控制
- 软件中的电动机建模
- 控制算法改善
- 软件取代昂贵的硬件

电动机控制是低成本 DSP 的一种应用。在这里，DSP 用于提供转换器快速且精确的 PWM 开关。DSP 还向系统提供快速准确的电动机模拟参数的反馈，如电流、电压、速度、温度等。有两种电动机控制方式：开环控制和闭环控制。开环控制系统最为简单。开环系统有着良好的稳态性能，但没有电流反馈局限了其瞬态响应的性能。用一个低成本的 DSP 来变速控制三相感应电动机可以提供更好的系统效率。

闭环方案比较复杂，要用性能更高的 DSP 控制电流、速度及位置的反馈，这样可以提高系统瞬态响应的性能并提供严密的速度 / 位置控制。其他更加复杂的电动机控制算法也可以用更高性能的 DSP 实现。

许多其他的应用也使用低成本 DSP，例如冷却压缩机使用低成本 DSP 控制压缩机变速能显著提高其能效。低成本 DSP 在多种洗衣机内使用，控制电动机变速，省去机械齿轮的应用。DSP 可为这些器件提供无传感器控制，省去了速度及电流传感器的需求。更佳的失衡监控使更高的转速成为可能，让衣物甩水更干并减少噪声及振动。加热、通风、空调系统在送风机及进风机的变速控制中使用 DSP，这可以提高能效及用户的舒适度。

1.5　低功耗 DSP 应用

我们生活在一个便携社会。从手机到个人数字助理（Personal Digital Assistant，PDA），我们在行动中工作及娱乐！这些系统的动力来自电池。电池寿命越延长越好。设计人员对处理器功耗敏感是有意义的。更低功耗的处理器让电池使用时间加长，也让这些系统和应用成为可能。

降低功耗后，系统散热更少。这样便省去了价格高昂的散热器件，如散热片。由于器件减少，系统成本会更低，体积会更小。根据同一思路，如果系统能够更简单，组件更少，设计人员就能更快地将系统推向市场。

低功耗机型能够带给设计人员一些其他新的选择，如潜在的备用电池允许系统不间断运行，而且在同等的功耗（或成本）预算下做更多的处理，带来更多的功能及更高的性能。

一些系统类别适宜用低功耗 DSP。便携式消费电子产品使用电池作为能源。普遍来说，消费者期望更少更换电池，电池能够使用越久越好。这类用户也在乎产品大小。消费者需要能够随身携带的产品，要让产品别在腰上，放在口袋里。

某种类别的系统需要设计者限制在严格的功耗预算内。它们包括有定额的功耗预算的系统，它们工作依赖有限的电力线、电池备份，或是定额电源。这类系统的设计人员在电源的约束之下设计功能，例如防御及航天系统。这些系统还有着紧凑的大小、重量、功耗限制。低功耗处理器能够在前面列出的三种限制下给设计人员更多的弹性。

另一类对功耗敏感的系统包括高密度系统。这些系统通常为高性能系统，或多处理器系统。电源效率对这些系统来说，除了电源限制之外，还与散热有关。这些系统电格布局紧密，每块电路板上都有大量的器件，有时多个板卡装在很小的空间里。这些系统的设计师正在关注如何降低功耗，以及如何散热。低功耗的 DSP 可以带来更高的性能和更好的集成度。更少的散热器及冷却系统可以减低系统成本，使系统更加易于设计。这些系统主要的问题是：

- 在每个通道产生更多功能
- 用每平方厘米实现更多功能
- 避免散热问题（散热器、风扇、噪声）
- 降低整体功耗

在今天的很多系统内，功耗是限制因素。设计人员必须要在设计的每一步都对功耗做出优化。选择处理器是系统设计起始步骤之一。处理器的选择要基于功耗优化的架构及指令集。在信号处理密集的系统中，数字信号处理器是一个常见的选择。

低功耗 DSP 解决方案的一个例子是固态音频播放器。该系统需要大量以 DSP 为核心的算法来处理信号，从而产生高保真品质的乐声。低功耗的 DSP 可以处理音频数据的解压、解密和加工。这些数据可以存储在外部的存储设备中，比如可以更替使用的个人 CD。这些存储设备也可以进行重新编程，并且用一个微控制器实现用户界面的功能。存储音频数据的存储设备与微控制器相连，微控制器可从中读取数据并将其传输到 DSP 中。另外，数据可以从 PC 机或网站上下载，并直接播放，或者写入存储设备空白的区域。数模转换芯片会将从 DSP 输出的数字信号转化成模拟形式，最终在用户的耳机上播放出来。整个系统必须由电池供电（例如两节 AA 电池）。

对于这类产品，关键的设计约束在于功耗。顾客不喜欢给他们的便携式设备更换电池。因此，电池的使用时间是一个重要的考虑因素，而这跟系统的功耗有直接的关联。由于不带任何移动部件，固态音频播放器比上一代的播放器（如磁带机、CD 机）功耗更低。因为这是一款便携式产品，尺寸和重量显然也是关键因素。如这里所介绍的固态设备，由于整个系统所包含的器件更少，所以空间利用率会更高。

对于系统设计师来说，可编程性是一个关键问题。采用可编程 DSP 解决方案，这种便携式音频播放器才能及时从互联网或者存储设备上立即更新到最新的压缩、加密和音频处理算法。在这里所介绍的低功耗基于 DSP 的系统解决方案可将系统功耗降低至 200mW。这大大延长了便携式音频播放器电池的使用时间。同样使用两节 AA 电池供电，便携式播放器电池使用时间是 CD 播放机的 3 倍。

高性能 DSP 应用

在性能范围的高端，DSP 利用先进的架构来进行高速信号处理。先进的架构，如超长指令字（Very Long Instruction Word，VLIW）广泛使用并行和流水线实现高性能。这些先进的架构利用其他技术（如优化编译器）达到高性能。高性能计算的需求一直不断增加。涉及应用包括：

- DSL 调制解调器
- 基站的收发器
- 无线局域网
- 多媒体网关
- 专业音响设备
- 联网摄像机
- 安防鉴定
- 工业用扫描器
- 高速打印机
- 先进加密系统

1.6　总结

即便模拟信号可以用模拟硬件（包含有源及无源器件的电路）来处理，使用数字信号处理还是有许多优势：

- 模拟电路一般局限于线性操作，而数字信号处理可以实现非线性操作。
- 数字硬件系统可编程，信号处理过程实时或非实时的更改都更加简单。

- 数字硬件系统相对模拟电路对环境变化（例如温度）不那么敏感。

这些优势可以带来更低的成本，这也是很多应用如无线电话、消费类电子产品，及工业控制从模拟变为数字处理的原因。

信号处理，无论是数字或模拟可分为两种归类：

- 信号分析 / 获取：将信号内的有有用信息提取出来，例如语音识别、雷达目标定位及识别、天气及地震信息，等。
- 信号的滤波 / 整形：可改善信号的质量。有时，这是分析和特征提取之前的第一步。这方面的技术包括使用滤波算法消除噪声和干扰，将信号分离到一个更简单的组件中，以及其他时域和频域求均值。

一个完整的信号处理系统通常有多个组件组成，会采用多种信号处理技术。

第 2 章
实时系统与嵌入式系统概述

Robert Oshana

2.1 实时系统

实时系统是指在规定的时间间隔内必须对由外部刺激（包括物理时间的改变）做出快速反应的操作系统。《牛津字典》这样定义实时系统：

实时系统指一切以输出时间为关键的系统。

这通常因为在物理世界输入对应某些运动，并且输出不得不适合相同的运动。为了遵守时限，从输入到输出的延迟时间必须足够小。另一方面可以把实时系统理解为可由任何信息处理活动组成，必须在限定的时间内对外部的输入产生应答的系统。一般来说，实时系统是一个可以持续且及时与周围环境交互的系统（图 2-1）。

图 2-1　实时系统对来自于环境的输入做出反应并且产生影响环境的输出

2.1.1 软实时和硬实时系统

运算的正确性不仅依赖于它的结果，还依赖于它输出数据的生成时间。实时系统必须满足限定的应答时间，否则系统会遭受严重的后果。如果这个后果包含性能的退化，而不是完全出错，系统则被认为是软实时系统。如果这个后果是系统错误，那么这个系统则被称为硬实时系统（例如，汽车中的防抱死系统）。

当且仅当系统功能（硬件、软件或者二者的结合）对于完成一个动作或者任务具有硬时限，才能认为是实时的。这个时限必须永远被遵守，否则任务会有错误。系统可能包含一个或者更多的硬实时任务，以及其他的非实时任务。这是可被接受的，只要系统可以适当调度这些任务，并且硬实时任务总能遵守时限。硬实时系统多见于嵌入式系统。嵌入式系统是更大系统中的特定部分。在本章的后面部分我们将针对嵌入式系统进行更加具体的研究。

2.1.2 实时系统和分时系统的区别

实时系统和分时系统之间的基本区别在于三点（表 2-1）。

- 系统能力
- 响应能力
- 负载能力

表 2-1　实时系统具有高度的可调度性，必须以高度的资源利用率下满足系统的时序需求必须

特征	分时系统	实时系统
系统能力	高吞吐量	可调度性和系统任务遵循所有时限的能力
响应能力	快速平均响应时间	能够确保的最坏情况下的延迟，即在最坏情况下对事件的响应时间
负荷能力	公平处理所有任务	稳定，当系统超负荷，重要任务必须遵守时限，同时其他任务可能等待

实时系统也要确保最差情况下的时延，保证系统在最差情况下对事件的响应时间。实时系统也提供瞬间超负荷的稳定性——当系统对事件响应已经超负荷，不可能遵守所有的时限，被选择为最高优先级任务的时限仍然必须保证。

2.1.3　DSP 系统是硬实时系统

DSP 系统通常限定为硬实时系统。例如，假设模拟信号被处理为数字信号。需要考虑的第一个问题是，为了在数字域中准确地表征一个模拟信号，应该多久进行一次采样或者如何测量。正如第 1 章所讨论的，采样速率是指一个模拟信号（比如声音）在数字领域每秒采样的次数。现在我们知道信号采样率必须不小于希望保留的最高频率的 2 倍。如果信号在 4kHz 包含重要内容，则采样频率必须至少应为 8kHz。采样周期则等于：

$$T = 1 / 8000 = 125 \text{ ms} = 0.000125 \text{ s}$$

这些告诉我们，这个信号的采样率决定，在下次采样之前，我们将要有 0.000125s 去执行所有必要的处理。当发生连续采样，系统不能在处理过程中落后，并且必须产生正确结果，这就是硬实时系统。

硬实时系统

硬实时任务的集体时效性是二元的，所以它们要么满足它们的时限（在一个正常运行的系统中），要么无法满足（在这种情况下系统是不可行的）。在所有硬实时系统中，集体时效性是决定性因素。这个决定性并不意味着单个任务的实际完成时间，或者任务的执行顺序需要预先知道。

作为硬实时系统的计算机系统，意味着与时限的长短无关，其可能是微秒级的，也可能是几周。"硬件实时"这个词的使用可能有些混乱。有人认为硬实时响应时间低于极低的阀值，如 1ms。这并不正确。许多这样的系统属于软实时。这些系统应该正确称为"实时快速"或"实时可预测"，但实际并非硬实时。

硬实时计算的可行性和成本（例如系统资源方面来）依赖于已知，首先是与任务和执行环境有关的预期行为特征。这些任务特征包括：

- 时限参数，例如到达周期或者最大值。
- 截止时间
- 最差执行时间

- 就绪和挂起时间
- 资源利用属性
- 优先权和排斥约束
- 相对重要性

下面举例执行环境相关的重要特征：

- 系统加载
- 资源相互作用
- 队列规则
- 仲裁机制
- 服务延迟
- 中断优先级和时间
- 缓存

在硬（软）实时计算中，决定集体任务的及时性需要掌握相关任务的预期特征和执行环境，即环境完全可知。这些特征性的常识会被用来预先分配资源，使得所有时限被遵循。

通常，任务的预期特征和执行环境必须调整以确保调度和资源分配满足所有时限。遵循所有时限的不同算法或者调度通过其他因素被评估。在很多实时处理应用中，首要因素是使处理器的利用率最大化。

硬实时计算的分配可以使用多方面的技术。有些技术包含线性列举法查找静态调度，这可以确保满足所有的时限。调度算法包括分配不同系统任务优先级。这些优先级可以被分配，或通过应用程序离线，或通过应用程序或操作系统软件在线。任务优先级分配或是静态（固定），如使用单调率的算法，或者是动态的（可变），如使用最快时限优先算法。

2.1.4　实时事件特征

实时事件包括三个类别：

- 异步事件是完全不可预知的。举个例子，一部手机拨打电话到一个基站。虽然基站是可以预知的，但是拨打电话的动作是无法预知的。
- 同步事件是可以预知事件，并且按照精确的规则出现。比如，摄像音频和视频是同步。
- 等时事件的规律性发生基于给定的时间窗口。比如，在网络多媒体程序中的音频数据，当对应的视频码流到达时，必须在给定的时间窗口出现。等时是异步的一个子类。

在许多实时系统中，任务和预期执行环境特性很难预测。这使得硬实时调度不可行。在硬实时处理过程中，集体事件及时性的标准由实际的需求决定。满足该要求的必要方法是确定性任务和执行环境特征情况的静态（即优先）调度。为了实现离线调度和资源分配，要求预知每个系统任务以及它们的预期执行环境，而这种需求极大地限制了硬实时处理的适用性。

2.2　高效运行和运行环境

实时系统是时间关键的系统，相对于其他系统，系统执行的效率会更为重要。效率可以分别按处理器、内存和电源分类。这些约束可能影响从处理器到编程语言的任何选择。使用高效语言的主要益处之一是可以让程序员剥离实现的细节，专注于解决问题。但是在嵌入式领域中，并不总是如此。有些高级语言所用的一些指令会比汇编语言的命令慢一个数量级。但是，通过正确的技巧，高级语言可以高效地在实时系统当中使用。我们将在第11章详细讨论这个话题。

资源管理

只要系统可以让时间关键的进程在可接受的时限内完成，该实时系统就能实时运行。"可接受的时限"被定义为行为模式的一部分或者系统的非功能需求。这些需求必须是客观、可计量的，因此是可测量的（比如系统必须很快，这样的描述是无法量化的）。如果系统包含一些实时资源管理（为了确保系统运行的实时性，必须要显式管理这些资源），那么可以说该系统是实时的。如前所述，资源管理能以静态离线或者动态在线方式完成。

实时资源管理带来一定开销。系统需求的实时处理程度不能仅仅通过硬件的超强功能达到（比如，使用更快的 CPU 实现的高速处理器）。实时系统资源管理也要用来节省开销。必须实时态运行系统由实时资源管理和硬件资源容量构成。带有物理设备的交互系统需要更高程度的实时资源管理。这些计算机是指我们之前所谈的嵌入式系统。许多这类嵌入式计算机使用很小的实时资源管理单元。通常使用的资源管理是静态的，并且需要系统环境优先级的分析先于在其环境当中的执行。在实时系统中，为了实时资源管理，物理时间（相对于逻辑时间）是精确关联的事件及其发生时间的必需。当进程运行到结束时，物理时间对于运行时间的约束和测量实际消耗的时间都非常重要。物理时间还可以用于记录历史数据。

所有实时系统都要在性能与调度开销之间作出取舍，从而在优化调度规则的实时部分与离线调度性能的评估、分析之间达到某种合理的平衡，以获得一种可接受的时限。

> **反应式和嵌入式实时系统**
>
> 有两种类型的实时系统：反应式和嵌入式。反应式实时系统涉及与环境长时间连贯交互（比如驾驶员控制飞机）。嵌入式实时系统用于控制安装在某个更大系统内部的专用硬件（比如控制汽车防抱死微处理器）。

2.3　实时系统设计的挑战

实时系统的设计为设计者带来巨大的挑战。其中最重要的挑战来自于这样的事实：实时系统必须与环境进行交互。环境是复杂而多变的，因此这些交互会变得非常复杂。许多实时系统在环境中不只与一个实体交互，每个实体都有不同的特征，要求不同的交互速度。

例如，手机基站必须能够在同一时间处理数以千计的手机用户打来的电话。每个电话可能有不同的处理需求。所有的这些复杂处理必须被管理和协调。

2.3.1　响应时间

实时系统在约定的时间内必须对环境中的外部交互做出相应反应。这些系统必须在约定的时间内产生正确的结果。这意味着响应时间与产生正确的结果一样重要。实时系统必须设计来满足这些响应时间。必须设计硬件和软件来支持这些系统响应时间的需求。为硬件和软件优化系统需求的分区也同样重要。

实时系统必须遵循响应时间的要求。使用硬件和软件部分的组合，工程决定构架，比如系统处理器内部链接、系统链接速度、处理器速度、内存大小和输入输出带宽。需要回答的主要问题包括：

- 架构是否合适？为遵循系统响应时间的要求，系统可以被构架使用一个强大的处理器或几个较小的处理器。应用程序是否可以划分到几个更小的处理器上同时不会导致整个系统出现大的通信瓶颈？如果设计者决定使用一个强大的处理器，该系统能否满足其电源需求？有时一个简单的架构可能是更好的方法——更多复杂性可能导致不必要的，引起响应时间问题的瓶颈。

- 处理元器件是否足够强大？一个利用率高（大于90%）的处理单元将会导致不可预测的运行时行为。在这个利用水平当中，在系统中低优先级任务可能会死掉。作为一般规则，加载在 90% 的实时系统将花费大约两倍的时间来开发，这是优化周期和系统整合问题决定的。使用率为95%，由于相同的问题，系统将占用三倍的时间来开发。使用多个处理器会有帮助，但是处理器间通信需要管理。

- 通信速度是否足够快？通信和输入输出是一种在实时嵌入式系统常见的瓶颈。许多响应时间问题不是来自超负荷的处理器，而是出在系统获取和输出数据的延迟上。在其他情况下，超负荷的一个通信端口（大于 75%）会导致不同的系统节点不必要的队列，引起在整个系统消息传递的延迟。

- 是否使用正确的调度系统？在实时系统，处理实时事件的任务必须采取更高的优先级。但你如何调度多个是处理实时事件的系统任务呢？有几种可用的调度方法，另外工程师必须设计调度算法以适应系统优先级，满足所有实时的时限。因为外部事件可能发生在任何时候，调度系统必须能够抢占当前运行的任务，并允许运行更高优先级的任务。调度系统（或实时操作系统）不能引入大量的开销到实时系统中。

2.3.2　从故障中恢复

实时系统与环境的相互作用本质上是不可靠的。因此实时系统必须能够在环境中检测并克服失败。而且，由于实时系统也嵌入到其他系统，并且可能很难触及（如宇宙飞船或卫星），同样必须能够检测并克服内部故障（用户没有容易触碰的"重置"按钮！）。而且，由于环境中的事件是不可预测的，在该环境中，为每一个可能的组合和事件序列进行测试，这几乎是不可能的。这一实时软件的特征，在某种意义上会有些不确定性。在一些实时系统中，基于不确定性行为环境去预测多条执行路径几乎是不可能的。

由实时系统检测和管理内外故障的例子包括：

- 处理器故障
- 板级故障
- 链接失败
- 外部环境无效行为
- 内部连接失败

2.4 分布式和多处理器构架

实时系统正变得十分复杂，应用程序在分布式多通信系统中的多处理器系统中执行。设计师面临的挑战涉及多处理器系统中的应用划分。这些系统将涉及多个不同节点上的处理。一个节点可能是一个 DSP，另一个可能是一个更通用的处理器。一些甚至可能是专用的硬件处理单元。这将为项目团队带来很多设计挑战。

2.4.1 系统初始化

初始化一个多处理器系统是很复杂的。在大多数多处理器系统中，软件加载文件驻留在通用处理节点。直接连接到通用处理器（例如一个 DSP）的节点先要进行初始化。在这些节点完成加载和初始化后，与其相连的其他节点可能会经历同样的过程，直到系统完成初始化。

2.4.2 处理器接口

当多个处理器必须相互通信时，必须注意在处理器间发送的消息，确保其定义明确且与处理元素一致。消息协议的差别包括字节顺序、字节排序和其他填充规则，这会让系统集成更加复杂，尤其是系统要求向后兼容时。

2.4.3 负载分配

正如前面提到的，多个处理器导致了应用分配的挑战，可能要求开发应用程序以支持在处理单元之间的有效应用分配。应用程序的分配错误可以导致系统瓶颈，使得某些处理单元超负荷运行，而其他处理单元闲置，从而降低了系统整体的功能。应用程序开发人员设计的应用程序在处理单元之间必须进行有效分配。

2.4.4 集中的资源分配和管理

在多个处理单元的系统中，还有一组需要管理的公共资源，包括外设、交叉开关记忆和内存。在某些情况下，操作系统可以提供信号量机制等来管理这些共享资源。在其他情况下，可能会有专门的硬件来管理资源。不管怎样，在系统中重要的共享资源必须被管理以防止更多的系统瓶颈。

2.5　嵌入式系统

　　嵌入式系统是一个专门的计算机系统，通常会集成到一个更大的系统中。嵌入式系统由硬件和软件组件组成一个计算引擎，实现某种特定的功能。不像桌面系统用来执行普通功能，嵌入式系统限制在其应用程序中。如前所述，嵌入式系统通常有时间约束，需对环境做出反应。一个嵌入式系统粗略的划分包括：为应用程序提供性能所必需的硬件（和其他系统属性如安全）和在系统中供了大部分功能和灵活性的软件。一个典型的嵌入式系统如图 2-2 所示。

图 2-2　典型嵌入式系统组件

　　一些典型的嵌入式系统组件包括：

- 处理器核：在嵌入式系统的核心位置。从简单便宜的 8 位微控制器到更复杂的 32 或 64 位处理器都可能成为处理器核。嵌入式系统设计人员必须为应用程序选择最节省成本的设备，也要满足所有的功能性和非功能性（定时）需求。
- 模拟 I/O：D/A 和 A/D 转换器用于从环境中获取数据并把它返回到环境中。嵌入式系统设计人员必须了解来自环境的、需要的数据类型，该数据的精度要求和输入 / 输出数据速率的精度，选择正确的应用程序转换器。外部环境驱动嵌入式系统的反应类型。嵌入式系统的速度至少要能够跟上环境。比如模拟信息，如光或声音的压力、加速度，被检测到并输入到嵌入式系统当中。
- 传感器和执行器：传感器是用来从环境中感应模拟信息。执行器用于以某种方式来控制环境。
- 嵌入式系统也有用户界面：这些界面可以简单如一个闪烁的 LED 灯，可以复杂，如手机或数码相机界面。
- 应用程序特别通路：硬件加速如 ASIC 或 FPGA，用于在有高性能需求的应用程序中加速特定的功能。嵌入式系统设计人员必须能够恰当集中或划分应用程序，使用有效的加速器以获得最佳应用。
- 软件：嵌入式系统发展的一个重要组成部分。在过去的几年中，嵌入式软件的快速的增长已经超出了摩尔定律，大约每 10 个月增加一倍。嵌入式软件通常是以某种方式优化（性能、内存，或电源）。越来越多的嵌入式软件使用高级语言如 C/C++，一些至关重要的代码仍使用汇编语言编写。
- 内存：嵌入式系统的重要组成部分。根据不同的应用程序，嵌入式应用程序可以根据应用程序耗尽 RAM 或 ROM。嵌入式系统还使用了很多易失性和非易失性的存储器，我们将在本章后面更多谈论这个方面。

- 仿真和诊断：许多嵌入式系统中很难看到或拿到。需要有一个办法接入嵌入式系统用来调试它们。诊断端口如 JTAG（Joint Test Action Group，联合测试行动组）用于调试嵌入式系统。芯片仿真用来提供应用程序行为的可视性。这些仿真模块提供复杂的可视功能到运行时的行为和性能，实际上取代了有外部板级诊断能力的逻辑分析功能。

嵌入式系统是响应式系统

典型的嵌入式系统环境通过传感器响应环境，使用执行器（图 2-3）控制环境。这需要嵌入式系统的表现与环境相符。这就是为什么嵌入式系统称为响应式系统。一个响应式系统必须使用硬件和软件的结合，在确定的限制内响应环境中的事件。难题是，这些外部事件可以是周期性和可预测的，也可能是非周期和难以预测。在嵌入式系统中调度处理事件时，周期和非周期事件都必须考虑，最差情况下执行效率的性能必须被保证。这将是一个很大的挑战。

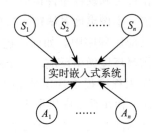

图 2-3　嵌入式系统中的传感器和执行器模型

嵌入式系统的关键特性如下。

- 监测和响应环境：嵌入式系统通常由输入传感器通过读取数据获得输入。有许多不同类型的传感器，检测环境中不同的模拟信号，包括温度、声音和振动。这个数据使用嵌入式系统算法来处理。结果可能以某种格式显示给用户，或仅用来控制执行器（如打开安全气囊并报警）。
- 控制环境：嵌入式系统可以产生和发送命令来控制执行器，如安全气囊，电机等。
- 信息的处理：嵌入式系统以某种有意义的方式处理来自传感器的数据，如数据压缩／解压缩、侧面碰撞检测等。
- 应用程序特征：嵌入式系统经常为应用程序设计，如安全气囊、数码相机或手机。嵌入式系统也可能被设计用于处理控制规则、限定状态机和信号处理算法。嵌入式系统还必须能够针对内部计算环境及周边系统检测故障并做出适当的反应。

2.6　总结

许多我们日常使用的项目以及交互设备包含嵌入式系统。嵌入式系统是一个是"隐藏"在交互设备中的系统。手机、应答机、微波炉、录像机、DVD 播放器、视频游戏机、数码相机、音乐合成器和汽车都含有嵌入式处理器。一种新型汽车可以包含多达 80 个嵌入式处理器。这些嵌入式处理器通过控制防抱死制动、气温控制、发动机控制、音频系统控制和部署安全气囊，等等，让我们享受安全与舒适。

嵌入式系统要承担迅速有效地反应外部"模拟"环境的额外负担。这可能包括一个按钮推动的响应，或在碰撞发生时一个传感器触发一个气囊，或者手机接到一个电话。简单地说，嵌入式系统拥有时限，它可以硬实时或软实时。鉴于嵌入式系统自然的"隐藏"性质，它们还必须反应和处理没有人类干预的情况下不寻常的条件。

在嵌入式系统中，DSP 是主要用于信号处理。它能够执行复杂的信号处理实时函数，这是 DSP 超越其他类型嵌入式处理器的关键优势。DSP 必须实时响应环境中的模拟信号，将它们转换成数字形式，并且对那些数字信号进行加值操作，如果需要，处理后的数字信号转换成模拟形式返回环境当中。

我们仍然需要讨论允许 DSP 迅速高效执行实时嵌入式任务的特殊架构和技术。第 3 章将继续讨论这个话题。

与桌面或大型机不同的是，编写嵌入式系统的程序需要一种完全不同的方法。嵌入式系统必须能够响应外部事件，并利用一个可预测且可靠的方法。实时程序不仅要执行正确，也必须及时地执行。一个迟到的应答就是一个错误的应答。因为这个需求，我们将在本书的后面研究相关的问题，比如并发、互斥性、中断、硬件控制、多任务和处理。

第 3 章
嵌入式 DSP 系统开发生命周期概述

Robert Oshana

3.1 嵌入式系统

如我们在第 2 章所看到的，嵌入式系统是一个专用的计算机系统，它集成到一个更大的系统上。许多嵌入式系统使用数字信号处理器来实现。DSP 将与其他嵌入式组件连接，来执行特定的功能。特定的嵌入式应用会选择相应的 DSP。例如，如果嵌入式应用是用来执行视频处理，那么系统设计师可以选择一个为媒体处理（包括视频和音频处理），而定制的 DSP。该器件包含软件可配为输入或输出的双通道视频端口，包含视频过滤和自动水平缩放功能，支持多种数字电视格式，如高清电视，支持多通道音频串行端口，支持多路立体声，还包含一个连接到 IP 分组网络的以太外设。可以看出，DSP 系统的选择取决于嵌入式应用。

本章将讨论开发一个采用 DSP 的嵌入式应用所涉及的基本步骤。

3.2 嵌入式 DSP 系统的生命周期

本节将介绍一个普通嵌入式 DSP 系统的生命周期。开发一个嵌入式系统涉及很多步骤——有些类似于其他系统的开发，有些是独有的。我们将针对 DSP 应用，逐步介绍嵌入式系统开发的基本流程。

3.2.1 步骤 1：研究系统的整体需求

比较和选择设计方案是一个艰难的过程。通常，选择会取决于对某一个特定的供应商或处理器的感情和依赖，或者基于之前的选择和舒适度形成的一种惯性选择。嵌入式设计师必须采取积极且合乎逻辑的做法，基于定义好的选择标准来对解决方案进行比较。对于 DSP，有一组特定的选择标准必须加以讨论。在整体设计方案中，许多信号处理应用都需要一些系统组件的组合，这包括：

- 人机界面
- 信号处理链
- I/O 接口
- 控制代码
- 胶合逻辑

DSP 解决方案是什么

一个典型 DSP 产品设计采用的是数字信号处理器、模拟／复合信号功能、内存和软件；所有的设计都要基于对整体系统功能的深刻了解。在产品中，现实世界的模拟信号会被一个模拟／复合信号器件翻译成数字位 0 和 1，模拟信号代表从温度到声音或者图像的任何东西。接下来，DSP 会处理数字位或信号。数字信号处理比传统的模拟处理更快、更精准。当今先进通信设备的处理速度需要保证信息能及时处理，并且在许多便携式应用中它们连接到了互联网中。

嵌入式 DSP 系统有许多选择标准。这至少包括以下标准：

- 价格
  - ❏ 系统成本
  - ❏ 工具
- 上市时间
  - ❏ 易于使用
  - ❏ 现成的算法
  - ❏ 参考设计
  - ❏ 实时操作系统和调试工具
- 性能
  - ❏ 采样频率
  - ❏ 通道数
  - ❏ 信号处理需求
  - ❏ 系统集成
- 功耗
  - ❏ 系统功耗
  - ❏ 功耗分析工具

这些是由伯克利设计技术公司定义的主要选择标准（bdti.com）。其他与"上市时间"和"功能"息息相关的选择标准可能是"易于使用"。在这个阶段，要考虑的基本准则包括：

- 对于一个固定的成本，性能最高。
- 对于一个固定的性能，成本最低。

3.2.2　步骤 2：选择系统所需的硬件组件

在许多系统中，单个通用处理器（General Purpose Processor，GPP）、现场可编程门阵列（Field Programmable Gate Array，FPGA）、微控制器或者 DSP 不会用做一个单一的解决方案。这是因为设计师通常会联合解决方案，最大限度地发挥每个设备的优势（图 3-1）。

在选择处理器时，设计师通常做的第一个决定是，选择一个采用 C 语言或汇编来进行软件功能模块开发的软件可编程处理器，还是用逻辑门电路实现功能模块的硬件处理器。FPGA 和专用集成电路（Application Specific Integrated Circuit，ASIC）都可以集成处理器核（ASIC 中很常见）。

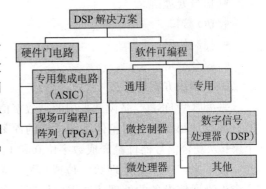

图 3-1   许多应用程序，多种解决方案

3.2.3   硬件门电路

硬件门电路是由逻辑块实现的；因此，任何程度的指令并行化在理论上都是可能的。逻辑模块有很低的时延，所以 FPGA 在创建外设时比起使用软件设备进行位拆裂（bit-banging）更有效率。

如果一个设计师选择在硬件上进行设计，他可能会使用 FPGA 或 ASIC。FPGA 称为"现场可编程"是因为它的逻辑结构存在一个非易失性存储器中，在启动时会加载到器件中。所以 FPGA 可以简单地通过修改非易失性存储器（通常是 FLASH 或者 EEPROM）来进行现场重新编程。ASIC 不是现场可编程的，它们使用不能修改的工厂掩膜法来编程。ASIC 通常开销更小并且功率较低。它们往往有可观的一次性工程（Non Recurring Engineering，NRE）费用。

3.2.4   软件可编程

在这种模型中，指令会以串行的方式在内存中执行（即，每周期执行一条指令）。软件可编程解决方案在指令并行化方面具有限制。然而，一些设备可以在单个周期内并行执行多条指令。由于在 CPU 上是从内存中执行指令的，所以不需要复位器件就可以改变器件的功能。同时，由于指令从内存中执行，所以许多不同的功能或例程可以集成到一个程序中，而不需要用门电路来实现每一个单独的例程。这使得在执行有大量子程序的复杂程序时，软件可编程的器件具有更高的成本效益。

如果设计师选择在软件上进行设计，那么有许多类型的处理器可供选择。其中有一些通用的处理器，此外，也有一些针对专门的应用进行过优化的处理器。例子有图形处理器、网络处理器和数字信号处理器。专用处理器通常为一个目标应用提供更高的效率，但是与通用处理器相比，灵活性要低些。

3.2.5   通用处理器

通用处理器的类别有微控制器（microcontroller，μC）和微处理器（microprocessor，

μP)（见图 3-2 ）。

微控制器通常有面向控制的外设。比起微处理器，它们一般具有较低的成本和较低的性能。微处理器通常有面向通信的外设。比起微控制器，它们一般具有较高的成本和较高的性能。

需要注意的是，一些 GPP 已经集成了乘累加（MAC）单元。具有这样的

主要优势	• 熟悉的设计环境（工具、软件、仿真器） • 可靠的通信外设 • 有能力为控制代码使用操作系统 • 编译通用性强（未调整的代码）
信号处理效率	平均到良好
主要应用	PC 和部分便携式设备

图 3-2　通用处理器解决方案

功能不算是 GPP 一个特别的优势，因为所有的 DSP 都有 MAC，但值得注意的是初学者可能会提到它。至于 GPP 中 MAC 的性能，每一个不同的器件都不一样。

3.2.6　微控制器

微控制器是一个高度集成的芯片，它包含了组成一个控制器的大部分或所有的组件。其中包括 CPU、RAM 和 ROM、I/O 口和时钟。许多通用计算机使用相同的设计。但是一个微控制器在嵌入式系统中通常用来处理非常专用的任务。顾名思义，专用任务是指控制一个特定的系统，所以称为微控制器。由于是定制的任务，所以器件的部分可以简化，这使得对于这种类型的应用，微控制器是非常划算的解决方案（见图 3-3）。

有些微控制器实际上可以在一个周期内完成一个乘累加操作。但是这并不一定使以数字信号处理为核心。真正的 DSP 可以在一个周期中完成两个 16×16 的 MAC，这其中还包括从总线上取入数据。正是这个原因使得应用成为一个真正的数字信号处理。因此，具

主要优势	• 良好的控制外设 • 有能力使用中档操作系统 • 非常低的成本 • 集成闪存（FLASH） • 低功耗
信号处理效率	差到平均
主要应用	嵌入式控制，家用电器

图 3-3　微控制器解决方案

有硬件 MAC 的器件会得到一个"不错"的评级，而其他的器件会得到一个"差"的评级。在一般情况下微控制器可以做 DSP，但它们通常会处理得慢一些。

3.3　FPGA 解决方案

FPGA 是逻辑门阵列，对其进行硬件编程可以执行用户指定的任务。FPGA 是通过包括线和可编程开关的矩阵互连的可编程逻辑单元阵列。FPGA 中的每个单元实现一个简单的逻辑功能，这些逻辑功能由工程师的程序定义。FPGA 内包含大量的逻辑单元（1000 ～ 100 000），可以用它们来创建一个实现 DSP 应用的模块。使用 FPGA 的好处是，工程师可以创建用于特定用途的功能单元，而这些功能单元可以非常有效地执行有限的任务。FPGA 还可以动态重配（通常每秒 100 ～ 1 000 次，这取决于器件）。这使得优化 FPGA 使其执行复杂任务的

速度比使用一个通用处理器的速度高成为可能。能够在门级别操作逻辑，意味着可以构建以 DSP 为中心的定制处理器，这些处理器可以有效地实现所需的 DSP 功能，因为可以同时实现算法的所有子功能。通过一个可编程的 DSP 处理器，FPGA 可以实现性能的提升。

DSP 设计师在使用 FPGA 时必须懂得权衡利弊（见图 3-4）。如果一个应用可以在一个可编程的 DSP 上实现，这通常是最好的方法，因为优秀 DSP 编程人员一般比 FPGA 的设计人员好找。另外，软件设计工具非常常见，也很便宜和先进，这可以帮助缩减开发的时间并降低开销。大部分常见的 DSP 算法在打包的软件组中都可以找到。但在 FPGA 上进行设计时很难找到现成的相同算法。

主要优势	• 计算非常快 • 非常好的设计支撑工具 • 设计中通常需要可编程逻辑电路 • 可以综合许多外设 • 开发简单 • 灵活的特性，现场可编程
信号处理效率	在高速和并行信号处理方面非常优秀
主要应用	胶合逻辑、雷达、传感器阵列

图 3-4　数字信号处理的 FPGA 解决方案

然而，如果使用一个或两个 DSP 无法达到所需的性能，或者当需要非常关注功率时（虽然 DSP 也是低功耗器件，但是需要执行基准测试），或者如果在开发和集成一个复杂的软件系统有重要的编程问题，FPGA 还是值得考虑的。FPGA 的典型应用包括雷达 / 传感器阵列，因果系统和噪声建模，以及任何高速 I/O 和高带宽的应用。

数字信号处理器

DSP 是一种专用的微处理器，用来对从模拟域转化来的数字信号进行有效的计算。DSP 最大的一个优点是处理器可编程，这使得重要的系统参数可以很容易地修改以便满足应用。DSP 针对数字信号的操作进行了优化。

DSP 提供了超快速的指令序列，例如移位和加法，以及乘累加。这些指令序列在一些算法密集的信号处理应用中很常见。DSP 用在此类信号处理非常重要的器件中，例如声卡、调制解调器、手机、高容量硬盘和数字电视（见图 3-5）。

主要优势	• 为计算 DSP 算法进行了结构上的优化 • 很好地兼顾了处理速度 / 功率 / 成本（MIP/m/W$$） • 高效的编译器，可以完全用 C 来编程 • 多任务调度可以使用实时操作系统 • 低功耗
信号处理效率	良好至优秀
主要应用	手机、电信基础设施、多媒体

图 3-5　DSP 处理器解决方案

在现实中，选择没有那么简单，因为，例如，DSP 的功能可以在微控制器上实现，反之亦然。汽车市场是一个很好的例子。6 缸或更多缸的高性能动力传动应用需要大量的信号处理。微控制器用于这个应用中（见图 3-6）。

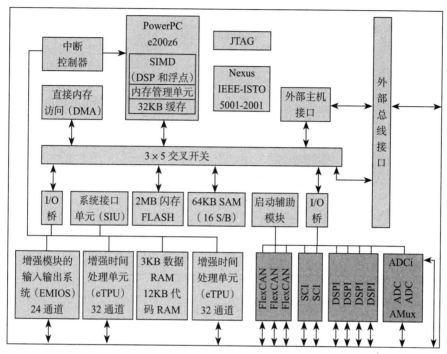

图 3-6　MPC554 用在汽车行业专门针对 6 缸或 6 缸以上的高性能动力传动应用中

在这个例子中，MPC5554 采用 zen 6 架构的处理器核，其中具有 32KB 缓存和内存管理单元。MPC5554 包括一个 2MB 的闪存和一个分为数据 RAM（Random Access Memory，随机存取存储器）、增强时间处理单元（eTPU）协处理器 RAM 和缓存的 111KB SRAM（静态存储器）。该微控制器包含在汽车和工业应用中常见的通信外设，如 CAN、SPI、串口和 LIN。MPC5554 还包含支持 40 个通道的双向模数转换器。

该微控制器是高度灵活的，可以通过编程来执行复杂的分散 / 聚集操作。然而，与本讨论相关的主要功能位于核内部的信号处理引擎（Signal Processing Engine，SPE）中。

SPE 是一个 SIMD（Single Instruction Multiple Data，单指令多数据）架构的处理引擎（见图 3-7）。它允许多个数据元素在同一个指令内处理。这可以提高一个具有密集内循环且操作大量数据的算法的性能。信号处理算法就属于这类算法。

SPE 利用现有的核组件，在最小的核复杂度下增加了性能，并且更容易与现有的工具和软件集成。从用户的角度看，具有 SPE 算术处理单元（Arithmetic Processing Unit，APU）的核最明显的方面是它的寄存器与基本核共享，并扩展到了 64 位。

为了方便 SIMD 指令中数据的传输，提取指令和数据的流水线也扩展到了 64 位。这实际上是一个专门为 DSP 操作（如滤波器和 FFT），提供信号处理能力的算术处理单元。

像这样的 SPE 引擎提供了重要的 DSP 功能，如 SIMD 功能，整套的算法，逻辑和浮点运算，多个乘法和乘累加指令，16 位和 32 位的加载和存储以及数据移动指令，通过位倒序增量指令计算 FFT 的地址，64 位累加器，等等。

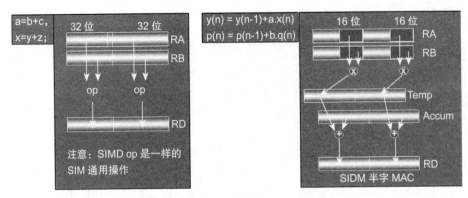

图 3-7 信号处理引擎（SPE）的结构

SPE 可以用来加速 DSP 算法。让我们来看一个 FIR 滤波器的例子。图 3-8 所示为一个基本的 FIR 滤波器。在图 3-9 中，我们看看为 SPE 而写的代码是什么样的。

```
void fir(uint32_t *y, unit32_t n, uint32_t *x)
{
  unit32_t i, j;
  unit32_t tap[16] = {3, 5, 6, 22, 2, 3, 3, 6,
                    15, 1, 23, 261, 31451, 7345, 123445, 15};
  for(i = 0; i < n; i++) {
    y[i] = 0;
    for (j = 0; j < 16; j++) {
      y[i] += tap[j] * x[j+i];
    }
  }
}
```

图 3-8 基本的 FIR 滤波器

```
void fir(uint32_t *y, uint32_t n, uint32_t *x)
{
  uint32_t i, j;
  __ev64_opaque__ y0, t;
  __ev64_u32__ tap[16] = {3, 3, 5, 5, 6, 6, 22, 22, 2, 2, 3, 3, 3, 3,
                   6, 6, 15, 15, 1, 1, 23, 23, 261, 261,
                   31451, 31451,7345, 7345, 123445, 123445, 15, 15};
  for(i = 0; i < n ; i+=2 )
  {
    // clear accumulator
    __ev_set_acc_u64( 0ULL );
    for(j = 0; j < 16; j++)
    {
      t  = __ev_create_u32(x[i+j], x[i+j+1]);
      y0 = __ev_mwlumiaaw(tap[j], t);
    }
    y[i] = __ev_get_upper_u32(y0);
    y[i+1] = __ev_get_lower_u32(y0);
  }
}
```

图 3-9 使用 SPE 内联函数的 FIR 滤波器

首先，有一组用来生成新数据的内联函数，这些函数通过传递进来的转入值生成新的通用的 64 位不透明数据类型。更具体地说，它们由下面的输入而生成：

- 1 个有符号或无符号的 64 位整数
- 两个单精度浮点数

- 两个有符号或无符号的 32 位整数
- 4 个有符号或无符号的 16 位整数

内联函数"evmwlumiaaw"的字母代表向量、乘法、字、低位、无符号、模、整数和字累加。

对于累加器中的每个字元素，rA 和 rB 中所对应的字无符号整数元素相乘。每个乘积中的最低 32 位与对应累加器字的内容相加，并将结果保存在 rD 和累加器中。

"Get_Upper/Lower"内联函数指定返回 64 位不透明数据类型中的高 32 位还是低 32 位。只有有符号 / 无符号的 32 位整数或者单精度浮点数会返回。

初始化累加器，需要使用"evmra"指令。

DSP 加速单元（如 SPE）用来降低那些需要使用多个器件的应用的成本。图 3-10 演示了如何使用微控制器内的 SPE 将一个定制的 ASIC 从引擎控制程序中移除，从而降低器件成本。综上所述，虽然我们可以针对不同的处理器类型分别对它们的 DSP 能力进行评估，如微系列、DSP、ASIC，等等，但很多时候解决方案会使用这些处理器单元中的几个进行综合设计。

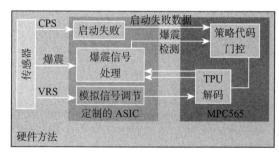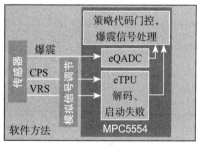

图 3-10　SPE 是微控制器内部的 DSP 功能，可用于减少一个 DSP 系统中的元器件总数

3.4　一个通用的信号处理解决方案

图 3-10 所示的解决方案允许每一个器件执行它们最擅长的工作，从而实现了一个在成本 / 功耗 / 性能方面更高效的系统。例如，在图 3-10 中，系统设计师可以按下面的方式处理系统控制软件：状态机和其他通信软件放在一个通用处理器或微控制器上，高性能、单独专用的固定功能放在 FPGA 上，而高速 I/O 的信号处理功能放在 DSP 上。

在规划嵌入式产品开发周期的时候，使用 GPP/μC、FPGA 和 DSP 的组合方案有机会降低成本并且增加功能。这越来越成为高端 DSP 应用中的一个话题。这些都是计算密集并且性能关键的应用。这些应用需要比单独 GPP 更高的处理能力和通道密度。对于这些高端的应用，系统设计师需要考量多种软件 / 硬件的备选方案。每个备选方案提供了不同程度的性能优势，同时还需要权衡其他重要的系统参数，包括成本、功耗，以及上市时间。

由于以下原因，系统设计师可能会决定在一个 DSP 系统中使用 FPGA：

- 决定卸载计算密集的工作到 FPGA 上，以延长一个通用低成本微处理器或 DSP 的寿命。
- 决定消减或消除对高成本高性能 DSP 处理器的需求。
- 增加计算吞吐量。

如果现有的系统吞吐量必须增加，以处理更高的分辨率或更大的信号带宽，FPGA 可以作为一种选择。如果实际所需的性能提高在本质上是计算速度的提高，也可以将 FPGA 作为一种选择。

因为许多 DSP 算法的计算核心可以使用少量的 C 代码进行定义，所以系统设计人员可以在投入硬件或者其他类似 ASIC 这种执行"胶合"逻辑的产品方案前，快速地在 FPGA 上做出新算法的原型。各种处理器外设和其他随机的或"胶合"的逻辑通常合并到一个单独的 FPGA 中。这可以降低系统的尺寸、复杂性和成本。

通过将 FPGA 和 DSP 处理器的能力结合，系统设计师可以扩大系统设计方案的范围。而固定的硬件和可编程处理器的结合是一个很好的模型，它为系统提供了灵活性、可编程性以及硬件计算加速功能。图 3-11 给出了一个这样的例子。这个多核 DSP 器件有 6 个 DSP 核和用来执行特定功能的固定硬件门电路（加速器）。MAPLE 加速器执行像 FFT 和维特比（Viterbi）译码这样的信号处理。QUICC 加速器执行网络协议功能。SEC 加速器执行安全协议处理。

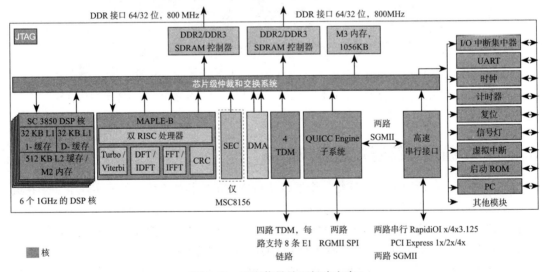

图 3-11　通用信号处理解决方案

3.5　DSP 加速决策

在 DSP 系统设计中，当决定一个元器件应该在硬件中还是在软件中实现时，有几点需要考虑。

- 计算的复杂度：系统设计师必须分析算法，确定它是否适合映射到 DSP 架构和编程模型上，或者是否更适合映射到一个硬件模型上以利用某些并行的方式，这在可编程 DSP 的冯·诺依曼或哈佛结构中是找不到的。

- 信号处理算法的并行性：现代的处理器架构有多种形式的指令级并行（Instruction Level Parallelism，ILP）。现代的 DSP 有超长的指令字（Very Long Instruction Word，VLIW）结构。这些 DSP 通过组合多条指令（加、乘、加载和存储）使其在一个处理周期中执行，开发利用 ILP。有的 DSP 算法很适合这种指令并行，可以使性能得到显著提升。但不是所有的信号处理算法都能利用这种并行的形式。滤波算法中如有限脉冲响应（Finite Impulse Response，FIR）算法是递归的，将它放在可编程 DSP 上不是最理想的。数据递归阻碍了有效的并行和 ILP。作为另一种选择，系统设计师可以在 FPGA 中构建专用的硬件引擎。

- 计算复杂度：根据算法的计算复杂度，一些算法在 FPGA（而不是 DSP）上更加有效地运行。将某些算法功能放在 FPGA 上，为别的算法腾出可编程 DSP 的周期是有意义的。一些 FPGA 的结构中内建了多个时钟域，使得不同的数字信号处理硬件模块根据自己的计算需求运行在不同的时钟速率下。FPGA 可以使用器件中硬件引擎的多次例化来实现数据和算法的并行，这使得 FPGA 具备灵活性。

- 数据局部性：以特定的顺序和颗粒度来访问内存的能力是很重要的。数据访问占用的时间（时钟周期）取决于架构本身的时延、总线竞争、数据对齐、直接内存访问（Direct Memory Access，DMA）的传输速度，甚至系统中使用内存的类型。例如，静态随机存取存储器（Static Random Access Memory，SRAM）是非常快的，但它比动态随机存取存储器（Dynamic Random Access Memory，DRAM）要昂贵得多，所以 SRAM 通常因为速度快而被用做缓存。另一方面，同步 DRAM（Synchronous Dynamic Random Access Memory，SDRAM）直接依赖于整个系统的时钟速度（这就是为什么称它为同步）。它基本上以系统总线的速度工作。系统的总体性能一部分是由系统中所用存储器的类型决定的。数据单元和算法单元之间的物理接口是数据局部性问题的主要诱因。

- 数据并行性：许多的信号处理算法所操作的数据需要具有高度并行性，比如许多常见的滤波算法。一些更先进的高性能 DSP 在架构中有单指令多数据（Single Instruction Multiple Data，SIMD）功能和编译器以实现各种形式的矢量处理。FPGA 器件也很擅长这种类型的并行。大量的 RAM 用来支持高带宽的需求。根据所使用的 DSP 处理器，FPGA 可以为具有这些特征的特定算法提供 SIMD 功能。

一个基于 DSP 的嵌入式系统可以包含一个、两个或者所有这些器件，这取决于多种因素：
- 信号处理任务的数量
- 采样率
- 所需的内存 / 外设
- 功耗要求

- 可利用的算法
- 控制代码的数量
- 开发环境
- 操作系统
- 调试功能
- 规格
- 系统成本

嵌入式 DSP 的开发正向可编程解决方案方向发展。根据不同的应用，总是会有权衡。

"成本"对于不同的人意义不同。有时候，解决方案可以满足最低的"器件成本"。然而，如果开发团队花费大量的时间用来返工，该项目可能会推迟，"上市时间"窗口可能会延长，这从长远来看，这些开销会超过低成本器件所节省的部分。

首先要指出的是，100% 的软件或硬件解决方案通常是开销最大的选择。两者的组合是最优的。在过去，更多功能在硬件上完成，而少部分使用软件完成。这是因为硬件更快速，更便宜（ASIC），另外，嵌入式处理器没有好的 C 编译器。然而，当今，因为有了更好的编译器，以及更快、成本更低的处理器，发展的趋势更倾向于软件可编程方案。一个纯软件的解决方案不会（永远也不会）是最佳的整体选择。硬件还是要有。例如，假设你有 10 个函数需要执行，其中两个需要极高的速度。你会购买一个非常快速的处理器（它所花费的开销是满足其他 8 个函数速度所花费开销的 3 ～ 4 倍）还是使用一倍的价钱来购买一个低速的处理器然后再购买一个 ASIC 或者 FPGA 来处理那两个重要的函数？软硬件结合的方案可能是最好的选择。

成本可以由下面这些因素组合在一起来定义：

- 器件成本
- NRE 费用
- 制造成本
- 机会成本
- 功耗
- 上市时间
- 重量
- 尺寸

软硬件结合一般能提供成本最低的系统设计。

步骤 3：了解 DSP 的基础架构

为嵌入式系统应用选择 DSP 处理器的一个令人信服的理由是性能。当决定使用 DSP 时，有三个重要的问题需要了解：

- 什么使得 DSP 成为 DSP?
- DSP 能有多快?

- 怎样才能在不写汇编的情况下达到最大的性能？

这节将回答这些问题。什么使得 DSP 成为 DSP？一个 DSP 实际上只是一个专用的微处理器。它用来非常有效地做一项特定的工作：信号处理，例如图 3-12 中的信号处理算法。

算法	方程式
有限脉冲响应滤波器	$y(n) = \sum_{k=0}^{M} a_k x(n-k)$
无限脉冲响应滤波器	$y(n) = \sum_{k=0}^{M} a_k x(n-k) + \sum_{k=1}^{N} b_k y(n-k)$
卷积	$y(n) = \sum_{k=0}^{N} x(k) h(n-k)$
离散傅里叶变换	$X(k) = \sum_{n=0}^{N-1} x(n) \exp\left[-j(2\pi/N)nk\right]$
离散余弦变换	$F(u) = \sum_{x=0}^{N-1} c(u) f(x) \cos\left[\dfrac{\pi}{2N} u(2x+1)\right]$

图 3-12　典型的 DSP 算法

注意算法的共同结构：

- 它们都累加了一组计算值
- 它们都对一组元素求和
- 它们都进行了一系列的乘法和加法运算

这些算法都有一个共同的特征；它们不断执行乘法和加法。这通常称为积之和（Sum Of Products，SOP）。

DSP 设计师已经开发了一个硬件架构，它利用信号处理的算法特点来高效地执行这些算法。例如，DSP 的一些特殊结构特点适合如图 3-13 所示的算法结构。

我们可以研究一下图 3-14 所示的 FIR 滤波器。这是一个 DSP 算法，可以看到乘法 / 累加，它需要高速地处理 MAC，同时需要读取至少两个数值。如图所示，该滤波算法可以通过使用几行 C 源代码来实现。图 3-14 中的信号流图以更加直观的方式诠释了算法。信号流图用来演示整个逻辑流程、信号依赖关系和代码结构。它对代码文本是一个很好的补充。

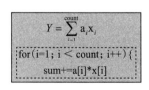

图 3-13　DSP 的架构特点适合这样的
　　　　　算法结构

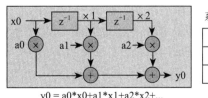

图 3-14　FIR 滤波器的信号流图

为了以最高的速度执行，一个 DSP 需要：

- 至少从内存中读取两个值。
- 系数和数据相乘。
- 将乘积值累加到总和上。
- 在（或少于）一个周期内完成上述操作。

DSP 架构通过如下几点支持上述的需求：

- 高速的内存结构，支持多访问每周期。
- 多个读总线允许每周期从内存中读取两个（或多个）数据。
- 处理器在 CPU 上的流水线操作支持 1 个周期执行。

所有这些因素合作使得 DSP 以尽可能高的性能来执行 DSP 算法。

其他的 DSP 架构特点总结如下。

- 循环缓冲区：当到达数据和系数缓冲区的底端时自动翻转指针。
- 重复单个指令和重复代码块：执行下一条指令或者下一个代码块时，循环开销为零。
- 数值问题：硬件处理定点或浮点运算的问题（例如：饱和、取舍、溢出）。
- 独特的寻址模式：地址指针有自己的算术逻辑单元，用来在没有周期开销的情况下自动增减指针，并产生偏移量。
- 指令并行性：单个周期最多执行 8 条指令。

3.6 DSP 处理的模型

有两种 DSP 处理模型：单个采样模型和块处理模型。在信号处理的单个采样模型中（图 3-15a），必须在输入下一个采样前输出结果。它的目标是最小化时延（输入到输出的时间）。这些系统往往是中断密集型的，因为中断会驱动下一个采样的处理。DSP 应用的例子包括电动机控制和噪声消除。

在块处理模型中（图 3-15b），系统将在下一个输入缓冲区填满之前，输出一个缓冲区的数据。像这样的 DSP 系统会使用 DMA 将采样搬移到缓冲区。这种方法会增加时延，因为处理前需要先填充缓冲区。然而，

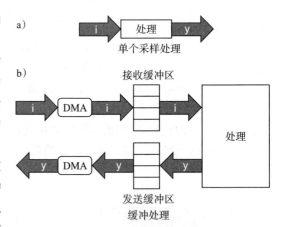

图 3-15 DSP 的单个采样模型和块处理模型

这些系统往往是计算效率很高的。使用块处理的 DSP 应用主要包括手机、视频和电信基础设施。

流处理的一个例子是对数据采样求平均。一个需要平均信号的最后三个数字采样，并以采样时的速率输出信号的 DSP 系统，必须执行以下操作：

- 输入一个新的采样，并存储它。

- 对一个新的采样和最后两个采样一起做平均。
- 输出结果。

这三步必须在下一个抽样被采集前完成。这是一个流处理的例子。信号必须实时处理。一个每秒采样 1 000 个样本的系统需要利用 0.001 秒完成操作，保持实时的性能。

另一方面，块处理一次积累大量的采样，并在下一个缓冲区的采样被收集前处理这些采样。例如，快速傅里叶（Fast Fourier Transform，FFT）算法就以这种模式工作。

在 DSP 系统中，块处理（在一个紧凑的内循环里处理一块数据）有很多优点。

- 如果 DSP 有一个指令缓存，这个缓存将优化指令使其在循环的第二（或下一）次运行更快。
- 如果数据访问控制在一个局部的范围（这在 DSP 系统中很常见），性能将会提高。分阶段处理数据意味着在每个给定的阶段，数据将从较小的区域中存取，因此数据缓存不太可能会发生抖动。
- 块处理往往在一个简单的循环中完成。这些循环的每个阶段仅实现一种这样的处理。这样的方式下，数据将很少在寄存器和存储器之间反复存取。大部分甚至全部中间结果都会保存在寄存器或一级缓存中。
- 组织数据进行顺序访问，即使是访问最慢一级的内存，也会快很多，因为不同类型的 DRAM 都默认为顺序存取。

DSP 设计师将在他们的系统中使用这两种方法之一。典型情况下，控制算法将使用单采样处理，因为它们不能像块处理那样，延迟太长时间才输出。在音频 / 视频系统中，通常使用块处理，因为可以容忍输入到输出有一些延迟。

3.6.1　输入 / 输出选择

DSP 用在许多系统中，包括电动机控制应用、关注性能的应用和功耗敏感的应用。对 DSP 处理器的选择不仅取决于 CPU 的速度和架构，还取决于系统用来输入 / 输出数据的外设和 I/O 设备。毕竟，DSP 应用中的大部分瓶颈不在于计算引擎，而在于系统获取和输出数据。因此，在为应用选择器件时，正确选择外设是非常重要的。DSP 的 I/O 设备包括：

- GPIO（General Purpose Input Output）：灵活的并行接口，允许多种自定义连接。
- UART（Universal Asynchronous Receiver Transmission）：通用异步收发器，将并行的数据转换为串行数据传输，并且将接收到的串行数据转换为并行数据来进行数字处理的组件。
- CAN（Controller Area Network）：控制器区域网络，CAN 协议是一个国际标准，使用在许多汽车应用中。
- SPI（Serial Peripheral Interface）：串行外设接口，摩托罗拉公司开发的 3 线串行接口。
- USB（Universal Serial Bus）：通用串行总线，标准端口，使设计者可以将外部设备（数码相机、扫描仪、音乐播放器等）连接到电脑上。USB 标准支持 12Mbit/s（每秒百万比特）的数据传输速率。

- HPI（Host Port Interface）：主机接口，用来从一个主处理器下载数据到 DSP 中。

3.6.2   计算 DSP 性能

在为一个特定的应用选择 DSP 处理器前，系统设计师必须评估三个重要的系统参数：

1. 最大的 CPU 性能：CPU 可以最多执行多少次算法（最大通道数）？

2. 最大的 I/O 性能：I/O 是否能支持最大的通道数？

3. 可用的高速内存：是否有足够的高速内部存储器？

有了这些信息，系统设计师可以衡量这些数据是否能够满足应用的需求，然后决定：

- CPU 负载（CPU 最大的百分比）。
- 在这个负载下，还有什么其他的功能可以执行。

DSP 系统设计师可以对任何正在评估的 CPU 使用这个流程。在性能方面的目标是找到"最薄弱的环节"，让你知道系统的限制是什么。CPU 也许有能力处理足够的数据量，但是如果 CPU 不能足够快地提供数据，那么有一个高速的 CPU 其实并不重要。我们的目标是在一个特定的算法下确定可以处理的最大通道数，然后根据其他方面的限制（最大的输入 / 输出速度和可用的内存）来减小这个通道数。

以图 3-16 的系统为例。我们的目标是，给定一个算法，确定这个 DSP 处理器可以处理的最大通道数。要做到这点，我们必须首先确定所选算法（这个例子是一个 200 抽头的 FIR 滤波器）的基准值。这种算法的相关文档（来自 DSP 函数库）用两个变量为我们提供了基准值：nx（缓冲区大小）和 nh（# 系数），这些作为计算的第一部分。

这个 FIR 程序每帧花费 106000 个周期。现在需要考虑采样频率。这里需要回答的一个关键问题是，"每秒有多少个整帧"？回答这个问题，要使用采样频率（它指定了多久采样一个新的数据）除以帧大小。计算结果决定我们需要每秒填充 47 帧。

CPU	FLR 基准值	(nx/2)(nh+7) =128 × 207=26496 周期 / 帧
	满帧次数 / 每秒	（采样频率 / 帧大小）=48000/256=187.5 帧 / 秒
	MIP 计算	（帧 / 秒）（周期 / 帧）=187.5 × 26496=4.97 × 10^6 周期 / 秒
	总结	此 DSP 上的 FIR 计算速率接近 5MIPS
	最大通道数	60 @300MHz

图 3-16   计算一个 DSP 系统可能的通道数

下一步是最重要的计算——该算法需要处理器提供多少 MIPS ？我们需要找出这个算法每秒需要多少周期。现在，我们用每帧的周期数乘以每秒的帧数，然后利用这些数据进行计算得到约 5MIPS 的吞吐率。假设这是处理器上唯一执行的计算，通道密度（一个处理器可以支持多少个通道同时进行计算）最多为 300/5 = 60 个通道。这就完成了 CPU 的计算。这个结果不能被用在 I/O 计算中。

算法：200 抽头（nh）低能滤波器

帧大小：256（nx）16 比特元素

抽样频率：48kHz

接下来需要回答的问题是"I/O 接口是否足够快，可以为 CPU 提供 60 个通道的数据量？"如图 3-17 所示。第一步是先计算出串行端口所需的"比特率"。要得到这个值，要用所需的采样率（48kHz）乘以最大通道密度（60）。接下来再乘以 16（假设字的大小为 16，这是给定的算法决定的）。该计算得到，在 48kHz 下 60 个通道需要 46Mbit/s。在这个例子中，DSP 的串行端口能够支持多高的速度？规范指出，最大的比特速率为 50Mbit/s（1/2 的 CPU 时钟速率高达 50Mbit/s）。这告诉我们处理器可以处理所选应用需要的速率。DMA 是否能以足够快的速度将采样从多通道缓冲串行口搬移到内存中？同样，规范告诉我们，这应该不是问题。

I/O	所需的 I/O 速率	48K 采样次数 / 秒 ×# 通道 =48000×16×60=48.08Mbit/s
	DSP 的串行端口速率	全双工的串行端口 =50Mbit/s
	DMA 速率	（第周期传输 2×16 位）×300Mhz=9600Mbit/s
	所需的数据内存	（60×200）+（60×4×256）+（60×2×199）=97K×16 位
	可用的内部存储	32K×26 位

图 3-17　计算最大的通道数和所需的内存以及 I/O

下一步要考虑的是所需的数据存储器。

假设这个应用中所有的 60 个通道都使用不同的滤波器，即 60 组不同的系数和 60 个双缓冲区（这可以通过接收和发送都使用乒乓缓冲区来实现）。这样，每个通道一共有 4 个缓冲区。此外每一个通道还有延迟缓冲区（只有接收有延迟缓冲区），因此这个算法变为：

$$通道数 ×2× 延迟缓冲区大小$$
$$=60×2×199$$

这样考虑是相当保守的，如果不是这种情况，系统设计师可以节省一些内存。但这是最坏情况下的用例。所以，我们将有 60 组系数，每组 200 个，60 个双缓冲区（接收和发送都有乒乓缓冲区，因此要乘 4），另外，在接收端，我们还需要乒乓各有一个延迟缓冲区，长度为系数的总数减去 1，这就是每个通道 199。所以，计算式是：

$$（通道数 × 系数的数量）+（通道数 ×4× 帧大小）$$
$$+（通道数 × 延迟缓冲区 × 延迟缓冲区大小）$$
$$=（60×200）+（60×4×256）+（60×2×199）$$

计算的结果是需要 97KB 内存。这个 DSP 只有 32KB 的片上内存，所以这是一个限制。

同样，你可以假设只使用一种类型的过滤器，重新进行计算，或者寻找其他的处理器。

一旦完成了这些计算，你可以回退计算出系统所需的准确的通道数，初步确定一个可预期的理论上的 CPU 负载，然后决定剩余的带宽可以做什么。

这里有两个样例，有助于推进有关 CPU 负载的讨论。在第一个示例中，整个应用只占用了 20% 的 CPU 负载。对于额外的带宽你会做些什么呢？设计者可以添加更多的算法处理，增加通道密度，提高采样率，以达到更高的分辨率或精度，或者减少时钟 / 电压，使得 CPU 负荷增加，同时节省大量的功耗。系统设计师将根据系统的需要来决定最佳的策略。

第二个示例应用正好相反，应用需要的处理能力超出了 CPU 的能力。这使得设计者考虑一个综合的解决方案。而这个架构同样取决于应用的需求。

3.6.3 DSP 软件

DSP 软件开发主要实现系统的目标性能。使用高级语言，例如 C 或 C++ 来开发 DSP 软件更加有效率，但是高性能 MIPS 密集型的算法至少部分使用汇编语言编写也十分常见。当生成 DSP 算法代码时，设计者应使用下列方法中的一个或多个：

- 查找现成的算法（免费的代码）。
- 从供应商那里购买算法或获得算法的权限，这些算法可能会捆绑工具给出或者可能是特定应用的类库。
- 自己写算法，在实现算法时尽可能使用 C/C++。这通常会使得上市时间更快，并且 C/C++ 也是这个行业中比较普遍的技能。

找到一个 C 程序员要比找到一个 DSP 汇编语言程序员容易得多。DSP 编译器的效率是相当高的，若配合正确的技术使用编译器会获得很好的性能。有几种优化的技术用于生成最优的代码，这些技术将在后面的章节中进一步讨论。

要通过优化代码来尽可能获得最高的效率，系统设计师需要了解以下三点：

- 架构
- 算法
- 编译器

有几种方法可以帮助编译器生成高效的代码。编译器本质上具有消极性，所以要尽可能多地提供如系统算法，数据存储位置等信息。与手动编写的汇编比，如果使用正确的技术，DSP 的编译器可以实现 100% 的效率。使用汇编来编写 DSP 算法也是既有优点又有缺点，所以如果必须使用汇编，那么从一开始就应该了解这些优点和缺点。

编译器通常是一个更全面的集成开发环境（Integrated Development Environment，IDE）中的一部分，这个集成环境还包含很多其他的工具。图 3-18 所示为 DSP 集成开发环境的一部分主要组件，包括实时分析、仿真、用户界面和代码生成等功能组件。

DSP 集成开发环境还提供了一些用于目标应用方面的组件，包括一个实时操作系统、网络协议栈、底层驱动（Low Level Driver，LLD）、应用程序接口（Application Program

Interface，API）、抽象层和其他支撑软件，如图 3-19 所示。这使得 DSP 开发者可以快速启动和运行系统。

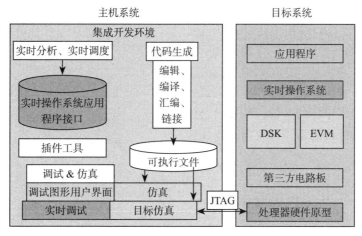

图 3-18　一个 DSP IDE 的主要组件

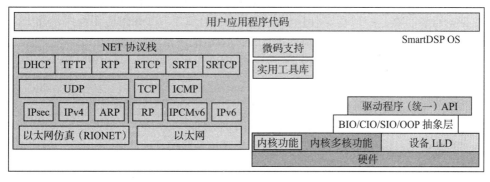

图 3-19　DSP RTOS 组件架构

3.7　代码的调整和优化

非实时系统和实时系统开发者之间的主要差异之一就体现在代码调整和优化阶段。在这个阶段，DSP 开发者寻找"热点"或者低效率的代码段，并尝试优化这些段。实时 DSP 系统中的代码通常会针对速度、内存大小，或功率进行优化。DSP 代码生成工具（编译器、汇编器和连接器）改进到可以让开发者使用如 C 或 C++ 这样的高级语言编写大部分的代码。不过，开发者必须给编译器提供帮助和指导以获得 DSP 架构提供的技术优势。

DSP 编译器执行针对特定架构的优化，并为开发人员反馈编译过程中的判定和假设。开发人员必须重复这个阶段，处理在生成过程中所作的判定和假设，直到达到目标性能。DSP 开发者可以利用一些编译选项给 DSP 编译器一些特定的指示。这些选项指导编译器在编译代码时所使用的指标等级，是否以代码速度为主，或者以代码大小为主，是否在编译时携带调试信息，等等。

　　由于编译选项和优化坐标（速度、大小、功率）有很大的自由度，所以在优化阶段要做大量的权衡（尤其当应用中每个函数或文件都可以使用不同的选项进行编译时（见图 3-20 ））。基于分析的优化可以对代码大小与代码速度进行对比和总结。开发者可以选择符合速度及功率目标的选项，编译器会使用选项对应用进行自动编译并权衡而生成选择的大小 / 速度。

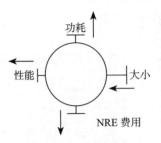

图 3-20　在大小，功耗，性能和成本之间进行权衡并进行优化

3.8　典型的 DSP 开发流程

　　DSP 开发者遵循一个开发流程，这需要通过几个阶段来完成。

- 应用定义：在这一阶段，开发者开始把重点放在最终的目标性能、功耗和成本上。
- 架构设计：在这一阶段，使用模块框图和信号流工具（如果应用程序足够大，可以运用这些工具）在系统级对应用进行设计。
- 硬件 / 软件映射：在这一阶段，需要对架构设计中的每个模块和信号做出一个目标器件的决策。
- 代码生成：在这一阶段，完成初步的开发，创建原型，实现系统模型。
- 验证 / 调试：在这一阶段需要验证功能的正确性。
- 调整 / 优化：这一阶段，开发者的目标是满足系统的目标性能。
- 生产和部署：发布到市场。
- 现场测试。

　　开发一个调整和优化良好的应用程序，需要在验证阶段和优化阶段之间多次迭代。每次验证，开发人员都会编辑和生成修改后的应用程序，然后在一个目标器件或仿真器上运行，并分析结果以检测功能的正确性。一旦应用程序在功能上是正确的，开发者将在功能正确的代码上开始优化的阶段。这涉及调整程序以达到系统的目标性能（例如速度、内存、功率），在目标器件或仿真器上运行调整后的代码来测量性能，以及评估还有哪些还没有被处理的"热点"和关注的代码区，或者某个特定代码区还没达到目标性能（见图 3-21 ）需要开发者分析。

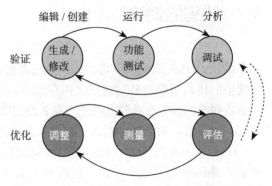

图 3-21　DSP 开发者通过一系列的优化和验证步骤进行迭代，直到达到目标性能

一旦评估完成，开发者将回到验证阶段，运行更加优化的新代码来验证功能的正确性。如果应用程序的性能在可接受的目标内，这个过程将停止。如果一个特殊的优化破坏了代码的功能正确性，开发者将调试系统以判断什么遭到了破坏，并解决这个问题，然后继续进行新一轮的优化。优化 DSP 应用程序本身会带来更加复杂的代码，可能会破坏开发者优化效率。这个过程可能有多次循环，直到满足系统的目标性能。

通常，最初的 DSP 应用程序没有太多的优化。在早期的阶段，DSP 开发者首先关心的是应用程序在功能上的正确性。因此，即使 DSP 编译器使用了大幅度的优化，从性能角度看，"开盒即用"的体验并不那么印象深刻。这个初步的场景可以被视为"悲观的"，因为编译的输出没有积极的假设，没有应用程序到特定 DSP 架构的积极映射，也没有积极的算法转换能够使应用程序更有效地运行在目标 DSP 上。

专注应用程序中几个关键的区域，性能可以迅速改善：

- 代码中关键的紧凑循环，循环次数较多
- 保证关键的资源放在片上内存中
- 在合适的地方展开关键循环

实现这些优化的技术会在第 11 章进行讨论。如果执行了这几个关键的优化，系统的整体性能会显著地提高。如图 3-22 所示，将几个关键的优化用在少量代码上，性能得到了很大的改善。其他阶段的优化会越来越困难，因为优化的机会变少，同时，每次额外优化的成本效益比变小。DSP 开发者的目标必须是持续优化应用程序，直到满足系统的目标性能，而不是直到应用程序运行于理论上的峰值性能。成本效益比证明这种方法不适用。

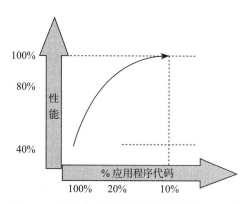

图 3-22　需要花时间和精力优化代码，以达到所需的目标性能

每次优化后，解析应用程序可以分析应用中什么地方消耗了大部分的周期和内存。DSP 的 IDE 提供了先进的解析功能，使 DSP 开发者可以分析应用程序，解析功能还可以显示应用程序的有用信息，如代码大小、总的周期数以及特定函数内一个算法的循环次数。这些信息可以用来决定需要优化哪些函数（图 3-23）。

解析和调整一个 DSP 应用程序的最佳方法是首先选择正确的区域。这些区域是指那些通过最小的努力可以获得最大性能改进的地方。最大性能区域的帕累托排序可以指导 DSP 开发者找到性能可以得到最大提升的区域。

通常，测量、分析和优化了一个 DSP 系统中排名前八到十的性能密集型算法后，可以实现全部的系统性能目标。图 3-24 示例了一组实际的标准程序，用于评估全部的系统性能目标。虽然系统中有 200 个以上的算法，但这些算法中，没有一个被选中，因为它们消耗了大部分的计算周期。这些算法变成一组集中于优化过程的标准程序。

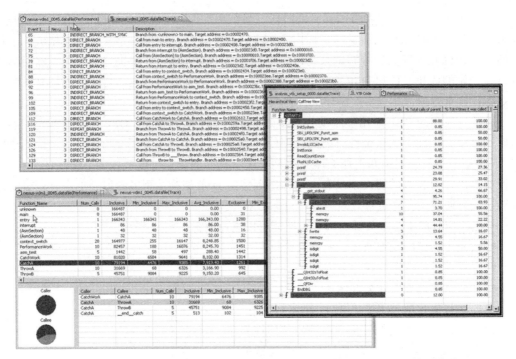

图 3-23　分析和判断 DSP 应用程序中的热点是通常的做法，工具可以协助完成

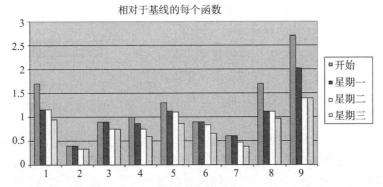

图 3-24　通常，测量、分析并优化了一个 DSP 系统中排名前八到十的性能密集型算法后，可以实现全部的系统性能目标

　　为了获得系统上周期被占用的情况，片上装置如计数器、定时器等，被用来提取不同类型的分析和调试数据。先进的 DSP 片上系统拥有外设、通信总线、内核和加速器（装备了计数器和定时器来支持分析调试功能）。图 3-25 所示为一个 6 核 DSP 器件。芯片上有了这些支持，软件工具、分析器，甚至运行的应用软件都可以利用这些信息来作出关于优化、调试等决策。这允许 DSP 开发者在 DSP 系统的不同点上都能看到调试和分析信息，包括内核、通信结构、加速器和外设，以及其他一些 SoC 上重要的处理单元，这使得开发者可以进行全面的系统分析（图 3-27）。

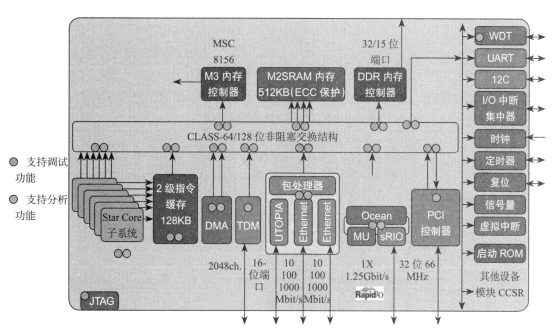

图 3-25　先进的 DSP 片上系统拥有外设、通信总线、内核和加速器，装备了计数器和定时器
　　　　 来支持分析的调试功能

一个 DSP 入门套件（图 3-26）是易于安装的，开发者可以非常迅速地开始代码的编写。入门套件通常配有扩展的子卡插槽、目标硬件、软件开发工具、用于调试的并行接口、电源和相应的数据线。

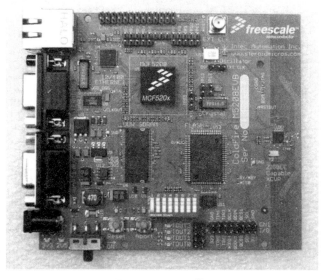

图 3-26　DSP 评估板

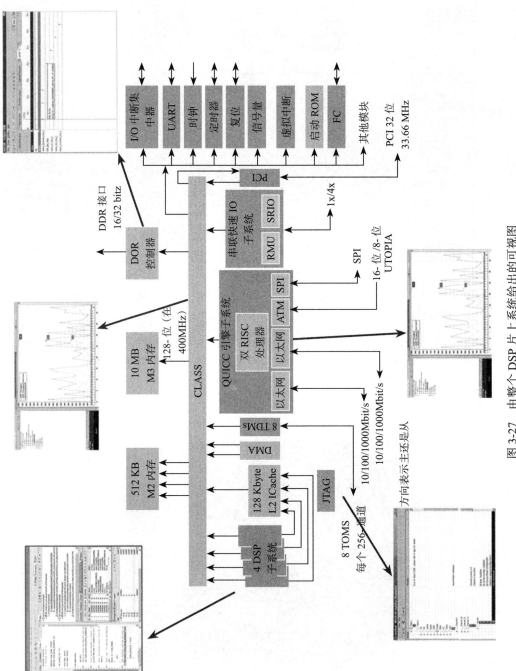

图 3-27　由整个 DSP 片上系统给出的可视图

3.9　总结

DSP 开发的过程一共有 5 个主要的阶段：

- 系统概念和需求：这个阶段包括系统级功能和非功能（有时也被称为"质量"）需求的提出；电源要求、服务质量（QoS）、性能和其他系统级需求的提出。建模技术，例如信号流图，被构建来检查系统的主要组成部件。

- 系统算法研究和实验：这个阶段基于给定的性能和精度需求来开发详细的算法。首先对浮点开发系统进行分析来决定是否能够满足性能和精度需求。如果必要的话，这些系统会因为成本被移植到定点处理器上。廉价的评估板被用来进行分析。

- 系统设计：在设计阶段，系统的硬件和软件模块被选择并开发出来。使用原型和仿真对这些系统进行分析来判断是否执行了正确的分区，以及是否可以使用给定的硬件和软件组合实现性能目标。基于应用，软件组件可以自定义开发或者重用。

- 系统实现：在系统实现阶段，系统原型输入、比较研究和硬件合成选项被用来开发一个完整的系统协同仿真模型。软件算法和组件被用于开发软件系统。信号处理算法和控制架构的组合被用于系统开发。

- 系统集成：在系统集成阶段，系统被创建、验证、调整，如有必要，还要在一个仿真环境或者一个循环仿真环境的硬件中执行。对定制的系统进行分析，如果不能满足性能目标，则有可能会重新进行分区。

在许多方面，DSP 系统开发过程和其他开发过程是相似的。由于具有更多的信号处理算法，DSP 系统在早期更需要基于仿真的分析。因为更加注重性能，所以 DSP 的开发过程更关注实时的时间限制，以及性能调整的多次迭代。

第 4 章
可编程 DSP 体系结构

Mike Brogioli

4.1 可编程 DSP 体系结构的共性

大部分现代 DSP 体系结构与通用处理器有很大区别，它比多数 8 位或 16 位通用微处理器体系结构更加复杂。这是因为 DSP 需要具有高端计算能力用于满足大量的计算性需求。而且，手机，媒体播放器等便携设备对功耗有严格的要求，许多用于通用计算的常见体系结构（例如处理器流水线的指令失序执行）都无法满足这种要求。现代 DSP 的长远目标是提供使用 C 和类 C++ 编程语言的平台。这样做，客户才能缩短产品的上市时间，并且提高软件库的可移植性，而客户需要决定在未来的发展中是否选用另一种 DSP 架构作为他们的开发平台。本章将讲述 DSP 主流体系结构，体系结构中的很多特性使算术处理能力相比通用处理器或嵌入式微处理器而言显著提高。

DSP 核与 ISA 特性

现代 DSP 核包含能够提高数字处理能力的大量特性，这些都将有助于满足日益增长的 DSP 应用需求。另外，这些特性在满足系统和环境对功耗的苛刻要求的同时，也能够保证性能最大化。这一点无论对用户还是编程环境而言，都是非常有趣的挑战。虽然用户希望他们的算法性能在选择的目标平台上能够得到最好的体现，而编程语言无法准确表述底层体系架构特征，这就对编译器、汇编器和链接器提出了挑战。通常，编程者可能使用汇编语言或特定体系结构的内嵌指令来编写某种 DSP 内核，或部分内核，以便可以达到最优使用目标体系结构的目的。下面的章节将讨论可编程 DSP 的这些特征。

可编程 DSP 的特征

现代 DSP 体系结构中包括了应用域的特殊的指令，这些指令能够提升内核性能。例如乘累加指令，一般命名为 "MAC" 指令。因为在 DSP 里面把乘法结果累加是非常常见的操作，所以提供了专用的指令。这样可以避免使用乘法和加法指令，又可以避免无谓的 load 和 store 指令。快速傅里叶变换，FIR 滤波和其他许多应用都需要使用大量 MAC 指令。大部分现代 DSP 提供不同的 MAC 指令组合，可用于操作不同类型的操作数，例如 16 位输入数据乘法，累加结果为 40 位输出。此外，通过 DSP 指令或通过各种模式配置可以决定在计算过程是否进行饱和或非饱和处理。

由于大量指令级和数据级的并行执行，现代 DSP 一般都采用 VLIW（Very Long Instruction Word，超长指令字）架构。由于大量数据并行都发生在对性能要求极高的 DSP 内核，许多 DSP 架构都对指令集使用了 SIMD（Single Instruction Multiple Data，单指令多数据）扩展。SIMD 允许一个原子操作指令对多路输入数据在一个 ALU 单元并行进行运算操作。由于指令可以同时操作多路短向量输入操作数，运算量与指令比明显上升。例如，多媒体操作需要从内存加载多个像素值，根据某常量来调整红、绿、蓝，然后把结果写回到内存。如果不使用 SIMD，那么每次只加载一个值，执行期望的运算操作，然后写回到内存。使用 SIMD，可以通过一条原子操作指令同时将多路输入数据加载到内存，并行计算，然后并行写回到内存。

使用 SIMD 操作的相关问题

当然，对于 DSP 来说，使用 SIMD 也面临一些挑战。对于一些 DSP 体系结构，从内存加载数据必须要考虑对齐。这就需要程序员保证把数据对齐在适合的内存边界上，通常可以在代码内加入"pragma"来实现对齐。此外，并不是所有的计算都可以通过 SIMD ALU 来处理。包含大量控制流的代码，例如含有 if-then-else 描述的代码，在关于如何更好使用 SIMD 这方面向编译器提出了严峻挑战。对编译器而言，对目标处理器使用高度优化的 SIMD 并不现实，能够达到最优 SIMD 的方法是手动编程。针对这种情况，替代的方法是由程序员挑选出性能敏感的、重要的、运算密集的代码，对它使用汇编语言或内嵌函数指令进行编程，达到 SIMD 优化效果。一些厂家提供专用的关键字，例如"_vector"来告知编译器把向量计算映射成 SIMD ALU 是安全的。在某些场景下，如果在编译阶段某些计算可以被证明是安全的，那么编译器可以自动地把 C 语言代码映射到 SIMD ALU。

DSP 内核往往会经常占用输入数据空间进行计算，达到暂时复用和/或空间复用的目的。出于运算的延迟高带宽低，DSP 应用程序员通常不会把数据放在本地高速内存空间，例如 SRAM。程序员不必手动检查内存缓冲区是否已经到了下边界，或检查内存泄露，DSP 指令集支持硬件模寻址方式，它可以帮助程序员解决上述问题。模寻址方式支持循环缓冲区寻址，可以把它用于无需检查缓冲区溢出的临时存储区。从本质上讲，带硬件模寻址的循环缓冲区为先入先出的数据结构提供了有效支持。循环缓冲区常常被用于存放最近连续被更新的数据。图 4-1 给出了例子。

DSP 常常被用于移动设备，这类设备是靠电池供电，系统资源非常珍贵。代码空间就属于这类资源，它也尤为珍贵。以手机应用为例，出于对有限程序空间资源的考虑，它需要编译器尽可能地减少代码空间。同时 DSP 性能也非常重要，而且不能够因为代码空间而牺牲性能。因此大部分 DSP 都有多种编码机制，例如 Arm Thumb2 编码机制，还有 Freescale StarCore SC3850 DSP 体系结构上采用的编码机制。在这些体系结构中，指令被划分为 premium 组，在这里，应用中用到的指令可以进行 32 位编码，也可进行 16 位编码。当编译器需要对代码空间进行优化时，它会试图选择具有 premium 编码的指令，这会产生更少的比特数目从而达到节省可执行文件空间的目的。然而，也需要注意，这些使用了 premium 编码的指令功能会受限制。因为指令占用了极少存储空间，能够被编码的变量数目通常也会减少。同时，premium 编码指令使用的输入输出操作数的寄存器也受到限制。在某些场景下，存在比较模糊的寄存器绑定关系，例如输入寄存器需要连续成对，像 R0 和 R1，或 R2 和 R3。结论是，这类 premium 编码减少操作数的总数量，利用输出结果覆盖输入操作数。取绝对值就是一个例子，例如 "ABS R0，R1"，对于普通编码，R0 是输入数据，R1 是输出数据。如果使用 premium 编码，这个指令被表示为 "ABS R0"，R0 存放输入数据，在指令执行后，R0 被存放计算结果。像这样，这种编码可以使代码空间更小，随之带来的问题是，当输入数据需要保留下来用于下次使用时，代码性能就被大打折扣。

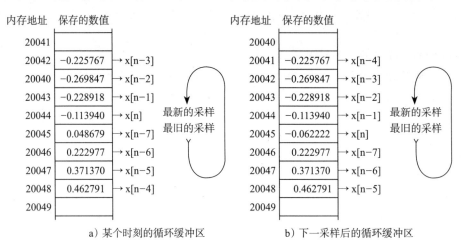

a) 某个时刻的循环缓冲区　　　　　　b) 下一采样后的循环缓冲区

图 4-1　循环缓冲区经常用来保存持续更新的信号的最新数值

大多数 DSP 体系结构都有一定深度的流水线，用多个时钟周期完成乘法指令，同时也在指令流变化时引入较大的分支跳转延时。例如，TI C6400 系列 DSP 就有 4 个时钟周期的分支跳转延时，如果不能被编译器或程序员使用汇编有效填充，这个延时就会对程序性能产生影响。这个问题在不具备失序执行能力的多数现代 DSP 面前会变得尤为突出。

预测执行

为了应对 if-then-else 这类分支跳转引入的昂贵开销，许多 DSP 架构都引入了预测指令。预测执行是处理器根据数据的值对某一指令进行预测的机制。这样做，可以避免程序中可能用于实现 if-then-else 条件判断的短分支，而与分支指令延迟间隙相关的"气泡"不会严重影响程序运行时的性能。经过预测，处理器简单执行包含在 if-then-else 描述中的所有语句，而不是跳过 then 或者 else 条件分支。该机制允许处理器同时执行所有的分支路径，避免引入分支指令执行时所带来的性能损失。在预测比特和控制流中的相关指令的作用下，控制流变成了代码内部的数据依赖关系。

通常，对程序员而言，预测执行在后台由优化编译器处理。编译器通常将控制流的依赖关系转换为预测比特或预测寄存器的数据依赖关系。这样，在运行阶段完全可以避免执行分支跳转指令所引入的巨大代销。DSP 预测机制需要有硬件的支持，计算得到的结果或预测结果决定操作的具体动作。使用预测机制可以将控制流中的多个分支区域转换为一个包括了预测代码和指令的区域。从本质上说，控制依赖关系转化成了数据依赖关系。如果有优化编译器，开发人员在设计源码时完全不需要考虑这些问题。

对于全指令集预测的情形，指令需要使用额外的操作数来判断运行阶段它是被执行还是被忽略。这类额外的操作数就是预测操作数。对于部分指令集预测，一些特殊的操作，像条件 move 指令就能够达到类似的效果。

有很多编译器技巧能够支持预测执行机制，包括 if 转换、预测寄存器逻辑简化、if 逆转换、混合模块调度。模调度也被归到这一类。

在许多嵌入式系统中，预测机制使用通用标量寄存器来实现。在其他系统设计中，预测机制使用控制寄存器里的状态比特来实现。无论哪种场景，预测寄存器都是宝贵而且有限的资源。因此，针对一段指定代码，编译器通常会试图降低预测寄存器的使用数量。

ARM 指令集是一个预测机制的实例，它包括 4 位条件代码预测。TI C6X 系列架构也支持全预测，它使用 5 个通用寄存器来保存预测值。

图 4-2 给出了一段控制流，变量 STATUS 是否被置为 ACTIVE 决定执行代码的哪部分。如果 STATUS 等于 ACTIVE，那么 if 分支执行，否则 else 分支执行。

```
IF(STATUS == ACTIVE)
{
    N_ACTIVE_ITEMS++;
    TOTAL_SUMMARY += RUNNING_COUNT;
}
ELSE
{
    N_INACTIVE_ITEMS++;
}
```

图 4-2　变量 STATUS 是否被设置为 ACTIVE 决定了程序的执行流向

图 4-3 是一段没有使用预测机制的伪汇编代码。正如我们所见到的，对于 ACTIVE 的判定由 CMP.NEQ 指令完成，这个指令后面还跟随了相应的分支跳转的目标。else 分支也包含了一个分支的标签"JOIN"。

```
{
    CMP.NEQ PO1 = RS,ACTIVE// CMP STATUS TO ACTIVE
    (PO1==TRUE) BR ELSE
}
.LABEL THEN
{
    ADD RT = RT,RP        // SUM TOTAL_SUMMARY + RUNNING COUNT
    ADD RA = RA,1         // INCREMENT N_ACTIVE_ITEMS
    BR JOIN               // BRANCH TO JOIN
}
.LABEL ELSE
{
    ADD RI = RI,1         // INCREMENT N_INACTIVE_ITEMS
}
.LABEL JOIN
```

图 4-3　未使用预测执行的标准实例对应的伪汇编代码

　　图 4-4 是支持预测机制的伪汇编代码，它与图 4-3 来自同一源码。需要注意的是，P00 和 R01 寄存器用于预测，CMP.EQ 指令用于设置 P00 和 P01 为 TRUE 或 FALSE。后面的指令要根据 P00 或 P01 的值来决定执行 if 分支还是 then 和 else 分支。从这个例子可以看出，无论 then 还是 else，都和 if 分支并行执行，因为它们都被 P00 和 P01 来约束，这样既能够有效压缩控制流执行的路径长度，也能消除分支跳转所带来的延迟。

```
{
        CMP.EQ P00,P01 = RS.ACTIVE       // CMP STATUS TO ACTIVE

}

{

        (P00==TRUE) ADD RT = RT.RP

        (P00==TRUE) ADD RA = RA.1       // INCREMENT N_ACTIVE_ITEMS

        (P00==TRUE) ADD RI = RI.1       // INCREMENT N_INACTIVE_ITEMS

}
```

图 4-4　使用预测执行的标准示例对应的伪汇编代码

4.2　内存体系结构

　　大多数可编程 DSP 核使用特殊的内存体系结构，目的是能够在一个时钟周期里面获取多个数据和指令。使用 load 和 store 指令是访问内存的唯一途径，这无疑是令人满意的一种方式。为了实现这个目标，有关如何使用的这些的棘手问题都丢给了编译器。如果一个体系结构支持内存操作数，那么它将使用障碍（barrier）来达到指令级的并行，原因在于内存操作的延迟和可能存在的数据相关性。因此，大部分 DSP 在寻址模式、读取长度和对齐限制方面都各不相同。

　　DSP 的寻址模式是地址生成单元的基础。最常见的寻址模式如下。

- 寄存器寻址：使用寄存器存放地址指针。
- 直接或绝对寻址：指令中已经包含了地址信息，程序员已经在指令中提供了地址。
- 寄存器后加：对存放在寄存器内的地址指针加上一个默认步长。
- 寄存器后减：对存放在寄存器内的地址指针减去一个默认步长。
- 段偏移：对存放在寄存器内的地址指针加上一个指令中定义好的偏移量。
- 索引寻址：对存放在寄存器里的地址指针加上寄存器的值。

　　此外，还有两种寻址方式，不但在 VLIW 架构上常见，而且专门用于 DSP 架构。之前已经提到过的模寻址方式，一般用于实现 FIFO 或循环缓冲区。FIR 滤波器就使用了最为常见的模寻址方式，FIFO 结构充分发挥了模寻址的特点。

　　比特反转寻址是另外一类比较常见的寻址方式。快速傅里叶变化是使用这种寻址方式的典型案例。

4.2.1 内存访问宽度

大多数现代 DSP 体系结构都能够以不同的数据宽度访问内存，而宽度是由本地机器的计算能力所决定的。例如许多 DSP 体系结构支持 8/16/32bit 操作数访问。此外，一些体系结构也支持 20 位和 40 位的访问宽度，也确认应该提供这些数据分辨率。像乘累加（需要输出数据比特宽度大于输入数据宽度）就会用到这些访问宽度。由于多数 DSP 具有 VLIW 特点，很多 DSP 都可以对数据进行打包访问。例如，某 DSP 体系结构支持 128 位数据宽度，在一个 SIMD 中，支持 8 个 16 位操作数并行读取。通过多个 VLIW ALU 就可以实现多条指令并行执行，这种能够实现高水平指令级并行的计算内核一直都是用户所向往的。

4.2.2 对齐问题

正如前面提到的，许多 VLIW 架构能够对多路数据并行进行 load 和 store 操作。这对指令级的并行化是非常有意义。并行读取多路数据，然后使用 SIMD 指令对其进行计算，指令与计算量比被降低了，性能也随之提升。

想要挑战高性能指标，必须要有出众的内存系统。通常，DSP 体系结构对内存对齐有要求，进行内存访问时必须要满足内存边界对齐的要求。结构体有时并不能做到字对齐，尤其是当结构体包含了字节数组的时候，更是无法保证字对齐。此外，对数组内随机位置上的数据进行操作非常普遍，这种操作在运行时很容易引起对齐问题。很多嵌入式系统处理对齐问题的常见方法是让生成工具在编译阶段进行翻译。实际上，一个循环在可执行文件里有两个版本。运行时进行一个分支测试，测试数据是否对齐，如果对齐，这个循环的优化版本就将被执行。如果分支测试的结果是数据没有满足对齐条件，无优化的版本就被执行。上述方法虽然可以通过对齐限制提升系统运行时的性能，但在运行时并不能保证数据对齐，这就不得不在性能提升和可执行代码量之间权衡。其他常见解决方法是由程序员加上 "pragma" 通知生成工具，强制执行数据的对齐要求。

4.3 数据操作

为了满足应用开发人员各种各样的需求，大多数现代 DSP 体系结构包含了混合算术操作。几乎所有 DSP 核都支持整数运算。除了使用这些指令进行信号处理外，也能把类 C 语言的编程语言翻译并在 DSP 核执行。

整数运算指令通常作为 DSP 应用中其他计算形式的补充。许多 DSP 自带浮点操作，IEEE 全兼容和双精度运算操作在嵌入式应用中已经极为少见，更常见的是单精度浮点操作。为了嵌入式计算的需求，在浮点运算上忽略多种 IEEE 舍入模式和异常处理也是有必要的。此外，如果内置浮点运算不是主要需求，那么很多设备会使用软件库来模拟浮点操作。当浮点性能不是应用的瓶颈时，这才是一种可行的解决方案，因为在 VLIW 主机处理器上模拟浮点指令需要耗费几百个时钟周期。

很多 DSP 体系结构不支持浮点运算，而选择支持定点运算。定点数据格式和整数数据格式不同。如果把小数点的位置定在 MSB 右边位置，那么对于定点数据来说，它代表的数据区间是 0 ～ 1。MSB 用作符号位。最小的比特代表了浮点数据的精度，浮点格式的最大值代表了这个格式的动态范围。

为了有效使用定点格式，程序员必须清楚运行阶段数据如何被处理。如果定点数据太大，程序员就要把操作数右移，缩小操作数，这样低位上的比特精度就损失掉了。如果定点数据太小，程序员就要将数据放大。无论哪种情况，程序员都要清楚的了解小数点的位置，换句话说，需要清楚地知道它真正代表的数字是多少。

最后值得一提的是 DSP 体系结构中的饱和处理。C 语言有针对整型数据的隐式数据卷回行为。然而在许多嵌入式应用的例子中，例如音频、视频处理，应用都希望将数据饱和到最大值或最小值。硬件的支持总是有正反两面性。内置饱和处理，指令能够有效地对这类操作进行流水线处理，min() 和 max() 操作也具有等效的功能。虽然显式的 min() 和 max() 指令需要较长的执行时间，但对于其中大多数的计算不依赖饱和算法的架构来说，这无疑是一种有效的解决方案。

关于使用饱和处理的告诫：如果指令中有未进行饱和处理的变量，那么运算结果可能令人迷惑或者根本就是错误的。例如卷回模式的运算在优化阶段被生成工具所记录。因为具有卷回模式的指令保留了它的算术属性（例如交换和相关）。在这种情况下，虽然使用了饱和指令，但生成工具可能禁止优化这方面的运算，或者由于在优化时间上计算的重新排序，用户可以在输出上看出位级别的差异。上述情况对于工具开发人员和程序员，都相当棘手。

第 5 章
FPGA 在无线通信中的应用

Kirash Amiri、Melissa Duarte、Joe Cavallaro、
Ashutosh Sabharwal、Chris Dick、Raghu Rao

5.1　概述

过去的十年里，我们见证了无线通信产业爆炸性的成长，全球用户达到四十亿。第一代及二代系统专注语音通信，第三代网络（3GPP 及 3GPP2）采用码分多址（Code Division Multiple Access，CDMA），且更关注无线数据服务。反思 3G 服务，第一代的 3G 系统并没有完全满足高速传输的要求，实际应用的速率远低于标准。增强的 3G 系统在此后被部署以弥补缺陷。但是，速率能力及网络架构还是无法跟上移动平台对于移动媒体和数据服务消费及商务需求的快速膨胀。

因此，我们正以极快的速度向 4G 技术，如 3G LTE（长期演进）[1] 及 WiMAX[2] 迁移。下一代系统的目标是提供高数率、低延迟，及高可靠性（让停运及掉线达到最少），使用优化了数据包的无线接入技术，支持灵活的带宽分配。另一个重要的目标是降低基础设备及客户端的成本，并使用比 3G 系统的 CDMA 更高效的调制方式来更好地利用珍贵的通信带宽。

要满足以上全部要求，物理层和网络架构都需要大量的结构重组。所有 4G 蜂窝宽带系统都通过使用 OFDM（Orthogonal Frequency Division Multiplexing，正交频分复用）作为首选调制方法获得了更高的频谱效率。交付改善后的数率及通信链路稳健的技术中心是通过多输入多输出

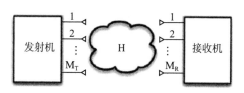

图 5-1　多天线（MIMO）系统

（Multiple Input Multiple Output，MIMO）技术 [3] 更多地使用通信系统的空间维度。4G 无线系统将使用空间复用（增加数率）及分集（改善可靠性）MIMO 处理来装备下一代系统。MIMO 系统（图 5-1）使用多个不同的天线发送不同的数据 [4]，又名空间复用，这样可以增加数率及提供复用增益。MIMO 系统还可以通过分集增益来改善接收器的可靠性及误差特性，也就是向接收器提供多个传送信号的复本。一个实用的实现分集增益的方法是将信息

波束成形于多个发射天线 [5, 6]。波束成形步骤中使用有限的信道状态信息。这个信道的信息通常通过由接收端到发射端的有限的反馈链接提供。

4G 基础设施的设备实现面临几个挑战。第一个挑战与 MIMO-OFDM 系统的运算需求有关。更精细的 MIMO-OFDM 接收器结构的运算需求高出 3G CDMA 几个量级。第二个挑战与缩短旧版标准（如 3GPP）与下一代 4G 协议和系统之间的差距有关。在很多情况下，4G 基础设施的设备需要多模能力，不仅支持 WiMAX 的物理层和 3G LTE 系统，还要支持基于 3GPP 网络的 W-CDMA（宽频 CDMA）物理层。下一代系统硅芯片技术部署不但需要提供强大的运算能力（几百个"十亿次每秒运算"），还需要极大的灵活性来支持多模机站的基础设施。

现场可编程门阵列（Field Programmable Gate Array），固有的并行结构使它们在下一代系统中成为普遍使用的技术。使用硬件实现先进的 MIMO 接收器已是学术及产业研究机构的一个基本领域。

5.1.1 空间复用的 MIMO 系统

我们假设一个有 M_T 发射天线及 $M_R \geqslant M_T$ 接收天线的 MIMO OFDM 系统。在本章内我们用 $k = 1, .., K$ 作为下标来表示 K 个子载波。输入－输出模型为：

$$\tilde{\boldsymbol{y}}_k = \tilde{\boldsymbol{H}}_k \tilde{\boldsymbol{s}}_k + \tilde{\boldsymbol{n}}_k \tag{1}$$

$\tilde{\boldsymbol{H}}_k$ 为一个 $M_R \times M_T$ 的复值信道矩阵，$\tilde{\boldsymbol{s}}_k = \left[\tilde{s}_{1, k}, \tilde{s}_{2, k}, \cdots, \tilde{s}_{M_T, k} \right]^T$ 为一个 M_T 维的发送信号向量，$\tilde{s}_{j, k}$，$j = 1, \ldots, M_T$，为从 $W_{j, k} = |\Omega_{j, k}|$ 维复值星座图 Ω_j 中选出的，$\tilde{\boldsymbol{n}}_k$ 为一个 M_R 维的圆对称复值加性高斯白噪声向量，$\tilde{\boldsymbol{y}}_k = \left[\tilde{y}_{1, k}, \tilde{y}_{2, k}, \cdots, \tilde{y}_{M_R, k} \right]^T$ 为一个 M_R 维的接收信号向量。注意，我们不限制所有 M_T 个并行的数据流都用相同的调制阶数；每个数据流，对应着一个用户的一个天线，可以用 4QAM、16QAM 或 64QAM 调制。还要注意即便我们关注的是有多个天线的单一发射器。本章的结论也可以延伸到多个用户，天线数量的和为 M_T。

假设接收端有着每个子载波所有的信道信息，即信道矩阵的系数。而且，每个子载波的检测过程相对其他子载波都是独立的，在不引起混淆的情况下，我们把下标 K 去掉。

因此，原来的 MIMO 模型可以简化为 $\tilde{\boldsymbol{y}} = \tilde{\boldsymbol{H}}\boldsymbol{s} + \tilde{\boldsymbol{n}}$。

上述 MIMO 方程可以进一步分解为如下实数 [7]：

$$\boldsymbol{Y} = \boldsymbol{H}\boldsymbol{s} + \boldsymbol{n} \tag{2}$$

对应：

$$\begin{pmatrix} \Re(\tilde{y}) \\ \Im(\tilde{y}) \end{pmatrix} = \begin{pmatrix} \Re(\tilde{H}) & -\Im(\tilde{H}) \\ \Im(\tilde{H}) & \Re(\tilde{H}) \end{pmatrix} \begin{pmatrix} \Re(\tilde{s}) \\ \Im(\tilde{s}) \end{pmatrix} + \begin{pmatrix} \Re(\tilde{n}) \\ \Im(\tilde{n}) \end{pmatrix} \tag{3}$$

$M = 2M_T$ 及 $N = 2M_R$ 代表新模型的维度。我们把方程（2）的顺序叫作常规顺序。使用常规顺序，所有的运算都可以使用实数，这样可以简化实现的复杂度。注意，实数分解后，每个 s 里的 s_i，$i = 1, \cdots, M$，都取自一个实数集 Ω_i'，$p_i' = \sqrt{p_i}$ 元素。例如，对于一

个 64QAM 调制，s_i 取自 $\Omega' = \{\pm 7, \pm 5, \pm 3, \pm 1\}$。这个系统的最优监测器是最大似然（Maximum Likelihood, ML）检测器，在 s 向量所有可能的组合上最小化 $\|y - Hs\|^2$。注意，在高阶调制及天线数量大时，这个检测方法会导致全面的成倍搜索，所以在 MIMO 接收器里并不实际可行。但是已被证明使用 QR 分解后的信道矩阵，距离范数可以简化 [8, 9, 10] 为如下：

$$D(s) = \|y - Hs\|^2$$
$$= \|Q^H y - Rs\|^2 = \sum_{i=M}^{1} \left| y_i' - \sum_{j=i}^{M} R_{i,j} s_j \right|^2 \tag{4}$$

其中，$H = QR$，$QQ_H = I$，$y' = Q^H y$。注意，事实上 R 是一个三角矩阵，所以变换式（4）是有可能的。

变换式（4）中范数由 M 迭代计算获得，从 $i=M$ 开始。当 $i=M$（即第一次迭代）时，初始部分的范数置为 0，$T_{M+1}(s_{(M+1)}) = 0$。采用 [11] 的表示法，每次迭代后，下一层的局部欧氏距离（Partial Euclidean Distance，PED）由下式给出：

$$T_i(s^{(i)}) = T_{i+1}(s^{(i+1)}) + \left| e_i(s^{(i)}) \right|^2 \tag{5}$$

且 $s(i) = [s_i, s_{i+1}, ..., s_M]_T$，$i=M$，$M-1$，...，1，此处：

$$\left| e_i(s^{(i)}) \right|^2 = \left| y_i' - R_{i,j} s_j \sum_{j=i+1}^{M} R_{i,j} s_j \right|^2 \tag{6}$$

$$= \left| J_{i+1}(s^{(i+1)}) - R_{i,j} s_j \right|^2 \tag{7}$$

计算这种迭代算法的一种方法是采用树遍历，每一层的树对应一个 i 值，并且每个节点具有 $p'i$ 个子树。

树遍历可以选择广度优先还是深度优先。以深度优先的树搜索 [12, 11, 13]，任何时间只能扩展一个节点，一旦到达树的尾端，通过访问树更高层上的新节点继续遍历。因此，每一层的访问次数不止一次。

然而，以广度优先的树搜索 [14, 15]，每一层只能访问一次，而且在每一层会扩展一个以上的节点。一旦到达树的尾端，或者到达叶子节点，便选定了最小候选。一个典型的广度优先树搜索是一个 K best 检测器。在 K best 检测器中，每一层，只有最佳的 K 个节点，即具有最小 T_i 的 K 个节点，会被选中进行扩展。需要注意的是，这样的一个检测器需要对 $K \times p'$ 规模的列表进行排序，找出最佳的 K 个候选节点。例如，对于一个 16QAM 系统，$K=10$，这就几乎需要在树的每一层上对 $K \times p' = 10 \times 40 = 40$ 规模的列表进行排序。这对下一个处理块带来了长延时，除非使用了高度并行的分类器。另一方面，高度并行的分类器包含了大量的比较选择块，这导致规模显著增加。

5.1.2　Flex-Sphere 检测器

为了简化排序过程，显著减少检测器延时，可以使用一个无排序的策略。此外，我们还会讨论一个新的改良实数分解（Modified Real Valued Decomposition，M-RVD）方案，其有助于设计灵活架构。最后讨论可以支持大范围调制阶数及多个天线的灵活球型检测器 Flex-Sphere[16, 17] 的设计与实现。

Flex-Sphere 检测的树遍历

使用免排序技术，长排序操作可以有效地简化成求最小值的操作 [16, 18]。下面的 Flex-Sphere 树遍历算法描述了该算法的具体步骤。

算法 1：Flex-Sphere 的树遍历

输入：R, y'

$T_{M+1}(s^{(M+1)}) = 0$

$L \leftarrow \varnothing$

$L' \leftarrow \varnothing$

$i \leftarrow M$

\\ 第一级全扩展:

• 用方程（5）计算 T_i

$L \leftarrow \{(s^{(i)}, T_i(s^{(i)}))_j \mid j=1, ..., p'\}$

$i \leftarrow i-1$

\\ 第二级全扩展:

• for each $(s^{(i+1)}, T_{i+1}(s^{(i+1)})) \in L$,

 • 重复计算 $(s^{(i)}, T_i(s^{(i)}))_j$ 子节点对，$j = 1, ..., p'$

 • $L' \leftarrow L' \cup \{(s^{(i)}, T_i(s^{(i)}))_j \mid j=1, ..., p'\}$

• end

• $L \leftarrow L'$

• $L' \leftarrow \varnothing$

\\ 依据最少展开以下级

• $i=M-2$ 至 $i=1$,

 • $(s^{(i+1)}, T_{i+1}(s^{(i+1)})) \in L$,

  • 计算 $(s^{(i)}, T_i(s^{(i)}))_j$ 子节点对，$j = 1, ..., p'$

  • $(s^{(i)}, T_i(s^{(i)})_{\min} \leftarrow \arg\min T_i(s^{(i)})$
  $\qquad\qquad\qquad\qquad \{(s^{(i)}, T_i(s^{(i)}))_j \mid j=1, ..., p'\}$

  • $L' \leftarrow L' \cup \{(s^{(i)}, T_i(s^{(i)}))_{\min}\}$

 • end

 • $L \leftarrow L'$

 • $L' \leftarrow \varnothing$

 • $i \leftarrow i-1$

• end

• $(s^{(i)}, T_i(s^{(i)}))_{\text{detected}} \leftarrow \arg\min T_i(s^{(i)})$
$\qquad\qquad\qquad\qquad \{L\}$

此算法的一个例子如图 5-2 所示，为一个 4×4，64QAM 系统。注意如上所述，前两级全部扩展，保障高效；而下面几级只扩展母节点下子列中的最优候选者。换句话说，经过前两级后，P_{M_T} 节点被扩展，而对于每个 P_{M_T} 节点，p'_M 子节点中最优的被选为幸存节点。所以最新的节点列表在第三级会有 P_{M_T} 个节点。这些个 P_{M_T} 节点在第四级也使用类似的方法扩展，这个过程被重复，直到最后一级，最短距离的节点即作为检测到的节点。

从 Schnorr-Euchner（SE）排列[19]我们得知，找到：

$$\left(s^{(i)}, T_i\left(s^{(i)}\right)\right)_{\min} \leftarrow \arg \min_{\left\{\left(s^{(i)}, T_i\left(s^{(i)}\right)\right)_j \mid j=1, \ldots, p'\right\}} T_i\left(s^{(i)}\right)$$

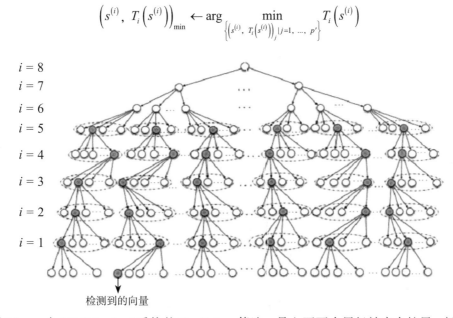

图 5-2　一个 64QAM、4×4 系统的 Flex-Sphere 算法。最上面两个层级被完全扩展。标为黑色的节点为其组内最小，每一组被虚线所标出。由于实数分解，每个节点为 $M = 2 \times M_T = 8$

基本等同找到最靠近：

$$\frac{1}{R_{ii}} j_{i+1}\left(s^{(i+1)}\right)$$

星座点的实数值。见式（7）；由此，避免了 Kbest 长排序。

5.1.3　改良实数分解排序

如上一节所描述的一个免排序检测器，我们可以使用一种改良的实数分解（M-RVD）排序法，该方法相对于式（2）给出的排序，误码率会有所改善。这个新分解可总结为[20]：

$$\hat{\boldsymbol{y}} = \hat{\boldsymbol{H}}\hat{\boldsymbol{s}} + \hat{\boldsymbol{n}} \tag{8}$$

或

$$\begin{pmatrix} \Re(\tilde{y}_1) \\ \Im(\tilde{y}_1) \\ \Re(\tilde{y}_2) \\ \Im(\tilde{y}_2) \\ \vdots \\ \Re(\tilde{y}_{M_R}) \\ \Im(\tilde{y}_{M_R}) \end{pmatrix} = \hat{H} \begin{pmatrix} \Re(\tilde{s}_1) \\ \Im(\tilde{s}_1) \\ \Re(\tilde{s}_2) \\ \Im(\tilde{s}_2) \\ \vdots \\ \Re(\tilde{s}_{M_T}) \\ \Im(\tilde{s}_{M_T}) \end{pmatrix} + \begin{pmatrix} \Re(\tilde{n}_1) \\ \Im(\tilde{n}_1) \\ \Re(\tilde{n}_2) \\ \Im(\tilde{n}_2) \\ \vdots \\ \Re(\tilde{n}_{M_R}) \\ \Im(\tilde{n}_{M_R}) \end{pmatrix} \quad (9)$$

$\hat{H}$ 是方程（3）的置换通道矩阵，它的列被重新排序来匹配方程（8）里的新向量分解排序。值得注意的是，因为 RVD 和 M-RVD 的差别为信号的组合，所以关于改良的排序没有多出运算成本。我们下面会看到这个排序能够减少 Flex-Sphere 的延时。

5.1.4 软件无线电手机可配置检测器的 FPGA 设计

本节介绍 SDR 手机检测器的主要特点和 FPGA 架构。我们使用 Xilinx System Generator[21] 来实现这个架构。为了支持全部的天线 / 用户及调制阶数，检测器根据最大案例设计（$M_T \times M_R$，64QAM），可配置元素被加入进来支持不同的配置。

PED 运算

由 PED 块计算等式（7）中的范。根据树的层次，这里使用了三个不同的 PED 模块：第一个真值层的 PED 对应树中的根节点，$i = M = 2M_T = 8$。第二层由 $64 = 8$ 并行 PED2 块组成，为 PED$_1$ 产生的 8 个 PED 计算 8 个 PED，从而在 $i = 7$ 层上产生 64 个 PED。随后的这一层，有 8 个并行普通的 PED 计算模块 PED$_g$，计算各个 PED$_2$ 所有 8 个输出最接近的节点的 PED。下一层次也会使用 PED$_g$。最后，最小值搜索单元通过寻找适当层次中 64 个距离的最小值来检测信号。本设计的框图如图 5-3 所示。

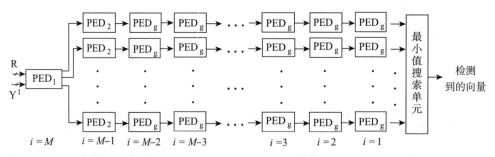

图 5-3 Flex-Sphere 框图。注意，每一层有 M 个并行的 PED。最小值搜索单元的输入是由合适的 PED 块给出

可配置设计

为了确保 Flex Sphere 的可配置性，它需要支持不同的 M_T 以及不同用户的不同的调制

阶数。检测器的可配置性是由两个输入信号实现的，即 M_T 和 $q_{(i)}$，它们分别控制天线的数量和调制阶数。这两个输入可以在检测过程中的任何时间基于系统参数而改变。因此，这种可配置性是一种实时操作的体现。

天线数　M_T 的数量决定了检测层次，通过检测器的 M_T 输入设置，它反过来适当地配置最小搜索器。因此，最小的搜索器可以操作相应层次的输出，并生成最小的结果。换句话说，在最小值搜索单元中的每个输入中的多路选择器，会选择把 4 路数据流中的哪一路送入最小值搜索单元。因此，如果 $M_T = 2$，3，4，最小搜索器的输入将来自 $i = 5$，3，1（见图 5-3）。

M_T 输入可以在运行中改变，因此，设计可以随时基于它尝试检测的数据流的数量从一种模式转变到另一个模式。此外，后面我们还会看到，最小搜索器的可配置性保证了用于检测一个数目较小的数据流所需延迟较短。

调制阶数　为了支持不同的数据流调制阶数，Flex-Sphere 使用另一个输入控制信号 $q_{(i)}$ 确定第 i 层调制阶数的最大的真值，因此 $q_{(i)} \in \{1, 3, 7\}$。此外，由于每个层级的调制阶数是变化的，一个简单的比较阈值不能用于找到 Schnorr-Euchner[19] 排序的最接近候选者。因此，使用下面的转换找到最接近的 SE 候选者：

$$\tilde{s} = g\left(2\left[\frac{J+1}{2} \right] - 1 \right) \tag{10}$$

[.] 代表四舍五入到最接近的整数，$J = (1/R_{ii}) \cdot J_{j+1}$（见方程（7））及 g (.) 为：

$$g(x) = \begin{cases} -q^{(i)}, & x \leqslant -q^{(i)} \\ x, & -q^{(i)} \leqslant x \leqslant q^{(i)} \\ q^{(i)}, & x \geqslant q^{(i)} \end{cases} \tag{11}$$

所有这些功能都可以使用 Xilinx System Generator 可用的模块实现（见图 5-4），十分便捷。需要注意的是乘法 / 除法使用一位位移。

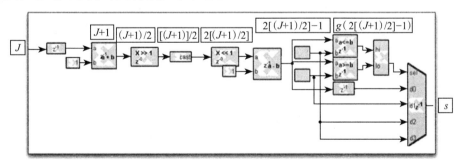

图 5-4　PED_g 中 System Generator 方程（10）的流水线模块图，用来支持不同的调制级数

前两级对应最后一个天线的同相分量和正交分量，超出范围的候选者 PED 以最大值覆盖。因此，在寻找最小数的操作里它们将被自动丢弃。

5.1.5 改良实值分解

使用实数值分解时，每个复数乘法所需的两个额外加法器可去除，从而避免了 FPGA 片上不必要的加法操作。此外，使用复值的操作需要 SE 排序 [11]，考虑到给定检测器的可配置的性质，这是一个高要求的任务，使用实值分解可以在前面所述的建议配置架构实现更高效、更简单的 SE 排序。另外，还要注意，即使某些乘法运算可以在面积优化的 ASIC 中被替换为移位加法设计，在 FPGA 实现中，更佳的设计选择是使用 Virtex-4 和 Virtex-5 器件内称为 XtremeDSP 及 DSP48E 的嵌入式乘法器。

值得注意的是，如果采用常规的实值分解（3），那么一个 2×2 系统的结果要经过所有的同相树层级和前两个正交层级才能准备好。然而，随着改良的实值分解，在两个连续级别的树，每个天线都与其他天线分离。因此，没有必要接受不必要层级的时间延迟。使用 M-RVD 提供了一个与传统实值分解相比延时较小的技术。

时序分析

每个 PED_g 块负责扩大 8 个节点，因此，设计的折叠因数是 $F=8$。为了确保较高的最大时钟频率，每一个 PED 计算块内使用了几个流水线级。PED_1、PED_2 和 PED_g 模块延时分别为 7、17 和 22。需要注意的是 PED_g 模块延时较长是由于后几层级的 PED 用了更多的乘法计算。最小搜索模块（Min_Finder）的延时为 8。

正如前面提到的，不同的 M_T 值需要不同数量的树级别，这样会带来不同的延时。三种不同配置的 M_T 的延时列于表 5-1 中。在延时的计算中，需要最初的 8 个周期来填补流水线的路径。

表 5-1 M_T 对于不同值的延时

M_T	延时
$M_T = 2$	$8 + PED_1 + PED_2 + 2 \cdot PED_g + Min\_Finder = 84$
$M_T = 3$	$8 + PED_1 + PED_2 + 4 \cdot PED_g + Min\_Finder = 128$
$M_T = 4$	$8 + PED_1 + PED_2 + 6 \cdot PED_g + Min\_Finder = 172$

5.1.6 M_T=3 的 Xilinx FPGA 实现结果

表 5-2 给出了 System Generator 在 Xilinx Virtex-4 FPGA，xc4vfx100-10ff1517[21] 以 16 位精度实现 Flex-Sphere 的结果。最大的可检测流为 $M_T = 3$。可达到的最高时钟频率为 250MHz。由于所设计的折叠因数为 $F = 8$，可达到的最高数据率，即 $M_T = 3$，$p_i = 64$：

$$D = \frac{M_T \cdot \log \omega}{F} f_{max} = 562.5 \text{Mbit/s} \tag{12}$$

表 5-2 对于 Xilinx Virtex-4、xc4vfx100-10ff1517 器件 Flex-Sphere 之 FPGA 资源使用情况小结

天线数量	2，3，4	片触发器（Slice FF）数量	27115/58880（46%）
调制阶数	{4，16，64} QAM	查表器（LUT）数量	33427/58880（56%）
最大数据率	857.1 Mbit/s	DSP48E 乘法器数量	321/640（50%）
片（Slice）数量	11604/14720（78%）	最高时钟频率	285.71MHz

5.1.7 M_T=4 的 Xilinx FPGA 实现结果

表 5-3 给出了 System Generator 在 Xilinx Virtex-4 FPGA、xc4vfx100-10ff1517[21] 以 16 位精度实现 Flex-Sphere 的结果。最大的可检测流为 M_T =4。可达到的最高时钟频率为 285.71MHz。由于所设计的折叠因数为 F=8，可达到的最高数据率，即 M_T =4，p_i =64：

$$D = \frac{M_T \cdot \log \omega}{F} f_{max} = 857.1 \text{Mbit/s} \tag{13}$$

Flex-Sphere 可以支持不同数量的天线及调制级别，也达到了多个无线标准的高数据率要求。表 5-4 总结了 M_T = 4 Virtex-5 实现不同情景下的数据率。

表 5-3 提出的 Flex-Sphere 之 FPGA 资源使用

器件	XC5VSX95
天线数量	2，3，4
调制阶数	{4，16，64} QAM
最大数据率	857.1 Mbit/s
误码率（BER）＝ 10^{-4}@ 信噪比（SNR）=	=25dB
片（Slice）数量	11604/14720（78%）
寄存器 / 触发器数量	27115/58880（46%）
片内查表器（Slice LUT）数量	33427/58880（56%）
DSP48E/ 乘法器数量	321/640（50%）
块内存（block RAM）数量	0（0.0%）
最高时钟频率	285.71MHz

表 5-4 不同设定的 4×4 之数据率

	4QAM	16QAM	64QAM
M_T =2	142.7Mbit/s	285.7Mbit/s	428.4Mbit/s
M_T =3	214.1Mbit/s	428.4Mbit/s	642.7Mbit/s
M_T =4	285.7Mbit/s	571.4Mbit/s	857.7Mbit/s

5.1.8 仿真结果

在本节中，我们给出 Flex-Sphere 的仿真结果，并比较 FPGA 的定点实现性能及最佳的浮点最大似然的结果。图 5-5 所示为 Xilinx System Generator 实现的 Flex-Sphere 检测器。在前面介绍的 M-RVD 之前，我们使用通道顺序[22] 进一步缩小与 ML 的差距。另外，假设所有数据流都使用相同的调制方案。假设 Rayleigh 衰落信道模型，即，复数值的信道矩阵的实部和虚部的每个元素来自正态分布。

为了确保接收器中所有的天线有相似的平均接收信噪比（Signal Noise Ratio，SNR），并且用户的信号与其他信号没有覆盖干扰，这里使用功率控制方案。图 5-6 给出了最大 4×4 配置的仿真结果。可以看出，建议的硬件架构的实现，其性能与最佳的最大似然检测只有至多 1dB 的差距。

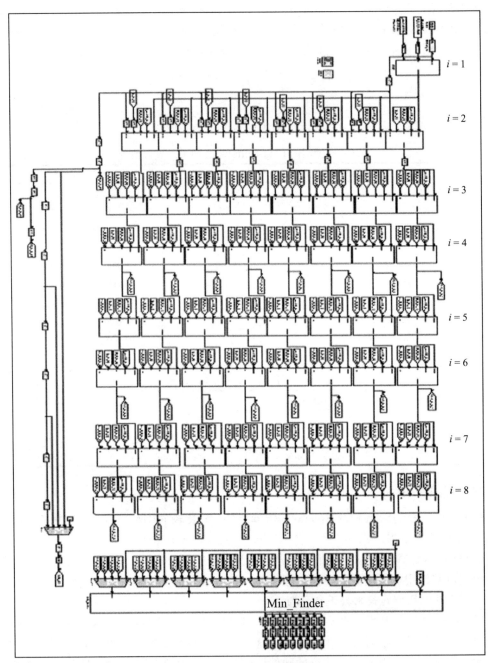

$i = 1$

$i = 2$

$i = 3$

$i = 4$

$i = 5$

$i = 6$

$i = 7$

$i = 8$

Min_Finder

图 5-5   Xilinx System Generator 实现之 Flex-Sphere 检测器

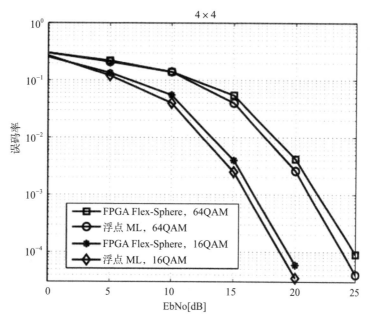

图 5-6　对比浮点最大似然（ML）性能及 FPGA 实现之误码率图。注意，这里使用到文献 [22]
的信道预处理来提升性能

5.2　针对 WiMAX 的波束成形

　　使用多输入多输出天线系统可以提高数据传送速率（复用增益），提高可靠性（分集增益）[23]。上一节介绍了实现复用增益的方法。本节解释 WiMAX 系统如何通过波束成形技术达到全分集增益。对 WiMAX 系统中的波束成形实现上的挑战进行分析，并给出了在一个基于 FPGA 的测试平台上的实验结果。

　　实现全分集增益的 MIMO 方案可以是开环或闭环的。在一个闭环系统中，发射机具有瞬时信道实现的一些知识，如果前向和反向信道不是可逆的，发射机会获得由接收器发送的信道状态信息反馈。传输波束成形是一个实现全多样性闭环方案的例子。在开环系统中，发射机不需要知道信道状态信息。空时编码（Space Time Code，STC）是由开环实现全多样性方案的一个例子的 [24]。

　　在更高数据速率下更可靠的通信潜力让闭环发射波束成形技术成为未来无线通信标准物理层的一部分，例如，802.11n、WiMAX 和 3GPP[25]。传输波束成形被认为是 WiMAX 频分双工（Frequency Division Duplexing，FDD）模式，其中的前向通道和反馈通道并不在同一频带上，因此它们不是可逆的。

5.2.1　在宽带系统中的波束成形

　　WiMAX 标准的物理层使用正交频分复用（Orthogonal Frequency Division Multiplexing，

OFDM）实现宽带通信。OFDM 是一种多载波方案，它的子载波占据正交窄带信道。波束成形是一种窄带方案，通过对各个子载波应用波束成形技术，可以很容易地扩展到宽带OFDM 系统。

图 5-7 显示了一个波束成形 OFDM 系统，它的信道状态信息从接收器通过反馈信道发送到发射机。该系统具有 M_T 个发射机天线，M_R 个接收天线和 K 个数据子载波。$\tilde{s}_k$ 用来代表传输于子载波 k 上的复数符号，$1 \le k \le K$。信道脉冲响应的时间跨度假定短于循环前缀的时间跨度（在精心设计的 OFDM 系统中，这是符合事实的）；子载波 k 上发送的复数符号和相应的接收信号 y_k 之间的基带关系由以下给出：

$$y_k = z_k^H \tilde{H}_k w_{b_k} \tilde{s}_k + z_k^H \tilde{n}_k \tag{14}$$

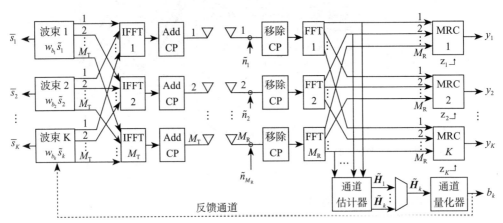

图 5-7　MIMO-OFDM 波束成形的基带描述。FFT 及 IFFT 模块分别运算快速傅里叶变换及快速傅里叶逆变换。CP 用来表示循环前缀

用于波束成形 k 子载波的 $M_T \times 1$ 向量由 w_{bk} 表示。K 个波束成形向量 w_{b1}，…，w_{bk} 从一个基数为 $|W| = 2_B$ 的波束成形码表 W 中选择，因此，$W = \{w_1, w_2, \cdots, w_{|W|}\}$，且指数 b_k 指定选中的波束成形向量的指数，用为 k 波束成形子载波，$1 \le b_K \le |W|$。对应子载波 k 的信道矩阵由 $M_R \times M_T$ 矩阵 $\tilde{H}_k$ 表示，而 $\tilde{H}_k$ 的元素是独立同分布的，每个元素均为每复维圆对称零均值单位方差复高斯随机变量。为了简化分析，假设接收机对于信道矩阵拥有完整的知识。$M_R \times 1$ 向量 z_K 是 k 子载波之最大比合并（Maximum Ratio Combining，MRC）向量。$M_R \times 1$ 噪声向量 $\tilde{n}_k$ 具有独立同分布元素，其中每个元素假定为圆对称的零均值及方差为 N_0 的每复维复高斯随机数。每个子载波都用平均电能 E_s 传输，这要求设置 $E\left[|\tilde{s}_k|^2\right] = E_s$，$|w_{b_k}| = |1|$ 满足约束。WiMAX 标准为不同数量的发射天线和码表的基数指定波束成形码表；在WiMAX 码表内所有的波束成形向量均满足 $|w_{b_k}| = |1|$。（请注意，$\|\cdot\|$ 表示向量 2 范数和 $(.)_H$ 表示共轭转置的矩阵）。

子载波 k 的信噪比由下式给出：

$$\mathbf{SNR}_k = \frac{E_s \left| z_k^H \tilde{H}_k w_{b_k} \right|^2}{\left\| z_k \right\|^2 N_0} \tag{15}$$

最大化 $\mathbf{SNR}_k$ 之 MRC 向量及波束成形向量的指数分别为 [5]：

$$z_k = \frac{\tilde{H}_k w_{b_k}}{\left\| \tilde{H}_k w_{b_k} \right\|} \tag{16}$$

和

$$b_k = \arg \max_{1 \le i \le |w|} \left\| \tilde{H}_k w_i \right\|^2 \tag{17}$$

在一个类似于 WiMAX 标准的波束成形频分双工系统里，波束成形码表 W 为发射端和接收端已知的。由接收端信道均衡器计算出的 K 个指数 b_1，b_2，...，b_K 反馈到发射端。根据这些指数，发射端分别使用向量 w_{b_1}，w_{b_2}...，w_{b_K} 波束成形出子载波 1，2，...，K。信道量化器计算出的 K 个指数 b_1，b_2，...，b_K 也用于计算如（16）中所示的 MRC 向量。由于码表的基数为 $|W| = 2^B$，各个指数 b_K 使用 B 位表示。反馈比特的总量等于 KB，每个子载波的反馈信息对应于 B 位。WiMAX 规范规定了从接收器到发送器发送 KB 位反馈信息的不同机制；在某些配置中（例如，相邻子载波排列 [26]），可以聚集子载波而减少反馈的比特量。

将每个子载波信道量化至 B 比特的过程发生于通道量化器。由于每个子载波均通过一个独立的信道，各子载波的通道必须独立地量化。为了重复利用硬件资源，每次量化处理一个子载波，如图 5-7 所示。信道量化的输入－输出关系由方程（17）给出，此式的计算方法是穷举搜索码表 W 中的元素。

如图 5-7 所示的系统能实现了全多样性，前提是 $|W| \ge M_\mathrm{T}$ 以及波束成形码表设计以格拉斯曼（Grassmannian）波束成形标准为基础 [5]。WiMAX 标准分别给 2、3 和 4 个发送天线规定了码表。对于两个发射天线，WiMAX 标准指定的码表大小为 $|W| = 8$，对于 3 个和 4 个发射天线，标准指定码表大小 $|W| = 8$，另一码表大小 $|W| = 64$。WiMAX 的码表似乎是基于格拉斯曼波束成形标准设计的 [27]，蒙特卡罗模拟可以验证 WiMAX 的码表实现全多样性。

5.2.2　波束成形系统的计算要求和性能

实现如图 5-7 中所示的波束成形和 MRC 模块很简单。每个模块中计算量最密集的是向量乘法。此外，若每次只处理一个子载波，K 个波束成形和 K 个 MRC 模块可以减少至一个波束成形的模块和一个 MRC 模块。

考虑到其发射天线的数量和码表大小，实现图 5-7 中的通道量化可能会需要大量的资源。$\tilde{H}_k$ 的元素为复数，而且 WiMAX 标准规定，w_i 的元素为四舍五入到小数点后四位的复数值。因此，给所有 $|W|$ 个码计算 $\left\| \tilde{H}_k w_i \right\|_2$ 需要 $|W| M_\mathrm{T} M_\mathrm{R}$ 复数乘法、$|W| M_\mathrm{T} M_\mathrm{R} - |W| M_\mathrm{R}$ 复数加法，$2|W| M_\mathrm{R}$ 实数乘法和 $2|W| M_\mathrm{R} - |W|$ 实数加法。计算所有 $|W|$ 个码的 $\left\| \tilde{H}_k w_i \right\|_2$ 后，信道量化器搜索其中 $\left\| \tilde{H}_k w_i \right\|_2$ 最大之值。实现一个树搜索需要 $|W| - 1$ 个比较模块来比较两个输

入，然后输出这两个数值的大者。

一个子载波在不同 WiMAX 配置下的信道量化所需资源总结如表 5-5 中所示。我们注意到，当天线的数量和码表基数增加，所需资源数量急剧增加。Xilinx Virtex-4 系列 FPGA 中的嵌入乘法器的最大数量为 512[28]，Xilinx Virtex-5 系列为 1056[29]。因此，实现通道量化可能是实现一个 WiMAX 系统的瓶颈。

表 5-5 信道量化的资源需求

	$M_T=2$, $M_R=1$ $\lvert w\rvert=8$	$M_T=3$, $M_R=3$ $\lvert w\rvert=8$	$M_T=4$, $M_R=4$ $\lvert w\rvert=64$
复数乘法器	16	72	1 024
复数加法器	8	48	768
实数乘法器	16	48	512
实数加法器	8	40	448
比较器	7	7	63

信道量化器所需的资源量可以通过资源的重复使用来减少，但资源的再利用将增加信道量化的延迟。只要时序约束得到满足，资源的再利用是有可能的。WiMAX 系统的时序约束会相当紧张，在高流动性的场景和频率分双工模式中尤其如此。在高流动性的情况下，信道的相关时间间隔减少，反馈信息必须在变得陈旧之前发送，在 FDD 模式下，反馈信息可能会一旦可用就被立即发送。在 FDD 模式和高流动性下，更快的反馈信息发送等于更大的系统吞吐量，因为在每个相关间隔期间，更多的有效载荷数据将被发送。

另一种减少信道量化所需资源量的方法是使用一个文献 [30] 提出的混合码表方案。在混合码表方案中，WiMAX 码表用于发射端的波束成形和 MRC 接收器，而 WiMAX 码表的映射版本用于接收端的信道量化器。WiMAX 码表的映射版本中的元素属于集合 {0, +1, −1, +j, −j}，因此，信道量化所需的所有复数乘法可以通过简单地更改和交换信道矩阵元素的实部和虚部实现。

表 5-6 比较 WiMAX 码表使用映射前后在信道量化上所需的资源量。映射后 WiMAX 的码表的版本可以通过如文献 [30] 中提出的向量映射获得。使用混合码表法将影响性能，因为在发射端做波束成形及在接收的 MRC 所用码表不同于在接收端的信道量化码表。不过，这个性能损失是很小的，因为由于它自身的结构，映射的 WiMAX 码表的量化区域类似于原来的 WiMAX 码表的量化区域[30]。请注意，混合码表法仍符合 WiMAX 标准，因为映射的 WiMAX 码表只用于信道量化。

表 5-6 使用 WiMAX 码表及映射后 WiMAX 码表的信道量化器之资源需求。结果是一个 4 发射及 4 接收天线的系统，及一个 64 个码的码表

	WiMAX 码表	映射后 WiMAX 码表		WiMAX 码表	映射后 WiMAX 码表
复数乘法器	1024	0	负值器	0	2048
复数加法器	768	768	5 输入复合器	0	2048
实数乘法器	512	576	比较器	63	63
实数加法器	8	448			

从表 5-6 中可以看到，当使用映射的 WiMAX 码表来量化信道时，所需要的乘法数减为零。这种减少需要增加 5 输入复合器和负值器（负值器模块是一个非常简单的模块，用于

计算其输入的负值或二补码负值）。对于 ASIC 和 FPGA 实现，2048 个 5 输入复合器，2048 负值器，及 64 实数乘法器比实现 1024 个复数乘法器需要更少的资源。

图 5-8 显示了不同的 WiMAX 波束成形配置的性能。所有仿真均运行于单个子载波模式，所获得的结果表示 OFDM 系统中的每个子载波的行为。图 5-8 中的结果对应最好情况下接收器完美信道的估计情况：无噪音、零延迟反馈、浮点处理。图 5-8 中的结果表明，在基于反馈波束成形的系统，如 FDD WiMAX，数位反馈即可以实现性能接近理想情况下的无限反馈。此外，使用混合码表法（在图中标记为 MC）的结果在性能上有少许的下降，并且如表 5-6 所示，通过使用混合码表法可以显著减少资源量。图 5-8 还显示了 Alamouti STC [31] 的性能，这是一个开环方案。这里可以看到，闭环波束成形方案优于开环的方案。

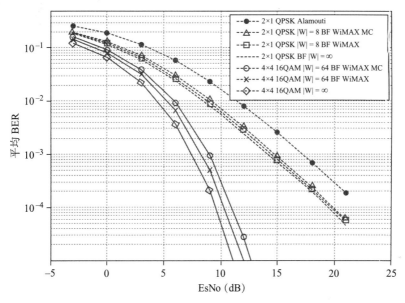

图 5-8　不同 M_T、M_R 及 $|W| = \infty$ 在一个 $M_T \times M_R$ 波束成形 WiMAX 系统的性能。BF 用来表式波束成形，MC 用来表示混和码表法，及 $|W| = \infty$ 用来表示一个无限反馈的情况

5.2.3　使用 WARPLab 的波束成形实验

WARPLab 是一个用于快速物理层算法原型的框架。WARPLab 框架结合了 MATLAB 的便利及莱斯大学开发的无线开放研究平台（Wireless Open Access Research Platform，WARP）[32] 的功能。本节详细介绍 WARPLab 的框架并给出实验。结果显示 WiMAX 系统中的波束成形可以得到的性能增益。

WARPLab 框架

WARP 提供一个独特的平台，用于开发、实现和测试先进的无线通信算法。平台的架构由四个主要部分组成：定制的硬件、平台级支持包、开源库和研究应用。

定制的硬件可实现具有可扩展性的复杂信号处理算法，并提供可扩展的无线电和用户接口外设选项界面。WARP 硬件的主要组件是一个 Xilinx Virtex II Pro 的 FPGA，这是即将问世的新版本硬件。在这个新版本中，Xilinx Virtex II Pro FPGA 由一个更强大的 XilinxV-4 FPGA 所取代。WARP 主板如图 5-9 所示，有 4 个子卡插槽，每个插槽连接到 FPGA 上一个专门的 I/O 引脚组上，提供一个灵活的高吞吐量接口。如图 5-9 所示，4 个子卡插槽可用于连接 FPGA 4 个不同的无线电电路板，多达 4×4 的 MIMO 系统被建成。无线电电路板由莱斯大学的学生所设计，这些板子能够用于 2.4 GHz 和 5 GHz 的 ISM 频段。它的设计意图就是应用于宽带，如带宽高达 40 MHz 的 OFDM。

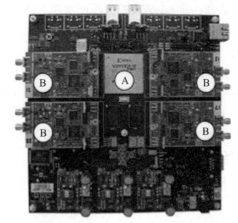

图 5-9 WARP 主板及其 4 个子卡插槽上的无线电电路板，其中 A 表示 XilinxVirtex II Pro FPGA，B 表示无线电电路板

它的平台支持包有助于在各个层级工作的无线网络设计研究人员对 WARP 硬件进行无缝使用。开放的资源库 [33] 可由互联网获取，包括所有的源代码、模型、平台支持、封装、应用模块、研究中的应用、设计文件以及 WARP 相关硬件设计文件的中央归档。资源库的内容都经过了莱斯大学项目管理员验证。

WARP 通过两种设计流程实现全新的无线物理层算法设计和原型：1）实时实现，2）WARPLab 通信框架，允许实时 RF 传输及在 PC 主机上的离线处理。

在实时实现中，所有的信号处理都在 FPGA 中实现，它能实现一个完整的终端到终端的实时系统。然而，许多的物理层研究者感兴趣的是新算法的快速原型及空中测试，这里无需处理 FPGA 实现的细节，也不必实现属于更高级的机制，如载波侦听、争端解决协议和数据包检测。为了满足这些要求，莱斯大学开发了 WARPLab 框架，它能在 MATLAB 中产生波形并提供简单的 m- 代码的函数使其能够使用 WARP 硬件在空中传输这些波形。

基本 WARPLab 的设置如图 5-10 所示。两个 WARP 节点都通过以太网交换机连接到一台 PC 主机。多至 16 个 WARP 节点可以连接到交换机并由 PC 主机控制。用户首先使用 MATLAB 构建算法会发送的波形。这些波形通过由 PC 及 WARP 节点上的自定义代码控制的以太网链路加载装入分配好的 WARP 发射节点。PC 主机触发实验开始，告诉发射节点开始传输，告诉接收节点从无线电波中开始捕获数据。一旦发送和捕获完成，所捕获的波形由以

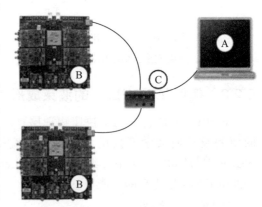

图 5-10 基本 WARPLab 设置，其中 A 表示主机（个人计算机），B 表示 WARP 节点，C 表示交换机。交换机通过以太网链接连接到 WARP 节点与主机

太网链路传递到 PC 主机。然后，用户可以使用 MATLAB 来处理接收到的波形，并确定真实无线电和无线信道对新算法的影响。

WARPLab 框架提供了必要的软件来简化由 MATLAB 工作空间与 WARP 节点的直接互动。该软件由 FPGA 代码及 m- 代码函数组成，它们均可从 WARP 库中获得 [34]。

5.2.4　实验设置及结果

本节讲解两个传输天线及一个接收天线的波束成形系统的实验结果。这个系统使用 WARPLab 框架来设计及测试。这些通过无线信道的实验使用 Spirent 的 SR-5500 无线信道模拟器仿真。实验设置如图 5-11 所示。发射端的两个无线电发射器被连接到信道模拟器的两个无线电输入来模拟两个独立的无线 RF 信道。信道模拟器的两个输出加载在一起来模拟一个 2×1 系统；加载后的输出连接至接收端的无线电。信道模拟器通过以太网与主计算机连接；主计算机由以太网链路控制两个 WARP 节点及信道模拟器。

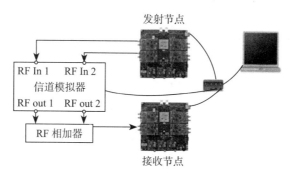

图 5-11　实验设置。基本的 WARPLab 设置与一个信道模拟器和一个 RF 相加器相连，模拟一个带有双发射天线和单接收天线的系统

实现的系统为一个单子载波系统，其结果代表着一个 OFDM 系统内各个子载波的行为。表 5-7 总结了实验条件；两个模拟的 RF 信道使用了完全一样的参数。由于延迟小于符号周期，发射信号通过一个平坦的衰减信道。

表 5-7　实验

参数	值
发射器天线数量	2
接收器天线数量	1
载波频率	2.4 GHz
子载波数量	1
带宽	625 kHz
采样频率	40 MHz
脉冲成形滤波器	平方根升余弦（SRRC）
SRRC 滚降系数	1
符号时间	3.2 μs

（续）

参数	值
调制	16 QAM
编码率	1（无纠错码）
每符号能量	−20 dBm 于信道仿真器输入口
每高频路径	3
每路径包裹	3 个模拟块衰落信道均为瑞利平坦衰落
每路径多普勒衰减	3 个通道均为 0.1 Hz（0.04km/h），模拟块衰减信道
路径延迟	通道 1= 0 μs，通道 2= 0.05 μs，通道 3= 0.1 μs
相对路径衰减	通道 1= 0 dB，通道 2= 3.6 dB，通道 3= 7.2 dB

负载数据会以 110 个符号的数据包传输出去。由于发射信号的特征（符号间距为 3.2μs，采样频率为 40 MHz）以及可以被存储在一个节点中每个接收机无线电最大采样数（限制为 2^{14} 个样点 [34]），每数据包的符号数量被限制在 110 个。如图 5-12 所示，两个导频序列在传输有效载荷之前发送。第一个导频序列用于信道量化的信道估算，并且总导频能量设置为每个符号能量的两倍。第二个导频序列是波束成形的导频序列，这是用于获取的信道估计及波束成形向量的乘积。这个估值用于接收端的 MRC，总的导频能量等于每个符号的总能量。无误差反馈通道在 PC 主机实现（PC 主机连接到发射器和接收器）。反馈延迟为大约 60ms，这是它发送训练序列、估计信道、量化信道估计，并开始发射波束成形信号所需的时间。

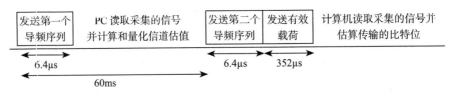

图 5-12　波束成形实验的发送信号及 PC 处理时序图

为了比较如波束成形的闭环方案性能和如阿拉穆蒂（Alamouti）的开环方案性能，这里还使用 WARPLab 框架实现和测试了一个 2×1 阿拉穆蒂方案。在此阿拉穆蒂方案中，传输的有效载荷数据包也为 110 个符号。对于阿拉穆蒂的实现，一个导频序列发送后便立即发送有效载荷。总的导频序列能量等于每个符号的总能量。

图 5-8 所示仿真结果表明波束成形方案比阿拉穆蒂方案具有更好的性能，而且高效实现的混合码表之性能下降很小。图 5-13 所示的实验结果验证了这两点。结果还显示，正如预期，只用数个反馈比特的性能表现接近无限反馈。实验结果的图表不如仿真结果图表平滑。这很可能是由于硬件非线性特征，以及运行了比实验更多的总比特数的仿真，因为仿真运行得更快。

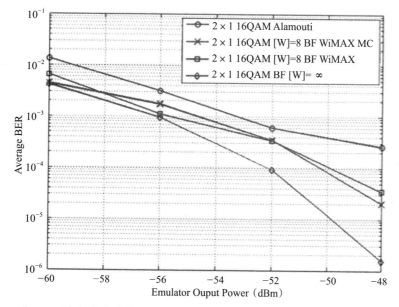

图 5-13　一个 2×1 波束成形系统及一个 Alamouti 系统的实验结果。BF 用于表示波束成形，MC 用于表示混合码表方法，及 $|W|=\infty$ 表示无限反馈的情景

5.3　总结

本章讨论了空间复用及分集增益方法架构的挑战，并进一步介绍以 FPGA 为中心的架构及对于这些系统的实验。我们介绍了一个灵活的架构，还有空间复用的 MIMO 检测器、Flex-Sphere 及其 FPGA 实现。我们也介绍了一个 WiMAX 用于波束成形的硬件架构，一个为下一代无限通信系统提升分集及性能的方法。最后，我们演示了如何使用 WARP 平台来研究真实请况下的 MIMO 系统影响。

参考文献

[1]　http://www.3gpp.org/.

[2]　http://wirelessman.org/.

[3]　G.Foschini，Leyered space-time architecture for wireless communications in a fading environment when using multipe antennas，Bell Labs. Tech. Journal 2（1996）.

[4]　G.D. Golden，G. J. Foschini，R. A. Valenzuela，P.W. Wolniansky，Detection Algorithms and initial laboratory results using V-BLAST space-time communication architecture，Electronics Letters 35（1999）14-15.

[5]　D.J. Love，R.W. Heath，T. Strohmer，Grassmannian beamforming for multiple-input multiple-

output wireless systems, IEEE Trans. Inform. Theory 49 (Oct 2003) 2735-2747.

[6] K.K. Mukkavilli, A. Sabharwal, E. Erkip, B. Aazhang, On beamforming with finite rate feedback in multipleantenna systems, IEEE Trans. Inform. Theory 49 (Oct 2003) 2562-2579.

[7] Z. Guo, P. Nilsson, A 53.3 Mb/s 4 × 4 16-QAM MIMO decoder in 0.35mm CMOS, IEEE Int. Symp. Circuits Syst. 5 (May 2005) 4947-4950.

[8] M.O. Damen, H.E. Gamal, G. Caire, On maximum likelihood detection and the search for the closest lattice point, IEEE Trans. on Inf. Theory 49 (no 10) (Oct 2003) 2389-2402.

[9] U. Fincke, M. Pohst, Improved methods for calculating vectors of short length in a lattice, including a complexity analysis, Math. Computat 44 (no 170) (Apr 1985) 463-471.

[10] B. Hochwald, S. ten Brink, Achieving near-capacity on a multiple-antenna channel, IEEE Trans. on Comm.51 (Mar 2003) 389-399.

[11] A. Burg, M. Borgmann, M. Wenk, M. Zellweger, W. Fichtner, H. Bolcskei, VLSI implementation of MIMO detection using the sphere decoding algorithm, IEEE Journal of Solid-State Circuits 40 (no 7) (July 2005) 1566-1577.

[12] K. Amiri, J.R. Cavallaro, FPGA implementation of dynamic threshold sphere detection for MIMO systems, 40th Asilomar Conf on Signals, Systems and Computers (Nov 2006).

[13] D. Garrett, L. Davis, S. ten Brink, B. Hochwald, G. Knagge, Silicon complexity for maximum likelihood MIMO detection using spherical decoding, IEEE JSSC 39 (no 9) (Sep 2004) 1544-1552.

[14] Z. Guo, P. Nilsson, Algorithm and implementation of the K-Best sphere decoding for MIMO detection, IEEE JSAC 24 (no 3) (Mar 2006) 491-503.

[15] K. Wong, C. Tsui, R.S. Cheng, W. Mow, A VLSI architecture of a K- best lattice decoding algorithm for MIMO channels, IEEE Int. Symp. Circuits Syst. 3 (May 2002) 273-276.

[16] K. Amiri, J.R. Cavallaro, C. Dick, R. Rao, A high throughput configurable SDR detector for multi-user MIMO wireless systems, Springer Journal of Signal Processing (2009).

[17] K. Amiri, C. Dick, R. Rao, J.R. Cavallaro, Flex-Sphere: An FPGA Configurable Sort-Free Sphere Detector for Multi-user MIMO Wireless Systems, Proc. of SDR Forum (Oct 2008).

[18] L. G. Barbero and J. S. Thompson, 'FPGA design considerations in the implementation of a fixed-throughput sphere decoder for MIMO systems,' Field Programmable Logic and Applications, 2006. FPL '06. International Conference on, Aug. 2006.

[19] C.P. Schnorr, M. Euchner, Lattice basis reduction: improved practical algorithms and solving subset sum problems, Math. Programming 66 (no 2) (Sep 1994) 181-191.

[20] K. Amiri, C. Dick, R. Rao, J.R. Cavallaro, Novel sort-free detector with modified real-valued decomposition (M-RVD) ordering in MIMO systems, Proc. of IEEE Globecom (Dec 2008).

[21] [Online]. Xilinx: http://www.xilinx.com/

[22] L.G. Barbero, J.S. Thompson, A fixed-complexity MIMO detector based on the complex sphere decoder, IEEE 7th Workshop on Signal Processing Advances in Wireless Communications, 2006.

SPAWC '06 (Jul 2006).

[23]　L. Zheng, D. Tse, Diversity and multiplexing: A fundamental tradeoff in multiple-antenna channels, IEEE Trans. Inform. Theory 49 (Oct 2003) 1073-1096.

[24]　V. Tarokh, N. Seshadri, A.R. Calderbank, Space-time codes for high data rate wireless communication: Performance criterion and code construction, IEEE Trans. Inform. Theory 44 (1998) 44-765.

[25]　A. Hottinen, M. Kuusela, K. Hugl, J. Zhang, B. Raghothaman, Industrial embrace of smart antennas and MIMO, IEEE Wireless Communications 13 (Aug 2006) 8-16.

[26]　'IEEE standard for local and metropolitan area networks part 16: Air interface for fixed and mobile broadband wireless access systems,' IEEE Std 802.16e–2005 and IEEE Std 802.16-2004/Cor 1-2005, 2006.

[27]　D. Love, R. Heath, V.K.N. Lau, D. Gesbert, B.D. Rao, M. Andrews, An overview of limited feedback in wireless communication systems, IEEE JSAC 46 (Oct 2008) 1341-1365.

[28]　Online]. Available: http://www.xilinx.com/products/virtex4

[29]　Online]. Available: http://www.xilinx.com/products/virtex5

[30]　M. Duarte, A. Sabharwal, C. Dick, R. Rao, A vector mapping scheme for efficient implementation of beamforming MIMO systems, MILCOM (2008).

[31]　S.M. Alamouti, A simple transmit diversity technique for wireless communications, IEEE JSAC 16 (1998) 1451-1458.

[32]　[Online]. Available: http://warp.rice.edu

[33]　[Online]. Available: http://warp.rice.edu/trac

[34]　[Online]. Available: http://warp.rice.edu/trac/wiki/WARPLab

第 6 章
DSP 软硬件协同

Mike Brogioli

6.1　概述

数字信号处理中使用的硬件系统及系统拓扑在设计上可以有极大的差异。很多时候，每个系统的设计和部件都有自身的编程性、功耗及性能上的权衡。由于诸多原因，适合一个系统设计者需求的设计往往不适合另一个系统设计者。本章细述关于系统可配置性、系统编程性、算法需求及系统复杂度的数字信号处理平台设计的各个部件。一方面，详细介绍一种基于 ASIC 高性能、低可配置性的方案。另一方面会介绍一种基于通用型软件可编程的嵌入式微处理器的高可配置性的方案。在这个过程里，多个设计要素都将被讨论，如可重配置的 FPGA 方案及硬件加速器。后面几节会细述系统设计方法的权衡，目的在于给系统设计者提供见解，使他们清楚每种解决方案何时适合于现有的系统设计以及在未来可能需要扩展或移植硬件平台的系统设计。

6.2　嵌入式设计中的 FPGA

相对传统的"一个尺寸适合所有"的可编程 DSP 或微处理器，基于 FPGA 的嵌入式系统方案通常可以向应用提供更有针对性的方案。当系统设计者希望调整其应用程序可以承担的硬件并行性时，FPGA 会是一种非常不错的选择。FPGA 可提供给系统设计人员的既有的功能单元级别的并行性，一个基于 FPGA 的系统组件，使用如 Xilinx Virtex 6 的现有 FPGA 平台，往往能够提供相对可编程信号处理内核 40 ～ 50 倍的纯性能增长。

在嵌入式处理领域里，一些新兴的 FPGA 使用案例。比如，视频监控在整体系统里包含实时视频分析，车内娱乐系统及丰富媒体内容则力图包含堪比家用娱乐系统的丰富媒体体验，以及实时交通和天气状况播报。许多车内应用显现出可能超越可编程信号处理器的高并行性，因而更符合 FPGA 及其他高度并行的类似加速器结构。

鉴于 FPGA 开发工具的成长、可重用逻辑组件及可用的第三方设计，系统设计人员现在可自由地将基于 FPGA 的方案加入更广泛的设计中。同时，由于 FPGA 特有的可编程性，系统设计者在重组或加强设计时，可以大大节约工程开销及经常性成本，这是传统的分离或定制逻辑做不到的。

即便 FPGA 不同于可编程微处理器，可以在硬件模块层面给予可观的高并行性，系统设计人员还需要记得一些其他的因素。FPGA 相对可编程微处理器更倾向于使用很低的时钟频率，但还是可以提供每时钟周期更大的运算吞吐量，这是因为它增强了并行处理硬件。例如，一个 FPGA 系统运行范围可能在几百 MHz，但是每时钟周期够执行几万条运算，功耗数十瓦。一个同级别的处理器可能工作于 1～2GHz，但是在每时钟周期执行的并行计算有很大的局限。后者的典型单指令多数据架构每时钟周期只能执行 4～8 条运算，但 FPGA 可提供 50 倍纯运算吞吐量的改善。但对于使用 FPGA，在系统上也有几个必须考虑的要点。

FPGA 能否带来令人动容的 50 倍性能提升在于系统的计算工作是否适合基于 FPGA 实现。一般来说，系统设计人员必须考虑从当前执行的计算类型来说运算量是否适合，算法是否要求定点或浮点运算，以及实现基于 FPGA 的设计相对于用 C/C++ 之类的语言编写更传统的嵌入式软件的相关挑战。

FPGA 运算吞吐量及功耗

如前面所叙，在嵌入式设计里使用 FPGA 要面对功耗方面的挑战。然而，一般在信号处理的工作负载上，高度的运算并行性及类矩阵的计算特性能允许 FPGA 利用并行运算特性，而抵消相对低的时钟频率。总结来说，虽然 FPGA 的时钟率低于可编程微处理器，但合适的应用可以利用它们巨大的并行硬件来提供可观的运算吞吐量。

算法的合适性

嵌入式系统设计使用 FPGA 时，要在 FPGA 上实现的算法种类一定要经过考虑。FPGA 本身适合解决那些传统上称为易并行类型的问题。也就是说，那些定期重复执行并行工作的那类算法，它们也能简单地分解为模块化部分。许多算法都适合并行，如雷达应用、波束成形、某类图像压缩，及许多信号处理核心，如快速傅里叶变换及其他的基于矩阵的运算。

其他较难预知或需要动态划分及负载平衡的算法及应用不合适 FPGA 实现。还有，一般使用诸如 C/C++ 之类的高级编程语言中的控制逻辑语句来实现并且具有大量的控制平面处理的算法，也可能不适合 FPGA 实现。

定点与浮点

另一个使用 FPGA 时必须要考虑的问题是，核心算法是否要求定点或浮点运算。一直以来软件可编程微处理器在处理器流水线的硬件单元内原生支持浮点运算，这相对用软件运行时库在主处理器仿真实现，浮点运算的性能会有大幅提升。此外，微处理器也通常有在流水线内的并行硬件用于向量或同指令多数据类的浮点运算，如 Freescale Altivec 及其他厂商的类 SIMD 扩展。

即便能够实现浮点处理，FPGA 也并非特别适合此类运算。这是因为 FPGA 实现浮点运算需要大量的逻辑。这些大量逻辑降低了 FPGA 设计的密度（以门数量对比运算吞吐量而言），总而言之，主要使用浮点的算法会降低基于 FPGA 实现的总体效率。

实现的挑战

对算法部署 FPGA 时，编程会带来许多挑战。相对传统的高层次编程语言，FPGA 结构上的抽象度很低。如此，编程人员经常需要有硬件设计及器件详细的知识，比如要通晓 Verilog 或 VHDL。找出从应用并行度到硬件的最佳映射也并非简单，加上费时的综合流程会增加鉴定实现性能可选方面的难度。即便高层次综合工具可以增加硬件抽象度，并行度的抽取可能被固有的编程模型所限制，或无法提供对于系统性能最佳的并行抽取评估或选择。

FPGA 技术在嵌入式计算及信号处理上越来越成熟，一些厂商设计出了多种对 FPGA 功能编程及设定的方法。最普遍的制定 FPGA 设计路径是使用已提到过的硬件描述语言如 Verilog 或 VHDL。这些语言用来描述系统功能及拓扑。设计中还经常使用后续的工具来优化功耗及制定最高性能。

系统设计者或许也需利用许多 FPGA 系统组件的模块化及开源特性。当这类器件变得愈加复杂，设计人员开始产出能够在不同产品上重复使用的硬件描述语言（Hardware Description Language，HDL）代码模块。这些组件模块让系统开发者重复使用来自外部设计或第三方的电路设计及系统组件。从最简单的功能到功能完整的编解码器及微处理机方案，这些模块都能提供。可编程知识产权内核经常由 FPGA 厂商及第三方供应商提供，甚至可以来自开源的 HDL 代码。商用知识产权通常收取费用，但也提供必要的设计文档，验证环境及支持。这些组件也经常包括嵌入式开发软件包及开发板、设计内部使用的可编程内核的硬 / 软处理器设置及其他必要的软件工具及分析器。

鉴于 FPGA 方案内可用的大量并行度，基于 FPGA 的方案通常适合嵌入式的高性能方案，用于高数率数据采集、数字信号处理及软件无线电。许多方案提供商使用 FPGA 在整体方案内作为重量级运算层的提升也并不罕见；这样也能够给予 OEM 在这个平台制造他们的产品所需的可配置性及可编程性。这是一个取决于系统设计者的权衡，但是将整体应用层中大量的运算部分卸载至 FPGA 可以产出更高的每瓦运算吞吐。此外，减轻这些应用的软件开发需求，可能减少产品上市时间或验证完成时间。

当设计人员们尝试在预算内增加系统复杂度，FPGA 器件及开发工具便成为一个整体平台设计中的重要考虑。在一个硬件设计内，FPGA 可以简化多个设置及功能点。这些功能点在使用软件可编程处理器方案时经常是难度异常高，甚至不可能达到的。它们的经常性成本比其他一些方案要高，不过它们经常用于需要大量运算的小至中型项目。

6.3　ASIC 与 FPGA

选择使用 FPGA 或 ASIC 设计系统硬件时，会有许多设计决策需要考虑。FPGA 是有着可编程逻辑组件或模块及可编程连接的半导体器件。FPGA 内的逻辑模块可以编程为不同的逻辑门如逻辑与 / 或，及更为复杂的数字功能如解码及乘法。在大多数 FPGA 里，这些逻辑组块还包括本地数据的存储单元，这些存储单元可以在器件内为寄存器或 RAM 存储列。

当今 FPGA 有许多嵌入式系统的应用。在原形设计阶段，它们可以为 ASIC 设计原形。因为 ASIC 芯片价高，FPGA 可以将 HDL 代码编程至 FPGA 内，验证应用的逻辑。这样能带来更快的测试时间和更低的成本，也让 ASIC 在生产前验证。如本节描述，FPGA 同样可以为使用大量并行的应用带来好处。总而言之，FPGA 用于强度的运算内核如 FFT 是非常诱人的，据此，映射一个运算数据流图到 FPGA 运算资源上相对于那些可编程嵌入式架构更为直接。在 FPGA 上实现此种运算内核，运行于可编程处理器的软件开销被消除，且可以更直接地针对它们的大规模并行硬件。

ASIC 相对 FPGA 的优势

ASIC 有许多优于 FPGA 的地方，这要看设计者的目的。例如，ASIC 能让系统设计者有完全定制的能力，因为 ASIC 可以按照特定的要求进行设计生产。此外，对于一个非常大的设计，ASIC 可以可观地降低每个单元的成本。由于 ASIC 是按照定制的设计规范生产出来的，芯片的尺寸也可能会更小。相对 FPGA 来说，ASIC 潜在的时钟速度也会更高。

另一方面，一个相应的 FPGA 实现因为无需掩膜和生成的步骤，上市时间会更短。相对 ASIC，FPGA 具有更简单的设计周期，这是因为软件工具能够处理布局和布线及时序约束。FPGA 还得益于自身的可重新编程性，在系统的开发过程中以及在现场部署时都可以快速地上传一个比特流。这相对于 ASIC 来说是一个很大的优势。

或许 FPGA 过去只用于小型及性能较差的系统，现今 FPGA 极有竞争力的时钟速度能用在高能系统内。还有，近年来 FPGA 逻辑密度增加，其他特性如嵌入式处理器整合、DSP 模块、高速串行输入/输出也增强了。这样一来，它们能够在信号处理空间根据系统需求及灵活性提供有竞争力的方案。

6.4　软件可编程数字信号处理

不同于前面所提到基于 ASIC 及 FPGA 方案，现代 DSP 软件可编程，用户使用类似 C 语言的编程语言。因此，它们带给系统开发人员极大的灵活性，因为它们在系统中的功能取决于应用层软件。不同于与其相对应的通用处理器，甚至不同于嵌入式处理器，DSP 有着很多高性能、应用特殊的特性，这要求系统程序员具备一定程度的专业知识，从而充分利用处理器的性能。这些特性的例子有先进的寻址模式如位反转及模寻址、非标准的比特位宽如宽累加器、饱和运算操作或局限的整数计算支持、存储对准约束以及不统一及非正交的指令集。

以上描述的指定应用高性能处理器特性可能对高性能 DSP 编程带来阻力。另外，它们可能阻碍横向供应商方案软件移植，虽然有很多供应商提供软件仿真库来解决这一障碍。这在传统 DSP 市场空间可能是一个挑战因为 OEM 一向不愿意将软件方案锁定于某个供应商的芯片。近来许多供应商开始提供软件移植包，让一个基于某个厂商结构的软件的内部固有函数在另一个厂商的架构上运行。这样的例子有 CEVA 及 Freescale，他们开始提供软件。据此，TI C6000 芯片的内部固有函数可以在 CEVA 及 Freescale DSP 运行的软件上模拟。如此一来，厂商减少了移植传统软件方案到他们自己架构上的阻挡。

6.5　通用型嵌入式内核

前面所述的 DSP 方案可以提供一个相对 FPGA 及 ASIC 更灵活的软件可编程方案。可以看到，应用开发者必须要意识到，基本的架构和专用的软件构成需要满足架构的性能要求。还有，当在某个架构上达到高性能的软件方案后，在不同架构上实现同样解决方案的软件移植路径就不一定十分清晰。通用型嵌入式架构倾向于为嵌入式计算提供一种更通用的解决方案，往往将一些有限的功能集整合起来，来实现某个应用中的信号处理部分。这些嵌入式通用型架构被设计为可以广泛应用，从消费类电子到通讯及车用方案。它们经常使用标准的 32 位数据路径，通常也为现有微处理器缩小的版本。例如 ARM、MIPS 及 PowerPC 架构。将这些器件包含在更大的专用系统里或片上系统架构并不罕见。许多这类的嵌入式处理器包含轻量的信号处理需求，如指令集中针对多媒体或信号处理工作负载需求的 SIMD 扩展，例如 ARM NEON 通用型 SIMD 扩展，针对多媒体、信号处理及游戏扩展。这些 SIMD 扩展经常由构建工具支持，允许高效 SIMD 处理矢量化，而不需要对应 DSP 案例中自定义的内部函数和编译。当应用程序需要适量的信号或图像处理，但也还需要一般通用嵌入式处理器方案时，这些通常是有吸引力的解决方案。软件开发人员可以仅在关键计算应用程序中出现瓶颈时，利用这些通用的嵌入式架构内提供的 SIMD 功能，同时依靠通用性的体系结构运行整体软件应用程序的其余部分。

6.6　总结

DSP 及嵌入式多处理器系统的片上架构，及其相关的硬件结构是计算机体系结构一块独特领域，推动这一领域进步的要求包括实时期限要求、低功耗、多任务要求及常有的标准组件。在此通常不用缩小后的商业化处理器来适应一个标准芯片的尺寸，而是使用独特的组件作为嵌入式及信号处理组件满足每个系统严格的要求。当一些系统设计人员在他们的全局拓扑上采用定制的硬件加速模块时，它们多为微代码控制的加速器，而不是真正不可配置的定制电路设计。然而在维护许多硬件加速器模块数据库的知识产权还是有许多挑战，通过利用一个可配置的硬件加速模块，供应商可以定制功能以应对市场变化，或对于定制功能的需求，开放微代码控制平面给客户。

6.6.1　架构

大多数用于嵌入式计算的多处理器系统遵守传统可编程处理器内核的设计方法，并通过一个互联框架连接相关的存储。与通用处理器不同的是，多数的这种处理方案有异构性，例如用于手机的德州仪器 OMAP 处理器系列以及用于无线基础设施的 Freescale MSC8156 系列。

　　用在通用及科学计算上的通用型架构通常不可用于嵌入式及信号处理应用或平台。这是因为，事实上大多数让嵌入式开发人员感兴趣的应用程序高性能需要实时及可预测性。传统的通用及科学型计算致力于高性能及高运算吞吐量，但是经常不考虑对于运算时间长度的硬限制。这些嵌入式系统的实时要求又被附加在这些设备上的严格功耗及成本要求变得更加复杂。

　　通常，嵌入式系统硬件及平台开发人员不仅能够挖掘工作负载的多种特性，而且能够利用系统的特性满足要求（如严格功耗预算）。不规则存储系统可能减少 RAM 端口来减低功耗，而专用软件控制的便笺式存储器可能为系统带来实时可预测性，以及处理组件之间不规则的互联网络。基于以上准则，即便更改系统拓扑内的处理器种类也可以增加性能。例如，一个要求大量控制处理代码的用户接口及操作系统的系统设计，可能置于一个类似于 ARM 或是通用处理内核系统拓扑中。数字密集型部分的系统软件可能更适合置于一个类似于 TI DSP 的可编程信号处理架构，或者，在某些情况下能得益于 GPU 类处理器的更多并行性。正如软件应用层里的多种组件有着不同层次的指令、数据、线程及任务层面的并行性，系统设计人员也必须映射运算需求到系统内合适的运算模块。

6.6.2　以应用为导向的设计

　　与通用计算不同，嵌入式领域中应用的异构多处理器硬件方案并非应用单一算法，而是带有多种算法的复杂系统。如此，在系统的不同点上执行计算的要求有着极大的差别，这些差别在于不同系统内各个组件之物理位置及时间上。例如，应用中的算法组件千差万别，包括执行的操作或计算的类型，系统内存带宽的要求，根据处理组件架构可能影响计算效率的存储器访问模式，以及活动轮廓和总的内存大小。

　　许多多媒体编解码器如 MPEG-2 及 H.264 内部组件在执行时有变化范围很大的运算需求（Haskell，1997）。这些系统内重大的运算模块从有着小量数据组，并需要定期的系统乘法及加法运算，至其他用于大数据组的数据相关运算都有。还有，大规模系统内的各个组件可能在算法要求上相当的标准化（如快速傅里叶变换），而对于其他的算法组件，由于特定供应商对关键算法的见解，保持用专有用软件实现更可取。

参考文献

[1]　B.G. Haskell，A. Prui，A.N. Netravali，Digital Video：An Introduction to MPEG-2，Chapman & Hall，New York，1997.

第 7 章
DSP 算法概述

Robert Oshana

7.1　DSP 应用

为什么要学习数字信号处理？数字信号处理有着许多用处。一些最为普遍的用处如下。

- 滤波：去除信号中不要的频率。
- 频谱分析：鉴定信号中的频率。
- 合成：生成复杂的信号，如语音。
- 系统鉴定：使用数值分析来鉴定系统的特性。
- 压缩：缩小存储信号（如音频或视频）所使用的内存及带宽。

数字处理相对模拟处理的优势如下。

- 可编程性：滤波算法可以便捷地更新，无需变更硬件。
- 稳定性：系统中的器件不会随着温度或时间（老化）漂移。
- 成本：随着系统复杂度的提升，电子零件的成本也增加。
- 功能：新的功能可以用数字信号处理器多出的处理周期来完成。
- 可用性：新的芯片用更低的成本制造出来。
- 模拟的局限：数字信号处理器可以通过编程执行模拟无法处理的任务。

但是数字信号处理器也有它自身的局限，如下所示。

- 成本：对于简单的电路，增加 DSP 的成本可能很高。
- 速度：数字方法相对模拟方式存在很长的延时。
- 精确度：数字信号处理器受限于模数转换器的位数。
- 复杂度：设计一个数字信号处理系统，不仅需要模拟电路的知识，还需要数字信号处理理论及编程知识。数字信号处理系统更易出错。

7.2　信号与系统

在讨论数字信号处理之前，我们需要介绍几个系统共有的概念，但重点会放在如何将这些概念用在 DSP 系统。DSP 应用下的系统多为线性时不变系统。线性属性有几个重要性，其中最重要的是系统不依赖过程实施的顺序。比方说，无论我们在滤波器之前或之后对输入信号进行缩放，其最终结果都是一样的。因此，一个复杂的系统可以被分成几个。除此以外，一个八阶的系统可以被分成 4 个两阶系统而仍然产生一样的输出。时不变的重要性在于，我们需要确定系统行为对输入有着同一反应，并且输出不会因为输入的时间而改变。这两个特性让我们的系统具有极佳的可预测性。

信号与系统经常用图表示输入输出关系。数据在时域和频域的分析最为常见。对于重视响应时间的系统（如控制系统），时域分析十分方便。频域对于观察滤波器结果很有用，可以看到哪些频率会通过，而哪些会衰减。

我们通常用时域上的脉冲响应来描述系统。脉冲是一个幅度无限大、持续时间为 0 且积分为 1 的激励。因为它只在一个时刻有值并且涵盖了所有频率，所以脉冲有助于表示系统如何对输入做出反应。系统对脉冲的响应，称为脉冲响应，能够描述这个系统。在数字域里，脉冲是一个输入信号，时间为 0 时值为 1，而在其他时间值为 0，如图 7-1 所示。系统对脉冲输入的响应方式可以看成系统的传递函数。传递函数（或脉冲响应）可以为我们提供所有的信息，用于确定系统对输入信号在时域或者频域上如何做出响应。

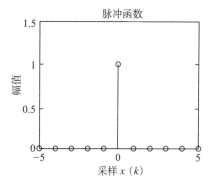

图 7-1　脉冲响应

通常可以用频域中的系统响应来描述系统对不同频率信号的影响。在绘制频域图时，幅度和相位是两个重要的特征值。幅度是指输出强度与输入强度的比值。例如，当无线电信号通过一个特定频率的带通滤波器时，有多少信号可以保留。相位是指滤波器会如何改变信号的频率，通常是滞后或者超前。虽然相位并不是在所有应用中都重要，但在音乐或者语音的应用中格外重要。

7.2.1　DSP 系统

模拟信号通过采样过程转换为数字信号。采样是把模拟信号转换成离散数值的过程。采样频率（或采样率）给出一个信号每秒被采样多少次。它的重要性在于它限制了信号内能有的最高频率。任何大于 1/2 采样率的频率都会被折回到小于 1/2 采样率的低频。混叠会在下节更详细地探讨。

采样频率的倒数叫作采样周期。采样周期是相邻模拟信号样本的时间间隔。这是使用硬件来取得最近似的并能用计算机代表的数值转换。在此转换过程里失去的信息叫作量化误差。

7.2.2　混叠

混叠是数字系统内一个重要的概念。若不能理解混叠，在实现数字系统时，许多意想不到的问题可能会出现。混叠的根据是以下两个方程式在数学上相等：

$$X(n) = \sin(2*\mathrm{pi}*\mathrm{fo}*n*\mathrm{ts}) = \sin(2*\mathrm{pi}*\mathrm{fo}*n*\mathrm{ts} + 2*\mathrm{pi}*k)$$

方程式可以改写为：

$$X(n) = \sin(2*\mathrm{pi}*\mathrm{fo}*n*\mathrm{ts}) = \sin(2*\mathrm{pi}*(\mathrm{fo}+k*\mathrm{fs})*n*\mathrm{ts})$$

图 7-2 所示为一个可视化的混叠例子。

为了避免歧义，我们必须限制信号的频率范围为 $0 \sim f_s/2$。$f_s/2$ 称为奈奎斯特频率（奈奎斯特速率）。虽然这对系统中可用的频率提出了限制，但这是必需的。这样做的方法是建立一个模拟（抗混叠）滤波器，并把它放置于模数转换器（A/D）之前。

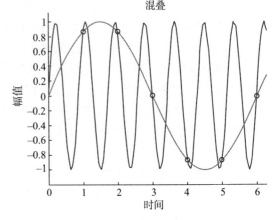

图 7-2　混叠效应

7.3　基本的 DSP 系统

如图 7-3 所示为一个基本的数字信号处理系统，包含一个模数（A/D）转换器、一个数字信号处理器（DSP），以及数模（D/A）转换器。通常情况下，DSP 系统的转换器前后加有模拟滤波器，可使信号更纯净。让我们来详细讨论各个组件。

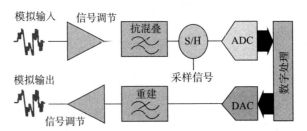

图 7-3　基本的 DSP 系统

由于信号只能够包含不高于奈奎斯特频率的频率，必须采取措施来确保过高的频率从信号内消除。可以使用一个截止频率设置在奈奎斯特频率周围的模拟低通滤波器实现这一点。该模拟滤波器被称为抗混叠滤波器。滤波后信号输入 A/D 转换器，转换为可以进行数字处理的数字信号。DSP 将执行所需的工作，如滤波，然后传送新的信号到 D/A，将此数字输出转换回模拟信号。该模拟输出通常包含由 D/A 引入的高频信号，所以需要低通滤波器将数字输出信号变回到其预期的平滑的波形。该滤波器称为重建滤波器。

滤波器

滤波在模拟世界和数字世界都是一个基本过程。几乎所有使用模拟技术的滤波器，都可用数字技术实现。目前，数字滤波器是 DSP 系统中最为广泛使用的应用。数字滤波器工作在不同的频率上，以不同的方式，让一部分信号通过，并而衰减其他信号。滤波器也可以改变信号的相位，这在一些应用程序中很重要的，如数字视频。最普遍的滤波器类型有下面几种。

- 低通滤波器：滤除高频率。
- 高通滤波器：滤除低频率。
- 带通滤波器：允许一个范围的频率通过。
- 带阻滤波器：滤除一个范围的频率。
- 梳状滤波器：滤除一个特定频率及其所有谐波。
- 全通滤波器：允许所有频率通过，但修改信号的相位。

如你所见，决定需要哪种类型的滤波应用很简单，就是根据其应用需求。由于滤波器是如此的不同，通常具体应用所需的滤波器类型不存在混淆。

然而，在实现滤波器时有些决定却是必要的，这时需要在不同类型的滤波器之间作取舍。这里要讨论的两个主要的滤波器为有限脉冲响应（Finite Impulse Response，FIR）和无限脉冲响应（Infinite Impulse Response，IIR）滤波器。

FIR 滤波器

FIR 滤波器在其方程式里没有反馈。这可以是一个优点，FIR 滤波器固有的稳定性由此而来。FIR 滤波器的另一个优点是产生线性相位。所以，如果一个应用程序需要线性相位，决定便很简单，必须使用一个 FIR 滤波器。数字 FIR 滤波器的主要缺点是它需要的执行时间。由于该滤波器没有反馈，相对于 IIR 滤波器，系统方程式中需要有更多的系数来满足同样的要求。每一个额外的系数对应着一个额外的 DSP 乘法和额外的内存要求。如果系统要求严格，FIR 对速度和内存的要求会变得不切实际。

IIR 滤波器

为了减少系统需求并满足系统要求，可以使用 IIR 滤波器。IIR 滤波器方程使用输入和其过去的输出，工作更有效。然而，由于具有反馈，它几乎不可能维持线性相位。所以，如果相位无关紧要，而设计师希望减少系统中的抽头数（系数），则应该选择 IIR 滤波器。

7.4　频率分析

几乎每一个 DSP 应用都以某种方式处理频率。因此，需要一个工具从时域转换到频域，反之亦然。此工具建立于傅里叶变换基础上，是一个计算信号频率的方程，被称为离散傅里叶变换（Discrete Fourier Transform，DFT）。离散傅里叶采变换用一组时域样本作为输入，并返回在负 1/2 采样频率到 1/2 采样频率之间的频率。这让我们看到信号的频谱内容。要将信息从频域变换回到时域，数据通过一个叫作逆离散傅里叶变换的算法。

7.4.1　卷积

在线性时不变系统里，无论何时发生或发生在什么频率，系统的响应总是可以预测的。每一个响应结果都为现有脉冲输入加上过去的脉冲的总和。要获得输出，必须将现有输入乘以第一个滤波系数。另外，把第二个系数乘以之前的输入信号，第三个系数乘以第 $N-2$ 个输入。基本上，系统的响应是逆向的，乘以相应的先前输入，并将结果相加，如方程式所示：

$$y(n) = \sum_{k=0}^{M-1} h(k) x(n-k)$$

这给出了现有输入和所有过去的输入的加权总和。这个过程称为作为卷积，是大多数滤波器算法的基础。

7.4.2　相关性

相关性是一种用于确定两个信号之间或信号本身相似性的技术。与信号自身相关联的方法，被称为自相关。相关性和卷积一样，是乘积的总和。为两个信号作关联时，结果值越大，信号越相似。可以设置一个阈值以确定信号实际上是否是其自身的一个副本。

在很多情况下，这个过程是很有用的。相关性在雷达应用中就非常有用。例如，可以通过参考信号与输入信号逐点作相关确定一段距离。当达到阈值，从信号送出到收到的延迟，可以用来确定信号行走的距离。

同样的技术可以用于在有噪声的输入信号中查找一个已知的信号。当达到阈值时，已知信号已被发现。

7.4.3　FIR 滤波器设计

最简单的 FIR 滤波器设计是平均值滤波器，其中所有系数有相同的值。然而，该滤波器不能给出一个非常理想的幅度响应。得到合适的系数是设计 FIR 滤波器的诀窍。现今有几个不错的算法，可用于找出这些系数，还有一些设计软件可以协助计算。一旦系数得到后，将它们放置在一个算法中来实现滤波器是一种相当简单的事情。让我们来谈谈用于选择这些系数一些技巧。

派克－麦克莱伦（Parks-McClellan）算法

用来确定滤波器系数的最佳"全捕获"算法之一是派克－麦克莱伦算法。规格（截止频率、衰减、带滤波器）可以作为算法函数的参数，函数的输出将为该滤波器的系数。该程序在整个频率响应里将错误铺展。所以，在通带和阻带中将出现等量的波纹误差最小化。此外，派克－麦克莱伦算法并不局限于前面讨论的滤波器类型（低通、高通）。需要的话，它可以有许多频带，每个频带中的错误可以被加权。这有利于建造一个任意频率响应的滤波器。要设计滤波器，首先以下面的公式计算滤波器的阶数：

$$\hat{M} = \frac{-20\lg\sqrt{A\delta_1\delta_2}-13}{14.6\Delta f}, \quad \Delta f = \frac{\omega_s - \omega_p}{2\pi}$$

$\hat{M}$ 是滤波器的阶数，ω_s 及 ω_p 为通带和阻带的频率，δ_1 及 δ_2 为相应通带和阻带的波纹误差。

δ_1 及 δ_2 由所需通带的波纹和阻带的衰减计算：

$$\delta_1 = 10^{Ap/20}-1, \quad \delta_2 = 10^{-As/20}$$

一旦获得这些数值，结果可以插入 MATLAB 的 remez 函数，得到系数。例如，要获得一个滤波器，频率阻断在 0.25 和 0.3 之间，通带和阻带纹波分别为 0.2 和 50 分贝，以下规格可以插入 MATLAB 脚本里来得到滤波器的系数：

```
% design specifications
wp=.23; ws=.27; ap=.025; as=40;
%calculate deltas
d1=10^(ap/20)-1; d2=10^(-as/20); df=ws-wp;
% calculate M
M=((((-10 * log10(d1*d2))-13) / (14.6 * df))+1);
M=ceil(M);
% plug numbers into remez function for low pass filter
ht=remez(M-1, [0 wp ws 1], [1 1 0 0]);
```

ht 是一个包含 35（M 的值）个数的向量阵列。可以使用下面的 MATLAB 命令得到一个频率响应的图形：

```
[h,w]=freqz(ht);% Get frequency response
w=w/pi;          % normalize frequency
m=abs(h);        % calculate magnitude
plot(w,m);       % plot the graph
```

图形为图 7-4 所示。

7.4.4　加窗

　　另一种普遍的 FIR 滤波器设计技术为，从一个理想的脉冲响应产生频率系数。然后，这种理想脉冲的时域响应可以作为滤波器的响应系数使用。这种方法的问题是，在频域中急剧的频率转换将创建一个无限长时域响应。当滤波器被截断，由于在时域上的不连续，截止频域的频率周围将会出现过冲。为了缓解问题，我们使用一种被称为加窗的技术。

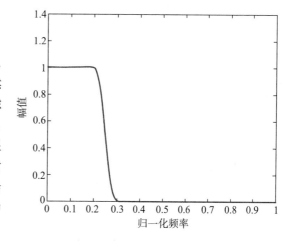

图 7-4　低通滤波器的频率响应

　　加窗包含以时域系数乘平滑系数"边缘"算法。这里的权衡为减少过冲增加过渡带宽。这里所讨论的多种窗类，每个都有不同的过渡带宽与阻带衰减权衡。

　　以下是几种常见的窗类型。

- 矩形：最急剧的过渡，在阻带最小衰减（21dB）。
- 汉宁：3 倍于矩形窗的过渡带宽，30 dB 衰减。
- 汉明：更宽的过渡，但 40dB 衰减。
- 布莱克曼：6 倍于矩形窗的过渡，有 74dB 衰减。
- 凯泽：可以根据阻带衰减生成任何（自定义）窗。

使用加窗技术设计滤波器时，第一个步骤是使用响应曲线或反复试验，决定使用哪个窗最适当。然后，选择所需滤波器系数的数量。一旦长度及窗的类型被确定后，窗系数就可以计算出来。接着，将窗系数乘以理想的滤波器响应。下面是使用布莱克曼窗和前面滤波器的代码及频率响应（图7-5）。

```
%lowpass filter design using 67 coefficient hamming window
%design specifications
ws = .25; wp = .3;
N = 67;

wc = (wp − ws) / 2 + ws %calculate cutoff frequency
%build filter coefficients ranges
n = −33:1:33;
hd = sin(2 * n * pi * wc) ./ (pi * n); % ideal freq
hd(34) = 2 * pi * wc / pi; %zero ideal freq
hm = hamming(N); % calculate window coefficients
hf = hd .* hm';  %multiply window by ideal response
```

使用 IIR 滤波器添加反馈

另一类数字滤波器将反馈加入方程式。这类滤波器被称为无限脉冲响应。添加反馈使方程能有比 FIR 少 5 ～ 10 倍的系数数量。但是它会破坏相位，使滤波器的设计和实现更复杂。

虽然滤波器通常会使用软件来设计，但知道滤波器设计的技巧仍然是优势，这样设计师就能理解软件在完成什么，使用了什么方法。有两种主要的 IIR 滤波器设计技术：直接和间接设计。直接设计在 z 域（数字域）完成，而间接设计在 s 域（模拟域）完成，然后

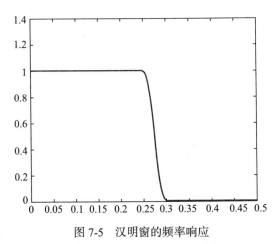

图 7-5   汉明窗的频率响应

将结果转换到 z 域。大部分 IIR 滤波器的设计都采用模拟技术。尽管它可能看起来是一个效率较低的工作方式，用模拟方法设计滤波器的历史远比数字设计方法的久远，这些经过验证的技术可以以同样的方式应用到数字滤波器。

在间接设计中，设计师依靠优化的模拟设计技术开发滤波器。一旦有了优化的模拟滤波器解决方案，问题的关键就只在于转换模拟的解决方案到数字解决方案。由于在模拟域可以包含无限数量的频率，而在数字域限于采样率的一半，这两个域不能完美匹配，且频率必须被映射。有两种普遍的技术用于完成这个映射。其一是环绕 s 域于 z 域单位圆，另一种是压缩 s 域到单位圆。

多年来，有几种对模拟设计进行优化的技术，多为擅长于某个特定区域的优化或满足某种特定规范，如通带波纹、过渡或相位。下面是最普遍的模拟技术和它们有用的特性。

- 巴特沃斯：用于平坦的通带纹波，且幅度响应不会随频率的增加而增加。
- 切比雪夫：比巴特沃斯过渡急剧，通带纹波成本更多。
- 切比雪夫Ⅱ：单调通带，但阻带波纹增加。

- 贝塞尔：IIR 滤波器中相位很重要。
- 椭圆：最急剧的过渡，但允许阻带和通带波纹。

一旦滤波器的极点和零点确定后，它们必须被转换到数字滤波器使用的 z 域。这个做法的最普遍技术是双线性变换。双线性变换方法映射（或压缩）所有频率到单位圆内。为此，它使用一种非线性方式，为了补偿此"频率扭曲"，在滤波器设计前映射频率必须经过"预扭曲"。

所以，使用双线性变换技术来开发一个滤波器，设计者应遵循以下规则。

- 确定滤波器的关键频率和采样率。
- 关键频率经过预扭曲。
- 应用这些预扭曲频率于"经典"模拟滤波器技术设计。
- 使用双线性变换转换滤波器至 z 域。

另一种用于将 s 域的极点和零点转换到 z 域的技术是脉冲不变性方法。脉冲不变性方法最多只采用采样率一半的 s 域，并且将其转换为 z 域。因此，它只用于低通和带通滤波器。它的优势在于如此生成的脉冲响应等同于一个采样后的 s 域的脉冲响应。

有许多 MATLAB 的函数可以协助设计滤波器。这些能设计常见模拟滤波器的函数为 BUTTER、CHEB1AP、CHEB2AP 和 ELLIPAP。这些函数能返回 IIR 滤波器的系数，并且还有两个额外的函数用来转换模拟系数到数字域：BILINEAR 和 IMPINVAR。BILINEAR 函数会进行必要的预扭曲。

通常，手工设计 IIR 滤波器时只设计低通滤波器，然后使用复杂的公式转换成其他的规格。然而，当软件程序，如 MATLAB 进行设计时，用户不必担心关于这个转换。

7.5　算法实现：DSP 架构

当今的 DSP 架构是由专门为了最大限度地提高 DSP 算法吞吐量而构造，例如 DSP 滤波器。DSP 的功能包括如下几个。

- 片上存储：内部存储器允许 DSP 快速访问算法数据，如输入值、系数和中间值。
- 特殊的乘法累加指令：是指在一个周期内执行一次乘法和累加，这是一个数字滤波器的关键。
- 独立的程序和数据总线：使 DSP 读取代码而不影响计算的性能。
- 多读总线：在一个周期内获取所有数据以供给 MAC 指令。
- 独立写总线：写入 MAC 指令的结果。
- 并行架构：DSP 有多个指令单元，每个周期可以执行超过一条指令。
- 流水线架构：DSP 执行指令的阶段，不止一个指令可以被同时执行。例如，当一个指令做一个乘法时，另一个指令可以向 DSP 芯片内的其他资源获取数据。
- 循环缓冲器：使指针于系数中循环寻址时更容易并保持过去的输入。
- 零开销循环：特殊的硬件，管理计数器及循环分支。

- 位反转寻址：计算 FFT。

7.5.1 数字格式

正如前面讨论的，将模拟信号转换为数字格式时，由于 DSP 的精度限制，信号必须被截取。DSP 有定点和浮点格式。使用浮点格式，因为其良好的精度和动态范围的组合，这种截取不构成问题。然而，实现硬件处理浮点格式较为困难和昂贵，所以目前市场上的大多数的 DSP 为定点格式。用定点格式必须考虑一些注意事项。例如，当两个 16 位数相乘，结果是一个 32 位的数字。既然以 16 位格式存储最终结果，我们就需要处理这种数据丢失。显然，若只是截取数据，就会失去一个数值的可观部分。为了处理这个问题，我们的工作于小数格式（就是 Q 格式）。例如，在 Q15（或 1.15）格式，最重要位的数字用于表示符号，剩余的数字表示数据的小数部分。这允许了一个 [−1，1) 的动态范围。然而，其乘法结果将永远不会大于 1。所以，如果结果的低 16 位被丢弃，那么只是失去了很小部分。乘法的一个细节处是，有两个符号位，所以结果将必须左移一个位，以消除冗余信息。大多数处理器将处理这一点，所以设计者设计一系列多个乘法不会浪费处理器周期。

7.5.2 溢出和饱和

使用定点运算时可能出现的另外两个问题是溢出及饱和。然而，DSP 能帮助程序员处理这些问题。DSP 处理的一个方法是在累加器里提供警戒位。在一个正常的 16 位处理器，累加器可能是 40 位，32 位用于结果（记住 16 × 16 位的乘法运算可达 32 位）和一个额外的 8 位用于防范溢出（在多个重复乘法里）。

即使有额外的警戒位，乘法还会有溢出情况，这时结果的比特位数多于处理器可以容纳的比特位数。这种情况的处理使用一个标志位，叫作溢出位。当一个乘法累加器的结果溢出时，处理器会自动设置标志位。

当发生溢出时，累加器的结果通常变得无效。这时可以利用 DSP 的另一个特点优势：饱和。当 DSP 饱和指令被执行时，处理器将累加器中的值设置到累加器可以处理的最大正值或负值。通过这种方式，而不是（可能）从一个高的正数的结果翻转为负数，其结果将是处理器能处理的最高正数。

DSP 处理器还设有一个模式，在溢出标志位被置位后自动将结果饱和。这节省了检查标志和手动饱和结果的代码。

7.6 FIR 滤波器的实现

我们将讨论通过检阅 C 代码实现算法在 DSP 上实现 FIR 滤波器。该代码非常简单：

```
long temp;
int block_count;
int loop_count;
```

```
// loop through inputs
for (block_count=0;block_count<output_size;block_count++)
{
    temp=0;
    for (loop_count=0;loop_count<coeff_size;loop_count++)
    {
        temp += (((long)x[block_count+loop_count]*(long)a[loop_count]) << 1);
    }
    y[block_count]=(temp >> 16);
}
```

此代码是一个用 C 语言编写的非常简单的乘积相加 (译者注: 这里原文中 sum of projects 被理解为 sum of products)。但有几个注意事项，关乎前面讨论过的数字格式的问题。首先，temp 必须被声明为 long，所以，它用 32 位来表示临时计算用。另外，MAC 值必须左移一个位，因为将两个 1.15 数值相乘会得出 2.30 的数字结果，但我们希望结果在 1.15 之内。最后，temp 值在写入输出之前向右做 16 位位移，使我们得到最重要的位的结果。

正如你所见，这是一个非常简单易写的算法，它也是大多数 DSP 应用的核心。C 代码实现的问题是，它太慢了。嵌入式 DSP 应用程序的设计有一条总规则被称为 90/10 法则，用来确定哪些用 C 写，哪些用汇编写。它指出，DSP 的应用程序通常花费 90% 的时间在 10% 的代码上。这 10% 的代码应以汇编语言编写，在这种情况下，这 10% 代码是 FIR 滤波器的代码。

下面是一个用 TMS320c5500 汇编语言写的 DSP 滤波器的例子:

```
fir:
          AMOV #184, T1         ; block_count=184
          AMOV #x0, XAR3        ; init input pointer
          AMOV #y, XAR4         ; init output pointer
                                ; do
oloop:    SUB       #1, T1      ; block_count-
          AMOV #16, T0          ; loop_count=16
          AMOV #a0, XAR2        ; init coefficient pointer
          MOV       #0, AC0          ; y[block_count]=0
                                ; do
loop:     SUB #1,T0             ; loop_count-
          MPYM *AR2+, *AR3+, AC1    ; temp1=x[] * a[]
          nop
          ADD       AC1, AC0                    ; temp=temp1
          BCC       loop, T0 != #0  ; while (loop_count > 0)
          nop
          nop
          MOV  HI(AC0), *AR4+ ; y[block_count]=temp >> 16
          SUB #15, AR3              ; adjust input pointer
          BCC       oloop, T1 != 0  ; while (block_count > 0)
          RET
```

这个代码实现的内容和 C 代码一样，但用汇编来写。但是，它不利用任何 DSP 架构的优势。现在，我们利用 DSP 架构的优势重新编写这个代码。

7.6.1 利用片上 RAM

通常情况下，滤波器系数数据存储在 ROM 中。然而，当运行一个算法，设计者不希望从 ROM 读取下一个系数的值。因此，一个很好的做法是将系数从 ROM 拷贝到内部 RAM 以达到更快的执行速度。下面的代码是做到这一点的一个例子：

```
copy: AMOV #table, XAR2
      AMOV #a0, XAR3
      RPT #7
          MOV dbl(*ar2+), dbl(*ar3+)
      RET
```

7.6.2 特别的乘积累加指令

所有的 DSP 都能在一个指令周期做一个乘积累加（Multiply Accumulate，MAC）。有很多事情发生在一个 MAC 指令内：一个乘法、一个加法、一个指针的递增和一个为下一个 MAC 进行的数值加载，全完成在一个周期内。因此，在核心循环中利用这个有用的指令是有效率的。新代码看起来像这样：

```
MAC *AR2+, *AR3+, AC0 ; temp += x[] * a[]
```

7.6.3 块滤波

通常情况下，一个算法并不逐个周期进行，一般是处理一个数据块。这被称为块滤波。在这个例子中，循环被用于对 100 个输入做滤波算法，而不仅仅是一个输入，从而一次产生 100 个输出。这种技术使我们能够使用很多将要谈论的优化。

7.6.4 分离的程序和数据总线

55x 的架构有三个读总线和两个写总线，如图 7-6 所示。我们将利用所有的三个读总线，两个写总线在滤波器中使用所谓的系数数据指针，然后一次计算两个输出。由于该算法在每一次循环中使用相同的系数，可以共享一条总线的系数指针，其他两个总线可用于输入指针。这也允许每个内循环内使用两个输出总线和两个 MAC 单元，允许快两倍的计算。这里是优化 MAC 硬件单元及总线的新代码：

```
AMOV #x0, XAR2          ; x[n]
AMOV #x0+1, XAR3        ; x[n+1]
AMOV #y, XAR4           ; y[n]
AMOV #a0, XCDP          ; a[n] coefficient pointer

MAC AR2+, CDP+, AC0     ; y[n]=x[n] * a[n]
 :: MAC *AR3+, CDP+, AC1 ; y[n+1]=x[n+1] * a[n]
MOV pair(hi(AC0)), dbl(*AR4+); move AC0 and AC1 into mem pointed to by AR4
```

请注意，这两个 MAC 指令用冒号分隔。这告诉处理器并行执行指令。通过并行执行，我们利用处理器硬件中的两个 MAC 单元，DSP 被指示在一个周期内使用两个硬件单元执行两个 MAC 指令。

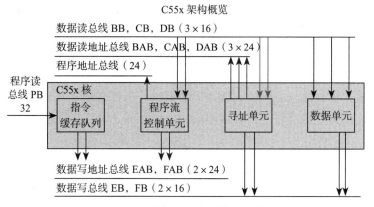

图 7-6　分离的程序及数据总线

7.6.5　零开销循环

DSP 处理器有特殊的硬件处理循环的开销。设计者只需要设置几个寄存器并执行 RPT 或 RPTB 的指令（给一个块的指令），处理器将以指定的次数执行该循环。这里是利用零开销循环的代码：

```
MOV  #92, BRC0 ; calculating 2 coefficients at a time, block loop is 184/2
```

这里是实际的循环代码：

```
RPTBlocal  endfir                           ; repeat to this label;, loop start
       MOV #0, AC1                          ; set outputs to zero
       MOV #0, AC0
       MOV #a0, XCDP                        ; reset coefficient pointer
       RPT         #15                      ; inner loop
           MAC *AR2+, *CDP+, AC0
           :: MAC *AR3+, *CDP+, AC1

       SUB  15, AR2                         ; adjust input pointers
       SUB  15, AR3
    MOV  pair(hi(AC0)), dbl(*AR4+)          ; write y and y+1 output values
endfir:  nop
```

7.6.6　循环缓冲器

循环缓冲器在 DSP 编程中非常有用，因为大多数的实现包括某种形式的循环。在滤波器中的例子中，所有的系数进行处理，然后循环结束时，系数指针复位。使用循环缓冲器时，系数指针会在循环到结束时自动回到刚开始的时候。因此，更新指针的时间被省下了。设置循环缓冲器通常涉及设置一些寄存器，说明缓冲区的起始地址、缓冲区大小，以及设置一个位来告知 DSP 使用循环缓冲区。下面代码设置一个循环缓冲区：

```
; setup coefficient circular buffer
        AMOV  #a0, XCDP  ; coefficient data pointer
        MOV         #a0, BSAC        ; starting address of circular buffer
        MOV         #16, BKC         ; size of circular buffer
        MOV         #0, CDP          ; starting offset for circular buffer
        BSET CDPLC     ; set circular instead of linear
```

另一个要用到循环缓冲区例子是，与个别输入工作时，仅保存最后的 N 个输入。循环缓冲区可以写成这样，当分配的输入缓冲区结束时，指针自动绕到开始缓冲区。然后可以确保写入正确的内存。这节省了检查缓冲区的末尾时间，及当指针达到最终时进行复位的时间。

7.7　系统问题

滤波代码设置完后，编写代码的时候还要考虑到其他一些东西。首先，DSP 如何得到数据块？通常情况下，A/D 和 D/A 将连接到 DSP 的内置串行端口。串行端口将提供一个共同的接口到 DSP 上，也将会处理许多时序方面的工作。这将为 DSP 节省大量的周期。此外，当数据进入串行端口，串行端口可以被配置为直接存储器访问（Direct Memory Access，DMA），而不是由 DSP 用一个中断来处理数据。DMA 是一个外围设备，可以把数据从一个存储位置移动到另一个位置，而不妨碍 DSP 的工作。通过这种方式，DSP 可以专注于执行算法，DMA 和串行端口来负责移动数据。这种类型的系统实现框图如图 7-7 所示。

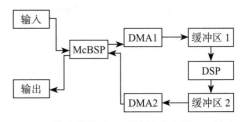

图 7-7　数字信号处理系统的基本输入 / 输出

7.8　总结

当 DSP 系统变得更加先进，引入了更多的工具，这使得开发更为便利。一些软件组件可以用来协助系统设计，有时甚至能够生成某个数字信号处理器的代码。

也有些完整的集成开发环境让 DSP 开发进入嵌入式系统。这些 DSP 系统甚至可以用 C 来编程。如今，现代的 C 编译器利用 DSP 的架构特性，让这些应用尽可能高效地执行。但是有时也需要手工优化代码来让应用尽可能地高效。这将会在下面的章节里介绍。

第 8 章
复杂 DSP 应用的高层次设计工具

Yang Sun、Guohui Wang、Bei Yin、Joseph R. Cavallaro、Tai Ly

8.1 高层次综合设计方法

高层次综合（High Level Synthesis，HLS）[1] 又称为行为综合或算法综合，是一种能将高层次功能描述自动转换成 RTL（寄存器传输级）而实现用户指定约束的设计流程。相对 RTL，HLS 的高层次体现于两点：设计抽象化及规范语言。

1. **高层次抽象**：HLS 输入是一种无时序（或部分时序）数据流或运算的设计描述。这要比 RTL 层次高，因为它不描述逐周期指定的行为，而是由 HLS 工具自由决定每个周期的任务。

2. **高层次规范语言**：指定 HLS 输入的语言有 C、C++、System C，甚至 MATLAB，允许使用高层次语言的特性，如循环、序列、结构、类、指针、继承、重载、模板、多态性等。这比 RTL（其中可综合的子集）描述语言层次更高，使得设计描述简洁，可重用，可读性较好。

HLS 的目的在于从输入描述中提取并行，并建立一个微架构，这比在微处理器上简单执行输入描述的程序要更快，成本更低。微架构包括流水线数据通路和数据逐周期通过该数据通路的描述。HLS 的输出可能包括以下几个。

1. **RTL 实现**：这包括含有数据通路、控制逻辑、I/O 接口、主机及存储的 RTL 网表；以及通过一般的逻辑综合流程将设计综合成 RTL 网表所需的脚本、库和综合时序约束。

2. **分析反馈**：这些包括图形用户界面和报告，内容涉及性能瓶颈，映射高层次代码到 RTL，硬件成本等，用于协助用户了解及改善微架构。

3. **验证工具**：这些包括仿真测试环境、语法检测、脚本及代码覆盖率等，用于协助用户开发和调试高层次测试套件，以及在 RTL 验证时重复使用这些测试。

用户指定的约束有助于 HLS 构建所需的微架构，这些约束包括以下几个。

1. **目标硬件**：包括设计的目标平台、工艺库、时钟频率等，HLS 使用这些信息来预估子周期时序及数据通路成本。

2. **性能约束**：这些能表示为输入采样率、输出速率、输入/出延时、循环起始间隔、循环延时等。这些约束强于微架构加周期时序约束。

3. **存储架构**：指定如何映射多维数据列到内存及内存接口。让 HLS 来建设包含有多口、多组、仲裁、外部及内部存储的微架构。

4. **接口约束**：这些包括创建每个输入、输出、主机及外部存储接口的协议、端口及握手 / 仲裁逻辑。HLS 以 RTL 网表生成这些接口的端口及逻辑，能简单地与其他的硬件模块集成。

5. **设计阶层**：使用高层次输入描述分层划分一个设计，让 HLS 分而治地管理设计复杂度。

HLS 不能取代好的 RTL 设计人员。比方说，微架构已定，用 RTL 设计就足够了，而且更容易。HLS 设计用来探索不同的算法及结构，并在多个约束下找到最佳的微架构。HLS 主要的好处在于对高层次抽象及高层次规定语言的支持。

1. 高层次抽象设计的好处：

a）让设计聚焦核心功能而非实现细节，可以更简单地探索不同的架构。

b）更简单地评估算法更改。

c）更简单地生成存储、IO、主机接口以及流水线、暂停、握手、仲裁逻辑等。

d）针对相同的设计描述，更简单地重新指定不同的硬件约束或性能目标。

2. 高层次验证的好处：

a）简单地对描述输入进行功能测试及调试。

b）快速及自由的仿真。

c）测试套件可重用于 RTL 验证。

d）代码覆盖及功能覆盖更有意义且更容易实现。

3. 高层次规定语言的好处：

a）设计及验证可重用遗留代码。

b）软件开发工具（如 Visual Studio）可用。

c）支持高级语言特性，如针对简洁、可重用输入描述的多态性和模板化类。

8.2　高层次设计工具

为了达到 VLSI 数字信号处理系统高性能及低功耗的要求，传统的硬件设计方法要求设计着手工输入 RTL 代码，这让设计及调试更加耗时。

8.3　Catapult C

Catapult C 综合 [2] 是一个由 C++ 工作规格产生的算法综合实现工具。Catapult C 使用行业标准的 C++ 及 System C 来描述电路的算法和功能。Catapult C 的输出为 VHDL 或 Verilog HDL 的网表，可以使用 Precision Synthesis、Design Compiler 或类似的 RTL 综合工具。图 8-1 显示使用传统 RTL 设计与 Catapult C RTL 设计流程的对比。

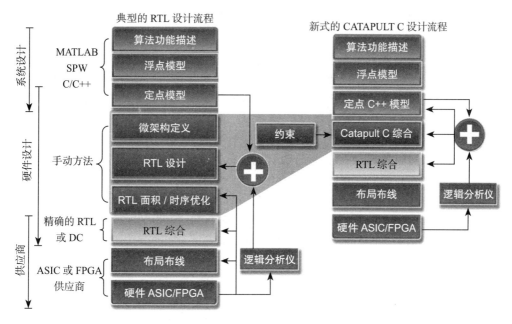

图 8-1 Catapult C 综合 RTL 设计流程对比传统 RTL 设计流程

使用该方法可以完整地实现由控制模块和算法单元构成的分层系统。将 RTL 生成时间加速及无错 RTL 生成的自动化，设计者可以大大缩短生成经过验证的 RTL 的时间。Catapult 的工作流提供了建模、合成、验证复杂的 ASIC 和 FPGA，允许硬件设计人员探索微架构和接口选项。设计人员在互动的环境下，应仔细调整架构约束参数产生不同的微架构来满足设计规范。

设计人员应该从描述和模拟算法开始 Catapult C 的 HLS 设计流程。该算法的描述由纯 ANSI C++ 或 SystemC 源码写出，仅描述功能和数据流。这个阶段不考虑硬件要求。接下来的步骤是确定目标的工艺或技术和体系结构的限制。目标工艺或技术用来定义组建模块（可以基于 ASIC 或 FPGA）。然后，应该设置时钟频率和硬件约束。硬件要求如并行度和接口协议，可以通过 Catapult 设置约束，这又返回来引导综合过程。Catapult C 基于由设计者选择的工艺或技术和时钟频率制定生成的 RTL 代码的微架构。如图 8-2 所示，使用不同的工艺或技术设置，相同的时钟频率下选择生成的 RTL 代码体系结构不同。

一旦目标工艺技术和时钟频率指

```
int multaddadd (short A[4], short B[4])
{
    return (A[0]*B[0]) + (A[1]*B[1]) + \
           (A[2]*B[2]) + (A[3]*B[3]);
}
```

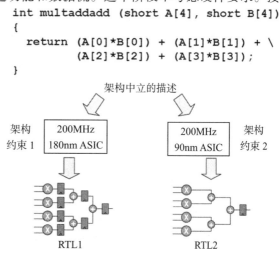

图 8-2 目标优化的 RTL 代码生成

定，设计人员就可以自由使用内置的 HLS 过程开始探索设计空间。设计者可以考虑很多种设计方案，发掘面积和性能之间的权衡，最后生成满足设计目标的硬件实现。优化方法包括界面流、循环展开、循环合并及循环流水线，等等，设计可以选择创建广泛的微架构类型范围（从串行架构到完全并行架构实现）。然而，工具无法直接消化设计规范并自动生成所需的硬件体系结构。因此，设计者仍然应该对硬件架构大框架图烂熟于心，一步步调整优化选项来引导工具生成优化的结构。

当上面描述的所有步骤完成后，一个基于设计规范和优化方法的 RTL 模块就产生了。设计人员可以使用 RTL 验证工具来验证设计的正确性。如果有什么不符合规范要求的，设计者应该回到 Catapult C 里修改设计。

一个 DSP 系统，如无线通信的信号处理系统通常包含非常复杂的处理块，需要独立开发和验证。Catapult C 提供了与许多第三方工具的整合，让设计人员综合、仿真和验证 DSP 系统的各个模块，图 8-3 简要说明 DSP 系统设计中的典型 Catapult C 工具流程。

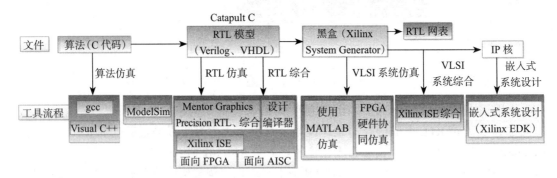

图 8-3   Catapult C 高层次综合(HLS) 工具设计流程

在算法开发和仿真阶段，设计者可以编写 C++，快速开发算法程序。C++ 程序可以使用 Microsoft 的 Visual C++ 或 GCC 编译器编译，Catapult C 的 IDE 提供了这些编译器的接口。通过使用位精确的数学函数库（例如，AC 数据类型），定点算法仿真可以通过转换浮点的 C++ 模型实现。之后，Catapult C 根据设计人员提供的体系结构的约束生成 RTL 模型。设计人员可以采用 ModelSim 仿真和验证 RTL 模型的功能，或直接使用 Precision RTL（用于 FPGA）、Xilinx ISE（用于 FPGA）或 Design Compiler（用于 ASIC）综合这些 RTL 模型。设计者也可以使用 Catapult C 所产生的 RTL 模型以及由其他工具（如 Xilinx System Generator 和 Xilinx EDK 等）生成的模块产生更大的系统。

8.3.1   PICO

PICO C 代码综合 [3, 4] 从无时序 C 的代码中为复杂处理硬件创建应用加速器，这些复杂硬件涉及视频、音频、图像、无线和加密领域。图 8-4 显示了使用 PICO 创建应用加速器的整体设计流程。用户提供一个 C 的算法，以及功能的测试输入和设计约束，如目标吞吐量、时钟频率和工艺技术库。PICO 系统自动产生可综合的 RTL、定制的测试台、各级精度层面的系统 C 模型以及综合和仿真脚本。PICO 基于先进的并行化编译器，它能发现和利用在 C

代码上的各级并行度。这样生成的 RTL 质量与手工设计不相上下，还能保证 RTL 功能等效于 C 算法输入。生成的 RTL 可以经由标准仿真、综合、布局布线工具，通过自动配置脚本集成到片上系统（System on Chip，SoC）中。

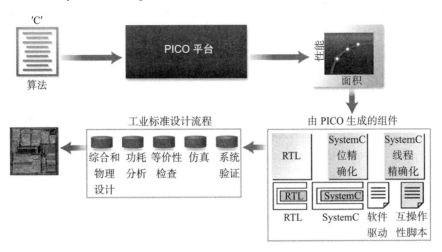

图 8-4　使用 PICO 的系统层设计流程

图 8-5 显示了 PICO 从高层次 C 程序生成的一般硬件结构。这种体系结构模板被称为处理阵列管道（Pipeline of Processing Array，PPA）。使用这种架构模板，PICO 编译器将在顶层映射每个循环 C 程序到硬件模块或处理阵列（Processing Array，PA）。处理阵列通过 FIFO、内存或信号通信。这里使用一个时序控制器来调度管道，并保存原来 C 程序的顺序语义。主机接口和任务框架内存让 PPA 硬件集成到一个使用内存映射 IO 的系统中。

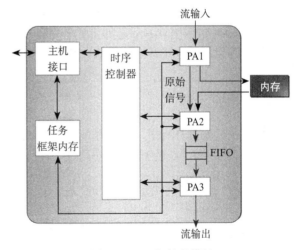

图 8-5　PPA 架构的模板

8.3.2　System Generator

System Generator[5] 是 Xilinx 的一个系统级 DSP 设计工具。它使用 Simulink 设计环境做 FPGA 设计，Simulink 是一个非常适合用于硬件设计的环境。设计者通过使用由 Xilinx 模块集中提供的模块来实现设计。在 Simulink 中，Xilinx 提供许多模块，从常见的模块（如加法器、乘法器和寄存器）到复杂的模块（如前向纠错模块（Forward Error Correction，FEC）、FFT、滤波器及存储模块）都有。这些模块使设计过程变得更容易，并为选定的器件提供优化的结果。此外，所有的 FPGA 实现步骤，包括 FPGA 综合和布局布线，自动生成为编程文件。

下面会描述使用 System Generator 的设计流程。通常情况下，设计始于对算法的探索。System Generator 对于探索算法、原型设计和模型分析是非常有用的。使用 System Generator，我们可以快速对问题及不同的算法建模。我们不仅可以使用 Xilinx 模块模拟算法，还可以集成 Simulink 模块和 MATLAB 的 M 代码到 System Generator。对算法建模后，我们可以在 System Generator 内仿真其性能和计算硬件成本。借助这些算法的比较结果，我们可以快速选择妥当。

为了加快仿真，System Generator 提供硬件协仿真，可以把运行于 FPGA 中的设计连接到 Simulink 仿真。通过这种方式，部分设计在 FPGA 上运行，部分设计在 Simulink 中运行。当设计的一部分需要进行验证时，做纯软件仿真需要大量的时间，所以这非常实用。

选择算法后，我们就可以开始逐一实现各个部分的设计。这个层次上，我们可以使用 Xilinx 模块来实现设计。System Generator 提供从基本到复杂的各种 Xilinx 模块。我们还可以用 HDL 实现设计并使用 HDL 封装，使它成为 System Generator 的一个部分。每个模块内会有许多参数。这些参数我们可以参照 Matlab 所给出的。要改变参数，我们只需要在 Matlab 中赋予不同的值。这使得设计非常灵活及易于维护。

完成所有模块的设计后，可以将它们整合在一起成为一个整体系统。我们也可以集成一个 MATLAB 测试平台到系统中。通过将 Matlab 的变量输入设计，我们可以在很短的时间内设计更复杂的验证方法。如果在这里设计是完全正确的，我们可以由 ISE 生成特定的 FPGA 的网表。然后你就可以在 ISE 中综合设计，并下载到 FPGA。

8.4 案例分析

在下面的案例分析中，我们将介绍三个使用高层次设计工具的复杂的 DSP 加速器设计：（1）使用 PICOC 的 LDPC 解码加速器设计；（2）使用 Catapult C 的矩阵乘法加速器设计；（3）使用 System Generator 的 QR 分解加速器设计。

8.5 使用 PICO 的 LDPC 译码器设计案例

低密度奇偶校验（Low Density Parity Check，LDPC）码 [6]，由于其优异的纠错能力的和近理论极限的性能在编码领域已获得广泛关注。某些随机构造的 LDPC 码，以比特误码率（Bit Error Rate，BER）测量，在 AWGN 信道的迭代译码及非常长的块大小（$10^6 \sim 10^7$ 数量级）非常接近香农极限。LDPC 码显著的纠错能力使它们最近加入了许多标准，如 IEEE 802.11n、IEEE 802.16e 和 IEEE 802.15.3c 标准。

随着无线标准迅速变化，不同的无线标准采用不同类型的 LDPC 码，设计一种灵活且可扩展的 LDPC 解码器非常重要，这样就能在不同的无线应用中实现。在本节中，我们将使用 PICO 高层次综合设计方法来探索实现高效 LDPC 解码器的设计空间。在设计人员的指引下，PICO 可以有效地利用一个给定算法的并行度，并为算法创建一个面积功率高效的硬件架构。我们将介绍一个使用 PICO 的部分并行 LDPC 解码器的实现。

二进制 LDPC 码是一种线性分组码，由一个非常稀疏的 $M \times N$ 奇偶校验矩阵定义：

$$H \cdot x^{\mathrm{T}} = 0$$

其中 x 是一个字码，H 可以看作一个二分图，其中 H 中的列和行分别表示变量节点和校验节点。奇偶校验矩阵的元素不是 0 就是 1，非零元素通常随机放置来取得良好性能。在编码过程中，$N-K$ 冗余比特被添加到的 K 个信息位来创建一个 N 位的字码长度。码率是信息比特对字码总比特数之比例。LDPC 码通常使用被称为 Tanner 图的双向部图表示。Tanner 图中有两种类型的节点，变量节点和校验节点。一个变量节点对应一个编码位或奇偶校验矩阵的一列，校验节点对应的是奇偶校验方程或奇偶校验矩阵的一排。如果在相应的奇偶校验矩阵元素为 1，则每一对节点之间存在边。奇偶校验矩阵的每一行或每一列中非零元素的数量称为节点度。基于 LDPC 码的节点度，它可以为规则的或不规则的。如果变量或校验节点都为不同度的，LDPC 码被称为不规则的，否则被称为规则的。一般来说，不规则的码的性能优于普通的码。另一方面，不规则码将导致更复杂的硬件架构。

H 内的非零元素通常放置在随机位置，以实现良好的编码性能。然而，结构化设计要求决定，这种随机性不利于高效 VLSI 实现。为了解决这个问题，块结构的准循环 LDPC 代码最近被提为用于一些新的通信标准，如 IEEE 802.11n、IEEE802.16e 和 DVB-S2。 如图 8-6 所示，该奇偶校验矩阵可以被看作正方形子矩阵组成的 2D 阵列。每个子矩阵可以是零矩阵或循环转移矩阵 I_x。一般情况下，块结构的奇偶校验矩阵 H 是由 $z \times z$ 循环移位单位矩阵与随机偏移值 x（$0 \le x \le z$）组成的一个 $j \times k$ 的阵列。

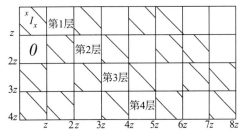

图 8-6　一个块结构的奇偶校验矩阵有着块状列（或层）$j=4$ 及块状行 $k=8$，子矩阵大小为 $z \times z$

一个在复杂性和解码吞吐量之间权衡的良好设计方案是，将一定数量的变量和校验节点分到一个并行处理的集群中，实现部分并行解码。此外，分层译码算法 [7] 可以用来加倍改善解码收敛时间，因此增加了两倍吞吐量。

在一个块结构的奇偶校验矩阵（一个 $k \times j$ 阵列列的 $z \times z$ 的子矩阵）中，每个子矩阵可以是零或随机移位的单位矩阵。在每一层，每一列至多有一个 1，变量节点信息数据之间不存在任何的依赖关系，使这些信息只流动在相邻的串联层。块的大小 z 是变量，对应各个标准内的码的定义。

为了简化硬件实现，使用比例最小和算法 [8]。这算法总结如下：让 Q_{mn} 表示变量节点的数似然比（Log Likelihood Ratio，LLR）消息从变量节点 n 发送到校验节点 m，R_{mn} 表示校验节点从检查节点 m 传送给变量节点 n 的 LLR 消息，APP_n 表示变量节点 n 的后验概率比（A Posteriori Probability，APP），则：

$$Q_{mn} = \mathbf{APP}_n - R_{mn}$$

$$R'_{mn} = s \times \prod_{j:j \neq n} \mathrm{sign}\left(Q_{mj}\right) \times \left(\min_{j:j \neq n}\left|Q_{mj}\right|\right)$$

$$\mathbf{APP}'_n = Q_{mn} + R_{mn}$$

其中 s 是一个比例因子。APP 消息初始化为通道的可靠性编码比特的值。

在每一个水平层基础上的 $\mathbf{APP}_n$ 的符号位后可以做出硬决定。如果满足所有校验方程或达到预先设定的最大迭代次数，那么译码算法停止。否则，该算法重复下一个水平层。

为了在硬件上实现这个算法，我们使用块串行解码方法[9]：每一层的数据处理为块列到块列。解码器首先从存储器中读取 APP 和 R 的信息，计算 Q 值，然后于 n 列上每个 m 行中所有的值找到的最小值和第二最小值。然后，解码器值基于两个最低值计算新的 R 和 APP，并写入新的 R 和 APP 值至内存。该算法是由无时序的 C 代码编码。C 代码的一节如图 8-7 所示，它描绘 PICO C 编译器所产生的 PPA 架构。此体系结构中的并行度在子矩阵的大小 z 的层面。请注意，'pragma unroll' 语句在 C 代码中，将被 PICO C 编译器使用于确定并行级别。多个解码核心的实例由 PICO C 编译器产生以实现更大的解码器并行度。

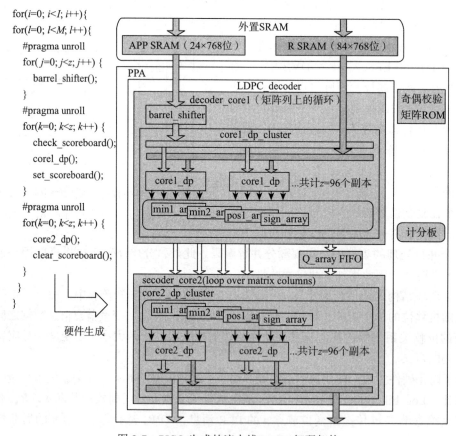

图 8-7　PICO 生成的流水线 LDPC 解码架构

作为一个案例分析，一个灵活的 LDPC 解码器完全支持 IEEE802.16e 标准由无时序的 C 程序描述，然后 PICO 软件被用来创建可综合的 RTL。用 Synopsys Design Compiler 综合生成 RTLS，再在台积电（TSMC）65nm、0.9V、8 层金属层上根据 CMOS 工艺技术用 Cadence SoC Encounter 布局布线。表 8-1 总结了该解码器的主要特点。

相比通常需要 6 个月来完成的手动 RTL 设计 [10, 11]，基于 C 设计使用 PICO 技术只花 2 个星期即可完成，并能够实现在面积、功耗和吞吐量方面的高性能。这与我们之前在莱斯大学已手动实现的 LDPC 解码器 [10, 11] 相比，约增加 15% 面积开销。

表 8-1　ASIC 综合结果

内核面积	1.2mm^2
时钟频率	400 MHz
功耗	180 mW
最大吞吐量	415 Mbit/s
最大延时	2.8 μs

8.6　使用 Catapult C 的矩阵乘法器设计案例

在本节中，我们以矩阵乘法为例，使用 Catapult C 探索设计空间，以达到不同的设计目标。矩阵乘法运算在许多信号处理应用中都是非常重要的计算模块，这些应用包括无线通信里的 MIMO 检测和多媒体编码 / 解码。

一个 $N \times N$ 矩阵乘法的计算复杂度是 $O(N^3)$。通常，矩阵乘法计算会使用一个并行结构加速。根据不同的设计要求，可以使用不同的并行架构，并权衡吞吐量性能和硬件成本。通过使用 Catapult C 的交互式图形界面，我们可以探索不同的微架构和生成 RTL 模型。

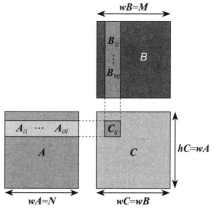

假设有 A 和 B 两个矩阵，计算 $C = A \times B$。问题描绘于图 8-8 中，我们可以看到结果矩阵 C 与矩阵 B 具有相同的宽度，而其高度等于矩阵 A 的宽度。矩阵乘法的 C 代码如下所示。为了使问题更易说清，我们假设 A 和 B 都是 4×4 的矩阵。

图 8-8　矩阵乘法

```
#define NUM 4
void Matrix_multiplication(int A[NUM][NUM], int B[NUM][NUM], int C[NUM][NUM])
{
  for(int i=0; i<NUM; i++)
  {
    for(int j=0; j<NUM; j++)
    {
      C[i][j]=0;
      for(int k=0; k<NUM; k++)
      {
        C[i][j]+=A[i][k] * B[k][j];
      }
    }
  }
}
```

仔细检查代码，我们注意到，功能的主体是一个三级嵌套循环。因为乘法计算操作于不同的数据集，所以既没有数据依赖关系，也没有数据竞争。比如为每个 C_{ij} 进行的计算可以并行运行，只要有足够的计算单位。以矩阵 A 的行和矩阵 B 的列的点积计算 C_{ij}，其中所有的乘法运算可以并行执行。我们可以探索设计空间的许多参数，来并行矩阵乘法。如果再从硬件设计人员的角度来看这个函数，我们可以把这个功能作为一个硬件的描述模型。函数内部循环对应硬件架构的流水线结构。由于主要功能部分为一个三层的嵌套循环，我们应该将更多的精力放在循环优化上，以获得高性能。此外，我们发现这个函数的输入和输出接口为两维阵列，代表硬件中的内存。

首先，我们将代码转换成定点版本，并根据 Catapult C 规范添加必要编译杂注。在这个程序中，我们用 int16（16 位整数）数据类型定义在矩阵 A 和 B 的元素，它已被定义在 ac_int.h。在 C 矩阵里使用 int34 来避免溢出。我们用定点运算的 C 程序做一次软件仿真并验证其结果。

```c
#define NUM 4
#include 'ac_int.h'
#pragma hls_design top
void Matrix_multiplication(int16 A[NUM][NUM], int16 B[NUM][NUM], int C34[NUM][NUM])
{
  OUTERLOOP: for(int i=0; i<NUM; i++)
  {
    INNERLOOP: for(int j=0; j<NUM; j++)
    {
      C[i][j]=0;
      RESULTLOOP: for(int k=0; k<NUM; k++)
      {
        C[i][j]+=A[i][k] * B[k][j];
      }
    }
  }
}
```

使用 Catapult C 设计，首先要设置基本的工艺技术配置。在这个例子，我们选择了 Xilinx Virtex-II Pro FPGA 芯片为目标，并设置设计频率为 100MHz。对于接口的设置，我们使用默认配置，其中包括时钟及同步复位信号。我们也保持默认配置作为设计目标架构的约束。我们设定面积为尽量减少逻辑核心的面积。图 8-9 显示了这种设计产生的甘特图。从甘特图来看，很显然，Catapult C 产生了串行实现。在这个串行实现，电路从存储器读取两个数据，在第一个时钟周期中计算出乘积。然后，电路在第二时钟周期进行加法运算。逻辑重复相同的操作，直至计算完成。

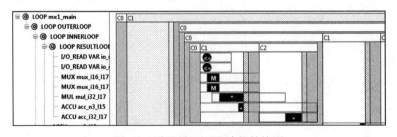

图 8-9　默认设置下设计的甘特图

通过循环流水线结构，我们可以隐藏一些执行延迟来增加吞吐量。我们可以决定在哪个循环层面加流水线，我们可以分别改变设置每个回路。在 Catapult C 中，设计人员仍然有必要记住低级别的硬件细节，这样就可以谨慎且正确地利用循环流水线，在循环上运用合适的循环优化技术。

接下来，我们使用循环展开和循环合并技术，进一步优化实现。通过启用循环展开，我们增加了并行硬件来提高吞吐量。例如，我们可以展开 INNERLOOP 和 RESULTLOOP。由于这些循环执行 16 次，在循环展开后生成的硬件使用 16 乘法器。甘特图的循环展开的结果如图 8-10 所示。如我们预计，16 个乘法器并行运行。

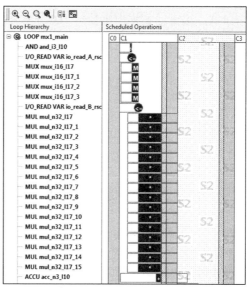

图 8-10　循环展开的甘特图

到目前为止，我们只改变的循环优化的设置。更改接口也可以满足设计规范和设计目标。在上面的设计中，矩阵 A、B 和 C 都以二维阵列表示，它们被映射到芯片内的存储器。例如，A 和 B 都被映射到 1×256 位内存（$4 \times 4 \times 16$ 位）。默认情况下，Catapult C 假定所有的数据都应该在执行所有的计算之前被写入内存。在真实世界的应用上（如无线通信信号处理和多媒体处理）数据以流而不是块传输到电路中。因此，下一步，我们尝试改变接口选项，使矩阵乘法块支持数据流输入 / 输出。

当把流选项设置为 1，我们会尝试提取矩阵的一个维度和让这个维度的数据流进入电路。例如，要输入矩阵 A（定义为：int A[4][4]），我们连续输入四个向量（$A[0]$，$A[1]$，$A[2]$，$A[3]$）以此秩序。通过改变流设置为 1 时，A 和 B 的接口现在变成 1×64 位内存。

到目前为止，我们已经探讨了几种优化技术。表 8-2 显示设计于不同设计参数的性能对比。由于我们只关心延迟和面积，只有这两个被列出。表 8-2 显示性能的比较。

从表中，我们可以看到通过使用流水线和循环展开技术，周期延迟从 159 减少到 5，而面积成本从 1314 增大至 9235。通过使用流式 I/O 和部分循环展开，我们发现了一个延迟和区域之间的最佳点，它有一个短延迟，17 个周期和相对小面积 2293。

表 8-2　不同优化设置的性能对比

	周期延时	总面积
默认	159	1 314
流水线	65	1 995
循环展开	5	9 235
半循环展开及流处理	17	2 293

8.7　使用 System Generator 的 QR 分解设计实例

在本节中，我们将使用 System Generator 设计一个 4×4 的 QR 分解硬件加速器。加速器

分解一个 4×4 矩阵 A 为两个 4×4 的矩阵 Q 及 R，$A = QR$ 其中 Q 是酉矩阵，R 是上三角矩阵。如今，QR 分解被广泛使用。例如，如果我们要解一个矩阵方程 $Ax=B$，我们可以分解 A 为 Q 和 R。然后公式变为 $QRx = B$。现在，我们可以以将 Q 移到方程的另一侧。方程变为 $Rx=Q*B$。$Q*$ 是 Q 的共轭转置矩阵，它等于 Q^{-1}。因为现在 R 是个上三角矩阵，我们重新回代算出 x。

有许多方法被提出来执行 QR 分解。在这里，我们将专注于 Givens 旋转。Givens 旋转的思想在于旋转一个矢量到某个角度，使得矢量的一部分变为 0。如下所示：

$$\begin{pmatrix} \cos\theta & \sin\theta \\ -\sin\theta & \cos\theta \end{pmatrix}\begin{pmatrix} a \\ b \end{pmatrix} = \begin{pmatrix} r \\ 0 \end{pmatrix},$$

和：

$$r = \sqrt{a^2 + b^2}$$
$$\cos\theta = a/r,$$
$$\sin\theta = b/r$$

通过对矩阵 A 反复应用 Givens 旋转，我们可以把它分解为 Q 和 R。

系统的体系结构如图 8-11 所示。浅灰色的节点为延迟节点。输入数据延迟了一个周期。深灰色的节点为处理节点。它有两种模式：引导和旋转。在引导模式，水平输出是输入向量的幅度，垂直输出为 0，并在节点内存储的矢量的角度。在旋转模式中，存储的角度用于旋转输入矢量。水平输出是输入 X 旋转后值，垂直输出是输入 Y 旋转后值。该节点只在处理节点第一次的接收矩阵数据时，在引导模式操作。在其他时间里，处理节点都工作于旋转模式。例如，当在 A11 和 A21 到达处理节点左上部，该节点在引导模式操作。A11 和 A21 之间的夹角存储在节点里面。当下一组数据 A12 及 A22 到达该处理节点，通过使用节点所存储的角度，节点在旋转模式下旋转 A12 和 A22。此后节点将继续工作，直到下一个矩阵。通过由以下列方式连接延迟节点和处理节点，该系统可以分解一个 4×4 矩阵。当输入一个数据矩阵 A 和一个矩阵 I，输出将是矩阵 R 和 Q。

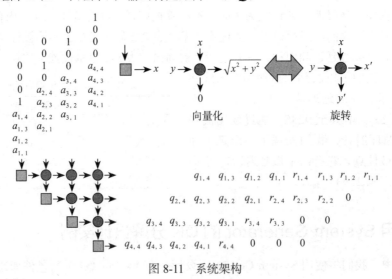

图 8-11　系统架构

选定了算法和架构后，我们可以从使用 Simulink 库内的 Xilinx 模块库集和 Xilinx 参考模块集开始实现我们的设计。这些库在我们安装 System Generator 后会出现在 Simulink 中。

首先，我们需要实现处理节点。正如我们所知道的，处理节点有两种模式。对于引导模式，我们使用 CORDIC ATAN。该模块在 Xilinx 参考模块库 / 数学内。该模块有两个输入：X 和 Y，代表一个向量。该模块还具有两个输出。MAG 是输入向量的幅度，ATAN 是向量的角度。如其文档所述，MAG 在输出后需要乘以 1/1.646760 做补偿。如图 8-12 所示，在 CORDIC ATAN 模块的 MAG 输出上，这通过 CMULT 模块实现。CMULT 位于 Xilinx Blockset/Math 库中。对于旋转模式，使用 CORDIC SINCOS 算法。该模块具有三个输入。THETA 是用于旋转的角度。X 和 Y 代表向量。根据该使用文档，两个输入 X 和 Y 需要得到 1/1.646760 补偿，然后再输入到模块中。CMULT 用于这两个补偿。两路输出（COS 和 SIN）分别为 ROTATED_X 及 ROTATED_Y。

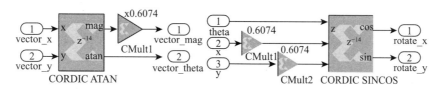

图 8-12　向量化及旋转的实现

实现了引导及旋转模块后，我们可以使用它们来实现处理节点，如图 8-13 所示。处理节点具有四个输入。X 和 Y 代表向量。它们连接到的引导和旋转模块。MODE 用来控制处理节点中的引导模式或旋转模式。OUT_EN 为输出使能信号。寄存器连接于引导模块和旋转模块之间。它会留存从引导模块计算的角度。寄存器可以从 Xilinx Blockset/Memory 内找到。处理节点有四个输出。OUT_X 和 OUT_Y 表示输出向量。由 Xilinx Blockset/Control Logic control 内的多路复用器控制发送到 OUT_X 及 OUT_Y 的值。在引导模式下，处理节点将输出的 X 和 Y 的幅度到 OUT_X 和 0 ～ OUT_Y。常数 0 从 Xilinx Blockset/Basic Elements 内实现。在旋转模式下，处理节点将输出 ROTATED_X 到 OUT_X 和 ROTATED_Y 到 OUT_Y。控制信号 MODE_TO_NEXT 和 OUT_EN_NEXT 会发送到下一个处理节点。它们只是延迟版本的 MODE 和 OUT_EN 信号。该延迟是 15。这是因为引导或旋转需要 14 个周期，多路复用器需要 1 周期。

现在，我们可以由处理节点的相互连接来实现图 8-14 所示系统。延迟节点指定的延迟用寄存器实现。在这个实施方式中，延迟设置为 15，因为每个处理节点将消耗 15 个循环来输出数据。处理节点的 OUT_X 连接到下一个水平节点。处理节点的 OUT_Y 连接到下一个垂直节点。整个系统有 6 个输入：A1、A2、A3 和 A4 为输入数据，MODE 是控制信号，DATA_EN_I 是输入数据使能信号。它有 5 个输出：R1、R2、R3 和 R4 为输出数据，DATA_EN_O 代表输出数据可用。系统中使用了几个上采样和下采样。这是因为，每个处理节点需要 15 个周期来输出数据，但在每个周期中将有一个新的输入数据。通过上采样和下采样，系统创建了一个新的时钟域，它比主时钟速度快 15 倍。

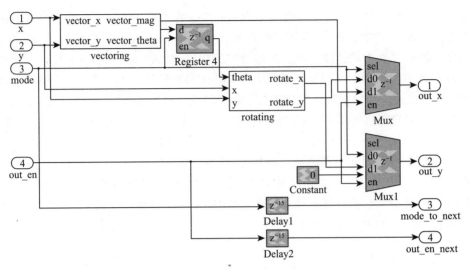

图 8-13 处理节点的实现

8.8 总结

由于高性能 DSP 系统的需求正在迅速增加，芯片设计人员面临着快速高效实现复杂算法，同时不增加功耗的挑战。高层次综合可以自动由无时序 C 算法创建高效的硬件，能够提供解决方案。使用高层次设计工具，设计人员的工作在一个更高层次的抽象，从高层次语言（如 ANSI C/C++、System C）算法描述开始。

在本章中，我们已经介绍了 DSP 系统高层次设计工具的基本方法，并总结了高层次综合设计流程的一些重要特点。我们介绍了几个用于 ASIC/FPGA 实现复杂 DSP 系统的高层次综合工具。在案例研究中，我们给出了三个使用高级设计工具的 DSP 设计实例。从高层次的设计工具创建的设计在大小、功耗、时序都可媲美手动设计，但设计周期更短。

今天，有不少非常成功的高层次综合工具，提供了有效构建复杂 DSP 系统的解决方案。高层次 DSP 系统设计工具有巨大的潜力，可广泛应用于 DSP 设计领域。

参考文献

[1] P. Coussy，A. Morawiec，High-Level Synthesis rom Algorithm to Digital Circuit，Springer Netherlands（2008）.

[2] Catapult C Synthesis official website，http：//www.mentor.com/esl/catapult.

[3] Synfora PICO Product，http：//www.synfora.com.

[4] Xilinx System Generator Product，http：//www.xilinx.com/tools/sysgen.htm.

[5] S. Aditya，V. Kathail，Algorithmic Synthesis Using PICO，Springer Netherlands（2008）53-74.

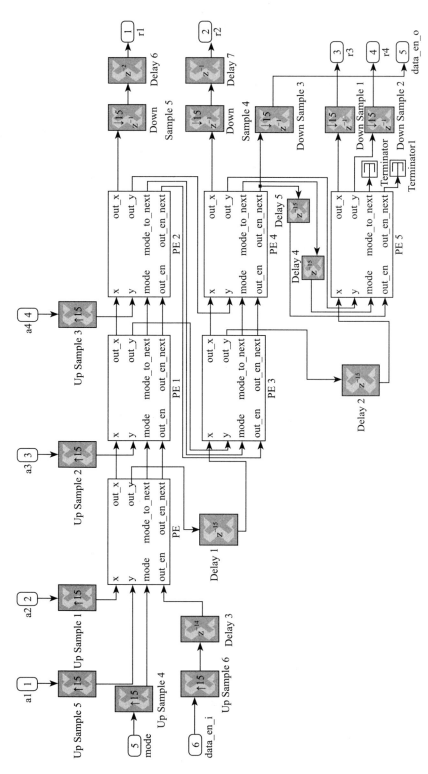

图 8-14　QR 分解系统的顶层模块图

[6]　R. Gallager，Low-density parity-check codes，IEEE Transaction on Information Theory vol. 8（Jan 1962）21-28.

[7]　D.E. Hocevar，A reduced complexity decoder architecture via layered decoding of LDPC codes，in：IEEE Workshop on Signal Processing Systems，SIPS，2004，pp. 107-112.

[8]　J. Chen，A. Dholakia，E. Eleftheriou，M. Fossorier，X. Hu，Reduced-complexity decoding of LDPC codes，IEEE Transactions on Communications vol. 53（2005），pp. 1288-1299.

[9]　Y. Sun，J.R. Cavallaro，A low-power 1-Gbps reconfigurable LDPC decoder design for multiple 4G wireless standards，in：IEEE International SOC Conference，SoCC，Sept. 2008，pp. 367-370.

[10]　Y. Sun，M. Karkooti，J.R. Cavallaro，High throughput，parallel，scalable LDPC encoder/decoder architecture for OFDM systems，in：2006 IEEE Dallas/CAS Workshop on Design，Applications，Integration and Software，Oct. 2006，pp. 39-42.

[11]　Y. Sun，M. Karkooti，J.R. Cavallaro，VLSI decoder architecture for high throughput，variable block-size and multi-rate LDPC codes，in：IEEE International Symposium on Circuits and Systems，ISCAS，May 2007.

第 9 章
DSP 软件优化：DSP 系统的基准测试和性能分析

Michelle Fleischer

9.1　概述

　　DSP 软件优化的一个重要部分就是对 DSP 内核以及 DSP 系统进行恰当的分析，并对其能够达到的性能基准有一个正确的认识，这样系统性能才有可能被设计为最佳情况。可以说，正确的系统性能分析和基准设置是一门艺术。通常的情况是，一个算法在近理想的条件下进行测试，然后使用其得出的性能预算作为我们的最终预算。真正理解一个算法的性能，需要对系统的影响建立模型，并随之理解算法在最佳情况下的性能。系统影响可能包括：正在运行的操作系统、代码在不同内存单元执行时带来的延迟、缓存的开销、管理缓存和系统内存的一致性。所有这些影响的分析都需要精心设置基准，它可以在相对独立的情况下模拟这些行为。如果模型建立正确，独立的基准测试可以非常接近复制的 DSP 内核执行，就好像它在一个真实系统中运行的行为一样。本章将讨论如何执行此类基准测试和性能分析。

　　一个适当的基准设置的关键在于将 DSP 内核建立为单一的分离模块。模块化设计有助于将内核隔离起来进行测试评估。DSP 内核应始终隔离于其测试工具以及测试工具运行时使用的代码库进行测试。模块化设计还可以确保在一个系统中同其他的内核集成时，它仍然可以独立测试并同之前设置的独立的基准进行比较。另外一个需要重点关注的是，创建灵活的测试工具。这应该是能够多次测试内核性能的一段代码，它提供了一种手段来配置不同的输入和输出测试向量，并能自我检查算法的正确性。编写测试工具时，其他应该仔细考虑的内容包括：能够将代码和数据分配在具有不同延迟和高速缓存策略的内存单元中，并且能够调整使用的内存单元的大小和地址分配，使得该算法可以更确切地展现出它会如何运行在一个全面真实的系统中。

9.2　编写测试框架

　　得到优化代码的最佳方法就是将整个工作细分为各个不同的模块，这些模块具有清晰可测量的输入和输出向量。在这种情况下，一个 DSP 功能块或内核可以独立运行。这将消除系统对内核性能带来的影响，如操作系统、中断和其他系统层面的干扰。通过隔离 DSP 内核，其性能也能被独立地测量，并可进行多次重复测试，以发现内核性能的改进或恶化。当 DSP 内核集成到正式运行的系统中时，几乎总是可以得到同在隔离的情况下测试出来的 DSP 内核最佳性能相近的性能。

正确测试测量 DSP 内核的性能，典型的方法是将其"包裹"在一段测试框架中。一个测试框架就是一个用来测试的 DSP 内核的简单的标准 C 语言代码（典型情况下）。编写测试框架并不难，但需要仔细的规划。需要使用一致的方法来保证编写的测试框架可重用、可扩展，并同其他 DSP 内核的测试框架相一致。编写一个测试框架时需要考虑的其他的事情包括对硬件或模拟器的分析能力、便于替代新的 DSP 内核、能够使测试和分析的过程自动化、可以达成分析或优化的目标。一个 DSP 内核的测试工具应该能够：

- 设置多个不同的输入和输出测试向量，并且确保这些测试向量不会影响内核的功能或性能。
- 达到隔离 DSP 内核进行测试和分析的目的。
- 使用一种"黄金"模式或其他参考向量来验证测试结果。
- 能够运行在多个架构和工具下面。

测试框架的输入输出并检测正确性

测试框架一般都需要一个从真实系统的外部输入测试向量的方法。通常情况下我们会从独立于系统的外部文本文件或二进制文件中读取所需的测试向量，或者直接将矢量数据放置在测试框架的内存空间中。在现代的 DSP 系统中，进行优化的很关键的一个方面就是将代码放置在不同的内存空间里。从外部到内部存储器单元，以及各种不同的处理器架构之间，系统中访问数据的延迟时间以及所需的缓存策略会有很大的不同。因此，如何正确放置输入控制结构和数据、输出数据和其他的测试结果，是创建一个能正确反映实际系统性能数据的测试框架的关键。该测试用例本身应该，允许在其内存中放置的位置有一定的灵活性，从而方便通过调整代码和数据在内存系统中的位置来进行性能优化。纳入数据向量可以通过多种方式进行，常见的方法包括以下几种：

- 将测试向量数据放置在内嵌的头文件或者源文件中

```
#include "my_input_vector.dat"
#include "my_control_parameters.dat"
```

- 在定义变量的时候使用 #include "my_vector.dat" 的形式

```
UINT32 my_IQ_buffer[] = {#include "my_vector.dat"};
```

- 从外部文件中读取测试向量数据

```
FILE input_file;
Char my_input_filename[] = "./../../vectors/my_input_vector";
if ((input_file = fopen(my_input_filename, "rb") == NULL)
{
```

```
    return (FILE_OPEN_ERROR);
}
//Read the file
.
.
.
//Close the file
fclose(input_file);
```

- 使用开发工具的脚本拖入所需的测试向量数据

```
#Load the Input Buffer with the Input Test Vector and Go
## Input Test Vector Naming Convention --> IF2_Tx_<sbfn>_<user_id>_<rvindex>.lod
  set TVIn _$RVIndx.lod
  set TVIn _$UserId$TVIn
  set TVIn _$SubFrN$TVIn
  set TVIn IF2_Tx$TVIn
  set TVIn /$TVIn
  set TVIn ..//../ /vector/in/TC$TC$TVIn
  set dummy_addr [evaluate #x dummy_sequence]
  set in_addr [evaluate #x IF2a_Tx_Data]
  puts "input_sequence ="
  puts $in_addr
  restore -b $TVIn m:$in_addr
  restore -b $TVIn m:$dummy_addr
  go 10000
```

　　需要指出的是，这些方法各有其优点和缺点。将测试向量数据放置在内嵌的头文件或者源文件的方法，可能导致后续改变测试向量变得较为困难，也可能导致使用的源文件变得非常大，使得编译器需要更长的时间来为这些文件做解析。此外，如果需要顺序或随机放置多个大尺寸的数据缓冲区，内联数据的大小将会增长显著。使用 #include 语句从而允许外部文本文件被使用，往往可以更容易地改变和更新测试向量，得到更整洁和可读性更强的代码。然而，它同样具有编译时间较长和空间使用较大的缺点。在所有这些情况下，变更到一组不同的测试向量后，通常都需要重新编译测试工程，除非所有的测试案例都可以适配到内存中，但对于一般的调试，这还是有缺点。这种方法对应的可运行测试用例的数量往往有一定的限制，使用此方法开发测试平台时一定要记住这一点。另外一个典型的方法就是从外部文件读取测试数据，这个方法对需要经常更新测试向量的情况来说是最灵活的，因为它通常不需要重新编译测试平台的代码。大多数芯片厂商至少都会提供一个的基本的 <stdio> 库，包括像 fopen、fread、fwrite、fseek、fclose 和 printf 之类的函数。这种方法的缺点是，在你的测试平台中调用这些系统提供的库函数时，如果没有仔细排除运行这些函数时可能带来的高速缓存或 IO 操作，就会占用测试框架本身所需的执行时间，从而影响到测试执行的系统性能。这种影响可以通过在测试平台运行时明智地使用缓存控制操作来消除，如在库函数调用前后使用缓存同步和缓存冲洗。

在这两种情况下，都应该注意与被测函数相关的输入数据的有效值范围。在使用全局优化时，这一点尤为重要。这是因为通常情况下编译器为了找到一个最佳的解决方案，如果可以的话，会执行常量传播，甚至剥去其认为不会执行的算法代码。这可能会得出误导性的性能测试结果和不正确的系统行为，因为它只基于单一测试向量的模型，而不是整个系统。（比如一个标志常量的传播，或是一个输出成为最终答案），例如下面的代码序列：

```
my_config = TEST_FOR_120_FRAMES;
  if(my_config == TEST_FOR_60_FRAMES)
{
  RLSIP_Frame60();
} else if(my_config == TEST_FOR_120_FRAMES)
  {
  RLSIP_Frame120();
  } else
{
  RLSIP_Frame180();
}
```

在上面这个代码例子中，调用 RLSIP_Frame60（）和 RLSIP_Frame180（）的 if-else 分支将被优化掉，如果这是这些函数唯一会被调用的地方，这些函数本身也可能被编译器剥离掉。此外，编译器优化生成的可执行代码将不会包括对于 my_config 值的比较。这可能会改变指令代码的布局，影响对应的高速缓存的性能，并移除一些比较函数，从而改变编译器生成正确测试代码的方式。

9.3　隔离 DSP 内核函数

隔离 DSP 内核是一个简单明确的过程。这里的最佳办法是始终确保在目标系统上运行的代码保存为其源码和头文件的形式。这可以防止编译器做出一些错误的性能优化，这些优化可能导致内核函数执行不会发生在实际系统中的行为，例如用测试平台中的内联函数替代被测内核中调用的某些函数、常量传播，或在某些情况下，直接剥离掉算法或控制代码，换为编译器预期的结果。在测试内核与测试框架以及测试输入向量都在同一范围内时，这种情况都是有可能发生的。此外，如果可以全局优化，那么不应该使用这些优化方法，或应谨慎使用。如果它们确实是有帮助的，使用一个 pragma 来禁止自动使用内联函数可能是一个好主意，但是这可能不会阻止常量传播，这将使编译器基本上去除其视为依赖某常数值而执行的代码。

9.3.1　提防激进的编译工具

一些编译工具将优化掉算法或控制代码的重要部分。这通常发生在使用全局优化的情况下，或是测试向量、输入控制结构，甚至是输出的数据都在编译器优化的范围内时。比如，如果被测试的内核有一段控制代码，这段代码有四个分支选项，只有其中的一个会在当前测试向量下被执行，一个激进的编译器就可能扔掉其他三个选项的控制路径。此外，如果出现输出数据最终不被使用，一些编译器甚至可以决定完全跳过且不执行该算法。在设定范围和全局编译器选项时一定要小心。一个比较好的方法是，检查编译后的汇编代码清单，验证被测试的 DSP 内核函数中被执行的部分和不会被执行的部分在汇编代码清单中是否都有对应的地方。一般情况下，如果测试结果看起来好得不可思议，那么你就得仔细检查一下了。

9.3.2　灵活放置代码

在现代的 DSP 系统中，代码对象的放置通常是整个系统性能的关键所在。在片上系统中有多个层级的内部和外部存储器可用的，往往需要能够将测试框架的代码、测试向量、输出向量、内核函数的代码和内核函数的数据放置在具有较高或较低延迟的内存空间中。这个操作通常是在链接时而不是动态执行的环境中完成的。在代码放置时请记住以下问题：

- 在软件设计中，输入测试向量放置在什么地方？
- 在设计中，输出向量放置在什么地方？
- DSP 内核函数的代码放置在什么地方？
- 这些对象占用的内存空间大小是多少，是否可以将它们全部放入到一个具有低延迟的存储单元中？
- 是否需要在系统中做一些假设以设置一个测试基准？
- 代码在多核中运行是否会影响内存的数据访问带宽，等等？
- 算法开始执行时是否会加载到缓存中？

9.4　真实系统行为的建模

9.4.1　缓存带来的影响

现今，DSP 内核函数的优化大部分都与缓存的使用有关。DSP 的硬件处理器核访问第 1 级高速缓存往往都是零等待状态，理想情况下 DSP 内核函数的指令和数据访问会从缓存中执行。为了测试公平，开发人员需要知道当前缓存中的数据处于什么状态，系统是否支持硬件的缓存一致性，是否需要通过软件保证缓存的一致性，或是两者混合。另外，还要考虑 DSP 硬件核访问的数据是否来自 DMA 搬移的拷贝，是否从外部高速接口中读取。在这些情况下，数据在内核函数刚开始执行时是不会在缓存单元中的。预取数据到缓存中是在内核函数中实现还是测试框架中实现，这两者哪一种方法更合适？测试框架的代码在内核函数执行前是否也占据了缓存空间？这是否为一个合理有效的硬件状态，或是需要将测试框架正在使用而内核函数不会调用的代码清除出缓存单元？内核函数运行前是否对高速缓存做热身，这两种方式哪个对于当前的基准测试更为合适？数据和指令访问地址的对齐也经常用作高速缓存的优化方法。其他关于缓存优化的考虑因素还包括缓存预取、缓存同步、刷缓存、使当前缓存中的数据无效等操作方式。

9.4.2　内存延迟带来的影响

内存访问带来的延迟对 DSP 内核函数的性能有很大的影响。开发人员必须了解各种不同内存单元的访问延迟，但更需要记住，在使用任何内存单元时都要关注访问地址的对齐，并尽可能地避免页面切换。

9.5　系统方面的影响

实时操作系统带来的开销

实时操作系统的使用会增加开销。即使编写一个最小，最简单的实时操作系统，也将纳入片上系统所需的一些基本 API 功能接口。此外，它使得一个 DSP 内核函数能够运行在一个更真实的环境中，并且减少将 DSP 内核函数移植到整个系统所耗用的时间，因为大部分将算法与操作系统集成的工作已经完成了。这里需要考虑的事项包括实时操作系统如何使用诸如低延时存储器和高速缓存等系统资源，以及为了加强实时操作系统运行而包括的一些系统配置差异。其他考虑因素包括实时操作系统的开销以及中断。中断在独立的测试案例中很少被启用，但一般情况下在实时操作系统中总是会被使能，除非用户明确禁用。

9.6　多核 / 多设备环境下的执行情况

个别情况下，我们会在多核同时运行的环境中对 DSP 内核函数进行测试。这是因为这种测试做起来比较困难，除非用户能够准备好一个完整的系统，否则测试结果不会给出真正的多核系统对被测 DSP 内核函数算法性能带来的影响。这些影响包括的更长的内存访问时间和等待、缺乏可用的外围设备和其他系统资源、出现一些不会发生在一个单核系统中的中断、系统时序的变化，甚至是执行顺序的改变。此外，运行多核系统时往往需要核间的消息同步和数据交换。

衡量性能的测试方法

有许多方法可以测量一个 DSP 系统的性能，包括基于时间点的测量方法如使用实时时钟、硬件定时器或操作系统自带的计数器、片上系统自带的性能计数器（这些性能计数器运行在核的时钟频率或是一个核时钟速率的整数分频上），还有一些最基本的测试方式，比如以片上系统的 IO 接口触发并使用逻辑分析仪或示波器配合进行分析。大多数情况下后一种方法是不必要的，除非用户面对的是密封的或非常简单的 DSP 系统芯片。

基于时间点的测试方式

在大多数现代 DSP 系统中，基于时间点的测试是最常用的方法。大多数实时操作系都提供某种可以用于性能测量的计时器服务。RTOS 中的事件，也常常作为触发点来开启和终止测量。例如，一个简单的方法是将触发点选择在 RTOS 中任务之间上下文切换的时间点上，事实上许多实时操作系统都在其任务间的上下文切换代码中提供钩子函数，用户可以轻松地使用这些钩子函数来进行测试。

硬件定时器

如果对于所需的基准测试操作系统提供的服务不可用，或不够精确，这时就可以考虑使用一个片上系统自带的硬件定时器了。这种方法有很大的缺点，用户可能为了一种非必需的任务使用了有限的硬件资源（定时器）。当使用硬件定时器时，最好先验证会使用的输入时钟频率、预设的计数次数，并熟悉硬件定时器的一般操作。为了确保使用的正确性，有时候用户可以将输出的时钟外接到示波器上，从而检查正在使用的设置和真实情况对应的固定时序是否匹配，防止由于设备文档错误或遗漏导致的测试不准确。

基于计数器的性能测试

今天大多数的 DSP 芯片提供 32 位或 64 位的性能计数器，而且通常会提供多个此类计数器供用户使用。这些计数器通常都能够测量出精确的时钟周期数，因为它们本身就运行在与 DSP 核相同的时钟速率下。一些情况下片上系统可以给予计数器一些具体的事件输入，从而对系统活动进行测量。这些触发事件包括缓存未命中、内存子系统访问、核访问数据时出现等待、指令执行分支预测的成功率，以及其他有用的细节，如正在测试的 DSP 内核中正发生的事情。一些硬件模块甚至包括基于预判执行路径，数据类型，计数的事件或周期以及其他事件的高级触发功能，允许用户在代码中某个特定的位置通过这些高级触发功能启动和终止性能测试。

基于剖析工具的测试

许多 DSP 器件内置有剖析硬件模块。这种硬件模块能够提供非常有用的点对点分析，而且往往能呈现出函数和循环体级别的分析粒度。对于一些具有更深分辨率水平的硬件剖析模块，它可以显示出指令级别的分析粒度。这种级别的分析粒度通常对于微调和优化 DSP 内核函数非常有用。这些功能一般会通过开发工具提供给用户，事实上这些功能在开发工具的使用中也属于更复杂的方面之一。用户使用这些功能有时是比较困难的，在这些情况下，从芯片的工具供应商处寻求帮助通常是一个不错的选择。

9.7　分析测试方法带来的额外开销

当对某一个 DSP 内核函数采取非常精确的测量时，或运行的测试向量占用的系统资源不超过几百个指令周期时，很重要的一点是要分析所用的测试方法带来的额外开销。通常的方法是读取有关指令周期的计数器，并简单计算出计数值的偏移。在嵌入式系统中，读取硬件计数器寄存器以及其他内存映射寄存器所需的延时可以有很大的不同。通常情况下读取这些寄存器带来的延迟可以是 25 ~ 80 个指令周期！这意味着，如果 DSP 内核函数测出是在 400 个指令周期中执行完成的，仅仅是读寄存器带来的延迟就可能占 20% 的总基准数！一个典型的方法是在你的测试函数中放置几个汇编 NOP 指令，然后测量出当前你的测试函数所需的指令周期数。这个指令周期数可以作为一个基准，它包括了用户测试函数中执行 NOP 指令和读取计数器所需的延迟。

9.7.1 排除无关事项

运行 DSP 内核函数时，一些无关的事件可能会影响到测试的基准结果。这些包括系统中断、运行时执行的库函数，以及基准测试过程中可能使用的其他基于主机 IO 接口同外设的交互。

9.7.2 中断

在一个基准测试中应该尽可能禁止使用中断。许多分析工具无法区分上下文是被 DSP 内核函数占用还是被中断服务程序占用。这意味着基准测试结果里包含有测试过程中出现的任何中断服务程序所占用的时钟周期。如果中断不能被禁用，就必须小心排除中断开始、收尾和主体执行时对基准结果带来的影响。另外要注意，执行 ISR 会影响缓存的行为，尤其是指令缓存的行为，因为它本质上是一个执行顺序的变化，而且这种变化往往是无法预测的。由于会清除一些 DSP 指令在硬件预测查找表中的入口分支，这也可能影响执行单元的分支预测。中断肯定会改变基准测试的行为，并在几乎所有情况下，它们都会降低基准测试的最终性能。如果发现在中断存在的情况下性能反而有所增强，建议用户仔细检查发生了什么事，因为它可能预示有缓存冲突或软件错误。

9.7.3 基准测试中运行的库函数

在基准测试中运行库代码是一种有效易用的衡量方式。但是用户也需要格外关注库代码中可能与硬件调试环境或模拟器环境交互的"特殊"函数。对于执行任何一种文件 IO 或控制台 IO 功能，或为了仿真加速内存清空的函数，用户应谨慎使用。请联系工具提供商，以了解这些函数在真实情况下和调试环境中的执行行为有什么不同之处。

9.7.4 使用仿真工具测试

现今的 DSP 仿真器已经变得非常复杂，能够以一个非常高的准确度和精确度模拟硬件时序行为。也就是说，许多器件供应商会提供多种具有不同程度的硬件模拟功能的仿真工具。这些工具可以是很基本的模型，比如一个指令集仿真器（Instruction Set Simulator, ISS），它仅仅执行一个功能性建模。在这个模型中不会产生程序运行的时序信息，或是产生的时序信息不可用。这种指令集仿真器通常用于检查函数功能的正确性，这种情况下如果使用更复杂的模型可能会导致执行时间过长。基于对内核函数进行分析和优化的目的，更为常用的仿真模型是一种称为周期精确模拟器（Cycle Accurate Simulator, CAS）或性能准确模拟器（Performance Accurate Simulator, PAS）的工具。这些都可以针对 DSP 处理核、DSP 子系统直至整个器件的硬件行为进行模拟。此外，在 DSP 内核函数的执行过程中，它们能模拟高速缓存、高速缓存控制器、内存总线和数据访问延迟的行为，并提供一个非常准确的分析结果。通常这些仿真工具中会带有软件钩子函数，从而能够在测试分析过程中收集大量的详细信息，比如缓存单元的行为、处理器核的阻塞、内存访问的阻塞，甚至是每一条指令执行的详情。对于那些不需要外界的激励输入，如硬件中断和外部端口或总线数据的单一 DSP 内核函数而言，这种仿真工具是进行代码分析和优化工作的一个很好的选择。

图 9-1 显示了使用器件的仿真工具，对一个 DSP 内核函数进行分析的结果输出实例。可以看出，每一句执行的反汇编代码都有其对应的处理器核的阻塞、数据总线的阻塞和程序总线的阻塞等信息。开发人员可以使用此信息，更好地了解他们的软件是如何与硬件进行交互的。

Line no. / A...	Disassembly	# exec...	cycles-total	execution stalls
63.	DataOut[2*i] = round(YN);	1	3	1
0xC0000072	mpy d8,d14,d15 & rnd d1,d1 & move.l #-$3fffbce8,r1	1	2	1
0xC00000DE	mac #-$199a,d10,d12 & rnd d5,d10 & mpy d8,d14,d11 & moves.4f d0:d1:d...	1	2	0
0xC0000114	mpy d13,d14,d0 & rnd d7,d4 & adr d0,d6 & move.l #-$3fffbce0,r3	1	1	0
0xC0000130	mpy d12,d14,d15 & move.4f (r2)+n3,d0:d1:d2:d3 & moves.4f d0:d5:d6:d7...	4	4	0
0xC00001BE	mpy d12,d14,d15 & rnd d1,d6 & mac #-$199a,d4,d7 & moves.4f d0:d1:d2:...	4	8	0
0xC00001FC	lpmarkb mac #-$199a,d6,d1 & add d9,d15,d2 & rnd d0,d6	4	4	0
0xC0000210	tfr #$28,d7 & moves.4f d4:d5:d6:d7,(r3)	1	1	0
64.	DataOut[2*i+1] = round(YNP1);	4	11	6
0xC0000208	add d1,d11,d0 & rnd d2,d5	4	4	2
0xC000020E	rnd d0,d7	4	7	4
65.	}			
66.				
67.	for (i = 0; i < DataBlockSize; i++)	40	470	234
0xC0000230	deceq d7	40	40	0
0xC0000232	jf $c0000224	40	430	234
68.	printf("Output %d\n",DataOut[i]);	40	282	200
0xC0000218	move.l #-$3fffbce8,r6	1	1	0
0xC000021E	moveu.l #$c0004164,d6	1	1	0
0xC0000224	move.w (r6)+,r0 & move.l d6,(sp-$4)	40	40	0
0xC0000228	jsrd $c0002cf0	40	40	0
0xC000022E	move.l r0,(sp-$8)	40	200	200
69.				
70.	return(0);	1	16	8
0xC0000238	sub d0,d0,d0 & suba #$8,sp	1	2	0
0xC000023C	pop r6 & pop.2l d6:d7	1	3	0
0xC0000242	rts	1	11	8

图 9-1　一个关键代码的分析视图

仿真工具还包括对板载剖析硬件的仿真模型。在不需要特别了解系统的详细执行过程，而只需要来回比较模拟器的结果与实际的硬件执行结果时，这种工具尤其有用。在仿真工具的代码中提供一个性能剖析计数器的模型，仿真工具能通过这些计数器软件模型给出同实际硬件相同的最终结果。

9.7.5　基于硬件模块的测试

基于芯片的硬件模块进行性能测试往往比使用仿真工具简单。通常情况下，这种硬件模块提供可用于分析的一个或多个高速计数器和一些硬件定时器。在某些情况下，硬件追踪可以被配置为对每个跟踪消息都添加这些计数器作为标签。进行测量时，较好的方法是要求供应商提供任何相关的软件设置代码或用于性能分析的硬件模块的详细文档。使用硬件分析计数器的一些关键事宜包括：

- 计数器具体的计数方式
  - ❏ 计数器初始值应该设置为什么？
  - ❏ 它是向上还是向下计数？
  - ❏ 中断是在上溢或下溢时产生？
  - ❏ 计数器是运行在处理器核的时钟速率（或是其整数倍分频上），还是计数器的输入时钟来自外部振荡器？
  - ❏ 是否有任何预设的计数范围或其他的因素会影响计数速率？
  - ❏ 读取计数器值的访问延迟是多少？
  - ❏ 片上系统里有些什么具体的事件可以被计数分析？

其他需要考虑的因素包括，检查仿真工具中对应的软件分析模型是否准确地模拟了硬件计数器的行为。这将允许无论在硬件分析计数器是否可用的情况下，都可以实用这些性能分析功能。因为通常的情况下，一些硬件分析计数器在仿真工具中又相应的建模对象，而另一些则没有。

9.7.6　性能分析结果

分析结果可以以数据库的形式来包括各种不同的追踪信息，也可以是一个简单的计数器报上来的计数值，此数值需要用户根据正在运行的基准对应到与其相关的有意义的测试结果。测试结果的具体信息变化很大，重要的是快速、方便地识别大部分的时钟周期都消耗在 DSP 内核函数的什么地方。有些工具提供了详细的信息找出这些具体的位置（见图 9-1）。同时，分析结果通过检查也会显示处理器核指令执行的阻塞、数据访问的阻塞、缓存未命中、控制代码路径，甚至处理器在执行过程中的分支预测行为。

9.7.7　如何解读获取的测试结果

解读得到的分析结果时应该小心谨慎。事实上只有通过仔细检查汇编代码，才能检验所用的测试基准方法是否准确可靠，并且与预期相符。原因是，现代 DSP 编译器在编译优化时往往会对代码进行模糊处理，并且编译器可以去除其认为无用的代码，只是因为在当前的基准测试时这些特定的代码路径不会被执行。通过检查代码的项目，可以确定算法并行执行的力度、算法效率以及控制代码的效率，等等。一旦 DSP 内核函数的功能正确性确认以后，这些分析项目可以作为参考来选择具体的优化方向，在重新改动 DSP 内核函数的代码时往往是很有价值的信息。

如何解读测试结果来优化代码

i. 是否有过多的进出内存的数据搬移

ii. 代码执行的并行力度

iii. 缓存行为

iv. 控制代码的效率

v. 算法效率

第 10 章
DSP 软件优化：高级语言和编程模型

Stephen Dew

10.1 汇编语言

在早期的 DSP 开发中，软件几乎完全是用汇编语言编写的。这是由于当时的 DSP 运行在较低的时钟频率上，系统的计算资源有限，需要使每一个使用的时钟周期都发挥其最大的效能。现在，C 和其他基于 C 语言的高级语言已经广泛使用，DSP 的应用程序开发人员编写的很大一部分代码都是基于 C 语言的，汇编代码只在绝对必要时才会用于优化。相对于 C 代码产生的开销，其简单易用的特性对于复杂的 DSP 应用开发来说显得更为重要。然而，在性能为绝对指标的情况下，汇编语言仍会使用。对于一些关键的 DSP 内核函数，程序员可以自己使用汇编语言编写，或使用芯片厂商提供的参考代码，这些汇编语言代码一般都是由精通该处理器平台的专家所编写的。

汇编语言有其专有的性质，对于当前开发使用的 DSP，用户需要在其特定指令集的基础上进行编程。在编写汇编代码时，程序员要指定每个语句使用的确切指令（及附加的任何变体，例如寻址方式、正或负的累加）。程序员必须做出指令的选择，调度和寄存器的分配（所有这些在编写 C 代码时都由 C 编译器完成）。

汇编语言的语法在不同处理器之间有一些不同，比如在 ADI 公司 Blackfin 系列的 DSP 上，语法上面直接使用代数运算，如图 10-1 所示。

而在基于 Freescale StarCore 的 DSP 上，以上的算术运算必须由下图 10-2 的指令实现。

```
R0 = 1;
R1 = 2;
R3 = R1 + R0;
```

图 10-1　ADI 公司 Blackfin 系列 DSP 上用汇编语言实现的简单加法

```
tfr #1,d0
tfr #2,d1
iadd d0,d1
```

图 10-2　Freescale StarCore 的 DSP 上用汇编语言实现的简单加法

汇编语言的优点和缺点

汇编语言的优点首先是可以达到很好的性能，其次是能够完全控制代码。相比一个精通器件架构，有足够的时间编写良好汇编代码的资深程序员，编译器产生的代码在性能上无法与之相提并论。

　　而汇编语言的缺点是需要知道芯片架构的优秀程序员，而且汇编语言的编程工作需要一定的时间（多于 C 语言的编写时间），同时代码在不同平台之间是不能移植的，有时只能移植到同一器件供应商的一个新平台上。

10.2　带内联函数和编译指示的 C 编程语言

　　C 编程语言，由 Dennis Ritchie 在 1969 年和 1973 年之间开发，现在已广泛用于嵌入式和 DSP 编程中。专用于 DSP 芯片的 C 编译器已存在了相当长的一段时间。最初为了得到最好的性能，DSP 应用开发通常都采用汇编语言来进行，但随着现代更先进的编译器出现，DSP 开发中绝大多数代码都用 C 语言写。如果有使用汇编编程的情况，也只是那些对运行速度有很高要求的关键程序可能会通过手工进行优化。

　　编译器将通用的高层代码映射到目标器件上。映射必须保留高层语言定义的行为。用户在使用 DSP 时，有一些目标器件提供的功能不能直接映射到高层语言定义中，应用空间也可能使用高层语言不能处理的算法概念。因此，进行用户自定义的语言扩展往往是必要的。此外，了解编译器如何生成目标代码，对于编写出能实现期望结果的代码是很重要的。

　　标准 C 语言的整型数据

　　ANSI C 标准允许标准 C 语言的整型数据（char、short、int、long 等）在占用地址空间的大小上有一定的灵活性。

　　例如，TI 和 StarCore DSP 处理器核在 8、16、32、40 和 64 位数据的情况下都能工作。TI C64x+ 有 64 个 32 位通用寄存器，而 SC3400 和 SC3850 处理器核有 16 个 40 位数据寄存器和 16 个 32 位地址寄存器。由于寄存器的大小的差异，两者在 40 位数据类型的处理方式上也有一些重要的不同之处，如表 10-1 所示。

表 10-1　不同 DSP 器件上数据类型的不同

C 语言数据类型	StarCore DSP 上的数据长度	TI C64x/C64x+ 上的数据长度
char	8	8
unsigned char	8	8
short	16	16
unsigned short	16	16
int	32	32
unsigned int	32	32
long int (long)	32	40
unsigned long int(unsigned long)	32	40
long long	64[①]	64
unsigned long long	64[①]	64
float	32	32
double, long double	32	64

（续）

C 语言数据类型	StarCore DSP 上的数据长度	TI C64x/C64x+ 上的数据长度
double, long double（启用 64 位数据类型）	64	
pointer	32	32

①只有启用了 64 位数据类型的情况下。

从上表中可以看出：

- 在 TI 64x+ 处理器上，long 型数据用于指定 40 位数据。在硬件上，40 位数据类型跨 64x+ 上的两个寄存器（因为寄存器是 32 位）来表示。在 StarCore DSP 核里，long 型数据用于指定 32 位数据（在一个 40 位寄存器上表示）。
- 8 位和 16 位数据类型在两种架构上都支持，作为一个值或多个值打包装在一个更大的寄存器中（例如，两个 16 位的数值在 32 位或 40 位寄存器中存储）。

10.2.1　C 语言编写的 FIR 滤波器

经典的有限冲激响应滤波器可以用 C 来编写，如图 10-3 所示。如前所述，DSP 开发中的一些概念（如小数数据和算术饱和）是不能用标准 C 直接表示的。

```
short SimpleFir0(
    short *x,
    short *y)
{
    int i;
    short ret;

    ret = 0;
    for(i=0;i<16;i++)
        ret += x[i]*y[i];

    return(ret);
}
```

图 10-3　以 C 代码编写的经典 FIR 滤波器

10.2.2　内联函数

内联函数（或简称 intrinsic）是使用特定目标器件功能的一种方式，此功能一般无法在标准 C 语言中操作或方便地表达。内联函数结合定制的数据类型，可以允许用户使用非标准大小或类型的数据。它们的使用类似于函数调用，但编译器将使用预定的指令序列取代这些内联函数，并且没有调用开销产生（表 10-2）。

表 10-2　内联函数不产生调用开销

内联函数（C 代码）举例	生成的汇编代码
d = L_add(a,b);	add d0,d1,d2

通过内联函数访问器件特定功能的一些例子：

- 饱和度
- 小数类型
- 启用 / 禁用中断

例如，前面所示的 FIR 滤波器可以使用内联函数重新改写，并可以直接指定 DSP 自有的运算操作（图 10-4）。要做到这一点，只需使用内联函数 L_mac（长乘累加）更换原来使用的乘法和加法运算操作。这将两句操作运算用一个函数替代，并在函数中添加了取饱和操作，以确保正确处理 DSP 算术。

小数类型和饱和操作

　　小数类型是指一种用于表示小数（数值范围介于 −1 到几乎接近 1）的数据类型。小数运算和整数运算有一定的差异。小数类型的算术运算通常可选择饱和（如超出表示范围直接修正到最小或最大值），而整数的运算行为通常会环绕式溢出。此外，小数乘法中，如果程序员希望保持计算结果为 −1 到 1 之间的标准值，需要对计算结果左移 1 位。因此，用于小数运算的高级编程语言在某些情况下可能会产生不同的汇编指令。

　　（标准）C 语言一般不直接支持使用小数数据类型，但是可通过使用内联函数，或直接通过自定义类型或嵌入式 C 语言来使用小数数据类型。有几种方法来处理小数数据类型和饱和运算。饱和运算既可以明确地处理（即仅在程序员指定时对数据做饱和操作，一般是通过调用饱和运算的指令完成），或者隐式地处理（即小数运算指令在将结果写回寄存器之前，自动完成取饱和操作）。

```
short SimpleFir1(
  short *x,
  short *y)
{
  int i;
  long acc;
  short ret;

  acc = 0;
  for(i=0;i<16;i++)
  // multiply, accumulate and saturate
  acc = L_mac(acc,x[i],y[i]);
  ret = acc>>16;

  return(ret);
}
```

图 10-4　使用内联函数重写的 FIR 滤波器

　　例如，基于 StarCore 的 DSP 处理器核能够同时支持并行的小数和整数运算。算术运算类型由特定的指令指定，可以具体指示是进行小数运算还是整数运算。两种数据类型也有其各自对应的数据移动指令，如加载和存储数据指令。小数运算指令在执行完乘法运算后，会对结果左移 1 位，并在相关点执行饱和操作（根据 DSP 处理器核的配置，进行 32 位或 40 位的饱和操作）。表 10-3 中的代码对两种不同数据类型进行数据加载、乘累加、数据存储操作时产生的指令序列做了一个简单比较，小数类型对应的指令序列在表的右边，而整数类型对应的指令序列在表的左边。

表 10-3　不同数据类型在运算时产生的指令序列

整数运算举例	小数运算举例
short a,b;	short a,b;
int c;	int c;
c=a*b;	c=L_mpy(a,b); //use of intrinsic——fractional
整数运算生成的代码	**小数运算生成的代码**
move.w (r0)+,d0	move.f (r0)+,d0
move.w (r1)+,d1	move.f (r1)+,d1
impy d0,d1,d2	mpy d0,d1,d2
move.l d2,(r3)	move.l d2,(r3)

浮点数据类型

　　浮点数据类型的运算通常在定点 DSP 平台上通过定点运算来模拟。而在专用浮点 DSP 或最新的 DSP 上，器件平台除了能够支持整数和小数运算外，也提供对浮点运算的直接支持。如果用户使用的器件平台不提供对浮点运算的直接支持，一般情况下这些浮点运算将通过调用实时运算库来完成。这种情况下通常会影响性能。

自定义数据类型

有些器件平台将使用自定义数据类型，从而允许程序员访问该处理器某些特有的功能。例如，在 StarCore 处理器上，Word40 是一个指定的 40 位宽的自定义数据类型，这是一个包括 8 位和 32 位成员的结构。在硬件上，这是在一个单独寄存器上表示的。编译器在生成代码时将根据特有的结构进行有效优化。

10.2.3　编译指令

编译指令用于向编译器传达信息，编译器使用这些信息来优化或控制代码生成，这些信息一般通过 C 语言不能直接表达。通常情况下，编译指令可分为三类：函数、声明和变量。

函数编译指令

函数的 pragma 编译指令会影响一个函数的特定用途。一些例子包括：

- 内联函数。
- 表明函数是一个中断服务程序。

```
int InterruptHandler(void) {
#pragma interrupt InterruptHandler
```

另外，在上述的例子中，编译器会将此函数作为中断服务程序来处理。在中断函数返回时，与一个常规的函数返回不同的是，编译器会触发产生适当的程序流程改变指令。

声明编译指令

特定声明语句的 pragma 编译指令向编译器提供有用的信息，通常编译器会解析这些信息来帮助优化。如果循环体的最小和最大循环次数已知，那么编译器可以进行更大胆的优化。例子包括：

- 循环计数。
- 分析信息（if/then 执行的可能性）。

图 10-5 的示例使用一个 pragma 向编译器指定循环计数的边界。在此语法中，参数分别是最小循环次数、最大循环次数和循环次数是某个数值的整数倍。如果指定一个非零的最小循环次数，编译器可避免产生多余的零迭代检查代码。如果可能的话，编译器可以使用最大循环次数和整数倍等参数，从而知道展开循环多少次。

```
void correlation2 (short vec1[], short vec2[], int N, short *result)
{
 long int L_tmp = 0;
 int i;
 for (i = 0; i < N; i++)
 #pragma loop_count (4,512,4)
 L_tmp = L_mac (L_tmp, vec1[i], vec2[i]);
 *result = round (L_tmp);
}
```

图 10-5　使用 pragma 编译指令来指定循环体的循环边界

变量编译指令

变量的 pragma 编译指令只影响编译器对于一个特定变量的处理，例子包括：

- 对齐（指定一个指针指向某个对齐的内存地址或强制比默认对齐更高的对齐方式）。
- 指定将一个变量放置在某个特定的内存区域中（通常要借助链接器）。

在图 10-6 的例子中，pragma 指令用于告诉编译器，传入的 vec1 和 vec2 指针指向的地址边界按 4 字节方式对齐。如果没有这条指令，通常编译器是会假设它们指向的地址按 2 字节方式对齐，因为它们指向的是 short 类型的变量。这允许编译器一次加载两个 short 类型的数据变量。

```
short Cor(short vec1[], short vec2[], int N)
{
#pragma align *vec1 4
#pragma align *vec2 4
 long int L_tmp = 0;
 long int L_tmp2 = 0;
 int i;
 for (i = 0; i < N; i += 2)
 {
 L_tmp = L_mac(L_tmp, vec1[i], vec2[i]);
 L_tmp2 = L_mac(L_tmp2, vec1[i+1], vec2[i+1]);
 }
 return round(L_tmp + L_tmp2);
}
```

图 10-6　使用编译指令进行数据对齐

10.3　嵌入式 C 语言

嵌入式 C 是对 C 语言编程的一组扩展，以支持嵌入式处理器，实现便携、高效的嵌入式系统应用程序编程[⊖]。嵌入式 C 是 C 语言的一个变种，其编程语法由 2004 年 2 月 ISO 批准的技术报告指定。其目的主要是让用户更方便地进行 DSP 编程，让器件的架构功能更好地呈现给使用高级语言的程序员，并增强在 DSP 目标器件之间应用代码的可移植性。它支持一些 DSP 特有的数据结构，如：

- 定点数据类型。
- 饱和的数据类型。
- 命名地址空间。
- 输入 / 输出访问。

虽然嵌入式 C 显示出了成功的潜力，但是目前也仅有几个不多的组织在使用，并且在大的 DSP 开发项目中嵌入式 C 语言使用得不多。

10.4　C++ 语言在嵌入式系统中的应用

随着嵌入式系统开发人员转移到更高层次的编程语言（如 C++），他们也因此获得了达成更高层次的抽象和更高效率的机会。然而，与此同时，一个嵌入式系统对于实时性的刚性要求意味着，开发者必须小心这些更高层次的抽象对器件运行成本的潜在影响，而这些开销在传统的低级语言（如汇编和 C 语言）上是不会存在的。

迁移到更高层次的面向对象语言（如 C++），好处包括代码的可重用性佳、语法与 C 语

⊖　http://www.embedded-c.org/

言相似，具有类型检查、内存分配等功能。而 C++ 的一些缺点包括，考虑编写库函数时会引入占用地址空间更大的代码块，以及某些语言特性带来的性能和内存开销。

使用 C++ 语言进行嵌入式开发的好处之一是静态常量可用性，无需经常使用预处理器宏。在许多情况下，根据编译时间限制，编译器可选择对这些常量折叠使用。C++ 语言另一有益的功能为名称空间的使用，它可以防止在以前大型 C 语言项目中常见的命名冲突。名称空间的使用可以解决这个问题，任何出现在应用程序代码中的名称，如变量、函数和枚举等，都会指定一个给定的名称空间，这个名称空间也可以是一个全局的未命名的名称空间。

C++ 应用程序开发中，用户可以使用 new 和 delete 类的构造函数对对象进行内存分配，这种内存分配基于堆的分配和初始化处理，并且不比 C 语言中通常使用的 malloc() 函数开销大。此外，也可以避免许多用户在使用 malloc() 函数时遇到的典型错误。

函数的内联功能也是 C++ 语言具有的特性之一，虽然现在很多 C 编译器也可提供对函数的手动内联功能。内联函数通过避免函数调用的开销，以及删除从调用程序到被调用程序之间的分支指令，从而提高运行时的性能。当然，这样的好处也不是没有代价的，如果用户过度使用内联函数功能，可能会导致代码占用较大的内存空间，从而间接影响缓存的行为，最终导致性能损失。

C++ 语言还包含了一些对于开发大型软件应用程序来说值得拥有的功能，但同时带来的运行开销可能是嵌入式应用的开发用户希望避免的。运行时类型识别（Run Time Type Identification，RTTI）就有这类问题。此功能的使用需要有对于类型层次在运行时的表达，以及对于相关对象类型的持续追踪。这种运行时的记账逻辑所需的数据结构会带来内存地址空间的开销，以及与更新这些数据结构相关联的运行成本。

异常处理是 C++ 语言另一个在嵌入式系统中引入开销的特性，尽管越来越多的应用程序开发人员开始使用此功能。与传统的函数返回代码相比，异常处理提供了一个优雅的方式来处理运行时发生的异常。与此同时，此功能对于许多嵌入式系统的开发者来说比较棘手，因为它要求使用如前所述的 RTTI 特性。另外，"抛出"语句需要转发到产生异常时的函数调用链，这需要在运行时消耗相当大的资源来处理当前范围内的对象。实际的编译时间结构以及运行时异常处理数据结构的布局等更深层次的议题已超出了本节的讨论范围，但是，由于使用此特性在运行时所产生的相关开销处理，它在对实时性很敏感的嵌入式系统应用中是禁止使用的。

10.5　自动矢量化编译技术

嵌入式计算中使用的许多现代处理器都包含单指令多数据（Single Instruction Multiple Data，SIMD）指令集。这些功能强大的指令允许多个离散数据元素驻留在一个给定的寄存器中，在处理器流水线架构中的 SIMD 并行计算 ALU 单元中并行处理。程序员往往通过器件专有的内联函数利用这些强大的并行指令（见 10.2.2 小节）。人们常常希望编译器能自动生成并行化较高的可执行语句，从而在这些 SIMD 风格的并行 ALU 单元上尽量完成更多的并行计算。自动矢量化编译器技术是一个可以使此过程自动化的方法，编译器将循环体内的并行运算映射到在 ALU 单元中可执行的矢量计算。此外，更先进的矢量化器可能还会努力对循环体外单一模块的计算进行并行化处理。由于是依靠编译器技术，而不是程序员进行手动的并行化，这里可以大大缩短开发时间。此外，通过避免使用某种器件架构特定的内联函数，源代码可以更容易地跨器件移植。

10.5.1　MATLAB、Labview 和类 FFT-W 的生成器套件

MATLAB 是一个常用的矩阵计算工具套件，主要应用在信号处理中。MATLAB 于 1979 年由斯坦福大学首次推出，形式为调用 FORTRAN 程序的一个交互式 shell 命令行解释器，后来被 MathWorks 公司命名为 MATLAB 推向市场销售。它提供了功能强大的工程环境和编程语言，进行数字信号处理领域内的数据分析、建模和可视化仿真，支持几乎所有的现代操作系统。它还集成了一些内置的功能来执行线性代数、多项式、傅里叶分析、微分方程等运算分析。

作为信号处理应用编程环境，MATLAB 支持在交互模式下的使用，或作为一种编程语言通过语句解析或直接编译使用。与此同时，它可以链接其他语言的代码，如 C 代码编译生成的目标文件。该编程语言本身支持标准的编程模式，比如条件判断、循环、函数和全局变量等，并具有相应的调试器支持。

除了一个基于文本的编程环境，MATLAB 还有一个被称为 Simulink 的编程环境，在基于图形建模的系统中很实用。通常的用例为，用户可以使用一个内含构建模块和方框图的 GUI，为一个动态系统进行图形化建模。建造的模型通常以层次化的形式存在，允许系统组成的变化和元素的重用。这个功能集类似于美国国家仪器公司的 LabVIEW 软件，只不过系统组成用的模块是由 MATLAB 函数编写的。

然而，鉴于 MATLAB 的解析性质，内核函数在 MATLAB 上执行时不能反映其在目标器件上运行时的实时性能。为了解决这个问题，MathWorks 公司提供了一种称为 MEX 的文件，允许脚本和例程在 MATLAB 环境里输出可以针对目标器件进行编译的 C 或 C++ 代码。此外，Mex 的文件可以用于将外部编写的 C 或 C++ 代码集成到 MATLAB 环境下进行调用。对于 DSP 开发者来说，这同时提供了两个有价值的用例和开发工具链。

10.5.2　MATLAB 和本地编译的代码

DSP 系统开发人员往往在 MATLAB 编程环境中完成算法原型的构建和分析，这是因为 MATLAB 具有强大的功能和内置组件，方便用户快速开发。当算法完成后，用户可以选择在 MATLAB 上将算法导出为 C 或是 C++ 实现的代码，这些代码可以在针对目标处理器的编译器上进行编译。MCC 是 MATLAB 的 C/C++ 编译器，用于从 MATLAB 代码生成可执行文件。MCC 编译器允许用户从他们的 MATLAB 代码产生下面的输出：

- MATLAB 代码翻译成对应的 C 语言。

- MATLAB 代码翻译成对应的 C++ 语言。
- 从 MATLAB 代码包装成的 MEX 文件。
- 从 MATLAB 代码创建动态链接库的可执行文件。

10.5.3　本地代码到 MATLAB 和硅片上的仿真

　　MEX 文件格式还允许开发人员将创建的 C 和 C++ 内核或代码，纳入到 MATLAB 环境下运行，从而提供一种在器件本身和 MATLAB 环境之间进行双向比较的方式。在某些情况下，这对于信号处理领域是宝贵的资源。例如，考虑一个目标 DSP 器件支持 16 位和 32 位数据类型的带饱和的小数运算。而这些类型的计算本身 MATLAB 中并不支持，这可能会影响一个给定内核函数的计算精确度。而器件厂商一般会提供针对他们的目标 DSP 指令集进行仿真的 MEX 文件，从而将此带饱和的小数运算整合到 MATLAB 环境下运行。通过这种方式，MATLAB 上运行的算法和目标 DSP 器件上用 C 编程语言实现的对应算法可以达到比特一致。这有助于在算法设计过程中减小理论分析和实际应用之间的差距，同时也可能减少开发团队将给定的内核算法从分析设计到产品实现过程中所需的版本数量。

第 11 章

优化 DSP 软件：代码优化

Stephen Dew

11.1 优化过程

在开始优化之前，验证功能的准确性是相当重要的。如果有标准的代码（如语音或视频编码器），可能已经存在可用的参考向量。如果没有，那么至少需要进行基本测试，以保证在优化之前得到参考向量。这样就能很容易地识别优化过程中出现的错误——程序员错误地更改了代码，或者编译器进行了过度的优化。一旦测试准备就绪，便可以开始优化。图 11-1 为基本的优化过程。

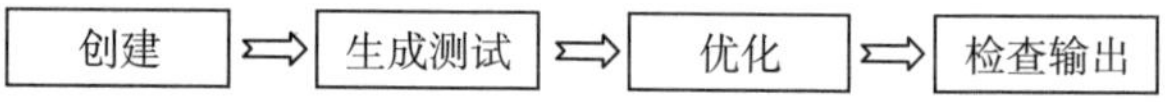

| 创建 | ⇒ | 生成测试 | ⇒ | 优化 | ⇒ | 检查输出 |

图 11-1　优化的基本流程

11.2 使用开发工具

因为开发工具的使用让开发过程变得更加高效、省时，所以了解工具的特性非常重要。现代编译器所生成的 DSP 代码执行效率越来越高，这大大缩短了产品的开发周期。链接器、调试器以及其他工具链组件也很实用。但本章仅讨论编译器优化。

11.2.1 编译器优化

从编译器的角度看，编译一个应用程序有两种基本方法：传统编译和全局（跨文件）编译。在传统编译中，每个源文件单独编译，然后将生成的对象链接在一起。在全局优化中，先对每个 C 文件进行预处理，然后合成一个文件，传递给优化器。程序对编译器而言是完全可见的，因此没有必要为外部函数和引用做出保守的假设，这样就能够完成最大程度的优化（内部程序的优化）。不过，全局优化也有一些缺点，比如编译需要更长的时间，而且调试会更加困难（因为编译器去掉了函数边界，而且移动了变量）。万一编译器有 bug，全局编译会使 bug 定位变得更加困难。全局或跨文件优化可以让所有函数的完全可见，因此可以更好地优化运行速度和程序规模。而它的缺点是，优化器去掉了函数边界并且消除了变量，代码会变得难以调试。图 11-2 显示了两种方法的编译流程。

11.2.2　编译器基本配置

编译之前，有必要进行一些基本配置。可能开发工具自带了固定的工程（其配置了基本选项），如果没有，那么需要检查这些条目（见表 11-1 例子）。

目标架构

为编译器指定正确的硬件目标可以生成最优的代码。例如，即使都是 Freescale 设备，针对 SC4300 核生成的代码，不加修改可以直接在 SC3850 核上运行，但如果指定硬件平台为 SC3850 核，重新编译生成的代码会有更高的性能，更小的代码尺寸。原因就是编译器会充分利用新硬件平台的架构特性（如，新指令、新流水线调度）进行编译优化。

字节顺序

供应商出售的芯片可能只支持一种字节顺序，也可能芯片支持的字节顺序是可配置的。这里一般会有默认选项。

内存模型

不同处理器可能有不同的内存模型配置选项。

最初的优化级别

刚开始最好禁用优化。

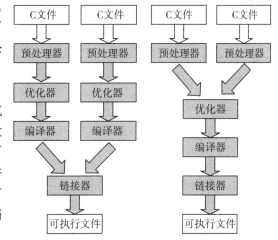

图 11-2　传统编译与全局编译

表 11-1　Freescale StarCore CodeWarrior 编译器基本配置选项

设置	说明
-arch	指定目标处理器架构（例如，-arch sc3850）
-mb	指定大内存模型（针对 SC3850）
-be	指定为大端模式，即 big endian
-O0	关闭优化

11.2.3　启用优化

当没有指定优化级别，或新工程刚创建，或使用命令行创建代码，会默认关闭优化。这些代码仅用于调试。当优化关闭时，所有变量都在堆栈中写入和读回，允许程序员在停止时用调试器修改任意的变量值。未经优化的代码执行效率很低，所以不能用作产品代码。

程序员可选用的优化级别会因供应商的芯片不同而有差别，但通常有三个级别（例如，0 ~ 3），级别 3 会生成最优化的代码（表 11-2）。当禁用优化时，调试会变得更加简单，但代码的性能明显会变慢（而且代码尺寸会更大）。随着优化级别的增加，越来越多的编译器特性会被激活，随之编译时间也会更长。

表 11-2　Freescale StarCore CodeWarrior 编译器的优化级别

设置	说明
O0	禁用优化，输出未经优化的汇编代码
O1	执行目标独立的高级别优化，但没有执行特定目标的优化

(续)

设置	说明
O2	目标独立和特定目标的优化，输出非线性的汇编代码
O3	目标独立和特定目标的优化，带有全局寄存器分配；输出非线性汇编代码；建议用于应用程序中对运行速度要求很高的模块

注意，一般来说，使用语法就能将优化级别应用于工程、模块和函数等不同级别，而且允许用不同的优化级别编译不同的函数。

11.2.4　其他的优化配置

此外，通常会有一个配置代码尺寸的选项，这可以在任意优化级别上指定。在 Freescale 设备上，实际最常用的两种优化级别有：O3（充分优化速度）和 O3Os（优化代码尺寸）。在一个典型的应用中，关键代码进行速度优化，而大部分代码进行代码尺寸优化（表 11-3）。

表 11-3　Freescale CodeWarrior 编译器针对 StarCore DSP 的优化配置选项

设置	说明
O3Os	在指定的优化级别上增加代码尺寸优化，输出的汇编代码会比较小，建议用于应用程序中对代码尺寸有要求的场合
Og	全局（跨文件）优化
-u0/-u2/-u4	禁用循环展开
-mod	启用模缓冲区支持，对于大多数 DSP，硬件会支持模（循环）缓冲区，该配置使编译器支持该特性
-align	设置对齐方式（代码以多个 16 字节边界对齐），当程序跳转到不同分支时，可以提升性能，但代码尺寸会略有增加 0 = 禁用对齐方式 1 = 对齐硬件循环 2 = 对齐硬件和软件循环 3 = 对齐所有标签 4 = 对齐所有标签和函数调用返回点

11.2.5　使用分析器

所有 DSP 开发环境都有一个分析器，使得程序员可以分析程序在哪些地方消耗了时间。这些有价值的工具可以帮助程序员找到关键的代码区域。函数分析器可以在 IDE 和命令行的环境下运行。表 11-4 提供了一个示例函数的分析结果。为了使结果更加清晰，这里对顺序重新进行了调整。

表 11-4　示例函数经分析器分析后得到的结果

模块	函数	PC 指针	调用次数	栈大小	占运行总时间的百分比	消耗的时钟周期总数	最小消耗时钟周期	最大消耗时钟周期	平均消耗时钟周期
fr_long_term_asm	计算 GSM LTP 参数 smaxCC_	0x00005030	2080	16	13.98	2303712	1104	1113	1107

（续）

模块	函数	PC 指针	调用次数	栈大小	占运行总时间的百分比	消耗的时钟周期总数	最小消耗时钟周期	最大消耗时钟周期	平均消耗时钟周期
fr_structures	GSM 短时综合过滤	0x000059a0	2080	0	11.69	1927034	303	2764	926
fr_structures	GSM 短时分析过滤	0x00005a40	2080	0	10.12	1667640	260	2400	801

11.2.6 分析生成的汇编代码

为了使生成的汇编代码与 C 代码相关联，每条汇编指令后面的注释中加上了 C 源代码的行号。行号是方括号中的第一个数。如图 11-3 所示，在该示例中，三行 C 源代码生成了两个可变长度执行指令集，每个都有三条指令。

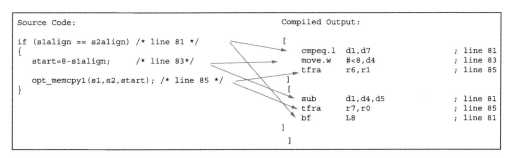

```
Source Code:                              Compiled Output:

if (s1align == s2align) /* line 81 */     [
{                                             cmpeq.l    d1,d7          ; line 81
    start=8-s1align;       /* line 83*/       move.w     #<8,d4         ; line 83
                                              tfra       r6,r1          ; line 85
    opt_memcpy1(s1,s2,start); /* line 85 */   ]
}                                         [
                                              sub        d1,d4,d5       ; line 81
                                              tfra       r7,r0          ; line 85
                                              bf         L8             ; line 81
                                              ]
                                          ]
```

图 11-3 分析编译后的代码

11.3 背景知识：理解 DSP 架构

资源

在编写嵌入式处理器代码之前，评估处理器架构本身并理解可用的资源和功能是非常重要的。现代 DSP 架构有很多特性可以实现吞吐量最大化。表 11-5 列举了程序员应该提出的问题和需要理解的处理器特性。

表 11-5 DSP 架构特性

指令集架构	原始的乘法运算，还是乘法后面跟着加法的运算？饱和运算是显性还是隐性的？数据类型支持多少位（8、16、32、40）？单指令多数据操作支持小数或浮点数吗？编译器支持自动矢量化吗？通过内联函数使用吗？
寄存器组	有多少寄存器，以及它们可以用来做什么？含义：在寄存器不足引发性能恶化之前，一个循环可以展开多少次？
预测	处理器架构支持多少次预测？含义：更多的预测意味着可以更好地控制代码的性能
内存系统	有几种内存可供使用，以及它们的访问速度是多少？有多少总线？可以执行多个并行的读/写操作？可以执行位反向寻址吗？硬件支持循环缓冲吗？
其他	零开销循环

为了阐述这一点，这里列出了一些 TI 和 Freescale DSP 核的特性。下面的表 11-6 从可用资源的角度对比了 SC3400、SC3850、TI C64x 和 C64x+ 处理器核的架构。主要的区别在于处理器架构的划分。TI C64x 和 C64x+ 被划分成了 2 个相同的块，每个块有 4 个功能单元（每个包含了乘法、算数运算、加法和加载、存储功能模块以及一个寄存器组）。而 SC3400 和 SC3850 被划分成了两个不同的部分——数据运算单元（Date ALU, DALU）和地址生成单元（Address Generation Unit, AGU）。DALU 和 AGU 都包含了一个单独的寄存器组。DALU 执行算数运算，例如，乘法和累加，而 AGU 执行加载和存储操作。每个时钟周期可以执行 6 条指令（4 个 ALU 和两个 AAU 或者 1 个 AAU 和 1 个 BMU）。

表 11-6   一些 DSP 核的高级架构比较

	Freescale SC4300	Freescale SC3850	TI C64x	TI C64x+
有效的并行性	6(增加硬件循环控制)	6（增加硬件循环控制）	8	8
乘法器个数（位宽）	4（16 位）	8（16 位）由 4 个双乘加器组成	2（32 位）	2（32 位）
原始乘法（每周期次数 × 位宽）	8×8 位 4×16 位	8×8 位 4×16 位	4×16 位 8×8 位	2×32 位 4×16 位 8×8 位
每周期乘法总数（根据数据类型）	4 次 16×16 位	2 次 32×32 位（有效）， 4 次 16×32 位， 8 次 16×16 位 8 次 8×8 位	4 次 16×16 位 8 次 8×8 位	2 次 32×32 位 4 次 16×16 位 8 次 8×8 位
累加器个数（位宽）（假设加载存储并行操作）	4（40 位）	4（40 位）	4（32 位）	4（32 位）
原始加法（每周期次数 × 位宽）	4×40 位 4×32 位 8×16 位	4×40 位 4×32 位 8×16 位	4×32 位 8×16 位 16×8 位	4×32 位 8×16 位 16×8 位
数据有效宽度	2×64 位	2×64 位	2×64 位	2×64 位
加载 / 存储单元	2*	2*	2*	2*
寄存器	16 个数据寄存器（40 位），16 个地址寄存器（32 位），4 个模寄存器，4 个偏移地址寄存器，循环指针，堆栈指针	16 个数据寄存器（40 位），16 个地址寄存器（32 位），4 个模寄存器，4 个偏移地址寄存器，循环指针，堆栈指针。数据寄存器可用作临时的预测	64 个通用寄存器（32 位），分成两组，每组各 2 个。用与地址、数据和预测的处理	64 个通用寄存器（32 位），分成两组，每组各 2 个。用与地址、数据和预测的处理

11.4 基本 C 语言优化技巧

本节包含了基本的 C 语言优化技巧，有助于为所有 DSP 处理器编写代码。核心思想是保证编译器利用处理器架构的所有特性，以及向编译器传递关于程序的其他信息，这些信息都无法通过 C 语言代码告知编译器。

选择正确的数据类型

在编写代码之前，了解 DSP 上各种数据类型的大小很重要。一个编译器必须支持所有要求的数据类型，但是有可能因为出于对性能的考虑而选择了其中一种类型。

例如，处理器可能不支持 32 位的乘法，那么在乘法中使用 32 位数据会导致编译器生成一连串的指令。如果没有必要使用 32 位精度的数据，那么最好选用 16 位精度。同理，如果处理器不支持 64 位，但程序中使用了 64 位数据，那么编译器会用 32 位指令建立类似 64 位的运算结构（表 11-7）。

表 11-7 32 位乘法汇编代码说明

32 位操作数乘法 C 代码	在早期的 StarCore 处理器上生成的汇编代码序列。加粗的操作指令表示 32×32 乘法的汇编代码

`int GoofyBlockInt (int x)`
`{`
`    return x*value;`
`    //value 为整型`
`}`
	`[ move.l <_value, d4 adda #8, sp`
	`]`
	`[ impysu d0, d4, d5`
	`  impyuu d0, d4, d2`
	`]`
	`imacus d0, d4, d5`
	`aslw d5, d4`
	`iadd d2, d4`
	`move.l d4,(sp-8)`
	`move.l (sp-8), d0`
	`suba #8, sp`
	`rts`

11.5 用内联函数发挥 DSP 特性

内联函数是一种用 C 语言不能或不方便表达的操作表达式，它具有专门针对特定处理器特性的特点。内联函数结合了自定义数据类型，允许使用非标准的数据大小或类型。表 11-8 给出了一个例子。内联函数包含用于获取特定应用的指令（如，Viterbi 编码或视频指令），而这些指令无法由编译器从 ANSI C 中自动生成。内联函数的使用方法就像是函数调用，编译器会用合适的指令或指令序列替代它们。不存在调用开销。

通过内联函数获得特性的一些示例：

- 饱和。
- 小数类型。
- 禁用 / 启用中断。

表 11-8 内联函数示例

内联函数（C 代码）	生成的汇编代码
`d = L_add (a, b);`	`iadd d0, d1`

例如，之前提到的 FIR 滤波器可以用内联函数重写，因此可以在本地制定 DSP 操作。在这种情况下，只需要简单地用内联函数 L_mac（针对长乘加）来替换乘法和加法操作，该内联函数用一种操作替换了之前的两种操作，并且增加了饱和函数，以确保合理地处理 DSP 算法（如图 11-4 所示）。

```
short SimpleFir1( short *x, short *y)
{
    int i;

    long acc;

    short ret;


    acc = 0;
    for(i=0;i<16;i++)
      // multiply, accumulate and saturate
      acc = L_mac(acc,x[i],y[i]);

    ret = acc>>16;


    return(ret);

}
```

图 11-4 使用内联函数的简单 FIR 滤波器

函数

调用约定

每个处理器或平台都会有不同的调用约定。有些是基于堆栈的，有些是基于寄存器的，或者两者相结合。通常来说，尽管默认的调用约定可以被覆盖掉，但是实际上它很实用。但如果函数不适用于默认的调用约定，就需要做更改，比如那些有很多参数的函数。在这些情况下，使用默认调用约定可能会比较低效。表 11-9 对比了 TI 和 StarCore 处理器的默认调用约定[⊖]。

表 11-9 TI C6x 和 StarCore 处理器的调用约定

处理器	调用约定（TI C6x）	调用约定（StarCore DSP）
第一个参数	前 10 个参数会放在寄存器 A4、B4、A6、B6、A8、B8、A10、B10、A12 和 B12，如果传递的参数是长整型、长长整型、双精度浮点型或长双精度浮点型，则会放在寄存器对中，如 A5:A4、B5:B4、A7:A6 等	传递进来的前 2 个参数会放在寄存器中（第一个放在 D0 或 R0，而第二个放在 D1 或 R1——D 寄存器存放标量值，而 R 寄存器存放指针），如果第一个参数是长长整型或双精度浮点型（64 位），那么会放在寄存器对中（D0:D1）
剩余的参数	剩余的参数会放在堆栈中	剩余的参数会放在堆栈中
省略符号	最后一个显式的声明参数会传递到堆栈中，这样堆栈地址可以作为函数引用，以访问未声明的参数	最后一个固定参数和所有后续的变量参数会传递到堆栈中，这些参数如果少于 4 字节，会将该参数扩展成 32 位，存到堆栈中，前面的规则适用于最后一个固定参数之前的参数
结构体	作为结构体的地址传递，由被调用的函数生成一个本地的副本	传递到堆栈上

⊖ 《TMS320C6000 优化编译器 7.0 版本用户手册》，spru187p，2010 年 2 月，www.ti.com。《StarCore ABI 参考手册》，2010 年 12 月 6 日修订，Freescale 半导体，www.freescale.com

（续）

处理器	调用约定（TI C6x）	调用约定（StarCore DSP）
返回值	整型、指针或浮点型：传递到 A4 寄存器中。长长整型、长整型、长双精度浮点型或双精度浮点型：传递到 A5:A4 寄存器对中。结构体：调用函数给结构体分配空间，并将返回空间的地址传递到 A3 寄存器，给被调用的函数使用	标量：传递给 d0。指针：传递给 r0。长长整型或双精度浮点型：返回给 D0 和 D1。结构体：将结构体或联合体的返回地址存在 R2 中，调用函数为返回对象分配空间。浮点型数值会返回到 D0

改变调用约定的好处包括可以用寄存器而不是堆栈来传递更多的参数。例如，在 StarCore DSP 上，利用一个应用配置文件和编译控制指令，任何函数都能自定义调用约定。这分两个步骤：

- 使用应用配置文件（被包含在编译中的一个文件）定义调用约定，如图 11-5 所示。

```
configuration
 call_convention mycall (
  arg [1 : ( * $r9 , $d9),
  2 : ( * $r1 , $d1),
  3 : ( * $r2 , $d2),
  4 : ( * $r3 , $d3),
  5 : ( * $r4 , $d4),
      6 : ( * $r5 , $d5) ];    // argument list
  return $d0; // return value
  saved_reg [
    $d6, $d7,        // callee must save and restore
      $d8,
      $d10, $d11,
      $d12, $d13,
     $d14, $d15,
    $r6, $r7,
      $r8,
      $r10, $r11,
      $r12, $r13,
      $r14, $r15,
      $n0, $n1,
    $m0, $m1,
      $n2, $n3,
      $m2, $m3
      ];
  deleted_reg [     // caller must save/restore
    $d0, $d1, $d2, $d3, $d4, $d5,
    $r0, $r1, $r2, $r3, $r4, $r5
          ];
  save = [ ];
)
    view default
    module "main" [
        opt_level = size
        function _GoofyBlockChar [
            opt_level = O3
            ]
      ]
        end view
        use view default
    end configuration
```

图 11-5　调用约定的配置文件

- 当需要时，通过编译控制指令使用它们，工程其他部分继续使用默认的调用约定。在图 11-6 中，函数 TestCallingConvention 使用了调用约定。图 11-7 显示了生成的代码。

```
char TestCallingConvention (int a, int b, int c, char d, short ve)
{
  return a+b+c+d+e;
}
#pragma call_conv TestCallingConvention mycall
```

图 11-6　引用调用约定

```
The generated code shows the parameters passed in registers as specified:
;********************************************************************************
;
;  Function Name:   _TestCallingConvention
;  Stack Frame Size:0 (0 from back end)
;  Calling Convention:14
;  Parameter:        a    passed in register d9
;  Parameter:        b    passed in register d1
;  Parameter:        c    passed in register d2
;  Parameter:        d    passed in register d3
;  Parameter:        e    passed in register d4
;
;  Returned Value:    returned in d0
;
;********************************************************************************
     GLOBAL    _TestCallingConvention
     ALIGN     2
_TestCallingConvention    TYPE func OPT_SIZE
     SIZE _TestCallingConvention,F_TestCallingConvention_end-
_TestCallingConvention,2
;PRAGMA stack_effect _TestCallingConvention,0
    tfr       d9,d0       ;[30,1]
    add       d0,d1,d0    ;[33,1]
    add       d2,d0,d0    ;[33,1]
    add       d3,d0,d0    ;[33,1]
    add       d4,d0,d0    ;[33,1]
    rtsd                  ;[33,1]
    sxt.b     d0,d0       ;[33,1]
```

图 11-7　修改调用约定后的函数所生成的汇编代码

11.6　指针和内存访问

11.6.1　确保对齐方式

大多数 DSP 支持利用总线加载多个数据值，这样就能保证运算功能单元高效运转。这种移动叫作多数据移动（不要与打包或向量移动混淆），会将内存中相邻的数据搬移到不同的寄存器中。此外，很多编译器优化需要多寄存器搬移，因为只有移动很多的数据才能保证所有的功能单元都高效运转起来。图 11-8 所示为总线满载使用的一个例子。

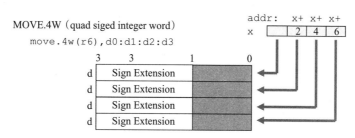

图 11-8　StarCore DSP 上四字移动操作（move.4w）实现总线满载使用的例子

但通常来说，编译器会将内存中的变量与它们访问的宽度对齐。例如，一个短整型（16 位）数据数组会对齐到 16 位。然而，为了利用多数据移动，数据必须采用更高的对齐方式，例如一次性加载两个 16 位的数值，数据必须对齐到 32 位。

例如，为了让 FreeScale StarCore 编译器能够使用多寄存器移动，必须满足下面的条件：

- 数据必须对齐到一致的宽度。
- 编译器必须知道这种对齐方式（例如，跨越一个函数的边界）。

满足这些要求需要使用对齐方式的编译控制指令：

- 第 1 步：对齐数据（图 11-9）。
- 第 2 步：指示编译器，让任何指向数据的指针对齐（图 11-10）。当指针传递给函数时，这一步尤其重要。这种情况下，要在函数中添加编译控制指令。在《用对齐的数据和生成的代码查看函数》中，编译控制指令指示编译器，将 inputPtr 指向 8 字节对齐的一个数组（图 11-11）。

```
/* Aligning this vector to a boundary of 4 enables the Optimized
   function to generate the desired 2 ALU loop. Aligning this vector
   to 8 enables the compiler to use the move.4w instruction in some loops,
   resulting in even better optimization. */
Word16 gInAry [NO_INPUTS];
#pragma align gInAry 8
```

图 11-9　使用编译控制指令对齐某个数组的示例

```
void DcOffsetRemovalOpt (Word16 * inputPtr) {
#pragma align * inputPtr 8

    int i;
    Word32 temp=0,temp2=0;

    /* Compute DC offset */
    for (i=0;i<NO_INPUTS/2;i++) {

        temp=L_add(inputPtr[2*i],temp);
        temp2=L_add(inputPtr[2*i+1],temp2);

    }

    temp=L_add(temp,temp2);

    /* divide by 32 */
    temp=L_shr(temp,5);

    /* Remove average */
    for (i=0;i<NO_INPUTS;i++) {

        inputPtr[i]=(L_sub(inputPtr[i],temp));

    }

}
```

图 11-10　用函数指示编译器，传入的指针指向对齐的数据

```
LOOPSTART2
[
  sub      d8,d0,d4     ;[212,1] 1%=1 [1]
  sub      d8,d1,d5     ;[212,1] 1%=1 [1]
  sub      d8,d2,d6     ;[212,1] 1%=1 [1]
  sub      d8,d3,d7     ;[212,1] 1%=1 [1]
  move.4w  d4:d5:d6:d7,(r0)+ ;[0,1] 2%=2 [0]
  move.4w  (r5)+,d0:d1:d2:d3 ;[212,1] 0%=0 [2]
]
  LOOPEND2
```

图 11-11　指定更高的对齐后，生成的汇编代码

11.6.2　restrict 和指针别名

在同一段代码中使用指针时，要保证这些指针不指向同一个内存位置（别名）。当编译器知道指针不存在别名的情况时，它就可以用并行地访问指针指向的内存空间，这样会极大地提高性能。否则，编译器必须假设指针存在别名（见图 11-12）。有两种办法让编译器获知这些信息：可以使用关键字 restrict，或者告知编译器，程序中的任何地方都不存在指

针别名。

关键词 restrict 是一种类型限定符，可以应用于指针、引用和数组。程序员使用它是为了保证在指针声明的范围内，指向的对象只能由该指针访问。表 11-10 说明了在参数中添加关键字 restrict 之前的一个循环示例。如果违反这种保证，就会产生不确定的结果。表 11-11 说明了同样的循环在参数中添加关键字 restrict 之后的示例。

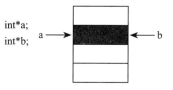

图 11-12　指针别名的说明

表 11-10　参数中添加 restrict 之前的循环示例

添加了 restrict 限定符的循环示例 注意：a 和 b 不能存在别名（保证数据分别在不同的位置）	生成的汇编代码 注意：现在可以并行访问 a 和 b
| ```
void foo (short * restrict a,short * restrict b,int N)
    int i;
    for (i=0; i<N; i++) {
        b[i]=shr (a[i], 2);
    }
    return;
}
``` | ```
move.w (r0)+, d4
asrr #<2, d4
doensh3 d2
FALIGN
LOOPSTART3
[ move.w d4,(r1)+ ; parallel
move.w (r0)+, d4 ; accesses
]
asrr #<2, d4
LOOPEND3
move.w d4,(r1)
``` |

表 11-11　参数中添加 restrict 之后的循环示例

循环示例	生成的汇编代码
| ```
voidfoo (short*a, short* b, intN)
{
    inti;
    for (i=0; i<N; i++) {
        b[i]=shr (a[i], 2);
    }
    return;
}
``` | ```
doen3 d4
FALIGN
LOOPSTART3
move.w (r0)+, d4
asrr #<2, d4
move.w d4, (r1)+
LOOPEND3
``` |

11.7　循环

传递循环计数信息

可以使用编译控制指令向编译器传递循环边界的信息，这样有助于优化循环。例如，如果知道了循环次数的最大值和最小值，编译器可以执行更进一步的优化。

在图 11-13 中，使用一个编译控制将循环计数的边界传递给编译器。这种语法中，这些参数分别是最小值、最大值和倍数。如果指定了一个非零的最小值，编译器就能避免生成高代价的零迭代检查代码。而如果编译器知道了最大值和倍数参数，就能计算出需要展开多少次循环。

```
void correlation2 (short vec1[], short vec2[], int N, short *result)
{
  long int L_tmp = 0;
  int i;

  for (i = 0; i < N; i++)
  #pragma loop_count (4,512,4)
    L_tmp = L_mac (L_tmp, vec1[i], vec2[i]);
  *result = round (L_tmp);
}
Note that nassert (on TI) or cw_assert (Freescale) can also be used to communicate the
same information:
  cw_assert(4<=N<512)
  cw_assert(N%4==0)
```

图 11-13　向一个相关的函数传递循环信息的示例

注意，nassert（在 TI 上）或 cw_assert（Freescale）可以用于传递相同的信息：

```
cw_assert(4<=N<512)
cw_assert(N%4==0)
```

11.8　硬件循环

内置在 DSP 核中的硬件循环机制是通过将循环体保存在缓冲区或利用预取的方式，实现（大多数情况下）零开销的循环。比起软件循环（递减计数器和分支），硬件循环会更快，因为它们具有更少的循环跳转开销。通常来说，硬件循环会使用循环寄存器，其计数的初始值等于循环迭代的次数，每迭代 1 次，数值就会减 1（步长为 −1）。当循环结束时，循环计数器等于 0。

尽管循环计数器或者循环结构很复杂，编译器也常常可以从 C 代码中自动生成硬件循环。但只有在某些特定条件下，编译器才能生成硬件循环（根据编译器 / 架构的不同会有所不同）。在某些情况下，无法生成循环结构，但如果程序员了解这个特定条件，就可以修改源代码使编译器生成硬件循环。如果无法生成硬件循环，编译器会通知程序员（编译器反馈）。程序员也应该检查生成的代码，以确保关键代码中生成了硬件循环。

图 11-13 显示了硬件循环映射。StarCore 架构支持 4 个硬件循环。注意，LOOPSTART 和 LOOPEND 标记是汇编伪指令，分别用来标记循环体的开始和结束，如图 11-14 所示。

```
doensh3   #<5
move.w    #<1,d0
LOOPSTART3
[ iadd    d2,d1
  iadd    d0,d4
  add     #<2,d0
  add     #<2,d2    ]
LOOPEND3
```

图 11-14　生成的汇编代码带有硬件循环的示例

11.9　其他的提示和技巧

以下是其他的提示和技巧，可用于进一步优化代码。

11.9.1　内存争用

当数据放置在内存中时，要注意数据是如何访问的。对于某些内存类型，如果两总线在一个内存单元进行数据传输，有可能出现冲突而引发错误，所以数据应该适当地分开，以避免这种情况的发生。出现这种情况与设备有关，因为内存单元配置和交叉存取的方式在不同的设备上各有不同。

11.9.2　使用未对齐访问

一些 DSP 处理器，特别是 TI 的 C64x 系列的设备，支持未对齐的内存访问。对于视频应用来说，这特别有用。例如，程序员可能加载 4 字节的数据，而该数据位于内存某个区域头部偏移 1 个字节的地址空间上。通常来说，这样的做法会有性能损失。

11.9.3　访问缓存

在缓存中，连续地放置在内存中的数据都是一起使用的。这样预取缓存就更有可能在真正访问数据之前获得该数据。此外，在缓存预取时，要确保循环体顺序迭代时加载的数据和缓存预取在同一个维度内。

11.9.4　嵌入小函数

编译器一般会嵌入一些小函数，但如果因为某些原因而没有实现内嵌的话（例如，在激活了程序大小优化的情况下），程序员可以强制进行函数的内嵌。对于小函数来说，保存、恢复和参数传递的开销与函数本身循环的次数有着重要的关联。因此，内嵌是有好处的。图 11-15显示了一个例子。此外，内嵌函数减小了指令高速缓存未命中的概率，因为该函数与前面调用的函数相连，有可能预先就读取了。注意，内嵌函数增加了代码的大小。在 StarCore DSP上，内嵌的编译控制指令强制函数的每次调用都采用内嵌。

```
int foo () {
#pragma inline
...
}
```

图 11-15　用编译控制指令强制
一个函数嵌入的示例

11.9.5　使用供应商 DSP 库

DSP 供应商通常针对常见的 DSP 程序，如 FFT、FIR 和复杂操作等，提供优化的库函数。通常来讲，这些程序都由汇编语言写成的，这样在性能上有可能超过 C 语言代码。程序员使用公开的 API 就可以调用这些程序，而不需要重新编写，这样就加快了产品的上市速度。

11.10　一般的循环转换

本节所介绍的优化技巧在本质上是通用的，都是很好地利用了现代多 ALU 的 DSP 处理器。现代编译器会同时进行很多优化，可适用于所有 DSP 平台上的 C 语言或汇编级的代码。因此，整个小节所用到的示例一般都采用了 C 和汇编两种语言。

11.11   循环展开

11.11.1   背景知识

循环展开是一种把循环体复制一次或多次的技巧。循环计数器需要减去相应的因子来补偿展开的循环。循环展开能够启用其他优化，例如：

- 多重采样。
- 部分求和。
- 软件流水化。

循环一旦展开，编程的灵活性会增加。例如，可以对原始循环的每个副本稍作改变。不同的寄存器可以在一个副本中使用。数据搬移可以提前完成，而且可以使用多寄存器移动。表 11-12 显示了一个循环展开两次的示例。

表 11-12   以两倍因数展开一个循环

循环展开之前	以两倍因数展开循环后

for (i=0; i<10; i++)
    operation ( );
	for (i=0; i<5; i++) {
	operation ( );
	operation ( );
	}

- 展开过程。
- 复制循环体 N 次。
- 循环计数器减因数 N。

11.11.2   实现

图 11-16 展示了一个例子：将一个相关内循环以两倍的因数做展开。

11.12   多重采样

11.12.1   背景知识

```
loopstart1
[ move.f (r0)+,d2  ; Load some data
move.f (r7)+,d4    ; Load some reference
mac d2,d4,d5       ; Do correlation
]
[ move.f (r0)+,d2  ; Load some data
move.f (r7)+,d4    ; Load some reference
mac d2,d4,d5       ; Do correlation
]
loopend1
```

图 11-16   汇编语言下一个循环展开的示例

多重采样是一种为了最大化并行使用多 ALU 执行单元的技巧，可以用于输入源数据存在交叠而输出数据独立的计算。在一个多重采样的实现中，充分利用计算过程中输入源数据的公用性而并行计算得到两个或两个以上的输出值。与部分求和不同，多重采样不容易从中间的计算步骤中输出错误的数值。

多重采样可以应用于如下形式的信号处理计算：

$$y[n] = \sum_{m=0}^{M} x[n+m]h[n]$$

此处：

$y[0] = x[0+0]h[0] + x[1+0]h[1] + x[2+0]h[2] + \cdots + x[M+0]h[M]$

$y[1] = x[0+1]h[0] + x[1+1]h[1] + \cdots + x[M-1+1]h[M-1] + x[M+1]h[M]$

因此，用 C 伪代码，内循环输出值计算可以写成：

```
tmp1 = x[n];
for(m=0; m<M; m+=2)
{
tmp2 = x[n+m+1];
y[n] += tmp1*h[m];
y[n+1] += tmp2*h[m];
tmp1 = x[k+m+2];
y[n] += tmp2*h[m+1];
y[n+1] += tmp1*h[m+1];
}
tmp2 = x[n+m+1];
y[n+1] += tmp2*h[m];
```

11.12.2　实现过程

- 展开内循环 N 次，以便共享计算 N 次采样过程中共用的数据元素。

采用多重采样的程序版本会马上处理 N 个输出样本。程序转换成多重采样的程序版本涉及如下的变化：

- 修改外循环计数器，用 N 来表示多重采样的数量。
- 用 N 个寄存器来累加输出数据。
- 展开内循环 N 次，以便共享 N 个样本计算过程中的共用数据元素。
- 利用 N 次的展开减少内循环计数。

11.12.3　实现

图 11-17 所示为在一个双 MAC 的 DSP 处理器上的实现示例。

11.13　部分求和

11.13.1　背景知识

一个输出总和的计算可以分成计算多个更小的或

```
[ clr d5 ; Clears d5 (accumulator)
clr d6 ; Clears d6 (accumulator)
move.f (r0)+,d2 ; Load data
move.f (r7)+,d4 ; Load some reference
]
move.f (r0)+,d3 ; Load data
InnerLoop:
loopstart1
[ mac d2,d4,d5 ; First output sample
mac d3,d4,d6 ; Second output sample
move.f (r0)+,d2 ; Load some data
move.f (r7)+,d4 ; Load some reference
]
[ mac d3,d4,d5 ; First output sample
mac d2,d4,d6 ; Second output sample
move.f (r0)+,d3 ; Load some data
move.f (r7)+,d4 ; Load some reference
]
loopend1
```

图 11-17　汇编语言下多重采样一个循环的示例

部分的和，所以说部分求和是一种优化技巧。部分和在算法最后加起来。因为一些串行的依赖关系被打破了，部分求和有助于更多地使用并行，可以更快地完成操作。

部分求和可以应用于如下形式的信号处理计算：

$$y[n] = \sum_{m=0}^{M} x[n+m]h[n]$$

此处：

$y[0] = x[0+0]h[0] + x[1+0]h[1] + x[2+0]h[2] + \cdots + x[M+0]h[M]$

为了实现一次部分求和，每次计算都会简单地分成多个和。例如，假设 $M=3$，那么对于第一个输出样本：

```
sum0 = x[0+0]h[0] + x[1+0]h[1]
sum1 = x[2+0]h[0] + x[3+0]h[1]
y[0] = sum0 + sum1
```

注意，部分求和可以用在全部计算的任意部分。在该示例中，两个总和分别是第一个数据与第二个数据相加，第三个数据与第四个数据相加。

部分求和会引起饱和算术错误，而饱和不满足结合律。

例如：

饱和 $(a*b)+c$ 可能不等于饱和 $(a*b+c)$，所以要特别注意，确保这些差异不会影响程序。

11.13.2　实现过程

部分求和的实现会一次性计算 N 个部分和。程序转换会涉及如下的变化：

- 使用 N 个寄存器，用来计算 N 个部分和。
- 展开内循环，展开的因数取决于实现，包括如何复用数值，以及如何使用多寄存器移动。
- 改变内循环计数器来体现循环的展开。

11.13.3　实现

图 11-18 显示了在双 MAC 的 StarCore DSP 处理器上实现的示例。

```
[ move.4f (r0)+,d0:d1:d2:d3 ; Load data - x[..]
move.4f (r7)+,d4:d5:d6:d7 ; Load reference - h[..]
]
InnerLoop:
loopstart1
[ mpy d0,d4,d8 ; x[0]*h[0]
mpy d2,d6,d9 ; x[2]*h[2]
]
[ mac d1,d5,d8 ; x[1]*h[1]
mac d3,d7,d9 ; x[3]*h[3]
move.f (r0)+,d0 ; load x[4]
]
add d8,d9,d9 ; y[0]
[ mpy d1,d4,d8 ; x[1]*h[0]
mpy d3,d6,d9 ; x[3]*h[1]
moves.f d9,(r1)+ ; store y[0]
]
[ mac d2,d5,d8 ; x[2]*h[2]
mac d0,d7,d9 ; x[4]*h[3]
move.f (r0)+,d1 ; load x[5]
]
add d8,d9,d9 ; y[1]
[ mpy d2,d4,d8 ; x[2]*h[0]
mpy d0,d6,d9 ; x[4]*h{1]
moves.f d9,(r1)+ ; store y[1]
]
[ mac d3,d5,d8 ; x[3]*h[2]
mac d1,d7,d9 ; x[5]*h[3]
move.f (r0)+,d2 ;load x[6]
]
add d8,d9,d9 ; y[2]
[ mpy d2,d4,d8 ; x[3]*h[0]
mpy d0,d6,d9 ; x[5]*h[1]
moves.f d9,(r1)+ ; store y[2]
]
[ mac d3,d5,d8 ; x[4]*h[2]
mac d1,d7,d9 ; x[6]*h[3]
move.f (r0)+,d3 load x[7]
]
add d8,d9,d9 ; y[3]
moves.f d9,(r1)+ ; store y[3]
    loopend1
```

图 11-18　一个循环部分求和的汇编代码示例

11.14　软件流水化

11.14.1　背景知识

软件流水化是一种优化技巧，依靠的是将指令序列转化成多个该序列副本的流水线。指令序列会并行执行，从而更多地利用架构所具有的并行性。指令序列可以根据需要进行多次复制，为每个序列替换使用一组不同的寄存器。这样，指令序列便可以交织在一起。

针对某个具有依赖关系的操作序列：

```
a=operation();
b=operation(a);
c=operation(b);
```

软件流水化可以这样实现（同一行上的操作可以并行处理）：

```
a0=operation();
b0=operation(a); a1=operation();
c0=operation(b); b1=operation(a1);
c1=operation(b1);
```

```
sub d0,d1,d2
impy d2,d2,d2
asr d2,d2
```

11.14.2　实现

三个依赖性的指令组成的一个简单序列可以很容易地实现软件流水化，如图 11-19 所示的序列。

图 11-19　实现软件流水化的序列示例

如图所示为三个序列的软件流水化。在代码序列开始时，流水线被填满（此时有少于三个指令分组），这是流水化的开始。同样，代码序列的最后也分了少于三个指令分组，这就是流水化的结束。三个指令序列并行分组可以转化成一个循环核，如图 11-20 所示。

```
sub d0,d1,d2 ; Prologue

[ impy d2,d2,d2 ; Prologue

sub d3,d4,d5

]

[ asr d2,d2 ; Can be transformed into loop

impy d5,d5,d5

sub d6,d7,d8

]

[ asr d5,d5 ; Epilogue

impy d8,d8,d8

]

asr d8,d8 ; Epilogue

Note: software pipelining will increase the code size. Ensure that optimizations are
worth the increase in size.
```

图 11-20　软件流水化后的序列示例

软件流水化会增加代码的大小，所以要保证尽管增加了代码的大小，但这样的优化还是有价值的。

11.15 优化技巧的应用示例：互相关

关于优化技巧的案例分析，采用上面技巧的一个很好的例子是互相关算法的实现。互相关是一种标准方法，用来估计两组序列的相关程度。它用提供的参考向量和输入向量计算出最佳匹配，并返回互相关的最高位置（偏移）。图 11-21 说明了互相关算法。

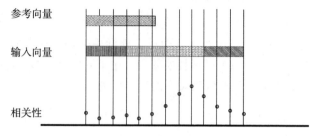

图 11-21　互相关算法

11.15.1 创建

某个工程建立了一个互相关函数，并包含了一个测试工具，带有输入向量和参考输出向量。测试使用两组不同的输入：输入向量长度 24，参考为 4；输入大小是 32，参考是 6。为了衡量性能，这里使用了针对 StarCore 芯片的 CodeWarrior 10 工具链中的分析器。计算可以得到函数运行时间的最大值和最小值（在这种情况下，分别相对应的是较长和较短的向量）。为了说明情况，在这里提出了关于互相关函数实现步骤：

出发点

第一步：调用内联函数执行小数运算。

第二步：通过指定对齐方式和使用多重采样技术进行优化。

第三步：汇编代码优化。

11.15.2 原始实现方案

原始实现方案用 ANSI C 写成的，包含了两个嵌套的循环：计算每个相关值（即匹配）的外循环和计算该相关值的一部分的内循环。所以，外循环输入的是输入向量，而内循环使用的是参考向量。图 11-22 表示了该方案的 C 代码和生成的汇编代码。

性能分析——Freescale StarCore SC3850 核

假设：内存零等待状态（均在高速缓存中）。该 DSP 核只是

C 代码	汇编代码

<pre>// Receives pointers to input and reference
vectors
short CrossCor(short *iRefPtr, short
*iInPtr)
{
    long acc;
    long max = 0;
    int offset = -1;
    int i, j;
 	
// For all values in the input vector
  for(i=0; i<(inSize-refSize+1); i++)
  {
    acc = 0;
// For all values in the reference vector
    for(j=0; j<refSize; j++)
    {
// Cross-correlation operation:
//Multiply integers Shift into fractional
representation
//Add to accumulator
      acc += ((int)(iRefPtr[j] * iInPtr[j])) << 1;
    }
    iInPtr++;
    if(acc > max)
    {
// Save location (offset) of maximum
correlation result
      max = acc;
      offset = i;
    }
  }
  return offset;
}</pre>
	<pre>3 cycle inner loop shown:
	
	    FALIGN
	    LOOPSTART3
	[
	    move.w (r14)+,d4
	    move.w (r4)+,d3
	]
	[
	    impy d3,d4,d5
	    addl1a r2,r3
	]
	    move.l d5,r2
	    LOOPEND3</pre>

图 11-22　原始的 ANSI C 实现

一个基准。

| 测试 1（短向量） | 738 个周期 |
| 测试 2（长向量） | 1258 个周期 |

11.15.3　步骤 1：用内联函数执行小数计算并指定循环计数

在第一步中，保证用内联函数来指定小数操作，这样就能够生成最好的代码。在 SC3850 芯片上，有一种乘法累加指令，会在乘法运算后执行左移操作，在加法操作后执行饱和操作。这将很多操作组合成了一种操作。用 L_mac 内联函数替换内循环体，这样可以保证在汇编代码中生成乘加器指令。图 11-23 说明了这一点。

C 代码	汇编代码

`long acc;`
`long max = 0;`
 	
`int offset = -1;`
 	
`int i, j;`
 	
`for(i=0; i<inSize-refSize+1; i++) {`
`#pragma loop_count (24,32)`
 	
`    acc = 0;`
`  for(j=0; j <= refSize+1; j++) {`
`        #pragma loop_count (4,6)`
 	
`        acc = L_mac (acc, iRefPtr[j],`
`iInPtr[j]);`
`    }`
`    iInPtr++;`
`  if(acc > max) {`
`        max = acc;`
`        offset = i;`
`    }`
`  }`
`return offset;`
	`One Inner Loop Only shown:`
	
	`    skipls  ; note this was added due to`
	`pragma loop count. Now if zero, skips loop`
	
	`    FALIGN`
	`    LOOPSTART3`
	`DW17 TYPE debugsymbol`
	`[`
	`    mac       d0,d1,d2`
	`    move.f   (r2)+,d1`
	`    move.f   (r10)+,d0`
	`]`
	`    LOOPEND3`

图 11-23　用内联函数实现小数操作并指定循环计数

性能分析——Freescale StarCore SC3850 核

假设：内存零等待状态（均在高速缓存中）。该 DSP 核只是一个基准。

测试 1（短向量）	441 个周期
测试 2（长向量）	611 个周期

11.15.4　步骤 2：指定数据对齐方式并修改成多重采样

最后一步用多重采样转换互相关算法。这里修改了互相关的代码，这样可以同时计算相邻的相关样本。这就允许在样本间复用数据，并减少从内存中加载数据。此外，对齐向量并用两倍的多重采样，以保证当数据加载时，对齐方式保持着两倍的关系，这意味着要使用多寄存器移动（在这种情况下，一次移动两个数值）。总之，这些变化包括：

- 多重采样——计算每个循环每个相关的相关性。第二个相关的第一个乘法补零（然后计算循环之外的最后一次乘法）。
- 数据的复用——因为两个相邻相关的计算使用了一些相同的数值，所以这些数据可以复用，这样就不需要从内存当中重新读取。此外，在迭代中复用的一个数值会保存在一个临时变量中。

图 11-24 显示了多重采样技巧。

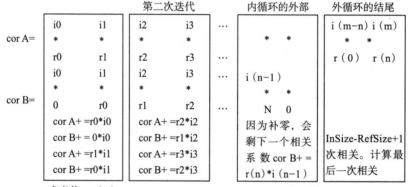

参考值：r（0）
输入值：i（0）
一次计算两个相关系数
第二个相关的第一个乘法补零
每次循环每个相关计算两个相关系数
每次循环重用数据

图 11-24　多重采样示意图

因为需要计算 InSize-refSize+1 次相关，而且我们的向量是偶数，所以在循环外还要计算一次相关性。图 11-25 表示了这种操作所生成的代码。

利用数据集（甚至向量）的一些假设，可以在 C 语言级别上做更进一步的优化。这种优化意味着为性能上的优化放弃部分灵活性。

C 代码	汇编程序
| ```
#pragma align *iRefPtr 4
#pragma align *iInPtr 4

long accA, accB;
long max = 0;

short s0,s1,s2,s3,s4;

int offset = -1;

int i, j;

for(i=0; i<inSize-refSize; i+=2) {
#pragma loop_count (4,40,2)
        accA = 0;
        accB = 0;

        s4 = 0;

    for(j=0; j<refSize; j+=2) {
#pragma loop_count (4,40,2)
        s0 = iInPtr[j];
        s1 = iInPtr[j+1];

        s2 = iRefPtr[j];
        s3 = iRefPtr[j+1];

        accA = L_mac(accA, s2, s0);
        accB = L_mac(accB, s4, s0);

        accA = L_mac(accA, s3, s1);
        accB = L_mac(accB, s2, s1);

            s4 = s3;
        }
        s0 = iInPtr[j];
        accB = L_mac(accB, s4, s0);
``` | ```
Both loop bodies shown:

    skipls    PL001
  ]
    FALIGN
    LOOPSTART3
    FALIGN
    LOOPSTART2
  [
    tstgt     d12
    clr       d8
    clr       d4
    clr       d5
    suba      r5,r5
    move.l    d13,r8
  ]
  [
    tfra      r1,r2
    jf        L5
  ]
  [
    tfra      r0,r3
    addl1a    r4,r2
  ]
  [
    move.2f   (r2)+,d0:d1
    move.2f   (r3)+,d2:d3
  ]
  [
    mac       d8,d0,d4
    mac       d2,d0,d8
    tfr       d3,d5
    suba      #<1,r8
    tfra,r5   r9
  ]
    doensh3   r8
    FALIGN
    LOOPSTART3
  [
``` |

图 11-25　指定数据对齐方式并采用多重采样算法

性能分析——Freescale StarCore SC3850 核

假设：内存零等待状态（均在缓存中）。该 DSP 核只是一个基准。

测试 1（短向量）	227 个周期
测试 2（长向量）	326 个周期

11.15.5　步骤3：汇编语言优化

在性能很关键的 DSP 程序中，汇编语言仍旧使用。在下面的示例中，我们会选用之前提到的互相关计算来写一个汇编函数，并将其集成到 C 语言框架中，然后优化，具体如图 11-26 所示。

C 代码	汇编代码

`if(accA > max) {`
　　　　`max = accA;`
　　　　`offset = i;`
　　`}`
`if(accB > max) {`
　　　　`max = accB;`
　　　　`offset = i+1;`
　　`}`
 	
　　　　`iInPtr +=2;`
　`}`
 	
　`accA = 0;`
　`accB = 0;`
`for(j=0; j<refSize; j+=2) {`
`#pragma loop_count (4,40,2)`
　　　　`accA = L_mac(accA, iRefPtr[j],`
`iInPtr[j]);`
　　　　`accB = L_mac(accB, iRefPtr[j+1],`
`iInPtr[j+1]);`
　　`}`
　　`accA = L_add(accA, accB);`
 	
`if(accA > max) {`
　　　　`max = accA;`
　　　　`offset = i;`
　　`}`
 	
`return offset;`
	`        mac       d3,d1,d8`
	`        mac       d2,d1,d4`
	`        move.2f   (r2)+,d0:d1      ; packed moves`
	`        move.2f   (r3)+,d2:d3`
	`        ]`
	`        [`
	`        mac       d2,d0,d8`
	`        mac       d5,d0,d4`
	`        tfr       d3,d5`
	`        ]`
	`        LOOPEND3`
	`        [`
	`        mac       d2,d1,d4`
	`        mac       d3,d1,d8`
	`        ]`
	`        [`
	`        cmpgt     d9,d8`
	`        tfra,r2   r1`
	`        adda      r4,r5`
	`        ]`
	`        [`
	`        tfrt      d8,d9`
	`        tfrt      d11,d10`
	`        addl1a    r5,r2`
	`        adda      #<2,r4`
	`        ]`
	`        move.f    (r2),d1`
	`        mac       d5,d1,d4`
	`        cmpgt     d9,d4`
	`        [`
	`        IFT addnc.w  #<1,d11,d10`
	`        IFA tfrt     d4,d9`
	`        IFA add      #<2,d11`
	`        ]`
	`        LOOPEND2`

图 11-26　汇编语言优化和生成的周期计数

汇编集成示例：

```
;
; Function : CrossCor
;
; Prototype: extern short CrossCor(short *iRefPtr, short *iInPtr) ;
;
; Description : Cross correlates input data stream with smaller reference
; sample stream. Input arguments passed through function
; global variables. Return in d0 the offset from the
; beginning of the input data stream where the highest value
; was found.
;
```

```
; Inputs : inSize (global variable) - number of samples in input
; data stream.
; refSize (global variable) - number of samples in the
; reference stream.
; refPtr (param 0 - r0) - pointer to the reference
; sample stream. Reference samples are
; 16-bits.
; inDataPtr (param 0 - r1) - pointer to the input
; sample stream. Input samples are 16-bits.
;
; Outputs : d0 - Offset from inDataPtr where the max value can be
; found.
;
; Assumptions : Uses stack for temporarily holding cross correlation values.
;
;****************************************************************************
align $10
global _CrossCor
_CrossCor: type func
; RefPtr passed in register r0
tfra r0,r9 ; save a copy
; InDataPtr passed in register r1
tfra r1,r2 ; save a copy
dosetup0 CrossCorTopLoop

move.w _inSize,d0 ; load the data size into d0
move.w _refSize,d1 ; load the reference data size into d1

[
sub d1,d0,d0 ; iterate the loop inSize-refSize+1 times
clr d11 ; cor index
clr d12 ; current index.
]
[
clr d10 ; cor max
add #1,d0 ; iterate the loop inSize-refSize+1 times
]
doen0 d0
loopstart0
CrossCorTopLoop:
[
tfra r9,r0 ; reset refPtr to start
doensh1 d1 ; do the inner loop refSize times
clr d2 ; d2 is the accumulator. clear it.
]
[
move.f (r1)+,d3 ; load data value before loop
move.f (r0)+,d4 ; load reference value before loop
]

CrossCorInnerLoop:
loopstart1
[
mac d3,d4,d2 ; ref[i]*data[i]
move.f (r1)+,d3 ; load data value
move.f (r0)+,d4 ; load reference value
]
```

```
loopend1
CrossCorInnerLoopEnd:
cmpgt d10,d2 ; if d2>d10, SR:T set
[
tfrt d2,d10 ; save max corr
tfrt d12,d11 ; save new max index
adda #2,r2,r2 ; increment InPtr start by 2 bytes
adda #2,r2,r1 ; increment InPtr start by 2 bytes
add #1,d12
]
loopend0
CrossCorReport:
tfr d11,d0 ; save max index
        global F_CrossCor_end
F_CrossCor_end
rts
```

性能分析——Freescale StarCore SC3850 核

假设：内存零等待状态（均在高速缓存中）。该 DSP 核只是一个基准。

测试 1（短向量）	296 个周期
测试 2（长向量）	424 个周期

汇编语言实现的结果显示，并没有做到完全的优化，而且这种实现并没有优于先前 C 语言来实现。但是，这是一个基础的框架，可以进行进一步的优化，如多重采样。

第 12 章
DSP 优化：内存优化

Robert Oshanna

12.1 概述

编译生成的代码在优化程度上并不总是用目标架构上运行结果的时钟周期来衡量。现代的移动电话或无线设备可以通过一个无线网络连接或回程线路（backhaul）基础设施下载可执行文件。在这种情况下，编译器优化减少那些必须下载到无线设备中的编译代码通常是很有用的。因为缩减了下载的代码的大小，可以为每个下载的无线终端节约所需的带宽。

优化指标，如编译代码的内存系统性能，是另一个对开发者很重要的指标。这些指标与动态运行行为相关，这里说的动态运行行为不仅指在目标处理器上执行编译代码时出现的行为，也指如高速缓存、DRAM 和总线等底层内存系统的行为。高效地组织程序中的数据，或者更具体地说，应用程序在动态运行时访问数据和相关数据结构的顺序优化，可以使内存系统获得显著的性能改善。此外，当存在 SIMD 指令集并且满足不同内存系统对齐方式的条件下，矢量化编译器就能优化数据的空间位置来提升程序的性能。

12.2 小节将介绍用来改善程序代码量的优化技巧。提到的第一种技巧要归入编译器"标记挖掘"这一类别中，这种方法利用了对编译时间选项不同的排列，在生成的代码上实现所预期的结果。此外，下面还会提及底层系统细节方面的话题，例如应用程序的二进制接口，以及多种编码指令集架构，利用这些途径也能在现有资源受限的系统中进一步缩减代码量。

12.2 代码量优化

12.2.1 编译器标记和标记挖掘

为目标架构编译源代码，生成可执行文件时，常常要求生成的代码量尽可能小。原因在于程序运行时代码会占用内存空间，而且如果代码规模变小，潜在地会使设备所需的指令缓存数量减少。为了缩减可执行程序的代码量，在编译过程中要调整很多因素。

通常，用户首先会通过配置编译器来优化程序的大小，经常会使用编译器的命令行选项，例如对于 4.5 版本的 GNU GCC 编译器来说，可以使用 -Os。如果要构建更小的代码，常见的做法是禁用那些可以改进代码运行时性能的优化，有可能是循环优化，如循环展开或软件流水化。这些优化通常会以增加编译代码的大小为代价来提升代码运行性能。这是因为编译器会插入额外的代码到优化的循环中，如在软件流水化的情况下会增加 prolog 和 epilog 代码，或者在循环展开的情况下会额外复制循环体。

如果不想禁用所有的优化，或不想专门在优化级别 -O0 进行代码量的优化，用户可以禁用一些功能，比如通过编译器命令行选项或编译控制指令来实现的内置函数，这依赖于编译工具系统和功能的支持。对于高级的程序优化，特别是程序运行性能优化，编译器会试图内联函数的副本，这样该函数体的代码会内置到调用程序中，而不需要在调用程序中请求一次的调用，这种请求会改变程序流程并会明显影响系统的性能。利用命令行选项，或定制的编译控制指令，用户可以阻止编译工具无意中内联各种函数，这会增加编译后生成的整个代码的大小。

当一个开发团队为某个产品的发布编写代码时，或当可执行文件不再需要调试信息时，删除调试信息和符号表信息也会有助于对代码量的优化。这会明显减小对象文件和可执行文件的大小。此外，在删除所有标签信息的过程中，某种程度的 IP 保护会提供给用户，这样可执行文件的用户很难对程序中所调用的各种函数进行逆向工程。

12.2.2　针对 ISA 的代码量与性能权衡

当尝试减少输入应用程序代码量时，嵌入式和 DSP 领域中的各种目标架构可能会牺牲自由度。系统开发者不仅要考虑算法的复杂性和代码的软件架构，还要考虑所需要的计算类型以及如何将计算类型和系统需求映射到底层的目标架构中，这样通常是有利的。例如，一个要求大量使用 32 位运算的应用程序在主要支持 16 位运算的架构上也能正确地运行功能，但是，如果架构调整为 32 位运算的话，可以在性能、代码量上实现改进，还有可能减少功耗。

可变长的指令编码是一种特别的技术，某些目标架构支持该技术。编译工具可以充分地利用该技术减少整体的代码量。在可变长的指令编码方案中，目标架构 ISA 中的某些特定指令可能存在所谓的"高级编码"，即那些最常使用的指令会用较短的二进制编码表示。其中一个例子是 32 位的嵌入式 Power 架构设备，经常使用的指令如整数相加，会用较短的 16 位编码来表示。当编译源程序要求优化代码量时，编译工具可能尝试尽可能多地将指令用较短的编码来表示，从而减少生成的可执行文件整体的内存占用量。

Freescale 半导体用于嵌入式计算的 Power 架构核，及其 StarCore 系列的 DSP 芯片都支持这种特性。其他嵌入式处理器设计，诸如 ARM 和 TI 的 DSP 也采用可变长编码格式作为其高级指令，从而控制生成的可执行代码的占用大小。Freescale Power 架构以内存页大小为访问基础，标准的 32 位代码和 16 位高级编码代码就可以在可执行文件中混合交替使用。

其他的架构可能用前缀比特的某种格式来指定编码，可以支持更好的代码混合。

需要特别注意的是，可变长编码架构中的高级编码指令虽然缩短了代码长度，但常常要付出功能减少的代价。这是因为用于编码指令的位数减少的缘故，通常是从 32 位减少到 16 位。从整数相加 ADD 指令中可以看出非高级编码指令与高级编码指令的差别。非高级编码变长的指令中，ADD 指令的源和目的操作数使用的是目标架构寄存器组中的 32 位通用寄存器。而使用高级编码指令的情况下，由于只有 16 位的编码空间，减少了用于对源和目的寄存器编码的位数，高级编码的 ADD 指令只能允许使用 R0-R7 作为源和目的寄存器。虽然应用程序开发人员不容易觉察到如此细微的变化，但这微妙地导致了性能的损失。这往往是由于在汇编调度中相邻指令附近，移动源和目的操作需要额外的指令副本，这样才能满足高级编码指令变种的限制要求。

用可变长编码指令集架构来减少代码量，其优势和潜在劣势可以用典型的嵌入式代码基准测试来证明：支持可变长编码（VLE）的 Power 架构设备，比起标准的 Power 架构代码，可变长编码的代码大约能减少 30% 的代码量，而性能上只损失了 5%。代码在性能上出现微小的损失也是正常的，这是由于使用精简指令编码格式的指令会在功能上有所限制。

浮点运算和算法仿真可能是另一个让源代码量暴增的不确定因素。考虑这样一个情况，即用户源代码中包含了密集的浮点运算循环，而目标架构在硬件上不支持浮点运算。为了支持浮点运算功能，编译工具常常需要替换代码，让程序在运行时可以模拟实现浮点运算。这通常需要一个浮点仿真库提供所需的功能，如浮点除法运算，所使用的是在目标架构支持的非浮点运算指令。

可以预见到的一点是，一个给定的浮点仿真例程仿真浮点运算，需要数百个目标处理器的时钟周期，而这样的浮点运算仿真指令即使不是数百条，也有数十条要执行，这样的情况并不少见。相对于硬件支持浮点运算的处理器上的代码，除了会出现明显的性能损失，代码的大小也会因为包含了浮点运算仿真库或内联浮点运算仿真代码而显著增加。通过正确地匹配源程序中所包含的算术类型与底层目标架构所支持的硬件，再采取某些办法才能减少生成的整体可执行文件的大小。

12.2.3 针对代码量优化调整 ABI

在软件工程中，应用二进制接口（Application Binary Interface，ABI）是位于应用程序和操作系统之间、应用程序和系统库之间，或程序本身的内部模块通信的低级软件接口。ABI 是定义某个系统如何表示各种元素的规范，如：数据类型、数据大小、数据元素和结构的对齐方式、调用约定和相关操作模式。此外，一个给定的 ABI 可以指定目标文件和程序库的二进制格式。如果有人希望减少应用程序整体代码的大小，调用约定和对齐方式可以发挥作用，即在特定的应用程序中采用一个自定义的调用约定。

一个特定目标处理器及相关的 ABI 通常会指定一种调用约定，供应用程序、底层操作系统、运行库等等的函数之间使用。供应商最好能指定一个默认的调用约定，这样对于一般的用例，应用中的调用和被调用程序之间产生的调用会获得合理的性能。同时，这样的默认调用约定也会试图对调用和被调用程序中生成的代码在大小上做合理地缩减，以维持调用和被调用程序之间机器运行状态的一致性。但通常来说，如果要求严格控制代码量，或在其他情况下，在调用图中关键系统内核的热路径要求生成的代码具有很高的性能，那么这种默认的调用约定对于应用开发者来说并不理想。

　　试考虑图 12-1 中的函数示例，该示例从调用函数中传递了很多 16 位的整数型数值给被调用程序。

　　从该示例中可以看出，调用程序要计算很多 16 位数值，作为输入参数传递给被调用程序。如图 12-2 所示，被调用程序会用这些输入数值计算出一些结果，然后传回给调用程序，供后续的计算使用。

　　假设，我们正在使用一个较简单的 ABI，以此来简要地说明这个示例。假设 ABI 在 32 位通用嵌入式架构上，有 32 位通用寄存器组。这种 ABI 默认的调用约定是：前两个字节、短整型或整型的数据类型，其数值会通过通用

```
void caller_procedure(void)
{
    short tap_00, tap_01, tap_02, tap_03,
        tap_04, tap_05, tap_06, tap_07;
    long callee_result;

    // some computation occurs, setting up taps
    callee_result = callee_procedure(tap_00, tap_01,
                                     tap_02, tap_03,
                                     tap_04, tap_05,
                                     tap_06, tap_07);

    // subsequent computation occurs based on results
}
```

图 12-1　C 语言下的调用程序

```
long callee_procedure(short tap_00, short tap_01,
                      short tap_02, short tap_03,
                      short tap_04, short tap_05,
                      short tap_06, short tap_07)
{
    long result;
    // do computation.
    return result;
}
```

图 12-2　C 语言下的被调用程序

寄存器 R00 和 R01 传递给被调用函数，而剩余参数会通过堆栈来传递。在移动嵌入式设备上，这样的做法对于性能和代码均很敏感的处理器来说很典型。生成的汇编代码如图 12-3 和图 12-4 所示。

```
;*****************************************************
;
;* NOTE:  Using default ABI, R00 and R01 can be used to pass
;*        parameters from caller to callee, all other parameters
;*        must be passed via the stack.
;*
;* SP+TAP_00 contains tap_00
;* SP+TAP_01 contains tap_01
;* SP+TAP_02 contains tap_02
;* SP+TAP_03 contains tap_03
;* SP+TAP_04 contains tap_04
;* SP+TAP_05 contains tap_05
;* SP+TAP_06 contains tap_06
;* SP+TAP_07 contains tap_07
```

图 12-3　汇编下的调用程序

```
        ;*
        ;******************************************************************
        __caller_procedure:
             ;* some computation setting tap_00 .. tap_07 in local memory
             ;* and various bookkeeping.

             ;* all parameters that can not be passed via default ABI
             ;* configuration must be pushed onto the stack.
             ;*
             LOAD    R00,(SP+TAP_03);
             PUSH    R00;                       ;* SP+=4
             LOAD    R00,(SP+TAP_04);
             PUSH    R00                        ;* SP+=4
             LOAD    R00,(SP+TAP_05);
             PUSH    R05                        ;* SP+=4
             LOAD    R00,(SP+TAP_06);
             PUSH    R00                        ;* SP+=4
             LOAD    R00,(SP+TAP_07);
             PUSH    R00                        ;* SP+=4
    ;* all parameters to pass to callee_procedure via stack are
    ;* loaded from callee_procedure's memory and put on stack,
    ;* we can low load tap_00 and tap_01 into register and pass those
    ;* first two parameters via register
    ;*
    LOAD    R00,(SP+TAP_00);
    LOAD    R01,(SP+TAP_01);
    CALL    __callee_procedure;
    NOP;
    NOP;

    ;* store the value of result computed by callee_procedure
    ;* into our local space.
    ;*
    STORE  R00,(SP+RESULT);

    ;* subsequent computation using result returned in R00
    ;*
    RTS;
    NOP;
    NOP;
__end_caller_procedure:
```

图 12-3 （续）

```
;***********************************************************************
;* R00 contains tap_00
;* R01 contains tap_01;
;* tap_02 through tap_07 have been passed via the stack, as seen
;* previously being setup in caller_procedure via the push operations.
;* Upon entry, callee_procedure must transfer all of the input parameters
;* passed via the stack into registers for local computation.  This
;* requires additional instructions both on the caller side (to put on
;* the stack) as well as the callee size (to restore from the stack).
;*
;* NOTE:  INSERT PROS AND CONS
;*
;*
;*
;***********************************************************************
__callee_procedure:

     ;* ADJUST STACK POINTER TO NOW POINT TO CALLEE'S STACK FRAME
     ;* SO WE CAN ACCESS DATA PASSED VIA THE STACK IN ABI COMPLIANCE
     ;*
     POP    R07;          ;* tap_07 into R07, SP-=4
     POP    R06;          ;* tap_06 into R06, SP-=4
     POP    R05;          ;* tap_05 into R05, SP-=4
     POP    R04;          ;* tap_04 into R04, SP-=4
     POP    R03;          ;* tap_03 into R03, SP-=4
     POP    R02;          ;* tap_02 into R02, SP-=4

     ;* perform local computation on input parameters now stored
     ;* in registers R00-R07, storing result into
     ;* SP+RESULT_OFFSET
     ;*
     ;* move result into register R00
     ;*
     STORE R00,(SP+RESULT_OFFSET)
     RTS;
     NOP;
     NOP;
__end_callee_procedure:
```

图 12-4　汇编下的被调用程序

在这里我们可以看出，在调用程序 caller_procedure() 和被调用程序 callee_prodecure() 之间的通信载体采用了默认的 ABI。从 caller_procedure 函数生成的汇编代码中看出，caller_procedure 计算的局部变量，即 tap_00 至 tap_07，是在局部过程调用时从内存中读取进来的，并且为了传递给被调用程序 callee_prodecure，还将其复制到堆栈中。因为该示例的 ABI 声明所指定的默认调用约定，即前两个字节、短整型或整型的参数会通过寄存器，从调用函数传递到被调用函数中，编译器分别用目标处理器上的寄存器 R00 和 R01，自行传递 tap_00 和 tap_01。

要注意的是，和利用堆栈来传递这些参数相比，利用寄存器传递参数所需的指令会更少。此外，从被调用程序可以看出，编译器插入了更多的指令来恢复参数，而这些用于局部计算的参数正是由调用函数将其从堆栈中复制到了寄存器中。虽然这在调用和被调用程序之间提供了一种良好的计算抽象层，但很明显，如果用户希望缩减生成的可执行文件的代码量，那么需要考虑替换调用和被调用程序之间的通信手段。

这就是可以优化的地方，即在给定的 ABI 声明下，使用自定义的调用约定来进一步提高性能，或在该示例的情况下，进一步减少代码量并提升性能。现在假设，用户使用给定的 ABI 为这两个程序更改了调用约定。这种由用户指定的新调用约定，称为 "user_calling_convention"。现在用户已经声明，与其使用寄存器传递前两个参数，用堆栈来传递剩余的参数，不如依照 user_calling_convention 的规定，在调用和被调用程序之间直接用寄存器 R0-R7 传递 8 个参数。为了实现这种做法，编译工具需要考虑额外的寄存器来传递参数，并且在调用和被调用两边都需要有记录。然而，对于该用户的示例代码来说，选用这种方法是有好处的，因为在调用和被调用之间传递了大量的参数。图 12-5 为用户所期待的汇编代码，它使用了由开发者指定的这种 user_calling_convention 调用规范。

```
;*********************************************************
;* NOTE:  Using default ABI, R00 and R01 can be used to pass
;*        parameters from caller to callee, all other parameters
;*        must be passed via the stack.
;* NOTE:  NEEDS UPDATING AS OF 11/11/2011 AWAITING EDITOR COMMENTS
;*
;* SP+TAP_00 contains tap_00
;* SP+TAP_01 contains tap_01
;* SP+TAP_02 contains tap_02
;* SP+TAP_03 contains tap_03
;* SP+TAP_04 contains tap_04
;* SP+TAP_05 contains tap_05
;* SP+TAP_06 contains tap_06
;* SP+TAP_07 contains tap_07
;*
;*********************************************************
__caller_procedure:
        ;* some computation setting tap_00 .. tap_07 in local memory
```

图 12-5　调用程序汇编代码示例，使用了 user_calling_convention

```
;* and various bookkeeping.

;* all parameters that can not be passed via default ABI
;* configuration must be pushed onto the stack.
;*
LOAD    R00,(SP+TAP_03);
PUSH    R00;                      ;* SP+=4
LOAD    R00,(SP+TAP_04);
PUSH    R00                       ;* SP+=4
LOAD    R00,(SP+TAP_05);
PUSH    R05                       ;* SP+=4
LOAD    R00,(SP+TAP_06);
PUSH    R00                       ;* SP+=4
LOAD    R00,(SP+TAP_07);
PUSH    R00                       ;* SP+=4


 ;* all parameters to pass to callee_procedure via stack are
;* loaded from callee_procedure's memory and put on stack,
;* we can low load tap_00 and tap_01 into register and pass those
;* first two parameters via register
;*
LOAD    R00,(SP+TAP_00);
LOAD    R01,(SP+TAP_01);
CALL    __callee_procedure;
NOP;
NOP;


 ;* store the value of result computed by callee_procedure
;* into our local space.
;*
STORE R00,(SP+RESULT);


 ;* subsequent computation using result returned in R00
;*
RTS;
NOP;
NOP;
__end_caller_procedure:
```

图 12-5 （续）

从上图中可以看出，该示例使用了 user_calling_convention，由编译器生成的汇编代码，与采用默认调用约定的汇编代码相比有很明显的区别。允许编译工具在调用和被调用函数之间用寄存器传递额外的参数，显然每个过程所生成的指令会大幅减少。具体来说，在执行调用之前，callee_procedure 需要向堆栈移动数据的操作会更少（图 12-6）。这是因为调用约定使用了额外的硬件寄存器，这样在调用之前，数值可以简单地从调用函数内存空间加载到寄存器中，而不是把参数加载到寄存器中并复制压入堆栈（并可能要明确地修改堆栈指针）。

```
;********************************************************************
;* NOTE:   NEEDS UPDATING AS OF 11/11/2011 AWAITING EDITOR COMMENTS.
;* R00 contains tap_00
;* R01 contains tap_01;
;* tap_02 through tap_07 have been passed via the stack, as seen
;* previously being setup in caller_procedure via the push operations.
;* Upon entry, callee_procedure must transfer all of the input parameters
;* passed via the stack into registers for local computation.  This
;* requires additional instructions both on the caller side (to put on
;* the stack) as well as the callee side (to restore from the stack).
;*
;* NOTE:   INSERT PROS AND CONS
;*
;*
;*
;********************************************************************
__callee_procedure:

      ;* ADJUST STACK POINTER TO NOW POINT TO CALLEE'S STACK FRAME
      ;* SO WE CAN ACCESS DATA PASSED VIA STACK IN ABI COMPLIANCE
      ;*
      POP    R07;          ;* tap_07 into R07, SP-=4
      POP    R06;          ;* tap_06 into R06, SP-=4
      POP    R05;          ;* tap_05 into R05, SP-=4
      POP    R04;          ;* tap_04 into R04, SP-=4
      POP    R03;          ;* tap_03 into R03, SP-=4
      POP    R02;          ;* tap_02 into R02, SP-=4

      ;* perform local computation on input parameters now stored
      ;* in registers R00-R07, storing result into
      ;* SP+RESULT_OFFSET
      ;*
      ;* move result into register R00
      ;*
      STORE R00,(SP+RESULT_OFFSET)
      RTS;
      NOP;
      NOP;
__end_callee_procedure:
```

图 12-6　被调用程序汇编代码示例，使用了 user_calling_convention

　　同样，从 callee_procedure 中可以看出，这里从先前生成的示例汇编代码中删除了大量的指令。这同样是因为调用和被调用函数之间用寄存器组，而不是以堆栈的压入和取出来传递参数。因此，被调用函数的局部计算免去了额外的指令开销，直接从堆栈中将本地副本复制到寄存器中。在这个特定的例子中，因为动态执行代码更少，所以性能得到了改善，又因为可执行文件中的指令数量静态地减少，所以代码量也得到了优化。

该示例说明了如何使用自定义的调用约定，将其作为嵌入式系统中更大的 ABI 的一部分，从而减小代码量，实现内存优化。不过，还有其他很多方法也可能起到类似的作用。比如由编译器进行溢出代码检查，编译器有能力计算堆栈的大小，并使用标准的 MOVE 指令而不是 PUSH/POP 类指令操作堆栈，而且在堆栈上使用 SIMD 类型的移动操作可以增加指令密度，从而进一步提升性能，减小代码量开销。这些话题已经超出了该示例的范围，可留作进一步阅读。

12.2.4　告诫购买者：编译器优化与代码量互不相关

在为一个产品的发行版本编译代码时，开发者常常想要尽可能多地利用源代码编译时的优化来实现最佳性能。虽然创建的工程带有 -Os 优化选项，可获得最佳的代码量，但该选项会限制编译器执行的优化程序，因为这种优化会增加代码的大小。因此，用户可能需要留意这种不当的优化，这通常会发生在循环嵌套中，需要一个一个选择性地禁用这些优化选项，而不是在构建整个工程时禁用。大多数编译器支持一系列的编译控制指令，将其插入代码中可以控制编译时的行为。编译控制指令相关实例可以在目标处理器编译工具的文档中找到。

软件流水化是一种会增加代码量的优化，因为它会在转换的循环体前后增加额外的指令。当编译器或汇编程序员对一个循环实现软件流水化时，在循环体的前后会插入"建立"和"拆除"的代码，以实现对循环嵌套的重叠迭代并行调度。在"建立"和"拆除"的代码中，或编译领域常提到的 prolog 和 epilog 中插入这些额外指令，会增加指令计数器和代码量。通常，编译器会提供一个编译控制指令，如"#pragma noswp"来禁用循环嵌套或源代码中循环的软件流水化。如果某些循环在性能上不是很关键，或并不在应用程序的主要运行路径上，那么用户可以一个循环接着一个循环地利用这种编译控制指令，选择性地缩减之前因为性能优化而增加的循环代码。

循环展开是另一种基本的编译器循环优化，通常会提升循环嵌套的性能。通过展开一个循环，循环体中的循环迭代会成倍增加，编译器会通过调度在目标处理器上实现额外的指令级别的并行。此外，为了循环嵌套的整个迭代空间，必须执行带有分支延迟间隙的分支，但循环展开后，需减少这些分支的数量，这可以潜在提升循环的性能，因为编译器会克隆循环的多个迭代并插入到循环体中。但是，循环嵌套体通常会以展开的因数成倍增长。如果用户希望保持某种恰当的代码量，有可能在代码产品中针对某些循环选择性地禁用展开，这样会牺牲代码的部分性能。通过选择那些并非在应用程序性能关键路径上的循环嵌套，既能优化代码的大小，又不会影响应用程序主要运行时间的性能。一般来说，编译器会支持编译控制指令，以控制循环展开相关的行为，如针对不同的展开系数，会有循环最小迭代次数传递给编译器。用编译控制指令禁用循环展开的示例常用"#pragma nonroll"这样的格式。具体请参考本地编译器文档中关于这部分的正确语法和相关功能介绍。

内联展开（procedure inlining）是另一种优化，旨在提升编译代码的性能而牺牲代码的尺寸。当程序内联时，被调用函数程序作为调用程序的目标程序，会在物理上内联到调用程序的程序体中。请考虑图 12-7 所示的例子。

```
int caller_procedure(void)
{
    int result, a, b;

    // intermediate computation
    result = callee_procedure();
    return result;
}

int callee_procedure(void)
{
    return a + b;
}
```

图 12-7　内联展开

不再让 caller_procedure 每次都调用 callee_procedure，编译器可能会选择直接替换 callee_procedure 的程序体，从而避免函数调用相关的开销。在这个过程中，语句 a+b 直接替换到 caller_procedure 的程序体中，通过消除函数调用的开销来改善运行性能，并有望获得更好的指令高速缓存性能。如果应用程序中嵌入了 call_procedure 所有的调用程序，有一点可以看到，成倍的内联会快速地导致应用程序尺寸的暴增，特别是在 callee_procedure 中不只包含一个简单语句的情况下。因此，针对整个应用程序或选择的函数，用户可能希望通过编译器提供的编译控制指令手动禁用函数内联。通常的语法形式是"#pragma noinline"，可阻止工具在编译时进行内联展开。

12.3　内存布局优化

为了获得足够的性能，应用程序开发者和软件系统架构师不仅要在他们的程序中选择合理的算法，还要选择这些应用的实现方式。这常常会跨越边界线，从而涉及数据结构设计、布局，以及针对最优系统性能的内存分区。确实，高级开发者常常会同时顾及算法和算法复杂度，以及针对内存优化和数据结构优化的工具包技巧。同时，大多数嵌入式软件功能项目的范围会因为时间、资源和成本的制约而禁止手写的代码和数据手动优化。因此，开发者常常需要尽可能地依赖工具来优化一般的用例，仅在第一轮开发周期后，手动地调整和分析来获得最佳的性能。最后一轮优化常常需要使用各种系统的分析指标，以确定性能关键瓶颈，然后用专用的内联函数或汇编代码手动优化这些部分，在某些情况下甚至需要重写性能关键瓶颈的核心算法和相关的数据结构。本节将详细地介绍设计决策，如果嵌入式系统开发者关注上述的主题，应该会从这里得到帮助。

12.3.1　内存优化概述

各种类型的内存优化常常有利于程序运行性能，甚至可以降低嵌入式系统的功耗。正如前面所提到的，应用程序编译工具，如编译器、汇编器、链接器和分析器等，常常会在不同程度上运用这些优化。开发者应该深入到应用程序中，手动调整性能，或针对特定性能目标而进行内存系统优化方面的设计，或设计在开发后期能够适应工具自动优化的软件架构，这几个方面交替进行，常常对开发者很有帮助。

为了优化某个应用程序，人们常常会开发出产品的一种基线或"即开即用"的版本。

一旦功能上线，开发团队或工程师可能选择去分析应用程序的瓶颈，以进一步优化。如果应用中的某些核心部分必须在给定的时钟周期内完成执行，而这些规定是在系统定义阶段用一张表格或纸笔来确定的，那么通常来说，人们只知道这些瓶颈的存在，但从未分析过。一旦隔离这些关键核心程序或数据结构，那些具有软件优化技巧、编译器优化、硬件架构甚至硬件指令集细节等知识的专家通常就可以开始优化程序了。

12.3.2　集中优化工作

Amdahl 法则在整个应用程序堆栈的优化中发挥着有趣的作用，但软件系统开发者并不总是欣赏这一点。如果应用程序只有 10% 的动态运行时间受益于 SIMD 或指令级别的并行优化，而 90% 的动态运行时间必须顺序执行，那么将过多精力放在那 10% 代码的并行化，在性能上不会有很大改进。相反，如果应用程序 90% 的动态运行时间花在了具有大量并行化的指令和数据的代码上，那么针对这些部分集中进行并行化的优化，改善动态运行性能，这样的做法是有价值的。

确定了代码中占据主要运行时间的部分后，如果最好的方式是手动优化，或进行手动调整以适用于工具的自动优化，那么应用程序开发者通常会使用一种联合了目标芯片或基于系统仿真软件的分析器。英特尔的 VTUNE 是其中的一种分析框架工具，其他的还有 GNU GCC 编译器和 GPROF，是可以提供动态运行信息的开源解决方案。很多半导体公司，如 Freescale 半导体和 TI 也提供了自己专有的解决方案，可分别用在他们各自的芯片平台上，允许基于仿真平台的软件跟踪和收集，或另一种更高应用级别的跟踪，可以在本地芯片上进行收集。

12.3.3　向量化和动态代码计算比例

循环的向量化也是一种优化，即跨多个循环迭代执行的计算可以合成一组向量指令，这在应用程序动态运行的行为中有效地增加了计算指令的比例。请参考图 12-8 的示例。

在第一个循环嵌套中，可以看到循环的每一个迭代都包含了单个的 16 位与 16 位相乘的指令，计算的结果存到输出的数组 a[]。循环的每一次迭代都要执行一条乘法指令，结果需要 16 次 16 位的乘法。然而，从第二个循环中所展示的伪代码可以看出，编译器或应用程序开发者可能利用支持 4 路 SIMD 16 位整数乘法指令的目标架构，对循环进行了向量化。在这种情况下，编译器向量化了循环中的多个迭代，并集成了一条乘法指令，正如在第二个循环

```
short a[16], b[16], c[16];
for(iter=0; iter<16; ++iter)
{
    // results in single 16-bit MPY instruction
    // generated in assembly listing
    //
    a[iter] = b[iter] * c[iter]
}

short a[16], b[16], c[16];
for(iter=0; iter<16 iter+=4)
{
    // with high level compiler vectorization,
    // results in 4-WAY parallel 4x16-BIT multiply
    // vector instruction, effectively performing the
    // computation of four iterations of the loop in
    // a single atomic SIMD4 instruction.
    //
    a[iter:iter+4] = b[iter:iter+4] * c[iter:iter+4];
}
```

图 12-8　循环的向量化

嵌套中用数组 [开始范围：结束范围] 这样的语法所表示的。注意，现在每次循环迭代，循环计数器会以向量长度递增。显然，现在只需要 4 次循环迭代就能计算得到输出结果数组 a[]，而每次循环迭代包含了一个向量乘法指令，可用来并行计算输出向量中的 4 个元素。

以这种方式向量化代码有很多好处，应用程序开发者可以手动使用内联函数来利用专有的目标架构，或用编译器来实现向量化的代码。其中一大好处便是增强了性能，因为代码充分利用了专用的 SIMD 硬件，所以通常会提供一种基于基于底层的 SIMD 向量硬件的乘法，以优化矢量循环。这样还能缩减代码的大小，因为循环不再需要展开，所以不会导致代码量的暴增，这里使用更加密集的向量形式的指令，而不是原子标量指令。这也可能带来间接的好处，即减少了从内存中取指令操作的次数。最后一个好处是，这样提高了动态执行的计算指令在应用中计算所占的整体比例。

尝试在循环中实现向量化给开发工具以及应用开发者带来了很多的挑战。其中一个挑战关乎需要向量化的循环嵌套的代码形状。如果编译工具知道了某个循环的迭代空间，那么使用常量的循环边界，以取代动态计算得到的数值，这样的做法通常是有优势的，当然这有赖于底层编译器向量化技术的进步。其次，循环嵌套中执行的计算类型必须适合向量化。例如，在上面的例子中，16 位整数乘法可以运行在支持 4 路 SIMD 16 位乘法指令的目标架构上。如果底层的目标架构只支持 8 位的 SIMD 乘法，那么即使有很多地方需要向量化，还是应该避免 16 位乘法。

当向量化或并行化循环嵌套时，循环依赖分析是另一个关注点，编译器必须要保证循环转化的安全性。循环依赖分析，是编译器或依赖分析器确定一个循环体中的语句是否在数组访问和数据修改、多种数据简化模式、代码循环独立部分的简化和循环体中多种条件执行语句的控制上形成依赖关系的方式。

请参考图 12-9 所示的一个 C 语言代码片段的例子。

对于上面的循环，编译器的数据依赖分析器会尝试找到读取数组 b[] 和写入数

```
for(iter_a=0; iter<LOOP_BOUND_A; ++iter_b)
  for(iter_b=0; iter_b<LOOP_BOUND_B; ++iter_b)
    a[iter_a+4-iter_b] =
        b[2*iter_a-iter_b] + iter_a*iter_b;
```

图 12-9　循环依赖分析

组 a[] 语句之间所有的依赖关系。数据依赖分析器的挑战在于找到读取数组 b[] 和写入数组 a[] 语句之间所有可能的依赖关系。为了确保安全，数据依赖分析必须要保证这种分析可以明确证明其安全，换句话说，任何不能被证伪的依赖关系必须假设为真，以此来保证安全性。

数据依赖分析显示了引用之间的独立性，即没有两个涉及数组 a[] 和数组 b[] 的实例语句会访问或修改数组 a[] 中的同一个地方。如果找到了可能的依赖性，循环依赖分析器会尝试获得依赖性的特征，因为循环嵌套上的某些类型的优化仍有可能并从中获益。当然，也有可能进一步地转换循环嵌套，以删除其中的依赖关系。

总而言之，编写的循环嵌套，其引用间数据依赖关系越少，越有利于向量化和其他可能的循环转换。虽然编译技术既可以分析数据依赖性，又可以生成针对超级计算领域中向量硬件的自动向量串行代码，但是因为不合理地编程，导致了复杂的数据依赖关系和循环

结构，可能会阻碍最先进工具集实现向量化。从高级别上看，简单编写的代码对于人类来说最容易理解，向量器也通常最容易理解。此外，向量器和数据依赖分析器很容易识别出程序员的意愿。换句话说，充分利用底层目标架构的知识，可以高度手动调整代码实现，但这对于工具层面的自动向量化来说，并不是最好的选择。

在利用编译工具的自动向量化来开发代码时，应用程序开发者需要留意有很多事情。

C 语言中指针混叠（pointer aliasing）

向量器和数据依赖分析器的一个挑战是 C 语言中指针的使用。当数据通过指针作为参数传递给一个函数时，数据依赖分析器和后续的向量器通常很难，甚至不可能保证各种指针指向的内存空间在循环的交互过程中不出现混叠。随着时间推移，C 语言标准已经增加了关键字"restrict"，可参考图 12-10 所举的例子。

通过放置 restrict 关键字来限制传递给程序的指针，这样使编译器能

```
void restrict_compute(restrict int *a, restrict int
*b, restrict int *c)
{
    for(int i=0; i<LIMIT; ++i)
        a[i] = b[i] * c[i];
}
```

图 12-10 　"restrict"关键字的使用

够保证带有 restrict 关键字的指针指向的数据不会与函数所使用的另一个指针修改的任何数据发生交叠。注意，这只适用于函数本身，而不适用于应用程序的全局范围。这需要让数据依赖分析器来识别数组是否出现了混叠，或者数组在其他引用的作用下是否发生了篡改，并开展更进一步的循环嵌套优化，包括向量化等其他优化。

12.3.4 　数据结构、数据结构数组及其混合

在设计核心程序之前，为了处理高性能的嵌入式 DSP 代码，合理地选择数据结构可以带来重大的影响。这对于本章前面所详细介绍的，支持 SIMD 指令集和优化编译器技术的目标处理器来说，尤其如此。通过一个说明性的例子，本节会详细介绍数组结构体的元素和结构体数组的元素用作通用的数据结构时存在的各种权衡。以一个数据结构为例，我们将考虑一组 6 维点阵以数组结构体或结构体数组的形式存到某个数据结构中，具体如图 12-11 所示。

```
/* array of structures*/        /* structure of arrays */
struct {                        struct {
  float x_00;                     float x_00[SIZE];
  float y_00;                     float y_00[SIZE];
  float z_00;                     float z_00[SIZE];
  float x_01;                     float x_01[SIZE];
  float y_01;                     float y_01[SIZE];
  float z_01;                     float z_01[SIZE];
} list[SIZE];                   } list;
```

图 12-11 　数据结构示例

如图 12-11 所示，左侧为结构体数组，具体包括一个有 6 维浮点型的结构体，其中每个数据可能表示的是三维空间中的一条线上两个端点的坐标。结构体作为元素，组成了一个带有 SIZE 个元素的数组。而数组结构体则如图中右侧所示，创建了单一的一个结构体，

其中包含了 6 个浮点数据类型的数组，每个数组有 SIZE 个元素。应该注意的是，上面的两种数据结构在功能上是等价的，但在系统层面上会给内存系统的性能和优化带来不同的影响。

从上面的结构体数组中可以看出，对于一个给定的循环嵌套，如果在移动至列表中的下一个元素之前，知道了要访问一个结构体的所有元素，那么数据就可以获得比较好的位置。这是由于这样一个事实：缓存线上的数据从内存取出并存入到数据高速缓存行中，数据结构中相邻元素会从内存中被连续地取出，可以很好地被本地程序重用。

然而，使用结构体数组的数据结构的缺点是，循环中的每个单独的内存引用会访问数据结构中所有字段的元素，但不能跨越内存单元。例如图 12-12 所示的例子。

上面示例中，访问循环中每个字段需要用到一个结构体实例，而且实现不了跨越单元的内存访问模式，而这种访问模式有利益编译器层面上的自动向量化。此外，如果循环遍历了整个结构体列表，但仅访问一个结构体实例中一个或几个字段，那么在这种情况下，数据不可能有好的空间位置，这是因为从内存中读取到高速缓存行中的数据元素将不再是同一个循环嵌套所引用的。

我们将结构体数组格式换成数组结构体格式，以此与上面描述的这种相当无效的用例进行对比，如图 12-13 所示的循环嵌套。

```
for(i=0  i<SIZE; ++i)
{
     local_struct[i].x_00 = 0.00;
     local_struct[i].y_00 = 0.00;
     local_struct[i].z_00 = 0.00;
     local_struct[i].x_01 = 0.00;
     local_struct[i].y_01 = 0.00;
     local_struct[i].z_01 = 0.00;
}
```

图 12-12　数据结构不会跨越内存单元

```
for(i=0  i<SIZE; ++i)
{
     local_struct.x_00[i] = 0.00;
     local_struct.y_00[i] = 0.00;
     local_struct.z_00[i] = 0.00;
     local_struct.x_01[i] = 0.00;
     local_struct.y_01[i] = 0.00;
     local_struct.z_01[i] = 0.00;
}
```

图 12-13　数组结构体格式

如果数据类型采用数组结构体，循环中的每个字段的访问可以跨多个循环迭代而实现跨单元的内存引用。在大多数情况下，这更有利于通过编译工具实现自动向量化。此外，我们仍然会看到循环嵌套中跨多个数组流的数据具有良好的空间位置。还应该指出的是，与前面提到的场景相比，即使循环嵌套仅访问一个字段，仍能在高速缓存中获得数据，因为数组中后续的元素由一次高速缓存行加载操作而预取了出来。

先前提到的例子详细描述了根据应用程序开发者的需求来选择最佳的数据结构的重要性，当然这意味着，开发者或系统架构师需要研究整个应用程序的热点，为内存系统性能选择合适的数据结构。分析得到的结果可能并不是一个非此即彼的问题，方案采用多种数据结构格式可能更好。在这些情况下，开发者可能希望使用混合型的方法，即在数组结构体和结构体数组之间混合和匹配使用。此外，遗留代码库出于多种原因，其内部的数据结构紧密耦合，这已经超出了本章的范围，但在运行时根据需要在多种格式之间进行转换值得尝试。虽然从一种格式转换到另一种格式所需要的计算不容忽视，但在一些用例中，转换的开销会因为计算和内存系统性能的增强而得到补偿。

12.3.5　针对内存性能的循环优化

除了针对自动向量化编译技术来构建循环以及裁剪循环计算中的数据结构，有一些循环自身的转换也可能有利于提升应用程序的内存系统性能。本节会详细介绍多种能改善系统性能的循环转换，既可以由开发者手写代码来实现，也可以由开发工具自动实现。

12.3.6　数据对齐方式的连锁效应

一个嵌入式目标平台上内存系统中的数据对齐方式会影响代码性能和开发工具对某些特定用例的优化能力。在很多嵌入式系统上，底层的内存系统并不支持未对齐的内存访问，或者支持这种访问需要损失一部分性能。如果用户没有做到合理对齐数据，会造成性能上的损失。总之，数据对齐方式是计算机内存系统中数据访问方式的细节。当处理器读写内存时，通常是按照计算机字大小来访问，比如一个 32 位系统上字大小是 4 字节。数据对齐的过程是将数据元素放置在偏移地址上，而偏移地址可能是多个计算机字大小，这样可以高效地访问各种字段。因此，在为某个目标处理器对齐数据时，对于用户来说，可能有必要填充程序中的数据结构，或对于开发工具来说，有必要根据底层的 ABI 和数据类型约定自动填充数据结构。

对齐方式会影响编译程序和像向量化这样的循环优化。例如，如果编译器尝试在一个循环体中针对多个数组进行向量化计算，那么它需要知道数据是否对齐，这样才能有效地使用打包的 SIMD 移动指令，它还要知道循环嵌套中某些采用了未对齐数据元素的迭代是否必须剥离。如果编译器不能确定数据元素是否对齐，就无法对循环体进行优化处理，而只能让循环体仍旧串行地执行。显然，这不是为了追求最佳的性能所期望的结果。这显然编译器也可能选择生成多个版本的循环嵌套，根据运行时测试结果来确定执行循环时数据是否对齐。这种情况下，好处在于可以得到一个循环优化的版本；但会增加运行时的动态测试成本，而可执行文件的大小也会因为编译器插入了多版本的循环嵌套而增加。

用户常常会做很多事情来保证数据对齐，例如，在数据结构中填充元素，确保不同数据字段位于恰当的字边界上。很多编译器也支持用编译控制指令集表示数据的对齐。而用户也可以在代码中插入各种声明，在程序运行过程中，在某个特定版本的循环执行前，计算出数据字段是否对齐到了特定的边界。

12.3.7　选择合适的数据类型会获得丰厚回报

除了前面所述的优化策略，应用程序开发者为关乎性能的核心程序选择合适的数据类型也很重要。选定计算的最小可接受数据类型，可能会间接提升核心程序的性能。试考虑这样一个例子，程序员知道核心程序可以使用 32 位或 16 位整型数据类型来实现，那么如果应用程序开发者利用内置的 C/C++ 语言数据类型来选择了 16 位数据类型，如短整型，那么系统运行时可能会获得如下的好处。

选择 16 位的数据类型，更多的数据元素就能加载到单一的数据高速缓存行中，这样每个计算单元会读取更少的缓存行，而且缓解了在读取数据元素时出现的内存瓶颈。此外，如果目标架构支持 SIMD 类型的计算，相对 32 位的计算，处理器中的 ALU 极有可能支持多个 16 位并行计算。例如，很多商用的 DSP 架构每个 ALU 支持打包的 16 位 SIMD 操作，使用 16 位数据类型而不是 32 位数据类型，程序可以有效地实现计算吞吐量的翻倍。鉴于数据可以进行打包处理的特征，即额外的数据会被打包到每个缓存行中，或被放置到用户管理的临时存储器中，随之带来的是计算效率的提升，同时由于从内存中读取数据并填满缓存行的操作减少了，这样可以降低系统的功耗。

第 13 章
针对功耗的软件优化

Andrew Temple

13.1　概述

在一个 DSP 项目的生产周期中，理解和优化设备的功耗是最需要考虑的问题之一。手持设备的功耗问题是显而易见的，因为两次充电期间，需要电池有足够的电量来保证最低限度的使用或待机时间。其他主要的 DSP 应用包括医疗设备、测试、测量、多媒体和无线基站，由于都需要处理日益强大的处理器所带来的散热、供电开销以及能量消耗的问题[1]，对功耗都非常敏感。所以实际情况是功耗不可被忽略。

设计并满足电源要求的重任往往落在硬件工程师的肩上，但软件编程也可以对功率的优化做出不小的贡献。软件工程师对设备功耗的影响往往会被轻视甚至忽略，就像 Oshana 在《功耗介绍》中 [1] 所描述的那样。

这一章我们主要讨论怎样利用软件对功耗进行优化。讨论首先从功耗的基本组成开始，接下来会谈到如何正确测量功耗，随后从算法层面、硬件层面、数据流相关层面来分别讨论如何利用软件技术减少功耗。在讨论的过程中会使用 Freescale StartCore 系列 DSP 示例一些技术来解释如何和为什么特定的方法在减少功耗方面如此有效，读者可以立刻在自己的应用程序中使用我们这章所讨论的技术。

13.2　了解功耗

一般来讲，当谈及设备功耗时，有四个主要的因素需要讨论，它们分别是应用、频率、电压以及生产工艺。我们在这里需要先理解为什么这些因素如此的重要。

应用是非常重要的，在某种程度上，应用的不同使得对两个手持设备的功率分析不同，甚至可以对这两个不同的手持设备制定出完全相反的功率优化策略。我们搞清楚了基本的思路后，这节还会解释更多关于功率优化策略方面的问题。

这里用手持式多媒体播放器和便携式电话做个比较。手持式多媒体播放器需要长时间以 100% 的使用率来播放视频（标准长度电影）音频等。这一点稍后会详细讨论，但一般来讲，对于这种设备的功耗分析应该将重点放在算法和数据流优化上，较少关注有效利用低功耗模式方面。

便携式电话大部分时间处于待机状态，即使在通话的时候，用户也只使用了一段相对较少的时间，而不是一直都在说话。在这段较少的时间内，处理器很可能会高负荷处理语音的编解码以及接收和发送数据。在剩下的通话时间内，电话就没有如此高负荷的工作了，仅仅需要向蜂窝网传送一些心跳检测包或者提供一些"安慰噪声"以便在用户不说话的时候知道电话依然在接通中。对这种设备进行分析，功率优化应该首先集中在如何尽量使用处理器的睡眠状态来尽可能节省能量，其次考虑数据流或算法的手段。

在生产工艺方面，当前尖端的 DSP 基于 45 纳米的技术，它是在之前 65 纳米基础上的一个演进。更小型化的工艺技术提供了更小的晶体。更小的晶体消耗的能量较少并产生较少的热量，所以对比之前的 65 纳米技术可以看到明显的优势。

更小型化的工艺技术同时也普遍提高了时钟频率，从而提供了更强的处理能力。但是更高的频率同时会带来更高的电压，代价就是更高的耗电。电压是最能说明问题的，因为我们在物理（或者 EE101）中学过，功率等于电压乘以电流，所以如果一个器件需要提供较高电压，那么必然会带来功耗的增加。

让我们继续讨论这个话题，从 $P = V \times I$ 可以推出，频率也是这个公式的一部分，因为电流实际上是时钟速率的直接结果。在物理学和 EE101 中我们还学过，当电压接在一个电容上时，电流会从电压电源流到电容器上，直到电容两端达到一个相等的电位。当然这个过程在此简化描述了。我们可以想象 DSP 上的时钟网络就是以这种方式来消耗能量的。在每一个时钟沿，当势能变化时，电流会流过器件，直到达到下一个稳定的状态。时钟变化越快，电流就越大。因此一个更快的时钟带来 DSP 更高的功耗。随着器件的不同，时钟脉冲电路可能会消耗器件 50% ～ 90% 的动态功耗，所以控制时钟在这里是一个非常重要的主题。

静态和动态功耗的比较

总的功耗由两种类型的功耗组成：动态和静态（或者叫静态漏电）功耗，所以器件总的功耗可以按下式计算：

$$P_{total} = P_{Dynamic} + P_{Static}$$

如我们刚刚讨论的，时钟变化占动态功耗的一大部分，但是动态功耗到底是什么呢？从根本上说，在软件上我们可以控制动态功耗，但是我们不能控制静态功耗。

静态功耗

漏电消耗是这样一种功耗，器件消耗这种功耗与 DSP 正在运行的任务无关，因为即使在一个稳定的状态，依然会有一个小的"漏"电流路径（通过晶体管的隧道电流，反向二极管电流等）通过器件的 V_{in} 流向地端。仅有的几个影响漏电消耗的因素是：供电电压、温度和工艺。

我们在引言中已经讨论了电压和工艺。就温度而言，可以比较直观地理解为什么升温会增加漏电流。升温会增加电子载体的流动性，这将导致电流的增大，从而带来更大的静态功耗。因为这一章主要讨论软件相关的内容，所以不会更多地介绍静态功耗的相关理论。（需要快速阅读关于温度和载流子迁移率的内容，请参考维基百科的电子迁移率基础理论文章 [2]）。

动态功耗

DSP 的动态功耗由器件使用以下组件所消耗的能量组成：核、核子系统、外设，比如 DMA、I/O（射频、以太网、PCIe、CMOS 摄像机）、内存、锁相环和时钟。从更底层看，我们可以这样解释动态功耗——在切换晶体管对电容进行充放电时所消耗的功率。

动态功率会随着使用系统器件更多、核更多、计算单元更多、内存更多、时钟频率更高，或者任何可能增加晶体管开关次数以及开关速度的情况而增加。动态功耗和温度无关，但是仍然取决于供电电压的大小。

最大功率，平均功率，最差功率以及典型功率

当我们测量功率，或者决定系统使用功率情况时，我们需要考量下面四种功率：最大功率、平均功率、最差功率以及典型功率。

最大和平均功率不止用来描述软件和其他不确定因素对功率的影响，通常也会用来描述功率测量本身。

简单举例，最大功率是指在一段测量时间内最大的瞬时功率。这种测量对于给出一个器件在保持高水平信号完整性（出于可靠操作的需要）时所需的退耦电容数量是非常有用的。

平均功率可以直观解释为：一段时间内消耗的能量除以时间长度的值（一段时间内功率读数的平均值）。工程师通过计算一段时间内消耗的平均电流来得到功率值。我们将优化重点放在平均功率的读取上，因为它是一块 DSP 在一段时间内执行某个应用时需要多少电池电量或供电的关键因素。并且它还用来理解器件的热特性。

最差和典型功率数值依赖于平均功率的测量。最差情况下的功率或最差功率特性，描述了一个器件在给定的时间内以 100% 的利用率所消耗的平均功率总量。100% 的利用率是指处理器同时使用了最多数量和种类的处理单元（核内数据和地址的产生模块、加速器、位掩码等），以及所有的内存和外设。模拟这种情况，需要核做一个无限循环，其中循环内每时钟周期要处理 6 个以上指令（指令数由核内可使用的处理单元来决定），同时多个 DMA 通道持续地从内存中读、写数据，并且外设也在不断发送、接收数据。最差功率数值被系统架构师或板子设计人员用来估计在最坏的情况下如何提供足够的电源来保证功能。

在实际的系统中，器件基本不会遇到最差功率的情况。因为应用不会在很长一段时间内同时使用所有的处理单元、内存和 I/O。一般情况下，一个器件会提供多种不同的 I/O 设备，应用只需要其中的一部分，并且设备的内核只会在一小段时间内运行计算量大的算法，内存也仅有一部分会被访问。典型功率基于"普遍用例"的应用来估计，也就是一次使用 50% ~ 70% 处理器可用硬件组件时的功率。这是软件应用中优化功率的一个主要的方向。

在本节中，我们已经解释了静态与动态功率的不同、最大与平均功率的差异、功率的连带效应以及核和处理能力对功率的影响。目前我们已经介绍了各个功耗组成部分的基本理论知识，我们在介绍功耗优化技术的细节，先讨论功耗的测量方法。

13.3　测量功耗

目前，背景、原理和术语都已经介绍过了，我们将推进到功率测量方法的讨论上。我们将讨论不同类型功率值的测量方法（比如静态与动态功率），这些测量方法可以用来测试稍后介绍的优化方法。

测量功率需要基于硬件：一些 DSP 有内部测量功能。DSP 制造商也可能会提供"功率计算器"，给出一些功率的信息。有一些电源控制器集成电路提供多种不同形式的功率测量功能。一些电源控制器被称为稳压器模块（Voltage Regulator Module，VRM）内部有测量功率的模块，可以通过外设接口读出测量值。最后是最传统的方法，电表串接到 DSP 的电源上来进行测量。

13.3.1　使用电表测量功率

传统功率测量使用一个外部电源串接到电流表的正极。电流表的负极连接到 DSP 设备的电源输入端，如图 13-1 所示。

需要注意的是图 13-1 有三个不同的模块，这些都属于同一块 DSP。这是由于一般 DSP 的内核、外围设备和存储器是独立供电的（可能有多个电源）。一个器件中的不同组件有不同的电压要求，硬件设计时要将它们的供电分开。对每个组件分别（最终优化）进行功率分析是非常有用的。

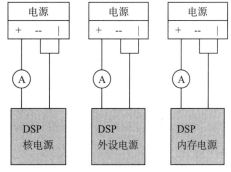

图 13-1　通过电表测量功率

为了正确地测量功耗，功率各组成部分必须适当隔离，在某些情况下可能还需要修改板子或设置特殊的跳线等。最理想的情况是，在连接外部电源/电流表的组合时尽可能地接近 DSP 的电源输入管脚。

作为另一种选择，也可以测量与电源和 DSP 电源管脚串联的电阻（分流器）的两端压降。得到电阻两端的压降后，通过简单的计算就可以得到电流值 $I = V/R$。

13.3.2　使用霍尔传感器型 IC 测量功率

为了简化高效的功率测量，许多 DSP 供应商制造板子时会使用基于霍尔效应的传感器。当霍尔传感器放在连接器件电源的电流通路上时，传感器会产生一个电压，它等同于电流乘以一些有偏移的系数。Freescale 的 MSC8144 DSP 系统开发板就可以使用这种测量方法，因为板上提供了 Allegro ACS0704 霍尔传感器。使用 MSC8144 DSP 系统开发板，用户可以简单地在板子上连一个示波器，观察随着时间推移的电压信号值，并可以使用 Allegro 的电流电压曲线图来计算平均功率，如图 13-2 所示。

使用图 13-2，我们可以基于测量的 V_{out} 电位值来计算设备的输入电流。

$$I = (V_{out} - 2.5) \times 10A$$

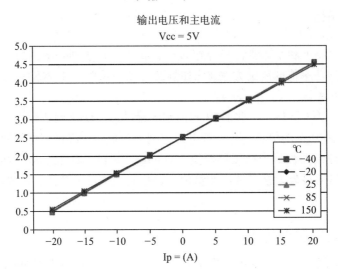

图 13-2   霍尔效应电路的电压与电流图（www.allegromicro.com/en/Products/Part.../0704/0704-015.pdf）

13.3.3   稳压器模块电源 IC

最后我们介绍一些稳压器模块电源控制器电路。它可将一个大的输入电压分解成一些小的不相等的电压来向独立的源供电，还可以测量电流 / 功耗，并将这些值存到用户可以读取的寄存器中。通过 VRM 测量电流不需要仪器，但是这是以正确性和实时性为代价的。例如，PowerOne ZM7100 系列的 VRM（也被用在 MSC8144ADS 上）为每一个供电电源提供电流读数，但是电流读数每 0.5 ～ 1s 更新一次，并且读数精度大概在 20% 左右，所以读取最大功率的瞬时读数是不太可能的，并且使用这种器件精调谐和优化也是不太可能的。

通常，除了确定一种特定的方法来测量功率外，还要考虑到动态功率和静态漏电功耗的测量方法是不同的。静态漏电功耗数据在评估低功耗期望值的基准值时很有用的，它还可以帮助我们理解器件实际应用所产生的功耗以及器件在空闲时所产生的功耗。我们可以从测量的总功耗中减去静态漏电功耗以便得到 DSP 产生的动态功耗，并想办法使其最小化。

静态功耗测量

DSP 上的漏电功耗通常可以在器件处于低功耗模式的时候测量，假设在这种模式下所有 DSP 核子系统和外设的时钟都被关闭。如果在低功耗模式下时钟没有被关闭，锁相环应该被旁路，并且关闭输入时钟，从而关掉所有的时钟，以便从静态漏电测量中减掉时钟和锁相环的功耗。

此外，静态漏电应该在不同的温度时被测量，因为在不同的温度下漏电流不同。创建一组基于温度（电压）的静态测量值为在这些温度（电压）下实际应用所消耗的动态功耗提供了有价值的参考点。

动态功耗测量

功率测量应该将器件中每一个重要模块的情况分开，以便为工程师提供如特定配置怎样影响系统功耗这种重要的信息。像上面提到的，动态功耗可以通过特定温度下的总功率测量值减去该温度下的漏电流功耗得到，漏电流功耗值使用上面提到的初始静态测量值。

初始动态测量测试包括运行睡眠状态测试、调试状态测试以及 NOP 测试。睡眠状态和调试状态测试将让用户看到使能一些系统时钟所带来的消耗。NOP 测试，是指在一个循环中运行一些 NOP 指令，它将提供一个核在只有存取单元工作时的动态功耗基准值，这种情况下，计算单元、地址生成单元、位屏蔽单元和内存管理单元等都不工作。

当对一些具体的软件功率优化技术进行比较时，我们对比每个技术在"使用前"和"使用后"的功耗值来确定这个技术的效果。

13.4　分析应用程序的功耗

在优化一个应用程序的功率前，编程人员应该知道需要被优化的这段代码的一个功率基准值。为了得到这个值，编程人员需要做一个抽样功率测试，作为被测试代码段的样本。

这里可以使用高端的分析工具来分析功率测试用例，从而对处理单元利用百分比（%）和内存使用状况等有一个基本的了解。我们以 Freescale 的 CodeWarrior for StarCore 集成开发环境为例。我们用 CodeWarrior 创建一个新的样例工程，并使能分析功能，然后编译并运行工程。当程序运行结束时，用户可以选择一个分析工具窗口，观察到所有的统计数据。

使用算数逻辑单元（Arithmetic Logical Unit，ALU）使用率（%），地址生成单元使用率（%），代码热点，内存被占用情况等相关数据，我们大概可以了解到底哪一段代码花费了最长的时间（并假设产生最大的功耗）。我们可以使用刚才的评估来进行一个基本的性能测试，在测试中我们将一段重要的代码放在一个无限循环里运行，这样我们就可以分析出这段代码的平均"典型"功耗。

在标准的 Freescale CodeWarrior 样例工程里，有两个主要的函数：func1 和 func2。用分析工具解析样例代码，我们可以从图 13-3 看到 func1 程序占用了大部分的运行时间。这个程序放在 M2 存储器中，它从可缓存的 M3 存储器中读取数据（意思是可能会回写到 L2 和 L1 缓存）。使用分析工具（如图 13-4 所示），可以获得 ALU 和 AGU 的使用率信息。

我们可以将代码放到一个无限循环里来进行有效的仿真。我们需要调整输入输出，选择相同的优化等级进行编译，并验证是否能得到与原始代码相同的性能分布。另外，也可以选择使用汇编语言写一个样例测试代码，使其 ALU/AGU 的使用情况符合之前分析的结果。但是这种方法不是很精确，并且使得个别优化性能的测试更加复杂。

接下来，我们可以设置一个断点，重新运行我们的程序，并且确认器件使用率分析结果和原始代码保持一致。如果不一致，我们可以调整编译选项中的优化等级或者调整代码中的单元使得它与原始代码匹配。

这个方法可以快速有效地测量各种负载下的功耗。通过使用无限循环，测试变得非常容易，我们可以简单地比较在稳定状态下代码优化前和优化后的电流值，检测是否优化后可以得到较小的值。我们可以使用这个方法来测量许多度量值，例如，一段时间的平均功率，每条指令的平均功率，每个时钟周期的平均功率，以及 t 时间消耗了多少焦耳的能量（功率 × 时间）。通过测量一些具体的算法和节省功率的技术，我们会总结出一些小规则，以后可以使用类似的方法来优化功率。

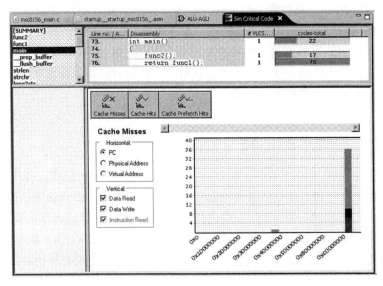

图 13-3　分析热点程序

Function_Name	Num_VLSE	DALU_Parallelism	AGU_Parallelism	4 ALU / 2 AGU	4 ALU / 1 AGU	4 ALU / 0 AGU	3 ALU / 2 AGU
func2	7	0.14	0.86	0.00% / 0 VLES	0.00% / 0 VLES	0.00% / 0 VLES	0.00% / 0 VLES
func1	3958	0.20	0.80	0.00% / 0 VLES	0.00% / 0 VLES	0.00% / 0 VLES	0.00% / 0 VLES
main	7	0.00	1.00	0.00% / 0 VLES	0.00% / 0 VLES	0.00% / 0 VLES	0.00% / 0 VLES

SUMMARY:

DALU Parallelism (0-4)	DALU Counter	AGU Parallelism (0-2)	AGU Counter
0.20	785	0.80	3173

% / No. VLES	4 ALU	3 ALU	2 ALU	1 ALU	0 ALU	Total AGU
2 AGU	0.00% / 0 VLES	0.00% / 0 VLES	0.00% / 0 VLES	0.00% / 0 VLES	0.00% / 0 VLES	0.00% / 0 VLES
1 AGU	0.00% / 0 VLES	0.00% / 0 VLES	0.00% / 0 VLES	0.00% / 0 VLES	80.17% / 3173 VLES	80.17% / 3173 VLES
0 AGU	0.00% / 0 VLES	0.00% / 0 VLES	0.00% / 0 VLES	19.83% / 785 VLES	0.00% / 0 VLES	19.83% / 785 VLES
Total ALU	0.00% / 0 VLES	0.00% / 0 VLES	0.00% / 0 VLES	19.83% / 785 VLES	80.17% / 3173 VLES	100.00% / 3958 VLES

图 13-4　核组件（%ALU，%AGU）利用率

这一节我们解释了一些测量静态功率和动态功率的方法，并介绍了如何使用分析工具分析一段代码的功率。我们还知道了一些 DSP 制造商会提供功率计算器，它可以加快功率的评估过程。使用这些工具可以有效地测量和验证下面章节将要介绍的一些优化功耗的软件技术。

13.5　降低功耗

本章会介绍三种主要的功率优化方法：硬件支持特性、数据通路优化和算法优化。算法优化指对代码做修改来影响 DSP 核的数据处理，例如指令或循环处理。而我们这里讨论的硬件优化，更多集中在如何优化时钟控制和硬件的功率特性。数据流优化主要指利用相关的特性和原理来使用不同的内存、总线以及一些可存储或发送数据的外设来减小功耗。

硬件支持

低功耗模式

DSP 的应用通常以包、帧、块的任务来工作。例如，在媒体播放器中，视频数据帧以每秒 60 帧的速度输入并解码。然而实际上一帧数据的解码比 1/60 秒短，这样我们就可以利用睡眠模式、关闭外设、组织内存等方法来减少功耗并最大限度地提高效率。

我们必须记住对于不同的应用，功耗的分析也不相同。比如，对于两个不同的手持设备：一个 mp3 播放器和一个便携式电话，功率分析会大不相同。

便携式电话大部分时间处于空闲状态。当有电话时，在整个通话中电话仍不会满负荷工作，因为说话时通常会有停顿，这个对于 DSP 处理器的核时钟周期来讲是很长的一段。

对这两种应用，软件都可以使能低功耗模式（模式 / 特性 / 控制）来节省能量，程序员面临的问题是如何有效地使用它。最普遍的模式有以下几种：电源门控、时钟门控、电压缩放和时钟缩放 [3]。

电源门控，使用一个电流开关在待机模式下切断电源，当电路并未被使用时，可以消除静态漏电流。使用电源门控功能会导致电路的状态和数据丢失，所以当我们使用它时需要将必要的上下文 / 状态存储在工作的内存中。DSP 向着拥有多个外设的完整片上系统发展，一些外设在一些特定的应用下是不需要的。电源门控可以彻底关掉这些在系统中不会用到的外设。电源门控功能是否能带来功率的节省，取决于设备上有哪些外设。

需要特别指出的是，在一些情况下，文档中会提到通过时钟门控将某个外设断电，这个与电源门控是不同的。它是指有可能将电源的某一模块接地来给外设断电，这个取决于设备的需求和电源线的耦合情况。在某些情况下，软件也可以完成断电，比如，当一个板子 / 系统级的电源由一个板上集成电路控制（例如 PowerOne IC），而这个集成电路可以通过 I²C 总线接口编程和升级。举个例子，MSC8156DSP 对 Maple 加速器和一部分 M3 内存有这个选项。

时钟门控，顾名思义就是关掉一个电路的时钟或者设备时钟树的一部分。由于动态功率是在由时钟切换触发的状态变化中被消耗的（如 13.1 小节所介绍的），时钟门控使得程序员可以通过使用一条（或一些）指令来消减动态功耗。一个 DSP 的时钟系统一般情况下是将一个主时钟锁相环（Phase Locked Loop，PLL）分成树状结构，分支会通向不同的时钟域以分别满足核、内存和外设的设计要求。DSP 通常可以使能不同级别的时钟门控以便定制功率节省方案。

Freescale MSC815X 系列的低功耗模式

Freescale 的 DSP 在核子系统和外设方面提供了多种级别的时钟门控。针对一个核，门控时钟可以通过 STOP 和 WAIT 指令来完成。STOP 模式对 DSP 核和除了可以将核从 STOP 模式下唤醒的内部逻辑外的整个核子系统关闭时钟（L1 和 L2 缓存、M2 存储器、内存管理、调试和分析模块）。

为了安全地进入 STOP 模式，必须确保内存和缓存的访问都已经结束，没有存取 / 预取还在进行中。

推荐的处理流程如下：

1. 结束任何 L2 预取操作。

2. 停止所有对 M2/L2 的内部或外部访问。

3. 通过写核子系统的从端口通用配置寄存器来关掉子系统从端口的窗口（外设访问 M2 的路径）。

4. 通过读取寄存器来验证从端口是否被关闭，并对访问从端口进行测试（这种情况下，任何对核从端口的访问都会产生一个中断）。

5. 确保 STOP ACK 在通用状态寄存器中已经被置位，这表示子系统进入了静止状态。

6. 进入 STOP 模式。

STOP 状态可以通过发起一个中断而退出。还有一些其他的方法可以退出 STOP 状态，如通过外部输入复位或调试信号。

WAIT 状态下，门控时钟会作用于核以及除了中断控制器、调试和分析模块、计数器、M2 存储器外的其他核子系统。比起 STOP 状态，进入或退出 WAIT 状态都会更快一些，但同时也会消耗更多的功耗。若需要进入 WAIT 状态，程序员可以简单地使用一个 WAIT 指令来完成。像 STOP 一样，可以通过一个中断来退出 WAIT 状态。

Freescale 的 DSP 针对这些低功耗状态有一个特别好的特性，那就是我们既可以通过使能的也可以通过未使能的中断来退出 STOP 和 WAIT 模式。通过使能的中断来唤醒必须执行一个标准的中断处理程序：核接收到中断后，做一个完整的上下文切换，然后程序计数器会跳转到中断服务程序，最后才能返回到执行 WAIT（或者 STOP）那段代码之后的指令。这些处理需要花费相当多的时钟周期，所以这里我们如果使用未使能的中断就会比较简单。当使用一个未使能的中断退出 WAIT 或 STOP 状态时，这个中断信号在核全局中断优先等级（Interrupt Priority Level，IPL）中设定为"不使能"，当核被唤醒后，核会直接恢复进入特殊状态前的操作而不需要执行上下文切换或任何的中断服务程序。在本节的最后我们会给出一个使用未使能中断唤醒 MSC8156 的例子。

用户也可以对外设进行时钟门控，可以根据需求单独关闭特定的外设。对于 MSC8156，我们可以关闭串行接口，以太网控制器（QE）、DSP 加速器（Maple）以及 DDR。和 STOP 模式一样，当需要对这些接口关闭时钟时，程序员必须保证之前所有的访问已经结束，随后才能通过系统时钟控制寄存器操作那些需要关闭时钟的接口。为了从时钟关闭模式退出，需要一个电源复位操作，所以时钟不可以在一个函数运行的时候打开或关闭，而是需要在系统初始化阶段就已经确定好配置。

此外，高速串行接口组件（SERDES、OCN DMA、SRIO、RMU、PCI Express）和 DDR 可以关闭一部分时钟。所以这些接口可能会暂时进入一个"打盹状态"以便节省能量，但是仍然可以给访问提供确认或应答（防止外部逻辑需要访问时，外部或内部总线被锁住）。

TI C6000 的低功耗模式

TIC6000 系列的 DSP 是市场上另外一个主流的 DSP 系列。C6000 系列的 TI DSP 提供少量级别的时钟关闭，不过这还要取决于是哪一代的 C6000。例如，上一代 C67X 的浮点 DSP 有一些低功耗模式叫"断电模式"，这些模式包括 PD1、PD2、PD3，以及"外设断电"模式，每一个模式都会对芯片上的一些组件进行时钟关闭。

例如，PD1 模式会关闭 C67x 中央处理器（处理器核、数据寄存器、控制寄存器，以及除了中断控制器外的核内其他模块）的时钟。C67x 可以通过核中断从 PD1 模式中被唤醒。通过写寄存器（给 CSR）可以进入 C67x 的 PD1（或 PD2/PD3）断电模式。进入 PD1 模式会花大概 9 个左右的时钟周期再加上访问 CSR 寄存器的时间。因为这个断电模式只影响核（不包括缓存），所以无法和 Freescale 的 STOP 或 WAIT 状态相比。

另外两个更高层的断电模式，PD2 和 PD3，可以有效地关闭整个设备的时钟（所有使用内部时钟的模块：内部的外设、中央处理器、缓存等等）。唯一可以唤醒 PD2 和 PD3 时钟关闭模式的方法是复位，所以 PD2 和 PD3 在应用中不甚方便有效。

较新的 TI Keystone DSP 系列（C66x），将之前 C6000 器件的浮点和定点结构组合，并在 CSR 寄存器中保留了 PD1、PD2、PD3 状态。

C66xx 可以独立地关闭一部分外设的时钟，类似于 Freescale 的 DSP。

13.6　时钟和电压控制

一些器件可以缩放电压或时钟，这样有助于优化一个器件 / 应用的功率方案。电压缩放，顾名思义，就是减小或放大供电。这节在介绍电流测量的部分时，我们提到了 VRM 这种方法。VRM（Voltage Regulator Module，稳压器模块）的主要目的是控制一个器件的供电 / 电压。使用 VRM 时，可以通过监控和更新电压 ID（Voltage ID，VID）参数来缩放电压。

一般情况下，随着电压的减小，频率 / 处理速度也会降低，所以通常只有当对 DSP 核的要求降低或减少特定的外设时，才会降低电压。

TI C6000 器件提供了一个称为智能反映（SmartReflex）的电压缩放技术。SmartReflex 通过一个可以给电压调节模块提供 VID 的管脚接口来使能自动的电压缩放。因为管脚接口是内部管理的，软件工程师不会对它有太大影响，所以我们不对它提供编程示例。

许多 DSP 都可以进行时钟控制，例如 Freescale 的 MSC8144，它允许在运行时改变一些 PLL 的值。就 MSC8144 来说，更新内部的 PLL 需要重新锁住 PLL，这时系统的一些时钟会停止，接着需要做一个软复位（内部核的复位）。因为这些固有的因素，时钟缩放在正常高负荷操作下是不太可行的，但在较长的一段时间内对 DSP 需求降低时，可以考虑使用（例如，夜间的无线基站通话量很低时）。

当考虑使用时钟缩放时，我们必须记住以下几点：在正常操作时，若没有使用时钟或电源门控，以一个较低的时钟运行可以降低功耗。但实际情况下，处理器在一个高频率下运行时，可以带来更多的"空闲"时钟周期，像之前提到的，可以在空闲周期让器件处于

一个低功耗 / 睡眠模式，因此抵消了时钟缩放所带来的优势。

另外，对于 MSC8144，特定的用例下更新时钟是非常耗时的。而且对于许多 DSP，时钟更新是不可选的。这意味着时钟频率必须在器件复位 / 上电时就已经确定，所以一般就经验来说，尽量给实时运行的应用程序足够的时钟周期和一些时间余量，然后运用其他的技术来优化功率。确定时间余量时，随着处理器的不同和应用的不同，时间余量也不同。从这点上讲，分析应用程序以了解一块 / 一帧所需的时间和这段时间内核的利用率是很有意义的。

一旦明白了这一点，就可以如前面所介绍的，测量分析过程中的功耗。可以在主要频率下测量平均功率（对于 MSC8144 和 MSC815x，分别是 800M 和 1G），然后在空闲时隙里测量一下平均的待机功率，这样来直观地做一个对比，以便选出最佳功耗的情况。

低功耗模式下的注意事项和用法示例

这里我们将总结一下低功耗模式应用时的一些注意事项，最后会以一个实时多媒体应用编码的例子来讲解一下低功耗模式的使用。

在低功耗模式时应注意可用模块的功能：

- 在低功耗模式下时，我们需要记住一些特定的外设不可以被外部的外设访问，并且这些外设的总线也可能受到影响。如前面提到的，虽然并非总是如此，但我们需要考虑到这点。如果将一个模块电源关闭，必须特别注意共享的外部总线、时钟和管脚。
- 另外，必须注意内存的状态和数据的有效性。我们将在下节讨论缓存和 DDR 时涉及到这方面内容。

注意进入和退出低功耗模式的开销：

- 当进入和退出低功耗模式时，除了节省总功耗，程序员必须保证进入或推出低功耗模式所消耗的时间不能破坏实时性的约束。
- 访问寄存器和直接使用核指令来启动一个低功耗模式会带来不同的时间开销。

低功耗示例

为了举例说明低功耗模式，我们将参考动态视频（Motion JPEG，MJPEG）编码应用，如图 13-5 所示。在这里先做一个简短的介绍：MJPEG 示例是一个实时的智能 DSP 操作系统（Smart DSP OS）示例，它运行在 MSC8144 或者 MSC8156 开发板上。

在 MJPEG 示例中，PC 会将原始图像帧通过以太网传给 DSP。每一个网络包包含一块图像帧。一个完整的 QVGA 图像由大概 396 块帧加一个头组成。DSP 会实时对图像进行编码（可在 1 帧每秒到 30+ 帧每秒间调整），并且将编码的动态图像（MJPEG）视频通过以太网发回给 PC，PC 会使用一个图形用户界面来播放。示例流程和图形用户界面的截图如下图所示。

这个用户图形界面不仅显示了编码后的 JPEG 图像，还显示核利用率（最大核周期使用的百分比）。

对于这个应用，我们需要了解对一帧 JPEG 编码所消耗的周期数。有了这个周期数我们可以确定可以使用的最大帧速率，同时，还可以确定我们使用低功耗模式时最长的停机时间。如果我们已经接近了实时应用的最大核利用率，使用低功耗模式便不可取（有可能会破坏实时性的限制）。

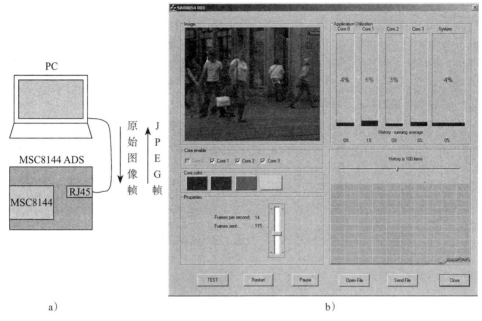

图 13-5　SmartDSP OS 动态 JPEG 示例

如前面章节提到的，我们可以简单地分析一下应用程序，查看每个图像帧所实际消耗的周期数来，片上仿真器（On Chip Emulator，OCE）的核周期计数器可以用来统计 MJPEG 示例代码所消耗的时间。OCE 是 MSC81xx 系列 DSP 上的一个硬件模块，分析工具利用它来得到代码花费的核周期数。

这个 MJPEG 示例会统计核实际工作时所花费的周期数（处理一个到达的以太中断，将数据出列，将一块数据编码成 JPEG 格式，数据入列并通过以太网回送数据）。

处理一个编码数据块所用的核周期数（还包括后台数据的搬移）经测量大约是 13 000 个时钟周期。对于一整幅 JPEG 图像（大约 396 个图像块加网络包），大概需要五百万个时钟周期。所以若假设核为 1GHz，每秒一个 JPEG 帧会占用核处理能力的 0.5%，包括处理所有的网络输入 / 输出、中断上下文切换等。

$$周期数_{数据块管理 \& 编码} = 13\ 000$$
$$周期数_{JPEG 帧} = 周期数_{数据块管理 \& 编码} \times 396 = 5\ 148\ 000$$
$$核利用率_{30FPS}(\%) = 30 \times \frac{100 \times OCE 计数}{1\ 000\ 000\ 000} = 15.4\%$$

因为 MSC81xx 系列的 DSP 有最多 6 个核，若一个核管理网络的输入 / 输出，那么整个多核系统中，每个核的利用率下降到 3% ～ 7%。一个主核用来管理系统，包括网络输入 / 输出，多核间的通讯以及 JPEG 编码，而其他的从核只专注于对 JPEG 帧进行编码。因为若将多核间通讯和管理的工作由一个核转移到四个核或六个核上做，每个核所消耗的周期数并不能线性递减。

根据 OCE 所得到的周期数，在一个核上运行程序时，核 85% 的时间可以进入睡眠状态。若多核运行，每个核 95% 的时间都可以进入睡眠状态。

这个应用程序也只用了片上系统的一部分外设（以太网、JTAG、一个 DDR 和 M3 内存）。所以我们可以通过关闭整个高速串行接口（High Speed Serial Interface，HSSI）系统（串行高速 IO、PCI Express）、Maple 加速器和另外一个 DDR 控制器来节省功耗。此外，对于用户图形界面，我们可以只演示四个核，所以在不影响演示的情况下我们可以关掉核 4 和核 5。基于上面所分析的和这节中我们所讨论的，在这里我们有如下流程：

在应用程序初始化阶段：

- 关闭未使用的 Maple 加速器模块的时钟
  - ❏ Maple 的电源管脚和核电压共享一个电源。如果 Maple 没有共享电源，那么我们可以完全关闭电源。因为在开发板上共享了管脚，所以最有效的办法是关闭 Maple 的时钟。
  - ❏ Maple 在没有使用的时候，会通过关闭一部分时钟来自动进入一个休眠状态，所以对整个 Maple 进行关闭时钟的操作不会带来特别大的功耗节省。
- 关闭未使用的 HSSI 的时钟
  - ❏ 我们可以让 MAPLE 进入一个睡眠状态，但是这时只关闭了一部分时钟。因为我们根本没有使用这些外设，所以完全关闭时钟对节省功率更有效。
- 关闭未使用的另一个 DDR 控制器
  - ❏ 当我们使用 VTB 时，SmartDSP OS 会在另一个 DDR 存储器中留一段缓冲空间，所以我们需要保证没有使用 VTB。

在应用程序运行阶段：

当程序运行时，QE（以太网控制器）、DDR、CLASS（DSP 总线结构）以及核 1～4 将被使用。对于这些模块我们必须注意以下事项：

- 不能关闭以太网控制器或者使其进入低功耗状态，因为网络模块要接收新的需要编码的数据包（JPEG 块）。从以太网控制器的中断可以唤醒处于低功耗模式的主核。
- 将核从低功耗模式中激活：
  - ❏ WAIT 模式节省了功耗，同时只需要花费很少的周期数就能使用一个未使能的中断信号将核从 WAIT 状态中唤醒。
  - ❏ STOP 模式比起 WAIT 模式可以节省更多的功耗，因为在 STOP 模式下会关闭子系统中更多的模块（包括 M2）。但是 STOP 模式需要更长的时间被唤醒，因为更多的硬件模块需要重新使能。如果数据高速输入，而唤醒时间又过长的话，我们可能会遇到溢出的情况，这时就会引起丢包。不过目前这个应用不会发生这种情况，因为所需的数据速率很低。

第一个 DDR 包含了代码段和数据段，包括一部分网络处理代码（这些段可以通过程序的 .map 文件来快速检查和核实）。因为以太网控制器会将主核从 WAIT 状态中唤醒，并且核被唤醒后的第一个任务就是运行网络的中断处理函数，所以我们不能让 DDR0 处于休眠状态。

我们可以使用主函数后台程序而不必修改实时操作系统来完成之前讨论的方案。节省功率相关的代码如下面黑体所示：

```
static void appBackground(void)
{
  os_hwi_handle hwi_num;
  if (osGetCoreID() == 0)
  {
   *((unsigned int*)0xfff28014) = 0xF3FCFFFB;//HSSI CR1
   *((unsigned int*)0xfff28018) = 0x0000001F;//HSSI CR2
   *((unsigned int*)0xfff28034) = 0x20000E0E; //GCR5
   *((unsigned int*)0xfff24000) = 0x00001500; //SCCR
  }
  osMessageQueueHwiGet(CORE0_TO_OTHERS_MESSAGE, &hwi_num);
  while(1)
  {
   osHwiSwiftDisable();
   osHwiEnable(OS_HWI_PRIORITY10);
   stop();//wait();
   osHwiEnable(OS_HWI_PRIORITY4);
   osHwiSwiftEnable();
   osHwiPendingClear(hwi_num);
   MessageHandler(CORE0_TO_OTHERS_MESSAGE);
  }
}
```

需要注意的是，关时钟的操作只能在一个核上做，因为这些寄存器是系统级的，被所有的核共享。

上面这段代码说明了使用 SmartDSP OS 的编程人员如何利用中断应用程序接口在不需要上下文切换的情况下将核从 STOP 或 WAIT 状态中唤醒。如上面所提到的 MJPEG 应用，原始图像数据块会通过网络接收（伴随着中断），然后数据会通过队列共享（伴随着中断）。在这里，主核需要上下文切换来读一个新的网络帧，但是从核被唤醒后会直接跳转到消息处理（MessageHandler）函数。

根据上面的分析，在进入睡眠状态前，我们只使能优先级别较高的中断。

```
osHwiSwiftDisable();
osHwiEnable(OS_HWI_PRIORITY10);
```

当一个从核休眠时，如果有一个新的队列消息以中断的形式到达，核将被唤醒（需要上下文切换），由于低优先级中断没有被使能，所以它没有被处理，而是恢复到了标准的优先级别。于是这个核将会通过直接调用函数 MessageHandler() 来访问和管理这个新消息，而不会产生任何上下文切换的开销。

为了验证节省功耗操作的有效性，我们将在优化前通过相关的电路测量得到一个基准功率值，然后测量一步步节省的功耗值。

在 MSC8156ADS 开发板上，核、加速器、HSSI 和 M3 存储器的电源都接在同一个电源上，简化了数据的收集。由于只优化了这些模块以及 DDR，我们将单独基于这些电源来测量功耗的改善。

由图 13-6 我们可以看到降功耗的方法一步步使用后，有关电源模块的相对功耗值（1V：核、M3、HSSI、MAPLE 加速器和 DDR）。需要注意的是，我们没有提供实际的功耗值以避免涉及不能公开的数据。

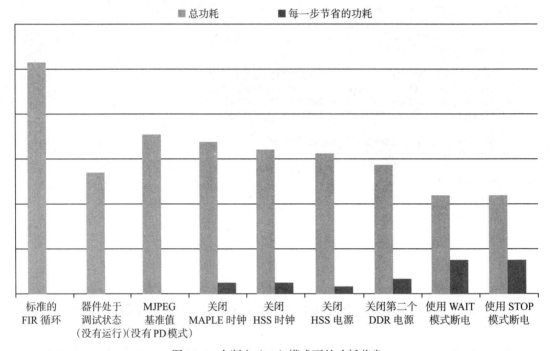

图 13-6　在断电（PD）模式下的功耗节省

柱形图的前两列提供了参考点，分别表示在这样的供电下，一个使用标准 FIR 滤波器的循环所消耗的功率，以及核处于调试状态下（不执行任何的指令，但并非低功耗模式）所消耗的功率。随着我们针对相关的供电模块对动态视频编码示例一步步运用上面所提到的降功耗的方法，功耗有接近 50% 的减少，除了 STOP 和 WAIT 功率模式，其他每一步大概有 5% 的降低，而 WAIT 和 STOP 节省了近 15% ～ 20% 的功耗。

有一点需要记住的是，MJPEG 示例是说明低功耗模式极佳的例子，但是它的核利用率不高。所以当需要使用其他不同的优化技术时，我们应该使用更合适的例子。

13.7　优化数据流

13.7.1　优化内存访问以降低功耗

因为时钟不仅用在核组件中，还用在总线和存储单元上，所以内存相关的功能非常耗电。所幸，内存访问和数据通路都可以优化从而降低功耗。这一节将介绍如何利用存储器的硬件设计知识来优化访问 DDR 和 SRAM 存储器时产生的功耗。接下来，我们还要介绍如何利用 SoC 级一些其他的特定内存配置方法。最常见的方法是优化内存以便最大限度地将那些关键的、频繁使用的数据和代码本地化，也就是尽可能多地放在高速缓存里。缓存未命中不仅会引起核停止从而带来额外的开销，还会因为总线激活而消耗额外的功率，并且更高层的存储器（器件内部的 SRAM，或者器件外部 DDR）也会被激活并消耗功率。一般来说，访问高层存储器，例如 DDR，不会像访问内部存储器一样频繁，所以高层存储器的访问更容易设计，从而优化。

13.7.2　DDR 概述

我们在这里要讨论的最高层存储器是外部 DDR 存储器。在软件中优化 DDR 访问，首先需要了解 DDR SDRAM 的硬件组成，如 DDR（Dual Data Rate，双倍数据速率）的名字所示，DDR 利用其时钟源的双沿来发送数据，因此 DDR 以双倍的实际数据速率进行数据的读写。DDR 提供了许多不同类型的功能，都能影响到总的使用功率，例如，EDC（Error Detection，内存错误检测）、ECC（Error Correction，内存错误纠错）、不同类型的突发传输、可编程数据刷新速率、可编程物理块交织内存配置、通过多片选完成的页面管理和 DDR 特定睡眠模式等。

下面罗列几个在此有所涉及的 DDR 相关重要概念：

- **片选**（也被称为**物理块**）：选择一组与存储控制器相连的存储芯片（也被称为一个"阵列"）来进行访问。
- **阵列**：在 DIMM（Dual Inline Memory Module，双列直插内存条）上一次同时访问的一组内存芯片。例如，一个双阵列双列直插式内存条，有两组内存芯片，由片选来区分。当需要一起访问的时候，每一个阵列一次只允许访问 64 位的数据（有 ECC 时为 72 位数据）。
- **行**：可以访问一组数据的地址位，也被称作"页"，所以行和页可以互换使用。
- **逻辑块**：类似于行地址位，它可以访问一段特定的内存。通常，行位是 DDR 的高地址位，接下来的几位用来选择逻辑块，最后跟着的是列地址位。
- **列**：是用于选择和访问一个特定的地址进行读或写的位。

典型的 DSP 中，DSP 的 DDR SDRAM 控制器连接到一组独立的存储颗粒上，或者连接到一个 DIMM 上，DIMM 包含多个存储单元（颗粒）。每一个独立的单元 / 颗粒包含多个可以进行读写访问的逻辑块以及行和列。一个离散的 DDR3 内存颗粒基本结构如图 13-7 所示。

一个标准的 DDR3 离散颗粒一般由八个逻辑块组成，如上所述，逻辑块可提供寻址。这些逻辑块其实是由行和列组成的表格。

行选择实际上是为一个被选中的逻辑块打开这行（页），所以在不同的逻辑块上可以同时打开不同的行，如上图中标出的激活或打开的行。列选择给出了在相应块上激活行需要访问的部分。

当有几组内存颗粒时，我们需要引入片选的概念。执行一个片选，也被叫作"物理块"，就是使能控制器同时访问一部分特定的内存模块（Freescale 的 MSC8156 DSP 最大支持 1GB，MSC8157 DSP 最大支持 2GB）。一旦片选被使能，使用页面选择（行）、块和列来访问被片选激活的芯片内的存储模块。两个片选的连接如图 13-8 所示。

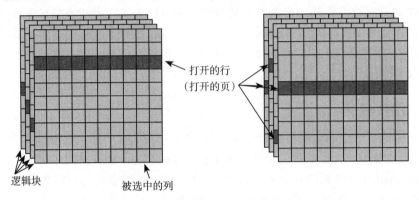

图 13-7　一个离散 DDR3 存储芯片的行列基本框图

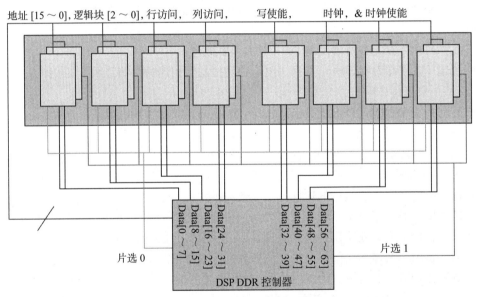

图 13-8　一个 DDR 控制器到存储器连接的简化视图：2 芯片选择

图 13-8 的下端是我们的 DSP 器件，它正要访问 DDR 内存。总共有 16 个颗粒连接到两个片选上：片选 0 在左边，片选 1 在右边。这 16 个独立的颗粒被分成两组，它们共享除了片选管脚外的其他所有相同的信号（地址、块、数据等）(注：这是一个双阵列 DDR 的基本结构，只是两组颗粒置于同一个芯片上）。这里有 64 位数据。所以对于一个单独的片选，当我们访问 DDR 并写 64 位连续的数据到 DDR 存储空间时，DDR 控制器会按照如下流程执行。

1. 根据地址来选择片选（例如 0）。

2. 行访问阶段，所有 8 个颗粒根据 DDR 地址位为每一块打开相同的一页（行）。

- 需要通过**激活命令**打开新行，激活命令会将数据从行备份到"行缓冲区"以便快速访问。
- 已经打开的行不需要这个使能命令，可以跳过这一步。

3. 在下一个阶段，DDR 控制器将在 8 个颗粒上选择同一列。这就是行访问阶段。

4. 最后，DDR 控制器对这 8 个独立颗粒中的每一颗输入 8 位数据，这样 64 位数据将写到打开的行缓冲区中。

这里有一个命令可以打开行，也有一个命令可以关掉行，我们称它为**预充电**。预充电会告诉 DDR 模块将行缓冲区中的数据写回芯片上实际的 DDR 存储器中，从而将行从缓冲区中释放出来。所以，当在一个 DDR 的逻辑块中从一行切换到另一行时，我们需要对打开的行进行预充电来关掉它，并激活我们需要开始访问的行。

激活命令的副作用是，内存会自动读写，因此会进行刷新。如果 DDR 的一行被预充电，则它必须被周期性刷新（使用相同的数据读 / 重写）来保持数据有效。DDR 控制器有一个自动刷新的机制可以帮助程序员来进行刷新。

13.7.3　通过优化 DDR 数据流来降低功率

目前已经介绍了访问 DDR 的基本原理，我们现在可以开始介绍如何通过优化 DDR 的访问来降低功耗。通常情况下，为降低功耗做的优化也有利于提升性能。

DDR 功耗的组成在文献 [4] 中做了解释。DDR 在所有的状态下都会消耗功率，甚至在关闭 CKE（时钟使能，即使能 DDR 执行任何操作）的情况下也是如此，尽管这种情况下功耗最小。让 DDR 降低 DDR 功耗的一项技术是，DDR 控制器使 CKE 管脚无效进入省电模式从而显著降低功耗。Freescale 的 DSP 器件，包括 MSC8156，称这种模式为动态功率管理模式，它可以通过寄存器 DDR_SDRAM_CFG[DYN_PWR] 位域来使能。当没有内存刷新或访问工作时，这个特性会让 CKE 无效。如果 DDR 存储器有自动刷新功能，则功率节省模式可以持续更久，因为不需要 DDR 控制器来进行刷新。

这个功率节省模式会影响一些性能，因为当需要处理一个新的访问时，使能 CKE 会增加一个时延。

美菱的 DDR 功率计算器可以用来预估 DDR 的功耗情况。如果选用速度等级为 −125 的 1GB × 8DDR 芯片，我们可以从下面看到对 DDR 主要功耗的预估。非空闲状态操作所消耗的功率也添加了进去，所以我们看到的总功耗是空闲功耗加上非空闲操作的功耗。

- 空闲状态，没有打开的行，CKE 置低下的理想功耗：4.3mW（IDD2P）。
- 空闲状态，没有打开的行，CKE 置高下的理想功耗：24.6mW（IDD2n）。
- 空闲状态，有打开的行，CKE 置低下的理想功耗：9.9mW（IDD3p）。
- 空闲状态，有打开的行，CKE 置高下的理想功耗：57.3mW（IDD3n）。
- 激活和预充电下所示功耗为 231.9mW。
- 刷新所示功耗为 3.9mW。
- 写操作所示功耗为 46.8mW。

- 读操作所示功耗为 70.9mW。

我们可以看到使用动态功率管理模式最高可以节省 32mW，这在 DDR 上下文中是非常可观的。

并且，非常清楚的是，软件工程师必须尽量减少主要消耗功率的操作：激活、预充电、读、写操作。

行使能 / 预充电产生的高功耗在预料之中，因为 DDR 需要消耗大量的功率用来解码实际的激活命令并进行寻址，此外还需要将数据从存储器阵列搬到行缓冲区。同样，预充电命令在将数据从行缓冲区回写到存储器阵列时，也会消耗可观的功率。

通过时间来优化功率

通过改变行激活命令之间的时间 t_{RC}（程序员可以在初始化阶段对 DDR 控制器进行设定的一个配置）可以减小激活命令这段时间内所消耗的最大平均功率。通过增加两个行激活命令间的时间，激活的最大功率峰值被拉伸，所以 DDR 在给定时间内所产生的功耗值减小，但一定数量的访问所产生的总功耗是不变的。这里最需要说明的是加大行激活命令之间的时间，可以帮助限制器件的最大功耗（最坏的情况），这样对于在有一定硬件限制的情况下工作（电源、板上的 DDR 电源去耦电容有限等）是很有用的。

通过交织进行功率优化

现在我们知道 DDR 上主要消耗功率的对象是激活 / 预充电命令（同时针对功率和性能而言），我们可以制定一个减少使用这些命令的方案。这里我们有一些方法，首先要提到的是地址交织，它将通过交织片选（物理块）以及交织逻辑块来减少激活 / 预充电命令组。

在设定 DDR 控制器的地址空间时，行比特位、片选和块选可以交换来使能 DDR 交织。通过改变高位的地址可以使 DDR 控制器停留在相同的页面，改变行之前，先改变片选（物理块）和逻辑块。软件程序员可以通过使能 DDR-SDRAM_CFG 寄存器的 BA_INTLV_CTL 位在 MSC8156 上使能这个功能。下面列出了一个通过物理和逻辑块进行使能交织的例子，核到 DDR 的位寻址如图 13-9 所示。

通过这种交织方法，一旦 12 位（低位）列地址空间被使用，我们将移到下一个逻辑块开始寻址（而不需要预充电 / 激活命令）。并且如果板子的内存结构有多个片选可用，使用不同的片选时有 15 位地址空间可用。

优化内存软件数据结构

我们还需要考虑到 DDR 内部的内存结构布局。以使用大的乒乓缓冲区为例，可以组织缓冲区使每个缓冲置于自己的逻辑块中。这样的话，即使 DDR 不进行交织也可以避免由于一对缓冲区大于一行（页）而使用不必要的激活 / 预充电命令对。

优化一般的 DDR 配置

包括"开关"页面模式在内，程序员还可以使用另外一些特性，它们可能对功耗产生正面或负面的影响。一些控制器会提供关页面模式特性，在每一次读或写后对行执行一次自动预充电。这当然不必要地增加了 DDR 的功耗，比如，程序员可能需要 10 次都访问同一行，关页面模式就会产生至少 9 次不必要的预充电 / 激活命令对。按之所前讨论的 DDR

结构为例，这会额外消耗 2087.1mW（231.9mW×9）。

行×列		MSB		由核发起的地址																										LSB
		31	30	29	28	27	26	25	24	23	22	21	20	19	18	17	16	15	14	13	12	11	10	9	8	7	6	5	4	3	2-0
15×10 ×3	MRAS	14	13	12	11	10	9	8	7	6	5	4	3	2	1	0															
	MBA																CS SEL													
	MCAS																													
14×10 ×3	MRAS		13	12	11	10	9	8	7	6	5	4	3	2	1	0															
	MBA																CS SEL	2	1	0										
	MCAS																				9	8	7	6	5	4	3	2	1	0
14×10 ×2	MRAS			13	12	11	10	9	8	7	6	5	4	3	2	1	0													
	MBA																	CS SEL	1	0										
	MCAS																				9	8	7	6	5	4	3	2	1	0
13×10 ×3	MRAS			12	11	10	9	8	7	6	5	4	3	2	1	0														
	MBA																CS SEL	2	1	0										
	MCAS																				9	8	7	6	5	4	3	2	1	0
13×10 ×2	MRAS				12	11	10	9	8	7	6	5	4	3	2	1	0													
	MBA																	CS SEL	1	0										
	MCAS																				9	8	7	6	5	4	3	2	1	0

图 13-9　片选和逻辑块交织的 64 位 DDR 存储器

可以想象，这个特性同样对性能也会产生负面的影响，因为在内存预充电和激活时会导致停顿。

优化 DDR 的突发访问

DDR 的技术伴每更新一代就带来更多限制：DDR2 允许 4 拍和 8 拍的突发访问，而 DDR3 只允许 8 拍。这意味着 DDR3 将把所有的突发长度当作 8 拍（8 个突发访问长度）。所以对于这里讨论的 8 字节（64 位）宽的 DDR 访问，访问预期是 8 次 8 字节，即 64 字节长。

如果访问不是 64 字节宽，这里将会因为硬件的限制而产生失速。这意味着如果 DDR 内存访问一次读（或者一次写）32 字节数据，那么 DDR 只能以 50% 的效率运行，因为虽然只有 32 字节的数据会被使用，硬件仍会执行读 / 写直到满 8 拍突发。因为 DDR3 以这样的方式来运行，所以我们内存中 32 字节或者 64 字节长的突发数据会消耗相同的功率。所以对于相同的数据总量，若以 4 拍突发访问，那么 DDR3 会消耗接近两倍的功率。

我们在这里推荐以满 8 拍突发数据来进行所有的访问，从而最大化功率的利用效率。程序员必须保证**打包 DDR 里的数据使得最少以 64 字节宽的数据块来对 DDR 进行访问**。数据打包的思想也可以用在减少使用内存大小上。例如，打包 8 个独立的位变量为一个字可以减小内存占用，并增大内核和高速缓冲在一次突发中读取的可使用的数据量。

除了数据打包，**访问需要 8 字节对齐**（或者对齐突发长度）。如果一次访问没有对齐突发长度，例如，在 MSC8156 上，一个 8 字节的访问开始于一个 4 字节的偏移，第一和第二次访问都会变成 4 拍的突发，这样带宽利用率就减少了 50%（而不是对齐到一个 64 字节边

界并进行一次突发的读数据）

静态存储器和高速缓存数据流的优化

另外一个与使用片外 DDR 相关的优化是回避：避免使用片外的内存，并最大化片上内存的访问，从而既节省使能器件内总线和时钟时的功率，又降低使能片外总线和存储阵列时的功率等。

离 DSP 处理器核较近的高速存储器一般是静态存储器（Static Random Access Memory，SRAM），可以以高速缓存的形式存在也可以是本地片上内存。SRAM 在许多方面不同于 SDRAM（比如它没有激活/预充电命令，没有刷新的概念），但是一些基本的节省功耗的准则同样适用，比如通过对数据打包和内存对齐等来进行流水访问。

对 SRAM 访问进行优化的基本准则是以更高的性能为标准来优化访问。器件使用更少的时钟周期来进行内存操作，这意味着花更少的时间全部激活内存、总线和核来执行所说的内存操作。

SRAM（所有内存）和代码大小

作为程序员，我们可以通过编程和数据结构来影响内存的大小。程序可以（通过编译器，或者手动）优化到最小的代码尺寸，占用最小的空间。较小的程序需要激活较少的内存空间来读取程序。这不仅可以用在 SRAM 上，DDR 或其他类型的内存同样适用，访问较少的内存意味着消耗较低的功率。

除了使用编译工具优化代码外，其他的一些技术，比如 SC3850 这种结构可以使用指令打包，将最多的代码放入最小的一组空间。VLES（Variable Length Execution Set，可变长度指令集）指令结构可以让程序将多个不同大小的指令打包放入一个指令集中。因为指令集不需要 128 位对齐，所以指令可以紧凑打包，同时 SC3850 的预取、取指令和指令分配的硬件将处理读取指令并确认每个指令集的开始和结束（使用 StarCore 汇编工具生成的预置在机器代码指令中的前缀编码）。

此外，可以通过对共用的任务创建函数而节省代码的大小。如果任务较小，考虑使用相同的函数通过传递参数来决定运行时不同的使用，而不是在软件中多次复制相同的代码。

确保使用硬件支持的指令合并功能。在 Freescale StarCore 结构里，使用一个乘加指令只占用 1 个流水线周期，对比于使用独立的乘和加指令，乘加结合的指令不仅节省了功耗，还节省了空间，提高了性能。

一些硬件支持在编译阶段进行代码压缩，并在运行阶段进行解压缩。所以用户可以根据所使用的硬件来决定是否选择这个功能。这个策略所带来的问题与压缩块的大小有关。如果数据已经被压缩成一些小块，那么不可能有很多的压缩优化空间，但是这仍然可以作为一种选择。在解压缩过程中，如果代码包含太多的分支和跳转，处理器最终会浪费宝贵的带宽、周期和功率，这在解压较大的块时基本不会用到。

通常减小代码尺寸的策略会带来一些问题，因为优化性能和空间存在着固有的矛盾。一般情况下，对性能做优化后，不会产生最小的代码量，所以需要做一些平衡和分析来决定理想的代码大小和周期性能，从而最大限度地降低功耗。一般的建议是以满足实时性要求作为不影响程序性能的标准，然后在这个前提下，尽可能减少代码的尺寸。可以遵循 80/20 法则可以实践的例子：20% 的代码执行了 80% 的工作，对这些代码进行性能的优化，对剩下的 80% 的代码做尺寸方面的优化。

SRAM 功耗和并行访问

优化数据存取以减少 SRAM 被激活的周期也是一种推荐的方法，这包括对存储器进行流水线访问、组织数据以便连续访问等。MSC8156 这样的系统中，核 /L1 缓存通过一根 128 位宽的总线连接 M2 存储器。如果数据组织适当，从 M2 SRAM 中每次存取 128 位的数据可以在一个周期内完成，显然比起 16 次独立的 8 位读取在性能和节省功耗方面都有很大的提高。

这里有一个例子演示怎么使用搬移指令在一个指令组内（VLES）回写 128 位数据到存储器中：

```
[
MOVERH.4F d0:d1:d2:d3,(r4)+n0
MOVERL.4F d4:d5:d6:d7,(r5)+n0
]
```

我们可以在一条指令中并行访问存储器（如上例所示，两个搬移操作可以并行执行），即使这两个搬移是访问不同的存储器或存储块，一个周期内的并行访问依然比两个周期进行两次独立的访问开销小。

另外需要指出：和 DDR 一样，访问 SRAM 需要对齐总线的宽度以便充分利用总线。

数据变化和功耗

SRAM 功耗可能会被程序中所使用的数据类型影响。存储器中数据变化（从 0 变到 1）的数量也会影响功耗。Kojima 等人 [5] 发现这些因素还会影响 DSP 核的处理单元。算数指令中使用常量比起使用动态变量在核中消耗功率更小。

通常 SRAM 会预充电存储器到参考电压，所以许多器件中功耗也和 0 的个数成比例，因为存储器会预充电到一个高位状态。

使用这些知识，在可能的情况下尽量使用常量，避免不必要的内存归零，一般来说，可以帮助程序员节省一些功率。

缓存的使用和片上系统（SoC）的内存结构

在设计程序时，可以认为使用缓存和使用 DDR 是相反的方式。一个关于缓存有趣细节是：增加缓存大小会同时增加动态和静态的功耗。但是，动态功耗的增加很小，静态功耗的增加却很显著，并且对于较小的特征尺寸更加实用。作为软件编程人员，我们不能改变一个器件中实际的缓存尺寸，但是基于上面的理论，我们应该尽可能多用器件所提供的缓存！

对于 SoC 级内存的配置和结构，优化使用最频繁的程序并放置在最接近核处理器的缓存区不仅能提供最好的性能，对于功耗也有优化作用。

本地化的说明

本地化的存在归功于缓存的工作方式。高速缓存有很多不同的架构，但它们都充分利用了本地化原理。基本上，本地化原理是指，如果一个存储地址被访问，则它附近的地址立即被访问的概率相对很高。基于这点，当一个缓存发生未命中时（当核试图访问一段存储空间时，它还不在缓存中），缓存会从更高层的存储区中一次读取所需数据所在的那一行。这意味着，一旦核需要从缓存中读取 1 字节符号而数据刚好不在缓存中时，这个地址就会发生一次未命中。当缓存向更高层的存储区读取数据时（不论是片上存储器还是外部的 DDR 等），它将不仅读取一个 8 位的字符，而是读取整个一行缓存的数据。如果缓存一行的大小是 256 字节，那么发生一次未命中将会读取我们所需的那一个字节，以及同一行中的其他 255 字节。

正确使用上面所述原理对降低功耗非常有用。如果我们正在读取一列与缓存行大小对齐的符号，一旦第一个元素发生未命中，虽然我们在缓存读取第一行数据时会损失一些功率和性能，但这列剩余的 255 个字节也将被取进缓存。当我们处理图像或视频抽样时，单帧会以一大列数据的方式被这样存储进来。当对这帧进行压缩或解压缩时，整个一帧会在很短的一段时间内被访问，因此它是空间上和时间上的本地化。

MSC8156 中，6 个处理器核中的每一个都有两级缓存：有一级缓存 L1（由 32KB 指令和 32KB 数据缓存组成），还有一个 512KB 的二级内存，它既可以配置成二级缓存 L2，也可以被配置成二级存储器 M2。在片上系统这一级，有一个所有核共享的 1MB 存储器，称作 M3。一级缓存以核处理的速度来运行（1GHZ），二级缓存以相同的速度（两倍的总线宽度，一半的频率）有效处理数据，存储器 M3 运行在 400MHZ 最大频率下。内存结构最简单的使用方法是使能二级内存为缓存并利用数据的本地化。如上面所讨论，在数据相邻存储时这非常有效。另外一个选择是用 DMA 将数据搬进二级存储器（配置为非缓存方式）。我们将后在后面章节讨论 DMA。

当我们有大量的数据存储在 M3 或者 DDR 时，MSC8156 会让数据同时通过高速缓存。一级和二级缓存是相连的，所以 L1 未命中便会向 L2 请求 256 字节的数据，L2 未命中会向更高级别的存储器（M3 或者 DDR）一次请求 64 字节的数据（二级缓存一行为 64 字节）。使用二级缓存比起直接对 M3 或 DDR 存取数据有两点优势。首先，它以与一级缓存相同的速度高效地运行（虽然有一些小的停止延迟，但是可以忽略）；其次，除了本地化和高速外，它的大小是一级缓存的 16 倍，和只有一级缓存相比，允许用户在本地保存更多的数据。

组相联的说明

在 MSC8156 中，所有的缓存都有 8 路组相联。这意味着缓存被分成了 8 个不同的组（'路'）。每一组都用来访问更高层的内存，举个例子，M3 上的一个地址可以存在 L2 上 8 个组（路）中的任意一组。最简单的理解方法是，缓存的这一个组可以被更高层的内存覆盖使用 X 次。所以，如果二级存储被设置为全缓存，可以利用下面的方程式来计算二级缓存上的一个组可以被 M3 覆盖使用的次数：

$$\#\text{覆盖使用次数 } O = \frac{M3 \text{ 的大小}}{L2 \text{ 的大小} / 8 \text{ 路}}$$

$$= \frac{1MB}{(512KB/8)} = 16\,384 \text{ 次}$$

在 MSC8156 中，二级缓存一路的大小为 64KB，所以地址用十六进制表示是从 0x0000_0000 到 0x0001_0000。如果单独考虑缓存的每一路，我们可以解释 L2 的一路如何映射到 M3 内存。M3 的地址起始于 0xC000_0000。所以 M3 的地址 0xC000_0000，0xC001_0000，0xC002_0000，0xC003_0000，0xC004_0000 等（最多 16K 个地址）都可以映射到一路缓存中的同一行上。所以如果二级缓存中路 #1 有 M3 上 0xC000_0000 的有效数据，并且核处理器需要下一个地址 0xC001_0000，将会发生什么呢？

如果缓存只有 1 路组相联，那么有 0xC000_0000 的这一行会被刷出 L2，以便用这行来缓存 0xC001_0000。然而，在一个有 8 路组相联的缓存中，我们可以利用其他 7 路 64KB 的组。所以我们可能将 0xC000_0000 存放在路 #1 上，则缓存中其他 7 路的第一行是空的，在这种情况下，我们可以把从 0xC001_0000 上新访问的数据放在路 #2 上。

那么，需要访问 0xC000_0040 时又会发生什么呢？（0x40=64B）。这里给出的答案是，我们必须去检查缓存上每一路的第二行是否为空，就像我们上面只考虑缓存中第一行那样。所以这里，我们有 8 个可能的地方可以存储一行数据（或代码）。

图 13-10 示例了一个与 M3 相连的有 4 路组相联的缓存。在图中，我们可以看到 M3 的每一行都可以映射到缓存的 4 行上（一路一个）。所以行 0xC000_0040 可以映射到缓存中每一路的第二行（第二组）上，当核需要读 0xC000_0040，但是第一路已经被 0xC000_0100 占用时，缓存可以将核的请求加载到其他三路任意一路的第二行上，只要这行是空（无效）的。

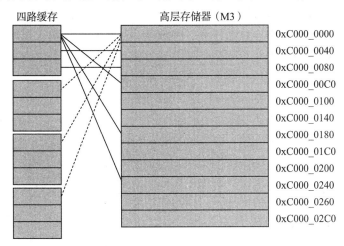

图 13-10　缓存行的组相联：四路组相联缓存

在这里讨论缓存组相联是因为它会对功耗产生影响（可以想象）。使用缓存的目标是最大限度提高命中率，以尽量减少由于未命中而带来的外部总线和硬件的访问，从而最大化功耗利用（性能）。通常硬件已经决定了组相联，但是当编程人员可以改变组相联时，组相联的缓存与直接映射的缓存比较，可以保证更高的命中率，因此会带来较低的功耗。

缓存的内存结构

具有 8 路组相联的架构在统计上是有利于提高命中率和功耗的，同时软件编程人员也可以直接通过避免缓存中的冲突来提高缓存命中率从而降低功耗。当核需要的数据会替换当前有效并会再次使用的数据缓冲行时，就会发生缓存冲突。

我们可以使用几个不同的方法来组织存储空间以避免发生冲突。对于需要同时访问的内存段，非常重要的是注意缓存中路的大小。在我们的 8 路 L2 缓存中，每一路的大小是 64KB。如之前讨论的，我们可以同时加载 8 个具有相同的低 16 位地址（0x0000_xxxx）的缓存行。

另外一个例子是，如果我们同时使用 9 个 64KB 的数组，若连续放置每一个数组，数据将被不断打断，因为所有的数组共享相同的 64KB 偏移。当每一个数组中相同索引的地址被同时访问时，我们可以通过插入一个缓冲区来对其中一些数组的首地址进行移位，使每一个数组不会在一个路缓存中映射到相同的偏移（组）上。

当数据的大小比一路大时，下一步就需要考虑减少一次进入缓存的数据量，一次处理较小块的数据。

回写缓存和直写缓存的比较

一些缓存被设计成"回写"和"直写"缓存，或者可以在二者之间进行配置选择，例如 MSC8156 系列 DSP 为任一可配的。回写和直写缓冲的不同之处在于写操作时如何管理从核来的数据。

回写是一个数据只写到缓存中的写方案。当缓存中数据被替换时，主存储器被更新。在直写缓存方案中，数据同时被写到缓存和主存中。当使用软件配置缓存时，我们必须对两种写的优势做衡量。在一个多核系统中，一致性、性能和功耗都需要考虑。一致性是指比较缓存来判断主存中的数据是否为最新的。通过使用直写缓存可以在核内缓存和系统级存储器间达到最大程度上的多核一致性，因为每次写给缓存的数据会立刻被回写到系统内存中，保持其为最新。直写缓存也有一些负面的影响，包括：

- 将数据回写到高层存储器时核会停止运行。
- 增加系统级总线的总线开销（更容易造成竞争和系统级延迟）。
- 因为每一次内存写操作会激活更高层的存储器和总线，所以功耗会增加。

另外一方面，回写缓存方案将会避免上面的一些缺点，但会以损失系统级一致性为代价。对于最优功耗来讲，通常的做法是以回写模式使用缓存，当系统需要更新到最新的数据时，策略地刷出缓存的行或段。

缓存一致性功能

除了回写和直写方案，特殊的缓存命令也应该被考虑到，包括：

- 无效扫除：通过清理有效位和无效位来使一行数据失效（可以行之有效地将一行缓存重新标记为空）。
- 同步扫除：回写所有的新数据并清除无效位标志。
- 刷扫除：回写所有的新数据并使这行无效。
- 取：将数据取进缓存。

通常，这些操作可以按缓存的一行或一段来执行，或者作为一个全局的操作。如果可能预测不久将在缓存中使用一大块数据，以一大段来执行缓存扫除功能更好地利用总线带宽，并对核带来较少的停顿。内存的访问都需要在一些初始化的内存访问建立时间，在建立后，突发将以全带宽进行访问。正因为如此，比起一行行地读取一定量的数据，使用大块预取更节省功率。使用大块预取应该策略性地执行，以避免数据在核真正使用前被替换掉。

当使用任何一个指令时，我们都需要注意是否会影响缓存上其他的内容。例如，执行一个取操作从更高的存储中读数据到缓存可能需要替换缓存中现有的内容。这可能造成反复刷新数据并无效缓存的操作，以腾出空间供现在要取的数据使用。

编译器的缓存优化

为了协助上面所述过程，编译器可以通过重新组织内存或内存访问来优化缓存功耗。这里有两种主要的技术可用：数组合并和循环交换，下面给出解释[1]。

数组合并：组织内存，使得需要同时访问的数组相对于缓存中一路的起始位置有不同的偏移量（不同的"组"）。考虑以下两个数组声明：

```
int array1[ array_size ];
int array2[ array_size ];
```

编译器可以将这两个数组合并如下：

```
 struct merged_arrays
{
 int array1;
 int array2;
} new_array[ array_ size ]
```

使用循环交换来改变从高层取数据到缓存的方式，每次可以读取较小块的数据，从而减少数据反复刷出读回的情况。考虑以下代码：

```
for (i=0; i<100; i=i+1)
 for (j=0; j<200; j=j+1)
  for (k=0; k<10000; k=k+1)
   z[ k ][ j ] = 10 * z[ k ][ j ];
```

通过**交换嵌套**第二个和第三个循环的顺序，编译器可以产生下面的代码，使得最内层循环减少不必要的数据反复的可能性。

```
for (i=0; i<100; i=i+1)
 for (k=0; k<10000; k=k+1)
  for (j=0; j<200; j=j+1)
   z[ k ][ j ] = 10 * z[ k ][ j ];
```

13.8　外设 / 通信的使用

考虑到读写数据时，我们当然不会仅仅想到内存访问：我们也会将数据输入到器件中或从器件中输出。因此，数据通路优化的最后一部分我们会关注如何在最常用的 DSP（I/O）外设上减少功耗。

需要考虑的方面包括外设突发访问的大小、速度等级、传输带宽和一般的通信模式。

DSP 主要的外设通信标准包括 DMA（Direct Memory Access，直接内存访问）、SRIO（Serial Rapid I/O，串行高速 I/O）、以太网、PCIE 和射频天线接口。I2C 和 UART 也被广泛使用，但是基本用于初始化和调试。

事实上，需要锁相环（PLL）/ 时钟的通信接口通常会增加功耗影响。我们需要考虑时钟较高的外设如 DMA、SRIO、以太网和 PCIE，因为主要是它们消耗了功率。在这章中，13.6.1 小节我们已经讨论了外设时钟门控和外设低功耗模式的内容，所以这节我们将讨论如何优化实际的应用。

虽然每一个协议对于 I/O 外设和内部 DMA 的定义不同，但是它们都被用来读 / 写数据。因此，基本的目标是在外设被激活时，最大化其吞吐量以便最大限度地提高效率和外设 / 设备处于低功耗模式的时间，从而尽量减少时钟激活的时间。

最基本的方法是增加传输 / 突发的大小。对于 DMA，程序员可以控制突发大小和传输大小，以及开始 / 结束地址（并遵从我们在数据路径优化那些章节讨论过的对齐和内存访问的规则）。使用 DMA，程序员不仅可以决定对齐情况，还可以搬移"形状"（这么说是因为没有更合适的说法）。它的意思是，使用 DMA，程序员可以以二维，三维和四维的数据块格式来进行搬移，因此程序员需要根据具体的应用，具体的搬移数据类型来选择对齐的大小，避免浪费时间搬移不需要的数据。图 13-11 示例了一个三维数据结构的 DMA。

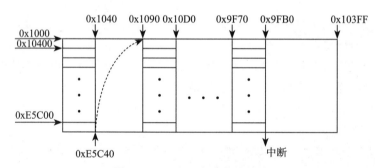

图 13-11 三维 DMA 数据结构

用户需要编程数据的起始地址、第一维的数据长度、第二维的偏移量和搬移大小，以及第三维的偏移量和搬移大小。在搬移的最后，编程人员也可以使 DMA 产生对核的中断，以此标志搬移结束。DMA 可以智能地按照用户需要的数据结构来进行数据搬移，它可以帮助我们优化数据流以及核的处理，因为这样就可以避免用核来重新组织数据或者改变一个更优化的算法来将数据转到一个特定的格式。程序员可以决定每一维数据结构起始的位置，也使维持特定对齐更简单。

不论是系统级的 DMA 还是外设为传输数据而专用的 DMA，其他的高速外设通常也会使用一个 DMA。例如 MSC 8156、SRIO、PCIE 和以太网控制器都有区别于系统 DMA，为传输数据专用的 DMA。在这里基本的理论仍然适用：我们希望数据传输足够长（长突发），我们希望对总线的访问是对齐的，另外还有一点，我们希望对系统总线的访问是最优的！我们稍后将在这节讨论系统总线的优化。

13.8.1　数据的 DMA 和 CPU 的对比

在讨论 DMA 时，我们需要考虑是应该使用核将数据从内部的核心存储器中搬出，还是使用 DMA 来节省功耗。因为 DMA 硬件优化目的就是优化数据搬移，在搬移数据时比核消耗更少的功率（核通常运行在比 DMA 高很多的频率下）。因为核运行在如此高的频率下，而且用途并不仅仅是数据搬移，核在访问外部存储器时会使用更多的动态功耗，同时带来大量的停止损耗。

在配置 DMA 时需要写外设寄存器，这会给核带来一些对外部存储的访问并引起核停止运行，所以这里要注意一点，当数据访问过小或很稀少时，不要使用 DMA。通常来讲，当搬移一块较大的数据，或者数据的使用可以被预测时，应该使用 DMA 来尽可能地节省功耗并提高程序的效率。

对于数据量不够大，不足以使用 DMA 进行数据传输和 I/O 通信，我们可以考虑使用缓存，因为它几乎不需要 CPU 核的停顿和介入。一般来讲，使用缓存比使用 DMA 要简单很多，它对于那些不可预测的数据 I/O 是普遍可接受的解决方案，而 DMA 应该被用于更大的内存传输。由于对 DMA 编程会带来一些开销，并且每一个程序都有自己特别的数据特性，所以要针对每一个例子从 DMA 到缓存，在功率节省、性能和编程复杂度之间做出权衡。有专用 DMA 的外设通常需要程序员使用这个 DMA 完成外设的交互，程序员介入是一个好习惯，正如我们刚才讨论的那样。

协处理器

DMA 外设被优化用来数据搬移，并且比起高频率的核消耗功率较少，有较高的效率。类似于 DMA，其他的一些外设可以作为协处理器在比 DSP 核效率高的情况下执行一些特殊的功能。例如在 MSC 8156 中，MAPLE 基带协处理器包括下面这些算法的硬件：快速傅里叶变换、离散傅里叶变换，以及 Turbo 和 Viterbi 译码。当根据搬移数据的开销和变换的长度将一系列的变换卸载到 MAPLE 时，系统可以通过卸载核的运算并利用 MAPLE 去做这些工作，从而节省功率和周期，因为 MAPLE 以比核低很多的频率运行，它针对单一的功能有较少的处理单元，并且当 MAPLE 不处理变换时可以自动使用一个动态的低功耗模式等。

系统总线配置

没有正确设置时，由于总线上优先级不够而引起系统总线失速，会导致一个外设被激活，等待一些不必要的额外时钟周期。这些额外的激活等待周期会浪费更多功率。通常，DSP 有系统总线配置寄存器，这些寄存器允许程序员去配置总线上每一个起始端口的优先级和仲裁。在 MSC8156 中，系统总线（被称为 CLASS）有 11 个起始端口和 8 个目的端口（存储器和寄存器空间）。了解一个应用对 I/O 的需求之后，程序员就可以为起始端口设置合适的优先级，当它需要总线上额外的带宽时，可以在最小阻塞的情况下访问存储器和寄存器。

这里没有太多的技巧，只需要根据 I/O 的使用来设置优先级。一些器件，例如 MSC815x 系列 DSP 会提供总线分析工具，它可以帮助程序员统计每一个起始端口访问每一个目的端口的次数。这就允许程序员去查看到底是哪里发生了阻塞，哪里是瓶颈，从而正确配置和调整总线。分析工具也允许程序员去查看每一个端口需要多少次"优先级升级"。这意味着程序员可以暂时地为每一个端口分配一个测试优先级，如果一些端口不断需要优先级升级，那么程序员就可以决定对这些端口设置更高一个优先级的起始值并再次进行分析。

外设速度等级和总线宽度

像系统总线访问这种情况，外设的外部接口应该根据系统实际需求配置。对于 I/O 外设，美中不足的是一些外设需要一直供电（所以不能使用低功耗模式）。如果像 SRIO 这样的通信接口只用来处理接收的数据块，当没有数据传入时，SRIO 端口便不能选择时钟和低功耗模式。因此，这里需要一些平衡的技巧。

在测试软件和功耗时，我们发现在 MSC8156 上以 40% 的利用率运行 4 条 3.125G（数据速率大概 4Gbps）的 SRIO 链路与以 50% 的利用率运行 4 条 2.5G（相同的数据吞吐量）的 SRIO 链路相比消耗相近甚至更少的功率。所以用户需要测试不同的用例或者利用器件生产商提供的功率计算器来做出一个准确的判断。在这样的情况下，有自动怠速功能的外设应该使用更高速率的总线，以最大限度增加睡眠时间。

SRIO，PCIE，SGMII 下的以太网，和一些天线接口使用相同的串行 I/O 硬件，所以需要注意事项也相似。"器件唤醒"模式或者发信号给 DSP 核都必须保持激活模式，这意味着它们可能被限制进入睡眠模式。对于天线信号来说这是非常糟糕的，因为有源天线的射频接口必须不断地消耗功率来发射信号。如果可能的话，理想的方法是使用另外一个方法来唤醒 DSP 核以便使能天线上的空闲和睡眠模式。

外设到核的通信

当我们考虑设备唤醒以及通用外设到核的输入 / 输出（I/O）时，我们必须考虑外设和核处理器如何交互。核怎么知道数据已经可用？多久通知一次核数据可用？核怎么知道什么时候向外设发送数据？这里主要有三个方法可以用来管理这些：轮询、基于时间的处理和中断处理。

轮询是目前核和外设交互中效率最低的方法，因为它需要核一直处于唤醒状态并以高频率时钟周期运行（消耗有效电流），仅仅是为了查看数据是否已经准备好，只有当程序员不关心功耗时才可以使用。这种情况下，轮询使得核避免了在处理中断时所需要的上下文交换，因此节省了一些时钟周期从而可以更快的问数据。一般来讲，它只用于测试最大的外设带宽，而不用在实际应用中。

基于时间的处理在数据总以确定的时间间隔到达时使用。例如，如果一个 DSP 正在处理一个 GSM 声音编解码（AMR、EFR、HR 等）。这时核会知道采样每 20ms 到达一次，所以核可以基于这个时间来查看新的音频而不需要轮询。这个处理允许核休眠，并利用定时器来唤醒，然后进行数据的处理。这个方法的缺点是模型复杂和不灵活：设置和同步都需要编程人员做很多工作，但是中断处理非常简单，却可以达到相同的效果。

中断处理

最后介绍的核和外设的通信机制也是最普遍使用的，因为它能带来和基于时间处理一样的优势，又不需要复杂的软件结构。我们已经在 13.6.1 小节简短讨论过使用中断处理将核从睡眠状态中唤醒的一种方法：当新的数据抽样和数据包到达时，外设会使用中断通知核（并且若在睡眠模式下，可以被唤醒）开始处理新的数据。准备好传输新数据时，外设也可以给核发出中断，这样核就不需要一直轮询查看一个负载很重的外设数据是否已经准备好发送。

图 13-6 给出了标准的 MJPEG 相比于 PD 模式下使用等待或停止的功耗结果，这个可以理解为轮询和中断处理的功耗对比。当不使用等待或停止模式时，应用程序会不断检查新的缓冲区，却没有利用应用程序中大量的空闲时间。

13.8.2　算法优化

这里讨论的功耗优化的三个主要领域中，算法优化在节省一定量的功耗时需要做最多的工作。算法优化包括：核应用层面的优化、代码结构、数据结构（在一些情况下，这可以当作数据通路优化）、数据操作和指令选择的优化。

编译器优化等级

前面简要讨论了编译器可以将代码优化为最小的尺寸。同样，编译器也可以将代码优化为最大的效率（在一个周期中使用最多的处理单元，并使代码运行的时间最少）。这点在 [7] 中也有所讨论，TI C6000 DSP 用于测试对性能的优化是否也将减少功耗。果然，结果显示增加处理单元的数量将增加每个周期的功耗，但一个函数在执行期间的总功耗却是减少的，因为执行一个函数的周期数减少了。问题是什么时候对性能做优化，什么时候对代码大小做优化。这个问题仍适用于 80/20 法则（80% 的时间花在 20% 的代码上），所以和前面提到的一样，通常的做法是对时间周期要求高的（20%）那部分代码做性能方面的优化，而对其余部分的优化主要集中在缩小代码尺寸方面。这需要编程人员去测量功耗（13.3 小节讨论过）来做好两方面的平衡和调整。这一节其余的部分将讨论具体的算法优化方法，其中有一些由编译器中的性能优化器来完成的。

指令打包

指令打包在前面已经列出，但算法优化这节也会讨论这个问题，因为除了和存储器如何被访问有关外，这也和代码如何被组织有关。需要了解指令打包的细节，请参考 13.7.3 小节。

循环展开

我们已经简要讨论了在代码中使用循环交换来优化缓存利用的内容。另外一个既能优化 DSP 处理器性能又能优化其功率的方法是循环展开。这个方法有效展开循环的一部分，如下面代码段所示：

标准的循环：

```
for (i=0; i<100; i=i+1)
  for (k=0; k<10000; k=k+1)
    a[ i ]= 10 * b[ k ];
```

4X 循环展开：

```
for (i=0; i<100; i=i+4)
  for (k=0; k<10000; k=k+4)
   {
     a[ i ]= 10 * b[ k ];
     a[ i+1 ]= 10 * b[ k+1 ];
     a[ i+2 ]= 10 * b[ k+2 ];
     a[ i+3 ]= 10 * b[ k+3 ];
   }
```

以这样的方式展开代码可以让编译器在每次循环都利用 4 个 MAC（Multiply Accumulate，乘累加），而不是仅使用一个 MAC，因此增加处理的并行化和代码效率（每个周期处理更多意味着获得更多睡眠和低功耗模式下的空闲周期）。在上面的例子中，我们让循环的并行处理增加了 4 倍，所以我们执行相同数量的 MAC 只使用了 1/4 的时间，因此这个代码需要的有效激活时钟时间减少了 75%。使用 MSC8156 来测量功率的节省，我们发现上面例子的优化结果为：利用每个周期 4 个 MAC 代替一个节省了 25% 的周期时间，使得核在程序执行的这段时间节省了大概 48% 的总功率。

完全展开循环是不可取的，因为它对代码最小化产生负面影响，这会带来额外的内存访问，并增加缓存未命中处罚的可能性。

软件流水

另外一个经常被用于 DSP 性能优化和 DSP 功率优化的技术是软件流水。软件流水是这样一种技术，编程人员分离开一组相互依赖的指令，这些指令通常一次只能执行一个。分离后 DSP 核就可以在一个周期中处理多个指令。比起用语言解释，最简单的讲解方法还是看一个例子如何应用这个技术。

比如我们有如下的代码段：

标准循环：

```
for (i=0; i<100; i=i+1)
{
  a[ i ]= 10 * b[ i ];
  b[ i ]= 10 * c[ i ];
  c[ i ]= 10 * d[ i ];
}
```

现在，虽然一个循环体中有三条指令，编译器还是会看到第一条指令依赖于第二条指令，因此第一条和第二条不能流水执行，同样，第二条指令和第三条指令由于相互依赖也不能流水处理：a[i] 不能由 b[i] 决定，因为 b[i] 同时被 c[i] 决定，以此类推。所以，目前 DSP 处理器不得不以每次循环执行三个独立的指令，每个指令一个周期（不是很有效率）的方式来执行上面的 100 次循环，也就是核内的 MAC 总共执行 300 个时钟周期（最好的情况）。当使用软件流水时，我们可以使用下面的方法来进行优化。

首先，我们需要观察代码中哪些地方可以在一定程度上利用循环展开来并行处理：

展开的循环：

```
a[ i ]= 10 * b[ i ];
b[ i ]= 10 * c[ i ];
c[ i ]= 10 * d[ i ];
  a[i+1]= 10 * b[i+1];
  b[i+1]= 10 * c[i+1];
  c[i+1]= 10 * d[i+1];
    a[i+2]= 10 * b[i+2];
    b[i+2]= 10 * c[i+2];
    c[i+2]= 10 * d[i+2];
      a[i+3]= 10 * b[i+3];
      b[i+3]= 10 * c[i+3];
      c[i+3]= 10 * d[i+3];
```

使用上面的展开方式，我们可以看到一些指令不再有相互依赖性了。数组"a"的赋值依赖于原始的数组"b"，这意味着在执行其他的指令前，我们可以完成整个"a"数组的赋值。如果我们这么做，那么意味着数组"b"将不再受依赖性的约束，并且可以使用数组"c"完成对它的赋值。同样，我们也可以将"c"抽取出来。

我们可以利用这一点来对代码进行分割，并且在进行赋值前将可并行执行的指令放在一起来增加并行性。

首先，我们必须先执行第一条指令（没有并行）：

```
a[ i ]= 10 * b[ i ];
```

接着，我们可以在一个周期内执行两条指令：

```
b[ i ]= 10 * c[ i ];
a[i+1]= 10 * b[i+1];
```

这里我们看到，第一行和第二行相互没有依赖性，所以让上面两条指令并行放在一个执行命令组里运行没有任何问题。

最后，我们可以达到在一个循环内有三条指令，它们可以在一个周期内被执行。

```
c[ i ]= 10 * d[ i ];
b[i+1]= 10 * c[i+1];
a[i+2]= 10 * b[i+2];
```

现在我们可以看到如何将循环和流水做并行化处理；最后的软件流水首先需要做一些"初始化"，也被称作加载流水线，这包括最前面执行的那两组指令。之后我们会得到流水后的循环。

```
//pipeline loading — first stage
a[ i ]= 10 * b[ i ];
//pipeline loading — second stage
b[ i ]= 10 * c[ i ];
a[i+1]= 10 * b[i+1];
//pipelined loop
for (i=0; i<100-2; i=i+1)
{
  c[ i ]= 10 * d[ i ];
  b[i+1]= 10 * c[i+1];
  a[i+2]= 10 * b[i+2];
}
```

```
//after this, we still have 2 more partial loops:
c[i+1]= 10 * d[i+1];
b[i+2]= 10 * c[i+2];
//final partial iteration
c[i+2]= 10 * d[i+2];
```

通过对循环进行流水线处理，我们使编译器将 MAC 的周期数从 300 降到：

- 执行流水加载的 3 个 MAC 花费 2 个周期。
- 循环体内代码（每次 3 个 MAC）花费 100 个周期。
- 执行流水加载的 3 个 MAC 花费 2 个周期。

——总共 104 个周期，大约是之前执行时间的 1/3，因此在相同的功能下核时钟被激活时间减少了 2/3。与循环展开的例子类似，这个流水的例子可以让我们在代码执行的这段时间节省大概 43% 的总功率。

13.8.3 递归消除

Wolf[8] 提出了一项很有意思的技术，我们要消除递归的程序调用，以减少函数调用的开销。

递归的程序调用需要函数基本的上下文等在每次调用时被压到堆栈里。以典型的阶乘（$n!$）为例，它可以使用如下的函数递归来进行计算：

$$fn!(0)=1 \qquad (n==0)$$
$$(n)=fn!(n-1) \qquad (n>0)$$

如果这个递归的阶乘函数在 $n = 100$ 时被调用，这里将有大概 100 次函数调用导致 100 次进入子函数的分支（这是程序流变向，它会影响程序计数器和软件堆栈）。每一次的流变向指令都会执行更长的时间，因为不仅在执行时核的流水被打破，而且每一个分支还在调用栈中至少增加了一个返回地址。此外，在多个变量被传递的情况下，它们也必须被压入堆栈中。

这意味着递归的子函数将需要 100 倍一次写内存和相关停滞（当写 / 读内存需要被流水时）带来的周期总数，再加上 100 次额外的由于程序流变向所带来的流水停滞周期。

我们可以通过移入到一个简单的循环来进行优化：

```
int res=1;
for(int i=0; i<n; i++)
{
  res*=i;
}
```

因为没有任何的函数调用 / 跳转，这个函数不需要写堆栈 / 物理内存。由于这个函数仅仅包含一个乘法，它在 MSC814x 和 MSC815x 器件中被当作一个 "短循环"，因此这个循环完全由硬件来处理。由于这个特性，这里没有流变向的惩罚，没有循环的开销，所以这实际上就像一个完全展开的乘法的循环（减去内存开销）。

对比递归程序，对 100 的阶乘使用循环大概节省：

- 100 次流变向（流水线周期的惩罚）
- 100 多次压堆栈（100 多次内存访问）

对于上面的例子，避免递归带来的节省的可估计如下。

通过避免流水线中断循环方法中节省的程序流，取决于流水线长度以及核硬件是否支持分支预测功能。在 MSC8156 中有 12 级流水，重新填满它可能会有 12 个周期的惩罚开销。因为在 MSC8156 上有分支目的预测的功能，所以显著减少了一些惩罚开销，但是并没有完全消除。我们可以用阶乘因子（迭代数）乘以预估的停滞惩罚周期，这将表示额外的激活周期和因此递归使 DSP 核所消耗的激活功耗。

递归引起 100 多次堆栈访问的代价是非常高的，因为在内部的器件内存依然有可能由于初始的访问产生一个初始延迟惩罚。这些堆栈访问不会在流水中执行，所以初始内存延迟要乘以内存递归的次数。假设堆栈存在以核速度运行的低延迟内部存储器中，初始延迟仍有大约 8 ~ 20 个周期。如果接下来的访问是以流水完成的，那么初始访问有一个 10 周期的延迟时问题不大，这意味着 100 次读总共只有 10 个周期的核停滞时间。但是在递归的情况下，我们不能流水访问，因此会有 10 × 100 次停滞，或者 1000 次额外的激活时钟核周期在消耗功率。

在上面的例子中，消除递归并移入循环让处理器在完成阶乘函数时所消耗的总能量（一段时间内的功率）减到比之前一半还少。

降低精度

Robert Oshana 在他的文章 [9] 中提出了一个有意思的观点，他指出程序员常常会过度计算数学函数，使用过高的精确度（过于精确），这会带来更加复杂的程序，需要占用更多的功能单元和时钟周期。

当信号处理应用能够容忍更多的噪声时，可以使用 16 位整数，而不需要用 32 位整数来代替，若那样的话，对于一个基本的乘法也会花费更多的周期。一个 16 位和 16 位的乘法在大部分的 DSP 架构中都可以在 1 个周期内完成 32 位和 32 位的乘法则需要更多周期。比如用 SC3400 DSP 核举例，换做 32 位乘法的话就需要两个周期，所以编程人员会使用双倍的周期数完成一个不需要的操作（处理效率低且额外消耗有效动态功耗的时钟周期）。

低功率代码序列和数据类型

Oshana 的文章中还建议关注用于一个操作或算法的特殊指令。编程人员可以使用不同的命令执行相同的功能来省电，然而，要做到这一点，分析和操作都非常耗时并且需要注重细节。

不同的指令激活不同的功能单元，因此会有不同的功耗需求。要想正确使用，编程人员需要分析等效指令，理解功率权衡。

一个明显的例子是，只需要实现乘法功能时就使用 MAC。不太明显的比较，比如使用减法清除寄存器与使用实际的指令清除寄存器之间的功耗，需要程序员来分析每条指令的功耗，因为我们可能不知道内部硬件如何清除寄存器。

13.9 总结

为了给读者提供利用软件来优化功耗的工具,我们在低功耗模式、电流和电压控制、内存优化、数据通路优化和算法的策略等方面讨论了超过三十个不同的优化技术。表 13-1 提供了关于这些技术的总结。

表 13-1 DSP 的功率优化技术总结

分类	技术	影响
硬件支持	电源门控:通过一个 VRM 或者处理器支持的接口,切断特定的逻辑或者器件外设的电流	高
硬件支持	时钟门控:通常指器件低功耗模式,使得一个应用可以被关掉的时钟总数最大	高
硬件支持	电压和时钟缩放:当需要的时候,降低频率或电压	处理器相关
硬件支持	外设低功率模式:门控输入到外设的电源 / 时钟	中高
数据流	DDR 时间优化:延长两个激活(ACTIVE)命令之间的时间	低
数据流	DDR 交织:用来减少预充电 / 激活(PRECHARGE/ACTIVATE)命令对	高
数据流	DDR 软件组织优化:组织缓冲区以适合逻辑块从而减少(PRECHARGE/ACTIVATE)命令对	中
数据流	DDR 一般配置:避免使用例如打开 / 关闭这样的模式,这些模式会在每次写后产生一次 PRECHARGE/ACTIVATE	高
数据流	DDR 突发访问:组织内存以便最大程度利用 DDR 突发大小,这包括对齐和数据打包。	中
数据流	代码尺寸:通过编译工具优化代码和数据使得代码和数据尺寸最小	应用相关
数据流	代码尺寸:代码打包	中
数据流	代码尺寸:为共同的任务创建函数	应用相关
数据流	代码尺寸:利用合并的函数指令(多个指令合并为一个)	处理器相关
数据流	代码尺寸:利用工具进行在线压缩	处理器相关
数据流	并行和流水访问内存	中
数据流	使用常量避免对内存清零	处理器相关
数据流	缓存:对内存进行布局以便利用缓存的组相联性	应用相关
数据流	缓存:当应用可用和可见时,使用回写模式	应用相关
数据流	缓存:提前预取数据以避免未命中的惩罚开销和额外的死时钟周期	应用相关
数据流	缓存:数组合并	应用相关
数据流	缓存:交换	应用相关
数据流	利用 DMA 来进行内存搬移	中
数据流	协处理器:代替核来实现一些功能	中
数据流	系统总线配置:配置总线来尽可能减少停顿并消除瓶颈	应用相关
数据流	外设速度等级和总线宽度:优化每一个需要使用的外设	应用相关
算法	编译器优化等级:使用编译器优化工具来对性能进行优化,以尽可能减少关键区域所消耗的时钟周期,并在其他区域对代码大小进行优化	中
算法	指令打包:最大化代码的功能效率	中

（续）

分类	技术	影响
算法	循环展开：并行最大化，激活的时钟周期最小化	高
算法	软件流水：用其他的方法使并行最大化，并最小化激活时钟周期	高
算法	递归消除：从函数调用开销中节省周期时间	高
算法	减小精度：通过减小精度节省周期	应用相关
算法	代功率代码序列：使用同等功能但低功耗的指令组	处理器相关

在解释如何优化软件减少功耗的过程中，我们也涵盖了一些 Freescale 和 TIDSP 器件的基本信息，并提供了低功率模式如何工作、DDR 和缓存如何工作以及编译器如何工作的背景，希望帮助程序员。

关于这些优化技术在硬件测试中的优化，这里也提供了一些数据和参考。但是读者要明白的是，因为每一个应用程序是不同的，并且程序在其他硬件上的工作情况也是不同的，所以必须使用测量功耗那节所介绍的内容来对功耗进行分析。

参考文献

[1]　R. Oshana, DSP Software Development Techniques for Embedded and Real-Time Systems, Newnes, 2005.

[2]　Electron Mobility, http: //en.wikipedia.org/wiki/Electron_mobility.

[3]　P. Yeung, E. Marschner, Power aware verification of ARM-based designs.http: //www.eetimes.com/design/embedded/4210422/Power-Aware-Verification-of-ARM-Based-Designs.

[4]　Micron Technology, Inc. "Technical Note TN-41-01: Calculating Memory System Power for DDR3," RevisionB. August 2007.

[5]　Kojima et al., "Power analysis of a programmable DSP for architecture/program optimization," Proc. IEEE Int.Sym. On Low Power Electronics, pp. 26-27, Oct. 9-11, 1995.

[6]　Dhireesha Kudithipudi, "Caches for Multimedia Workloads: Power and Energy Tradeoffs," IEEE Transactionson Multimedia, Vol. 10, No. 6, October 2008.

[7]　Performance and power consumption trade-offs for a VLIW DSP. Signals, Circuits and Systems, 9-10 July2009, pp. 1-4.

[8]　W. Wolf, Basics of programming embedded processors. Part 8, http: //www.eetimes.com/design/embedded/4007176/The-basics-of-programming-embedded-processors-Part-8.

[9]　R. Oshana, Software programming techniques for embedded DSP software.http: //www.dsp-fpga.com/articles/id/?2548.

第 14 章
DSP 操作系统

14.1 概述

第一款商用的数字信号处理器是 20 世纪 80 年代早期最畅销的 TI TMS322010。第一款数字信号处理器的外部接口相当有限（TDM，主机接口），而且完全不能使用高级语言编译器，或者无法生成高效率的代码。大多数应用程序只专注于"数据处理"，并没有包含很多控制代码或多线程执行路径。这就是为什么大多数早期的数字信号处理器采用"裸机"模型，即应用程序本身拥有并管理着所有的资源，只有很少的一部分使用非常简单且自行开发的操作系统代码。20 世纪 90 年代早期，这种状况在逐渐地发生改变，主要因为当时 2G 无线技术的兴起。无线基础设施项目、更加复杂的外围设备和网络协议栈改变了对操作系统支持的基本需求。最近，多核异构和同构平台的引入也影响了基本的需求。因此，我们可以看出操作系统的重要性与日俱增。有这样一个事实可以有力地佐证这一点：DSP 市场两大领头羊（TI 和 Freescale）现在已经将它们自己专用的操作系统作为产品的一部分提供给客户。这种情况明显不同于 20 世纪 80 年代和 90 年代。这意味着，这些公司已经意识到了提供 OS 的重要性，并在该领域投入了大量的资源。本章会为 DSP 工程师介绍这方面的内容，同时也会深入探讨关于多核和调度的一些话题。

14.2 DSP 操作系统基础

什么是操作系统？什么是嵌入式操作系统？通常来讲，操作系统的职责有两大方面：

- 资源管理：包括计算资源的共享和管理（多任务和同步）、I/O 资源分配、内存分配等。
- 抽象层：为实现应用程序从一个硬件平台移植到另一个硬件平台提供一种方法。

从这一点上看，嵌入式操作系统和桌面操作系统没有本质上的差别——差别仅在于管理的外围设备/资源以及所能支持的典型应用。那么，什么是最典型的嵌入式系统呢？我们认为，一个嵌入式系统专注于有限的应用 / 用途，设计的系统可以在资源稀缺的环境下运行。

14.3　实时性

DSP 全在于实时性，这就是为什么在设计 DSP 操作系统时，实时性的考虑会是一个非常重要的因素。对于某项作业的实时性意味着必须在某个预定的截止期限之前产生结果。

作业的实时性可以用一个结果有效性函数来描述。如图 14-1 所示，该函数是一种时间与作业结果有效性之间的关系。

在图 14-1 中，作业 A 具有硬实时性，因为它的有效性函数在截止期限处陡然变成 0（甚至在某些情况下出现负数）。实时操作系统这个术语会让人有些困惑：系统中一直存在应用程序层面上的实时约束条件，一个 OS 可能只支持系统满足这些约束条件。因此，要特别注意这样的事实：使用实时操作系统并不能保证系统是实时的。

如果在"实时作业必须在截止期限之前产生结果"这样一个更加宽泛的背景下考虑实时性，我们注意到，这意味着该作业必须能够获得它所需要的所有资源。对于 OS 来说，这意味着为实时作业分配资源不能出现失败。

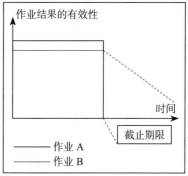

图 14-1　实时系统中结果的有效性

在很多情况下，这就是说实时作业需要的所有资源必须提前分配，甚至在作业准备执行之前完成分配。如果我们讨论周期性或偶发性的作业，这些资源可能再也不会被释放回系统。

进程、线程和中断

令人惊讶的是，在该领域中有一些术语很容易混淆。不同的操作系统会使用不同的术语来描述这些实体。在本章中，我们会使用如下术语定义。

进程

该实体包含了一个程序完整的状态，并且至少有一个执行的线程。典型的进程很少用于 DSP 实时操作系统。操作系统所提供的保护机制与这种保护下所实现的性能之间存在着某种权衡。例如，使用普通用户和超级用户两种模式将极大地保护内核而免受用户层应用程序的影响，但与此同时，如果每次调用 OS 都需要通过一个系统调用接口，这可能会影响性能。另一个例子是任务切换时间，如果整个内存管理单元（Memory Management Unit, MMU）的上下文不得不切换，所消耗的时间会显著增加。

线程

线程是进程中一种可调度的实体。在某些情况下，同一个进程下执行多个线程是有益处的。因为它们共享相同的内存空间，所以可以在它们中间高效地共享数据，而且切换过程没有很高的开销（不需要切换内存上下文）。对于大多数 DSP 实时操作系统，通常只有一个进程，这意味着所有线程共享整个内存空间。为了实现更加复杂的功能，大多数实时操作系统会调用这些线程任务。

任务

任务是线程的一种类型，由实时操作系统调度器调度。它与软硬件中断的不同之处在于拥有自己的上下文，可用于存储和恢复任务的状态。通常，任务有如下的状态。

- 运行：任务正在处理器上运行。
- 就绪：因为更高优先级线程正在运行，任务并不再运行。
- 阻塞：任务正在等待某种资源或 I/O。
- 挂起：任务暂时从调度器就绪队列中移除。

中断

中断可以看作线程的某种特殊类型，用来响应发生的硬件事件。它由 OS 调度并运行在 OS 内核环境下。

中断延迟

中断延迟衡量某个特定中断的系统最长响应时间，即调用某个特定中断服务程序以响应一个中断最多要花多长时间。这个参数对于实时系统很重要，因为系统对外部时间的响应要足够快。图 14-2 描述了引起中断延迟的各种因素。

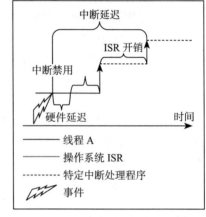

图 14-2　引发中断延迟的各种因素

中断延迟共有几个因素。

- 硬件延迟：中断为禁用时，从事件发生到执行中断向量第一条指令的时间，通常是中断延迟中最短的部分。
- 中断禁用时间：为了保护共享变量的本地访问，很多操作系统内核使用了全局中断禁用指令。
- 激活更高或相同优先级的中断：如果激活了更高或相同优先级的中断，低优先级的中断就无法执行，这就增加了这种优先级下的中断延迟。
- 为特定优先级禁用中断：在某些情况下，禁用特定优先级及以下的中断很重要。例如，系统可能有一个特殊的线程（不是中断服务程序（Interrupt Service Routine，ISR），具有硬实时性，而且重要的是不能受到低优先级中断干扰。在这种情况下，用户应该将当前的 ISR 优先级设置到一个恰当的级别上。一些操作系统会让线程和中断统一采用一种优先级方案，这样就可以自动设置优先级（TI 的 OSE 嵌入式操作系统），而另一些操作系统允许手动配置（Fresscale 的 SmartDSP 操作系统）。
- 中断开销：在调用特定 ISR 之前，操作系统必须执行的几个动作。例如，为那些抢占性的任务（保存上下文和状态、确定中断处理程序的指针等）更新 TCB。

如何确定一个系统的中断延迟？没有什么简单的答案。通常，商业 RTOS 供应商都会提供可用的中断延迟数值。然而，这些数值并没有考虑用户应用程序这部分的延迟。设计实时操作系统时，理解这一点很重要：中断延迟可能取决于整个系统的设计，而不仅仅在于操作系统。例如，如果用户实现了一些高优先级的 ISR，必然会影响到低优先级的中断。

对于生命周期不是很关键的复杂系统来说，中断延迟不是通过分析，而是通过很多次彻底的测试来确定。

要重点指出的是，高中断延迟并不直接意味着高中断开销，也可以用高中断禁用时间等来解释。

现在，可以问这样一个问题：如何控制中断延迟？显然，一般不可能去修改商用操作系统的源代码，中断开销也就无法改变（有时可以使用一些诸如高速缓冲锁定这样的技巧，但这已经超出我们关注的范围）。然而，用户仍旧可以控制其他因素。

- 实现"短"的 ISR，或许可以将其分成 ISR 部分和低优先级软中断部分。
- 缩小全局中断禁用指令的使用范围。
- 为所有 ISR 精心设计所需要的优先级，有助于保持高优先级任务低中断延迟。
- 最小化系统中硬件中断的数量。这听起来奇怪，但很多硬件中断确实可以避免。这有助于提升整体的性能，减少延迟。一般来说，中断应该用于处理偶发事件或调度整个系统的周期性事件。例如，当传输一个以太网帧时，会产生一个中断并传递给系统。我们知道，一旦在一段时间内完成了帧传输，会触发一次中断，显然这不是一种偶发事件。而在某些情况下，该事件可以在下一次传输操作中处理而不是用 ISR 处理。

理解线程调度和 ISR 调度之间的区别很重要。

- ISR 自身不具备自己的上下文，因此一直以"运行到完成"这样的方式执行。它可以被更高优先级的中断抢占，但命令会一直保留（下面涉及软件中断的内容会更详细地介绍这一点）。
- 硬件中断可以由系统外部的事件触发，这与线程和软件中断都不同。

与中断相反的是轮询。轮询是指周期性地询问中断事件并调用一个中断处理程序。轮询的一个优势是通常不会引入中断开销。

软件中断

RTOS 常常使用另一种重要的线程技术——"软件中断"（在 Linux 中称为 softirq 和 tasklet）。创造术语"软件中断"有两个理由。

- 软件中断并不拥有上下文，因此以"运行到完成"的方式执行，这与硬件中断类似。
- 它们可能用"软件中断"或"系统调用"这样的处理器命令来实现。该命令实际上会触发硬件中断。

软件中断背后的思想比较简单。

- 典型的线程拥有相对较高的任务转换时间，因为它们有自己的上下文。
- 硬件中断会影响其他相同和更低优先级中断的中断延迟。

很多操作系统实现了这种概念。在 SmartDSP OS 中有三种上下文可以激活 SWI。

- 相同、低或高优先级的 SWI。
- HWI。

- 任务（SmartDSP OS 跟其他实时操作系统一样，任务是一种执行在超级用户级别上的线程）。

我们先从低优先级的 SWI 触发开始。因为 SmartDSP OS 是可抢占的、基于优先级的操作系统，系统要求在每个实例期间，执行最高优先级的线程（显然，除了利用某种方式禁用了调度的情况）。因此，高优先级线程必须立即激活，而且可以抢占低优先级的 SWI。这可能需要一个简单的函数调用来完成。因为 SWI 不具有上下文，所以这是有可能实现的。由于抢占的缘故，SWI 总是被重新调度，就与语义上看，这跟函数调用是一样的——它们都驻留在同一个堆栈中。

如果一个任务激活了 SWI，操作系统不能仅仅调用一个 SWI 函数就结束了。系统不得不切换到中断堆栈中并在其 TCB（Task Control Block，任务控制模块）中保存当前的任务状态。而且系统会执行一种特殊的指令（在 StarCore 中叫作 "sc"）或系统调用，生成一种特殊的核中断。该中断处理程序会识别实际上激活了哪个 SWI 并调用合理的 SWI 处理程序。

如果一个 HWI 激活了 SWI，那么调度器唯一要立即采取的行动是标识被激活的 SWI。一旦处理了所有 HWI，调度器会检查是否有 SWI 被激活，并调用相应的处理程序。

SWI 的一个重要限制是它不能被阻塞（这意味着它不能处在阻塞的状态），所以它不可能使用任何可以被阻塞的功能。考虑如下的场景：在 SWI 中，你想要等待 I/O 并调用 read() 函数。在真正输入传递到系统之前，该函数一直处在阻塞状态中。SWI 不具有自己的上下文，所以操作系统不能挂起它而启动另一个 SWI 或任务。这种无法被阻塞的能力不应该与抢占另一个 SWI 和 HWI 的能力混淆：当 SWI 被另一个 SWI 抢占，其状态会驻留在堆栈中（如我们下面所解释的），因此当更高优先级的 SWI 结束后该 SWI 可以继续执行，但其执行不会是因为外部 I/O 的触发。

图 14-3 中，我们看到 SWI A 如何先被在同一个堆栈的 SWI B 抢占，后被 SWI C 抢占的。SWI A 完成后，必须先返回到 B，再返回到 C。

一些操作系统，如 SYS/BIOS，仅支持一个进程和多个线程，而其中一些系统（OSEck 操作系统），特别是微内核操作系统支持多进程。

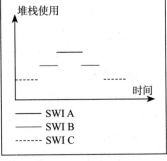

图 14-3　SWI 和堆栈

14.4　多核

如今多核系统已经变得很普遍。所有 DSP 操作系统必须在某种程度上支持多核系统。在为多核系统开发软件的过程中应该解决如下问题。

- 如何将一个应用程序映射到不同的核上？
- 这些应用程序如何共享资源（内存、DMA 通道、I/O、缓存）？
- 这些应用程序如何通信？
- 最为重要的是：如何实现这一切，又不让软件开发过程比单核环境中的更复杂？

这个挑战有待解决，但 RTOS 有助于在几个方面来解决它，这正是本章所要讨论的。当讨论多核系统时，我们要明确两大类型。

- 同构系统：仅包含一种类型的处理器，比如 DSP 核。在某些 SoC 上这一点不是很清晰。例如，某些 SoC 会包含很复杂的协处理器（像 MSC8156 上的 Maple 硬件加速器），这些协处理器甚至可能包含了专用的核来运行专用的操作系统。我们仍然认为 MSC8156 类似于同构的 SoC，因为这些协处理器在系统中具有一种预定义的、"从属"的作用，而终端用户一般不能对它们进行编程。

- 异构系统：SoC 包含了不止一种类型的核，一般包括 DSP 核和通用处理器核，如 ARM 或 PowerPC。在异构系统中，选择如何让你的 RTOS 符合应用空间，需要特别考虑如下的问题。
  - ❏ 不同类型核之间的内部通信：有时候这里出现的实际问题是，两个不同的操作系统可能运行这些子系统上，这样可能导致协议在一个操作系统上有效，但在另一个上面无效等问题。在本章后面部分，我们会讨论多核通信的常见话题。
  - ❏ 系统启动：子系统如何启动？是独立启动，还是需要由另一个子系统引导？
  - ❏ 高速缓存一致性以及如何得到所有相关操作系统的支持。

在同构系统中，所有的核都是同类型的，共享内存，操作系统可以是非对称多处理（Asymmetric Multiproccessing，AMP）或对称多处理（SMP）。有时在 AMP 和 SMP 之间会出现混淆，但我们认为与 SMP 或 AMP 相关的特征归属于不同层面的硬件和软件。例如，操作系统可以是 SMP 的，这意味着多核 SoC 上只有一个实例，但应用程序可以执行核仿射任务（core affine task），从而导致应用层软件的不对称。当然，也有可能看到非常对称的应用程序在非对称的操作系统上执行。这一章，我们选用了术语 SMP 的狭义，即完全相同的核，并且只有一个操作系统实例。在 SMP 系统中，用户进程可以从一个核向另一个核迁移（隐式或显式的）；而在 AMP 系统中一个进程一直被限制在同一个核中。我们可以说，多核环境下的大多数商业 DSP RTOS 支持 AMP 模型而不是 SMP 模型。

执行在不同核上的 AMP OS 实例可以共享内存，甚至可以在资源共享上进行合作。实现处理器核之间的通信协议，以及高效的资源共享需要共享内存。AMP 系统有一层来管理资源的共享，在 MSC8156 上实现的 Freescale SmartDSP OS 就是如此。在图 14-4 中，我们看到 MSC8156 框图以及 SmartDSP OS 如何与之一一映射。从图中可以看出 SmartDSP OS 默认的映射如下。

- 本地内存位于 M2 上，并通过 MMU 映射让所有 OS 实例都可以用相同的地址来访问。这使得一个镜像可以加载到每个核中，因此代码可以跨所有实例实现共享。考虑如下情况：有一个全局变量对每个实例都是本地的，地址是 0xABC。对于每个分区的内存，这个地址在物理上是不同的，但从程序角度看是相同的，因此允许使用相同的代码镜像。其他的方法也是有可能的，例如间接访问那样的一块内存，但这取决于架构，还有可能影响性能。在系统中共享代码是很重要的，因为核间的缓存共享提高了缓存的利用率，并减小了应用程序的内存占用。例如，整个程序可能因为代码的共享而适合某种内部存储器（如，MSC8156 上的 M3 存储器）。另外要注意的是，调试器应该将代码共享的可能性纳入考虑，因为这会影响软件断点的实现。

- 共享的数据位于 M3 存储器上。所有共享的数据都是这样明确规定的，这不同于 SMP 环境，因为在 SMP 环境中，任何全局数据默认都是共享的。
- 代码共享并驻留在 M3 或 DDR 上，这取决于其性能上的影响。

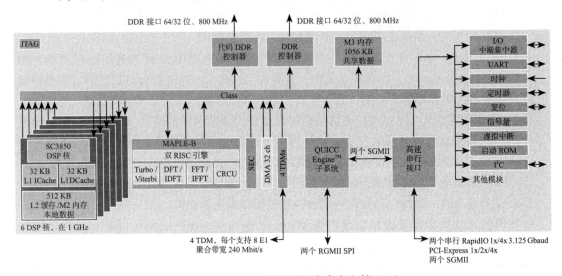

图 14-4　MSC8156 框图（源自参考文献 [27]）

这种映射是针对每个核上不同 OS 实例的一种典型的 AMP 配置。然而，SmartDSP OS 并不是"纯粹"的 AMP OS，因为所有实例以一种合作的方式共享资源。例如，DMA 通道会在启动或编译时静态地分配给每个 OS 实例，这样每个实例将只能用这些 DMA 通道，如图 14-5 所示。

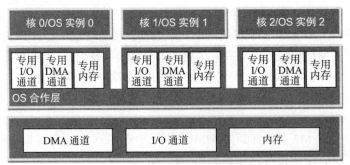

图 14-5　合作 AMP 类型的共享

如参考文献 [1] 所述："……经典的 AMP 是最古老的多核编程方法。单独的 OS 安装到每个核上，而且仅负责处理那个核上的资源。这大大简化了编程方法，但很难管理共享的资源和 I/O。开发者要确保不同的核不能访问相同的共享资源，还要保证核间通信。"因为上面提到的这些问题，"纯粹"的 AMP 很少用于更加复杂的系统，取而代之的是混合型方法

的使用。例如，Enea OSEck 和 SmartDSP OS，这些系统会在前面提到的 OS 合作层上使用
"多核感知"设备驱动 [HoO]。我们先来定义一些术语，试着去了解如何利用这些技术：

- 资源划分关乎将某种特定的资源划分到某一个特定的分区中。资源划分可能用硬件
保护或只是逻辑上的保护来实现。在 DSP 系统中，分区通常指一个单核。Hypervisor
领域广泛地使用了分区的概念，表示虚拟的、逻辑上独立的计算机拥有的一系列资
源，可以运行自己的操作系统实例。

- 虚拟的外围设备可以创造出一种新的"虚拟化"资源实例。当讨论分区和虚拟化时，
要特别注意 OS 会直接访问资源，但在虚拟化的情况下，操作系统会使用"非真实
的"虚拟化资源。

为了列举分区和虚拟化之间的不同之处，我们可以看看一个内存分区和虚拟化的例子。
如果对内存进行分区，每个核只能访问自己的内存空间。而对内存虚拟化，每个核或许可
以访问更多的物理上可用的内存（使用交换技术），这不可能用简单的分区来实现。

DSP 系统主要采用分区，可能是因为分区具有更多可预测的行为，这对于实时应用程序
很重要，而且没有必要在同一个核上执行多个操作系统。然而，我们预测未来这种情况会发
生改变，不是因为每个分区要执行多个操作系统，而是因为在多核环境中，不可能轻易地将
资源分配给硬件中的很多核。尽管存在一定资源开销，但资源虚拟化会圆满地解决这个问题。

外围设备共享

我们用以太网接口的例子来看看如何实现资源分区。Freescale MSC8156 有两个外部的
以太网接口和 6 个核，TI C66x 多核 DSP 芯片也有类似的配置 [25]。以太网接口负责向网络
发送以太网帧以及为系统接收以太网帧。一个多核系统应该能够共享同一个接口，这样每
个核都能够发送和接收数据。一种实现方法是，在同一个核（主核）上接收所有的帧，然后
根据一些预定义的标准（例如，MAC 地址）重新分配给其他核。这种方法在本质上是一种
接口的虚拟化，而不是分区，而且它存在一些严重的缺陷：系统变为非对称，这样就需要
在核上运行不同的软件；因为处理器核与其他核相互依赖，可预测的行为减少等等。因此，
应该在实时应用中避免使用该方法。如果可能的话，首选的应该是分区。

前面提到的多核设备会提供特殊的
硬件支持，允许不同核之间共享外围设
备。例如，TI 的 C66x 所采用的 KeyStore
架构 [24] 实现了与核相连的数据包处理
接口队列。同一资料显示："包加速器
（Packet Accelerator，PA）是网络协处
理器（Network Coprocessor，NETCP）外围
设备的主要组件之一。PA 与安全加速器
（Security Accelerator，SA）和千兆以太网
交换机子系统一同工作，形成一种网络处
理解决方案（如图 14-6 所示）。NETCP 中

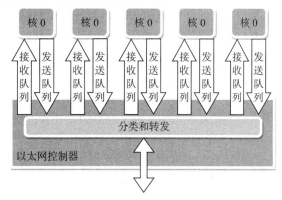

图 14-6　PA、SA 和千兆以太网交换机子系统形成一
种网络处理解决方案

PA 的目的在于执行包处理操作，如包头的分类、检验码的生成和多队列的路由。"

注意，单核也有利于分类和分发，因为这允许精确地将一个包传递给一个特定的线程，而不是在中间过程采用某种程度的线程复用。

Enea、SmartDSP OS 和 SYS/BIOS 等操作系统提供了合适的驱动和堆栈来支持这种硬件机制，让用户应用程序能够充分利用该模型。

同步原语

多核技术会给软件开发带来新的复杂性，其原因之一在于，系统资源不仅仅在同一核上的不同任务之间的共享，还在不同核上的任务之间的共享。

这里我们来看看这两个问题：

1. 处理器核会使用内存中共享的数据结构（共享的数据），因此在访问这些数据时会出现竞争条件。这是要解决的。

2. 当不能对某个资源进行分区或虚拟化时，两个及以上的实例必须共享它，因此必须保证独占访问。

两个问题的性质类似，而且也有类似的解决方案。在多核环境中可以有不同的方法来控制共享的资源 / 结构的访问。

自旋锁是控制访问共享资源的一种标准办法，但不是唯一的一种。另一种控制访问的方法是创建一个调度器，这样多个核就不可能在同一时间访问共享的资源。在这种情况下，不需要任何显式的锁，这一直是首选的方案。如果使用了离线调度方法（后面会提及），这实现起来会更加容易。然而，如果两个核运行在 AMP 模式下，而且任务异步，那么就无法采用这种技术了。在那样的情况下，自旋锁就可以当做这个问题的解决方案。一个典型的自旋锁的实现会利用一些特殊的不可分割（原子）操作，例如测试并设置一把钥匙，以及在特殊的共享内存上进行操作。通常，在唯一的共享内存不支持原子操作的情况下，某些架构可以提供特殊的硬件信号量支持。当处理器核用自旋锁争夺某种资源时，它们会调用特殊的 OS 函数，例如，get_spinlock()。该程序会尝试锁定这个资源，如果资源还不能用，它会继续在一个循环中自旋。这意味着，在一个处理器核结束使用该资源，或完成了共享数据的处理，不再做有用操作之前，其他的核只能等待。这并不是一种理想情况，所以开发者应该保证，要特别小心地使用自旋锁，并且使用的时间尽可能短。在单核的环境下不能使用自旋锁，否则会导致死锁。其中的原因很容易理解：当一个线程获得一个自旋锁时，有可能出现另一个更高优先级的线程取得了控制，而且尝试获得一个自旋锁来争夺同一种资源；很显然，该线程无法获得锁，会继续自旋，而第一个线程不运行。在这种情况下，解决的途径是禁用中断或使用任何其他可能的方法来保证独占性。

在 AMP 系统中，信号量通常会用在每个 OS 实例上，而自旋锁会用于核间的同步。尽管在事实上，信号量和自旋锁是类似的，但它们在操作上有明显的不同。信号量和自旋锁主要的不同在于：只有信号量支持"挂起"操作。在挂起操作时，一个线程放弃了控制——在这种情况下，要等到信号量清除——而 RTOS 将控制转交给准备运行的最高优先级的线程。在一个轻量级的 AMP 环境中，使用信号量达到同步的目的是不可行的，因为没有办法让 A 核上的一个"停止"操作来启动 B 核上的一个挂起的线程，除非使用代价高昂的多核中断。

在开发应用程序时，要注意保证使用自旋锁阻塞访问某个资源时，使用时间要尽可能短。这种操作最好是在中断禁用的情况下使用。如果一个线程持有自旋锁时却丢了控制，很有可能导致死锁。为了用自旋锁来控制访问一种共享的内存结构，只需要在数据结构中增加一个"lock"的字段。

在 AMP 环境中，还有另外一种同步概念——屏障（barrier）。如图 14-7 所示，一个屏障可以由两个及以上的核共享，用于同步跨核的活动。

图 14-7 说明了这一概念。四个核必须在任意一个核继续执行之前到达一种预定的状态。当每个核都到达预定义状态时，会发出"Barrier_Wait"命令，而且 RTOS 一直在等待，直到其余的核也发出"Barrier_Wait"命令为止。此时所有核继续同步执行。在初始化时，屏障是一个很有用的工具，它可以保证在任何核开始活动操作前，所有核都全部初始化完成。此外，屏障可以用于同步跨多核的并行计算。

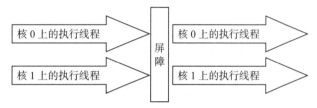

在所有核到达该屏障之前，各个核上执行的线程都在屏障的 API 内等待。

图 14-7　屏障

14.5　内存管理

14.5.1　内存分配

实际上，任何 OS 都支持某种形式的内存分配。而 RTOS 通常有两种形式的内存分配：大小可变块（类似于 malloc()）和固定大小缓冲区两种。前者对实时应用很重要，特别是一直在处理内存中大块数据的 DSP 应用程序，因为它能够支持快速、有界且可预测的内存分配。固定大小的缓冲区也可用，因为它允许创造一种非常简便高效的方法来分配和释放内存（实际上，任何 FIFO 或 LIFO 都会如此），而且不会引入像可变大小内存分配所具有的碎片化问题。

14.5.2　虚拟内存和内存保护

内存保护 OS 特性完全依赖于 MMU 的特殊支持。因为大多数 DSP 并不具备支持内存保护的 MMU，所以 DSP RTOS 通常不支持内存保护。虚拟内存来说，也是这样。然而，这种情况因为两种原因而发生了改变：

- 更加复杂的应用程序要求在不同任务 / 进程之间存在更好的保护措施，否则，调试会成为一种很具挑战的任务。
- 多核的采用（除了被视为一种更加复杂的系统之外）迫使开发者为保护各个核的内

存，免受其他核的影响而寻找方法。

内存保护的另一方面是避免受到处理器核以外的主控器保护。随着 SoC 上主控器数量的增加，这一点就变得越来越重要了。

不同类型的存储器

在现代的 DSP SoC 中，通常存在几种不同类型的存储器，可能包括内部存储器、缓存（多级）和外部存储器。

不同类型的存储器在应用程序中扮演着不同的角色，因此要分别看待。例如，DSP 应用程序中，明显交换很频繁的数据会放到内部存储器中进行处理。在硬实时应用程序中，锁定缓存行（针对数据和程序的）很重要，这样可以确保特定任务的可预测处理时间。

14.6 网络

14.6.1 处理器间通信

很多 DSP 应用包含一个主处理器，用于与 DSP 处理器大量通信。包含数十或更多 DSP 和主处理器的系统并不罕见。这就是为什么对于 DSP RTOS 来说，处理器间通信是一种非常重要的特性。非常基本的处理器间通信涉及从一个处理器向另一个处理器发送信号的能力。通常可以用直接的 IRQ 线，或互联总线（PCI、SRIO 等）指定信号来实现这一功能。还有更多复杂且功能丰富的协议，能够支持处理器间稳定的同步和异步的数据传输。多核技术的全面启动使得处理器间的通信设备变得更加重要了。IPC 当然不是一种新的概念。别忘了，多芯片的系统，特别是 DSP 系统，已经很常见了。这些系统中的处理器通过不同类型的背板互联，像专有的硬件、以太网和 PCI 都是常见的例子。在过去的很多年里，已经实现并使用了很多的通信协议。

Enea 的 LINX 在 Linux 和 Enea 的 OS 上都有相当丰富的功能和成熟的实现。如今 Linux 上的 LINX 是开源的，以 BSD 和 GPL 方式发布。参考资料 [20] 这样说道："越来越多的异构系统混合使用了操作系统、CPU、微控制器、DSP 和媒介互联，如共享的内存、RapidIO、千兆以太网或网络堆栈，Enea LINX 为这些系统的处理器间通信提供了一种解决方案。这样的架构会带来很明显的问题；一个 CPU 上的终端通常会使用该特定平台本地的 IPC 机制，但很少可以用在运行了其他操作系统的平台上。对于分布式的 IPC，必须使用其他的方法，如 TCP/IP，但会带来相当高的开销，而且 TCP/IP 协议栈在像 DSP 这样的小系统上可能无法使用。Enea LINX 解决了这个问题，因为它能在整个异构分布式系统的本地和远程通信中使用唯一的 IPC 机制。"

进程间通信协议（Inter Process Communication Protocol，TIPC）是另一个协议实现的例子，已经存在很长时间，并加入了 Linux 的内核。它最初由爱立信设计，后来用在了 VxWorks 中。参考资料 [21] 是这样描述该协议背后的动机的："现在没有可用的标准协议可以完全满足在高可用性、动态集群环境中应用程序的特别需求。例如，集群可能会成倍的增加或减少，成员节点会崩溃和重启，路由器会运行失败和更换，考虑到负载平衡而迁移功能，等等。所有的这些情况都必须在不会明显干扰集群提供服务的前提下处理。"

一般来说，决定采用 IPC 时，需要考虑以下几个方面。

- 功能：包括寻址机制、阻塞和非阻塞 API、所支持传输层和操作系统等特性。
- 互操作性 / 可移植性。
- 性能。

同样，在性能特点与功能之间会存在一种取舍。例如，实现通用的面向连接且可靠的协议，一般会在性能和复杂度两方面出现问题。这就是现有像 TCP 这样的标准协议并不总适用于 IPC 目的的主要原因之一。随着高级协议的发展，DSP RTOS 导出了很多低级的 API。以 SYS/BIOS 为例，如今它提供了两种包：SYS/LINK 和 IPC。

IPC 库提供了 OS 级别的 API，其中的一些（例如，GateMP[23]，Heap*MP）是基于单核版本的。下面是一些支持的模块：

- MessageQ 模块
- ListMP 模块
- Heap*MP 模块
- GateMP 模块
- Notify 模块
- SharedRegion 模块

让我们看看 HeapBufMP 的细节，它是 Heap MP 模块的一部分，其功能是让不同的核管理（分配和释放）相同大小的内存块。这对于下面的场景很有用：其中一个核产生了一些数据并将其写入了内存，然后将这些数据发送给另一个核（可能会使用 ListMP 模块），该核要使用这些数据，不得不释放缓冲区。

首先，我们需要创建一个内存池：

```
heapBufMP_Params_init(&heap_params);
heap_params.name = "multicore_heap_1";
heap_params.align = 8;
heap_params.numBlocks = 100;
heap_params.blockSize = 512;
heap_params.regionId = 0; /* use default region */
heap_params.gate = NULL; /* use system gate */
heap = HeapBufMP_create(&heap_params);
```

在其他处理器上打开该内存池，我们必须用到它唯一的名字（使用 NameServer 模块实现）：

```
HeapBufMP_open("multicore_heap_1", &heap);
```

当初始化完成一个内存堆后，我们就可以从该内存池中分配和释放内存了：

```
HeapBufMP_alloc(heap, 512, 8);
```

这个实现使用了门（GateMP），可以在 HeapBufMP_create() 调用中指定。

SYS/LINK（或仅 SysLink）不仅提供 IPC 原语，还支持在运行时加载新模块（针对协处理器）、DSP 电源管理和引导服务的功能。

- 加载器：在单个处理器管理器中，加载器接口可能有多种实现形式。例如，可以编写和插入 COFF、ELF、动态加载器、自定义类型的加载器。
- 电源管理器：电源管理器可以实现成一个单独的模块插入到处理器管理器中。这使得处理器管理器的代码保持通用，而电源管理器可以由一个独立的团队或某个客户来编写和维护。
- 处理器：该接口实现为从处理器提供所有其他功能，包括处理器模块的安装和初始化、从属处理器 MMU 的管理（如果有的话）、从属存储器上的读写功能等。

多核通信 API（MCAPI）是多核联盟（MCA，http：//multicore-association.org/）建议的一种标准。它的标准化方法不同于 TIPC、LYNX 和 SysLink：MCAPI 不提供一种协议标准或用实现来提供一种事实标准，MCAPI 仅定义 API。这种方法有利有弊：根据定义，它不依赖于底层的传输，也不强制要求针对不同实现的互操作性（但它要求可移植性）。这就是 MCAPI（http：//www.multicore-association.org/workgroup/mcapi.php）表述的主要目的："主要目的是实现源代码的可移植性，考虑到多核芯片中核的数量越来越多，这里也需要平衡通信性能和内存占用的能力。"

14.6.2 网络互联

支持 TCP/IP 协议栈是必不可少的，特别是在这样的情况下，即子系统通过"外部世界"直接访问 DSP 而不是"隐藏"在主处理器后面（图 14-8）。当主处理器嵌入 DSP 芯片，通常前者实现 TCI/IP 协议栈，而 DSP 芯片只处理特定的 DSP 函数（图 14-9）。

图 14-8 DSP 联入网络

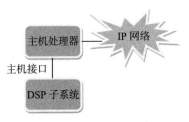

图 14-9 DSP 连入主系统

我们可以看到，在过去的几年里，DSP OS 开始将 TCP/IP 协议栈作为标准产品的一部分来提供。这些协议栈的功能可能滞后于更加高级的操作系统，例如 Windows 或 BSD，而且更多关乎数据交换而不是控制的协议。例如，通常不支持路由协议。

例如，SmartDSP OS 提供的 TCP/IP 协议栈具有专用的 API（非标准的 BSD 套接字），能够非常高效、零复制、零上下文切换地与 UDP 协议栈接口。SYS/BIOS 的标准安装中不包含 TCP/IP 协议栈。相反，该系统可能会下载网络开发套件（Network Development Kit，NDK），其中包含了轻量的 TCP/IP 协议栈，可以在 SYS/BIOS 上运行 [19]。

近来，IPv6 和 IPSec 协议已经变得必不可少，尤其是在支持无线访问的应用中。从 SmartDSP OS 和 SYS/BIOS 平台上 IPSec 的实现中，我们会发现两者针对 IPSec 都采用了硬件加速器（Freescale MSC8156 上的 SEC 和 TMS320C66x 上的 KeyStore），并且不处理以 IPSec-IKE 的典型控制路径。

14.7 调度

开发实时系统时，系统开发者应该考虑如下的任务：

- 确定系统的输入和输出
- 确定控制路径
- 确定要用到的算法
- 为应用程序生成合理的软件架构
- 选择硬件组件
- 将软件映射到硬件和 OS 中

这些并不是单独的任务，因为它们彼此互相影响，而且会并行执行。本章节我们会专注于一个应用程序如何高效地利用 DSP RTOS 实现的不同特性，具体来讲，我们会研究调度和线程机制。

在我们开发 DSP 系统的这些年里，我们发现，在实时理论开发与工程实践之间存在着差距：在很多情况下，DSP 系统开发基于线程和调度的即席使用。

出现这种情况有几个可能的原因：

1. 开发 DSP 系统的工程师缺乏关于实时理论的正规培训。

2. 当前的 OS 开发或实时调度理论可能还无法给出适用于实际用例的解决方案。

正如参考文献 [2] 中所述："虽然调度是一个古老的话题，但它肯定还没有研究透彻。一个实时调度器可以为某些组件特性提供时间性能上的保证，例如，组件的调用时间或任务的截止期限……遗憾的是，大多数方法不能组合使用。即使一种方法可以为成对组件中的每个提供单独的保证，但没有系统化方法提供两个组件组合在一起后的保证，简单情况除外。这里我们的目的是展示如何在 DSP 开发中应用由基本的实时理论所得出的结论。"

我们需要描述一些可用于不同 RTOS 的定义，而且主要来自于实时理论学术论文。不同的 RTOS 会采用不同的术语，所以我们不得不这么做。本章并不专门讨论实时理论，我们主要专注非常基本且实用的思想，这些思想有助于训练工程师创建高效的 DSP 系统。如果想有更深入的了解，读者可以参考关于实时主题的几本经典书籍（例如参考资料 [8]）。

14.7.1 参考模型

- 作业：最小的可调度单元。在综合讨论应用程序时，我们多次提到，如果有一个术语不与任何特定调度类型有紧密联系，那么使用起来会很方便。一个作业可以有不同的实现方法：可以是中断、软件中断、进程、后台循环的函数调用、线程等。
- 任务：应用程序级别的工作单元。例如，对一个视频帧的编码就是系统要完成的一种任务，它会包含多个（可能相互依赖）作业，例如，运动估计等。有时某一任务不会分解成几个作业。将一个任务可以分解成多个作业，常见的一些理由包括：
  - ❑ 将任务更加精细地分解成作业有助于管理复杂性。
  - ❑ DSP 系统中，同一个任务中的不同作业可以在不同处理器上运行：通用处理器处理控制作业，而专用处理器或协处理器执行 DSP 作业。

每种作业的特性包括以下参数：

时间约束

释放时间（r）：某项作业开始执行时的时刻。例如，在媒体网关（Media Gateway）的 PSTN 接口中，我们可以说编码作业的释放时间是数据在 TDM 接口可以使用的时刻。

相关的截止期限（d）是必须完成作业的时刻，这是以释放时间为参考的相对时间。在 PSTN 接口的例子中，通常要求编码任务必须在下一个数据部分到来之前完成。

时间特征

执行时间：完成某个作业的时间。一般我们只考虑作业最长的执行时间，因为系统在最坏的情况下也能调度。

前趋图

前趋图表示了系统上作业的依赖性。顶点便是作业，而边缘就是依赖关系。

14.7.2　抢占式调度与非抢占式调度

如果作业是可抢占的，这就意味着作业可以在任意时间中断，之后可以通过调度器恢复。我们必须不区分应用程序级别的可抢占性与调度器支持的可抢占性的不同。例如，即使某个特定线程是可抢占的，用户可以决定在他所用的系统中，该线程不被抢占，因为它具有非常严格的实时特性或它必须独占访问某些资源。

14.7.3　阻塞作业与非阻塞作业

某些类型的作业（ISR、软件中断）不能被阻塞（置入"休眠"状态，后来再撤销），因为它们并不拥有自己的上下文。其他类型的（以线程为例）可以被阻塞。这种差别与可抢占性互不相关。可能有人会问：为什么不让所有的作业拥有上下文，这样所有作业不就都可以被阻塞了吗？简单的回答是，这会使某些作业的上下文切换时间过长，如 ISR，因此两种类型的作业可以为开发者提供更多的灵活性。

14.7.4　协作式调度

协作式调度意味着，某项作业可以放弃控制并激活另一项作业。这与抢占式调度中的每项作业都可以被抢占且不需要配合正好相反。在这种纯粹的方式中，作为一个 OS 对象的调度器不会对接下来执行哪项作业做出决策，而所有的这些决策仅仅由作业本身做出。这样的调度可以看作一种应用程序级调度器的实现。

两种技术也可能共同存在于同一个 OS 中。例如，线程可以是被抢占的，但仍可以放弃执行控制。例如，SmartDSP OS 提供了这种混合实现。表 14-1 展示了 SmartDSP OS 的这些特性。

表 14-1　线程特性

属性 / 线程	任务	软件中断	硬件中断
可抢占	是	是	是
阻塞	是	否	否
合作	是	是（有限制）	否

14.7.5　调度类型

有两种主要的调度类型，在制定决策上会有所不同 [15]：

- 离线调度（有时候又称为静态或时钟驱动调度）。这种情况下，所有的调度决策都是基于作业实时参数的先验知识离线制定的。
- 在线调度会对运行时发生的事件做出反应，做出调度决策。

14.7.6　调度时的多核考虑

调度实时作业并不是一件简单的事情，特别是在作业间存在依赖关系的情况下。如果在运行时任务可以在多个核上动态迁移，条件就会变得更加复杂。很明显，它会带来更好的资源（核）利用率，但与此同时也导致系统更加复杂且不可预测。正如 2000 年 Liu 在参考文献 [8] 所述："……现在和不远的将来，创建和使用的大多数硬实时系统都是静态的（核与核之间不存在作业动态迁移）。"

这方面深入的研究还在继续 [16]，Liu 的话即使在今天也仍然成立。这就是说，现在构建的大多数 DSP 系统不支持任务动态迁移，如果执行在不同核上的作业是独立的，那么我们会继续关注单核上的调度技术。这也就是为什么几乎所有的 DSP OS 都专注于单核的调度，而且提供这样一种划分系统的能力，让用户独立地使用单个的核。

14.7.7　离线调度及其可能的实现

在硬实时系统中，新作业必须在它们的截止期限之前产生结果。离线调度根据用户在设计时所知道系统的一切假设，使用一些工具或只是纸笔来离线制定所有决策。

离线调度的想法是，为所有作业创建一张执行列表，在运行时根据该表决定什么时候执行每个作业。与在线调度相比，这种方法使得系统中某些作业非常高效：

- 避免显式同步（像信号量），因为设计者在设计时要考虑这些问题。离线调度提供了明显的性能优势，因为没有信号量意味着没有上下文切换，而且也简化了作业的代码。
- 调度代码开销非常低。离线制定决策，就不存在下一个作业的计算，也不需要进行动态情况下可能包括的验收测试。
- 系统可预测，可以简化检测和调试：可以输入足够最坏情况下的数据（以执行时间取决于数据为例）来测试系统执行是否正确。对于优先级驱动的系统，离线调度不够高效，因为抢占式调度和资源共享会引发更多复杂的场景。

尽管有这些优点，但离线调度并没有明确地得到大多数可用 RTOS（SmartDSP OS、SYS/BIOS、Enea OSEck）的支持。当然，用户可以利用这些平台来实现静态调度（我们会介绍如何实现），但没有专用的离线工具能够辅助实现这些调度器（参考文献 [9]）。可能的原因是：

- 实现一个离线调度器需要相当长的设计时间。
- 即使应用程序修改较小、系统更新较少等情况下，也可能需要重新设计很多东西。
- 不可能有通用的工具来实现一个离线调度器。

- 事实上很多系统都是动态的，所以创建一个静态模型而不损失系统性能，这是非常具有挑战性的。（但有时候硬实时系统有这样的要求。）

　　所以，如何在像 SmartDSP OS 这样的 RTOS 上实现一个离线调度器？首先，需要用一些术语来表示这个系统，如我们前面所确定的（作业、任务、相关的截止期限、释放时间、执行时间和前趋图）。对于离线调度，我们通常会找到一种超周期（hyperperiod）（所有任务的周期的最小公倍数）和所有释放时间。原因很简单：我们必须知道提前知道系统的所有信息，而且只有在周期性的系统中，这种做法才可行。很多 DSP 系统本质上是周期性的：PSTN 接口的媒体网关、像 set-top boxes 这样的实时媒体系统、雷达 DSP 子系统及其他。这就是为什么在这里会专注于周期性的任务。表 14-2 总结了某个示例应用程序的作业参数。

表 14-2　作业参数

任务、作业 / 参数	释放时间	相关的截止期限	最大执行时间
A.1	0	5	4
A.2	5	10	8
A.3	8	5	3
B.1	2	8	8
B.2	10	8	7

　　任务 A 的周期是 40ms，而任务 B 的周期是 20ms，而且同相位，因此超周期是 40ms，我们需要创建一种 40ms 的调度。

　　看看图 14-10 所示的前趋图，我们可以发现，作业 A.3 依赖 A.1。这通常意味着，A.3 要用到 A.1 产生的结果，也就是说 A.3 不能在 A.1 完成前开始执行，所以它的有效释放时间有所不同，相当于 A.1 释放时间加上 A.1 的执行时间。

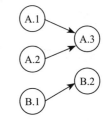

图 14-10　前趋图

　　我们必须考虑的另一个重要的因素是，有一些资源在不同作业间共享的情况。例如，如果 A.1 和 A.2 使用了同一个协处理器，没有合理的同步机制，它们不可能在不同的核上同时运行，而且这种同步会让每个任务的执行时间变长。所以，设计者应该掌握这个阶段下所有的共享资源，并确定它对执行时间的影响，还要考虑调度器阻止这类共享的情况。与共享资源相关的参数是作业的可抢占性，就是说如果作业在某个时刻被抢占了，并且系统启动了另一个，之后该作业仍可以恢复。

　　一旦找到系统的所有信息和特征，我们就可以开始创建一种调度了。遗憾的是，没有一种通用的算法可以创建这种调度，特别是使用多核系统处理时，作业之间存在依赖关系时。这就是为什么这类调度常常手动设计。图 14-11 所示为两个核上可能的一种调度，而图 14-12 所示为一个核上类似的调度。在这里我们会忽略实现这些调度的具体过程，建议读者参考实时系统相关的书籍。我们关注的是如何实际使用 RTOS 来实现它们。

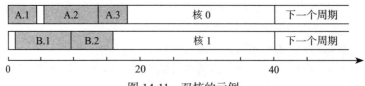

图 14-11　双核的示例

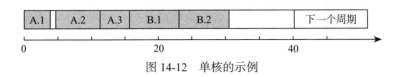

图 14-12　单核的示例

一种基于时钟的静态形式的离线调度器可以用一个无限循环来实现，其中每个作业会实现成一个"运行到实现"的程序，而调度器会根据预定的时间和顺序来调用每个函数。这种创建调度器的方法有时候称为"循环执行"[3]。

例如：

```
while(1)
{
start_timer();
job_a_1();
wait_for_time(5);
job_a_2();
wait_for_time(8);
///etc.
}
```

在这种情况下，开始时先执行作业 A.1，然后调度器会等待下一个作业 A.2 的释放时间，诸如此类的过程。wait_for_time() 函数的实现细节基于时间的轮询。

```
wait_for_time (int next_time)
{
while(read_time() < next_time)
;
}
```

read_time() 函数可以用不同的方法来实现：直接的实现方式是读取硬件定时器的数值（不能使用软件定时器，因为它必须实现成一种中断）。在我们举的语音媒体网关的例子中，read_time() 应该读取与 TMD 接口相连的一个定时器的数值：该定时器可以给整个系统定步调，或者直接给出这种中断的状态；但这仍然可以看作是时钟驱动的调度器。此外，在很多情况下，如果系统设计成由一些内部周期性的事件来定节拍，例如 TMD 帧或视频同步信号，我们仍可以使用同样的技术。

SmartDSP OS 可以为硬件定时器选择一个源，以此作为 osHWTimerCreate() 函数的一个参数，但不允许直接读取定时器的数值，所以用户不得不直接访问定时器寄存器。

另一个问题是：这个 while() 循环应该在哪些上下文执行。一种可能是创建一个高优先级的任务，并让它执行这个循环，而另一种可能是利用一个空闲的或后台的任务。当没有其他任务准备运行时，就执行该任务，这样如果系统没有定义其他任务，该任务会一直运行下去：这就是我们想要让离线调度器实现的行为。SYS/BIOS 和 SmartDSP OS 都能够修改后台循环。在 SmartDSP OS 中：

os_status osActivate(os_background_task_function background_task);

以上用一个参数指针指向 OS 要执行的后台任务。在 SYS/BIOS 中，后台任务会更加复杂，有可能要设置空闲任务所要执行的函数，或有可能用与 SmartDSP OS 相同的方式来替换后台任务。最基本的调度技术是调用在后台循环中的作业子程序，但还有其他一些方法。

有一些方法可以改进我们之前提到的程序。如果在运行时，我们将一个预定义的调度表改成另一个，会发生什么呢？要做到这一点，我们让调度器参数充当该循环调度器函数的参数。这样，就变成了如下的情况：

```
cyclic_schedule(sched_params* params)
{
Int i;
start_timer();
for(i = 0;params[i].job != null; i++)
{
wait_for_time(params[i]->release_time)
params[i]->job();
}
}
```

一些可能的改进

某些情况要特别考虑：作业的实际执行时间有可能超出最大执行时间。这种情况是有可能出现的，原因可能在于作业代码中的某些错误，或我们可能有意地决定将这种小概率事件考虑其中，截止期限被超出，但最大执行时间仍为一个最小值。问题是调度器该如何应对这种情况。它有时候可以在作业中设置一些检查点，一旦发现作业的运行超出了最大运行时间而滑入警戒区内，该作业会被逐步地终止执行。为了实现这一点，作业必须要一次次地访问计时器，并确保其在最大执行时间之前完成执行。在我们所举的媒体网关的例子，在最坏情况下输入数据，我们可能无法在允许的时间内处理所有的通道。在这种情况下，我们能做的是从上一个周期开始发送数据。在本质上，用这种方法是为了确保作业永远不超过最大的执行时间。但如果在代码中无法设置检查点呢？这种情况下，我们会尝试用 ROTS 服务向作业发送一个终止的信号。

实现这一点的一种方法是在特定作业必须完成前，为一个时间实例创建一个定时器。在 SYS/BIOS 中，这可以采用如下的顺序实现：

```
Timer_Params timer_params;
Timer_Params_init(&timer_params);
/* Default is periodic and we need here one shot */
timer_params.runMode = Timer_RunMode_ONESHOT;
/* Set time it expires */
Timer_params.period = 1000;
timer_handler = Timer_create(Timer_ANY, timer_handler, &timer_params, &eb);
/* Here we call a function that represent a task or activate specific OS thread */
Timer_reconfig(timer_handler, timer_handler, &timer_params, &eb);
timer_handler() Function will be called when timer expires.
```

如果作业作为一个函数调用来实现，那么实现某种要求的行为的直接办法是使用 POSIX 格式的信号。我们可以为每个作业定义一个处理"运行超时"情况的信号，然后使用 setjmp/longjmp 函数重新返回到主循环中。然而，SYS/BIOS 或 SmartDSP OS 都不会将这种功能作为运行库的一部分来支持。

现在我们回到调度器上。注意，虽然我们在代码中实现了一个直接的函数调用，但这些作业可能作为独立的线程来实现。在 SmartDSP OS 和 SYS/BIOS 中，针对这个目的有两种可用的线程类型：任务和软件中断。我们希望能够启动一个作业，在外部停止线程的执行并且可以异步终止线程本身。尽管软件中断可以很容易被触发，但这里并不适用，原因在于它不能被中止——它总是要运行到完成。所以，我们唯一可以尝试的选择便是任务。任务可以通过向一个正在等待它的任务发送一个邮箱消息来触发其执行。以 SYS/BIOS 为例，可以这样实现：

```
for (;;) {
//Wait here at the beginning of each cycle
Mailbox_pend(joba_trigger_mailbox, &some_parameters, BIOS_WAIT_FOREVER);
process_data(some_parameters);
}
```

我们如何从外部的上下文（外部地）结束一个任务，并且让该任务调用一些清理函数？SYS/BIOS 和 SmartDSP OS 都没有直接的方法支持该功能。然而，这仍可以使用已有的 API 来实现。在 SmartDSP OS 中，可以使用计时器 ISR 中的 osTaskSuspend() 函数来挂起一个任务，然后调用 osTaskDelete() 函数将一个任务从调度器中移除，但没法定义一个钩子函数，在该任务上下文中删除该任务之前调用。我们需要这样一个函数释放与该任务相关的所有资源并可能执行其他一些动作来妥善地终止一个任务。这个问题一个变通的解决方案是将所有任务的资源导出到全局空间中，这样我们可以在执行 osTaskDelete() 函数后清理所有资源。SYS/BIOS 可以使用一个预定义的钩子函数动态地从系统中删除一个任务。定时器的 ISR 可以触发一个高优先级的任务（不可能从 SWI 或 HWI 中调用 Task_delete）。该任务必须提前动态创建。

另一项实际且重要的问题关乎在该模型中调度非周期的作业。这些作业并不直接适合循环执行模式，因为它们并没有预先定义的周期。在循环执行模式中，有一种可能的解决方案是在循环执行时，为轮询非周期任务预留一部分时间。所以我们要：

```
cyclic_schedule(sched_params* params)
{
Int i;
start_timer();
for(i = 0;params[i].job != null; i++)
{
wait_for_time(params[i]->release_time)
params[i]->job();
}
poll_for_aperiodic_jobs(); // execute aperiodic jobs here
}
```

这里我们实际上将非周期任务转换成了周期任务。以 SmartDSP OS 为例，我们如何实现事件轮询呢？假设我们想要用循环调度器处理网络出口流量。这通常会用硬件中断来实现，而中断的初始化由 OS 栈自动完成，但在这种情况下，我们不能使用中断，因为它会改变已经调度的任务的时间。我们有如下的替换方案：

- 当硬实时任务执行时禁用中断，当系统准备好开始处理周期任务时重新启用中断

- 禁用中断和显式调用所需要的函数函数

对于网络驱动程序，我们必须要了解接收到的包具体是如何处理的。考虑这样一个情况，某个处理程序尝试处理之前收到的所有帧。如果实现了这种情况，我们将不能保证最长执行时间（更加准确地说，无法保证最长执行时间等于可能接收的最大帧数量乘以每个帧所需要的处理时间——这肯定是一个相当不实际的数值）。

在 SmartDSP OS 中，用户可以调用如下函数：

```
osBioChannelCtrl(bio_rx, CPRI_ETHERNET_CMD_RX_POLL, NULL) != OS_SUCCESS);
```

该函数一次只能处理一个以太网帧：当我们查看处理该调用的低级驱动时，很容易看到这一点。因此，也可能用前面所描述的方法来处理以太网输入流量。

注意，非周期的任务并不总能"转化"成周期性的：任务具有的释放时间和截止期限可能使这种调度无法实现。很明显，因为我们正用预先知道的作业参数来考虑离线调度，引入非周期作业会造成问题，因为它不适合该模型。因此方案会更加复杂，其中包括了两种已经设计的方法（如参考文献 [11] 所提及的）。

总而言之，本章我们已经讨论了如何用 DSP RTOS 构建并实现离线调度。我们在 SYS/BIOS 和 SmartDSP OS 中找到了一些基本的实现。在更高级的功能中我们发现，某些方面的功能实现具有很大的挑战（例如，中止和重启任务），而某些功能非常依赖具体的实现。

14.7.8　在线调度（基于优先级的调度）

相比离线调度器，在线调度器会基于系统时间在运行时做出决策。根据一些预定义的算法，每个作业会得到一个优先级，调度器会根据这些优先级来做出决策。算法可以一次性设置优先级（静态优先级）或根据系统状态改变优先级（动态优先级）。

在线调度有两种作业：

- 同意一个新作业进入系统，并验证作业是否可调度
- 实时决定接下来执行哪一个作业

在本节中我们专注于后者，因为前者（调度性测试）与操作系统没有太多关系，而完全取决于算法和作业集。正如我们前面所述的，本章并不关注实时调度算法，而我们主要的目的是理解这种理论工作如何转化成开发者可以利用的系统特性。我们将首先讨论静态优先级算法。

14.7.9　静态优先级调度

这一节我们将学习两种用来确定每个任务优先级的算法。这些优先级被叫作"静态"的，因为它们在系统运行时不会发生改变。所有 DSP RTOS 都支持这种类型的调度。

单调速率调度

单调速率的方法做了如下假设（源自参考文献 [4]）：

- （A1）所有任务请求的硬截止期限都是周期性的，请求之间存在固定的时间间隔。
- （A2）截止期限只包含了运行能力的约束，即每种任务必须在下一个针对该任务的请

求发生之前完成。

- （A3）任务之间都是独立的，即对某任务的请求并不依赖于请求的其他任务的启动或完成。
- （A4）每种任务的运行时间是固定的，不会随着时间发生变化。这里的运行时间是指一个处理器在不被中断的情况下执行该任务所需要的时间。
- （A5）系统中任何非周期的任务都是特殊的。它们都是初始化程序或故障恢复程序。它们运行时会取代周期性任务，而且并没有临界的截止期限。

因为这些约束，完全的单调速率调度很少使用，而且我们认为，单调速率理论最实用的部分是对处理器核最大利用率的估计。

参考文献 [15] 提到："单调速率调度原理是将调用周期转换成优先级。优先级也可能基于应用程序的语义信息，例如，反映调度器必须处理某些事件的优先级。"所以，优先级根据每个任务自身具有的周期来分配：周期越短，优先级越高。例如，如果 PRI_0 优先级最高，而 PRI_256 最低，那么任务 A 周期是 10，任务 B 周期是 20，任务 C 周期是 15，该算法会将 PRI_10 分配给 A，PRI_15 分配给 C 以及 PRI_20 分配给 B。实际上，上面提到的假设不会以完全对应的形式出现。例如，如果两种任务不得不用信号量来共享某种资源，那么（A3）就无法实现。在这种情况下，可能会发生优先级反转，纵使系统基于 RMS 的调度，也会导致作业运行时间超出它们的截止期限。在本章后面，我们会进一步讨论优先级反转。

参考文献 [4] 介绍了一项关于系统利用率限制的重要成果。如果 m 是任务的数量，U 是系统的最大利用率。那么在 RM 调度下：

$$U = m\left(2^{\frac{1}{m}} - 1\right)$$

表 14-3 总结了不同任务数量下的最大利用率。

这意味着，如果利用率不低于 0.69（ln2），任何作业在 RM 调度下都是可行的。最坏的情况是作业随机，此时 RM 调度器只能达到最大利用率的 88%[13]，而对于谐周期的作业来说，可以达到最大利用率的 100%。这些结论非常重要，尤其是在 DSP 应用中，因为它们中有很多特征谐周期的作业。最近 Bini 等人的研究提出了一种叫作双曲线边界的调度性测试，比起参考文献 [14] 提到的方法，该方法得到了更好的结果。

表 14-3　单调速率分析

任务数量	利用率界限
1	1.0
2	0.82
3	0.78
4	0.76
5	0.74
6	0.73
7	0.73
8	0.72
9	0.72
无限	0.69

单调截止期限调度

单调截止期限算法除了根据相关的截止期限而不是周期来分配优先级，其他与单调速率类似。这种情况削弱了单调速率算法的一个约束（A2），所以当周期与相对的截止期限相等（或成正比）时，RM 就是某种退化形式的 DM。如参考文献 [12] 所述："单调截止期限优先级分配是一种最佳的静态优先级方案（见参考文献 [5] 中的定理 2.4）。这就是说，如果作业截止期限不等于它们的周期，任何静态优先级调度算法可以实现的调度过程，使用单调截止期限优先级调度的算法也可以实现。"

14.7.10　动态优先级调度

最早截止期限优先

EDF 算法将最高优先级分配给离绝对截止期限最近的作业。

试着看表 14-4 的例子，以及图 14-13 所示的调度结果。任务 A.1 和 A.2 在 0 时刻释放，而这时调度器应该做出一个决策，决定哪一个任务先运行。EDF 通过计算哪个任务最接近截止期限来实现这一点。在我们举的例子中，A.1 的截止期限是 7 而 A.2 为 10。在 7 时刻，A.1 完成而 A.2 获得控制权。在 10 时刻，A.3 释放并抢占 A.2，因为 A.3 绝对截止期限是 15 而

表 14-4　作业特性

作业参数	释放时间	相对截止期限	最大执行时间
A.1	0	7	7
A.2	0	25	10
A.3	10	5	5

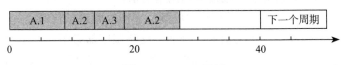

图 14-13　EDF 示例

A.2 的绝对截止期限是 25。A.3 在 15 时刻结束后，A.2 获得控制权并在时刻 22 完成。

对于独立的、可抢占的作业来说，EDF 是一种最优的调度算法，这就是说，任何算法实现的可行调度，EDF 都可以实现。这似乎是一种很有吸引力的算法，然而我们可以说，实际中很有可能 RM 算法具有更高的使用频率。那是为什么呢？这里有几个原因，我们先从如何使用 SmartDSP OS 或 SYS/BIOS 实现这种算法开始。

正如我们之前说过的，RM 或 DM 的实现不值一提，因为所有 DSP RTOS 都支持静态优先级调度，而上面提到的算法只是展示了如何确定这些优先级。对于 EDF 来说，情况有所不同。OS 必须能够在释放一个周期性作业时修改它的优先级。

在 SmartDSP 中，OS 用户可以调用 osTaskPrioritySet() 函数来调整优先级。EDF 算法要求的一个重要特性是保持作业的 FIFO 优先级系统：例如，如果任务 A 正在执行，而任务 B 刚释放，这样在释放点上，绝对截止期限对于两者都是相同的。任务 B 应该要放入作业队列并在 A 结束后执行。从 SmartDSP OS 源代码中，我们可以看到下面所发生的事：

函数 osTaskPrioritySet() 设置完成任务的优先级，最后会调用 taskReadyAdd()，而该函数会调用 list_tail_add()，将任务放入队列的尾部。所以从这一角度看，SmartDSP OS 充分实现了优先级的修改。

另一个问题是，有时所有优先级必须重新映射。考虑如下例子 [6]："……考虑这样的情况，两个截止期限 da 和 db 映射到了两个相邻的优先级上，并且有一个新的周期性实例得到了释放，其绝对截止期限是 dc，并满足 da<dc<db。这样的条件下，即使在内核中活跃的任务数量少于优先级的数量，也没有一种优先级可以映射到 dc 上。这个问题只能通过将 da 和 db 重新映射到两个并不连续的优先级上来解决。注意，在最坏情况下，当前所有的截止期限都需要重新映射，这会大大增加运行的开销。"SmartDSP OS 尤其如此，因为它只有 32 种优先级，这种重新映射的操作会频繁发生。

在 SYS/BIOS 下，用户可以使用如下函数：

UInt Task_setPri(Task_Handle handle, Int newpri);

该函数也可以将任务添加到优先级队列的尾部，这是 EDF 所期望的。在一些平台上 SYS/BIOS 优先级的数量是 32，而其他的是 16，所以比起 SmartDSP OS 来说，可能需要更多的重新映射。

另一种可能的方法是实现属于自己的调度器，从而绕开 OS 的调度器。在 SYS/BIOS 上，除了我们想要执行的任务，可以将其他的一律使用负优先级（−1）。这样，调度器的实现可以用 EDF 来确定下一个运行的任务，然后将其优先级设置成为一个正数。

如果需要的话，调度器也可以用一个钩子函数拦截任务的切换。例如，当任务使用信号量时，就可能要求使用这种机制。

SmartDSP OS 可能使用 osTaskActivate() 和 osTaskSuspend() 函数从外部控制某种调度。但因为没有机制去控制上下文切换，所以在更复杂的场景下，EDF 可能无法工作。

总结一下 RTOS 实现的话题：在现有的 RTOS 调度器顶层上实现 EDF 很具有挑战，因为它们所支持的不同范式并不直接适用于 EDF。

在很多实时 DSP 设计中找不到 EDF，不只这一个原因。EDF 另一个问题是，在高负载的情况下，会产生更多不可预测的结果。如参考文献 [8] 所描述的："根据固定优先级算法调度系统的时间行为，比起根据动态优先级算法调度要更加可预测。当任务有固定优先级时，任务中过多的作业不会影响更高优先级的任务。在过载的情况下，预测哪些任务超过了各自的截止期限是有可能的。"

14.7.11　离线调度与在线调度的比较

两种调度类型的不同之处并没有字面上看起来那么明显。两种类型的调度，用户都要首先要研究离线调度，至少要涉及作业的调度性。如参考文献 [10] 所述："……我们可以得到这样的结论：通常不能将'离线'和'在线'调度看作脱节的。实时调度要求在线的保证，这就需要设计期间做出在线行为的假设。在运行时，要根据一些（显式的或隐式的）确定的规则执行离线和在线调度，保证其可行性。因此离线和在线比较并不是一个非黑即白的问题，而更多关乎多少决策过程可以是在线的。所以，离线和在线都基于大量的在线部分。问题就变成了确定性（所有决策都是在线制定）和灵活性（部分决策在线制定）之间的平衡。"

14.7.12　优先级反转

正如我们之前提到的，阻碍调度技术简单部署的副作用之一是优先级反转。优先级反转被定义为这样的情况，即原本应该运行一个高优先级的作业，却运行了一个低优先级的作业。根据该定义，禁用调度器（例如，SmartDSP OS 下的 osTaskSchedulerLock() 或 SYS/BIOS 下的 Task_disable()）、禁用中断、使用信号量或任意其他类似的动作，这些调用都会导致优先级反转。让我们看一下优先级反转的一对例子，先从图 14-14 开始。

在上图中，作业 A.1 的优先级比 A.2 高。A.1 的释放时间是 10，而 A.2 的是 0。A.1 相对截止期限和最大执行时间是 15。A.2 相对截止期限和最大执行时间是 20。

时刻 0，作业 A.2 释放，开始执行。

时刻 7，作业 A.2 获得信号量 S。

时刻 10，作业 A.1 释放，调度器将其设置成高优先级执行。

时刻 15，作业 A.1 尝试获取信号量 S，结果出现阻塞，而 A.2 恢复运行。

时刻 20，作业 A.2 释放信号量 S，而 A.1 因为其优先级更高而恢复运行。

时刻 25，作业 A.1 超过截止期限而终止（这里假设如果超过截止期限，作业会自我终止）。作业 A.2 恢复运行。

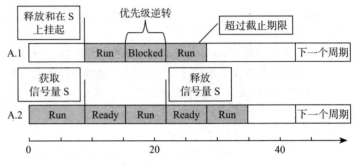

图 14-14　优先级反转

时刻 30，作业 A.2 完成。

在这个例子中，作业 A.1 因为优先级反转而超过了截止期限，这是资源竞争造成的。在这样的情况下，优先级反转是必然的，因为 A.2 保留着资源，并且继续执行着，直到运行结束才释放资源。要特别注意的是，用调度器实现任何类型的锁都可能会出现同样的行为。

图 14-15 中，作业 A.1 是硬实时的，并且具有最高优先级。A.1 释放时间是 10，最大

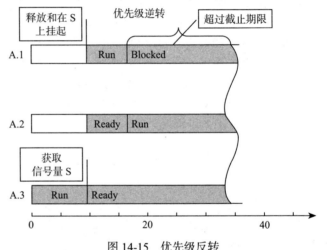

图 14-15　优先级反转

执行时间是 15，而相对截止期限是 15。A.2 是一种偶发的、非实时的作业，也会在时刻 10 释放，其执行时间是 25。A.3 也是非实时作业，在时刻 0 时释放。

这里的问题是，一项中等优先级、偶发的作业正在执行时，一项高优先级作业却被一项占据着互斥资源的低优先级作业阻塞了。

到此，我们已经通过一些基本例子描述了这一问题。对于我们描述的第一种类型的优先级反转，没有什么"神奇"的算法可用，解决方案可能包括：

- 缩短共享资源的使用时间。
- 用一种同步方法，使竞争的可能性最小。例如，如果将争夺资源的线程以一种任务来实现，便可以使用信号量或禁用调度器等。
- 避免资源共享。很多情况下，通过合理使用硬件和分区，有可能避免资源共享。
- 采用虚拟化技术，这样通过一些中央实体资源实现虚拟化，就可以实现资源的并行使用。

很明显，所有的这些方法在不受控制的情况下也会有帮助，但还可以利用其他的一些方法。一种非常直接的方法是使用调度器的禁用功能。如表 14-5 所示。

表 14-5　多线程禁用 API

	HWI	SWI	任务
SYS/BIOS	Hwi_disable(); Hwi_enable();	Swi_disable(); Swi_restore(key);	Taks_disable(); Task_restore(key);
SmartDSP OS	osHwiDisable(); osHwiEnable();	osSwiDisable() osSwiEnable()	osTaskSchedulerLock() osTaskSchedulerUnLock()

禁用调度器

解决不受控制的优先级反转最简单的方法是在任务开始使用共享资源之前，合理地禁用线程层。很容易看出，为什么这解决了不受控制的优先级反转问题：当资源被占用时，无法启动执行其他的线程（这在某种程度上有所削弱。例如，如果知道 HWI 足够短，那就只需要锁住任务和 SWI）。当占用资源的时间周期相对较短，就可以充分利用这种方法。但时间周期变长会引发另一个问题：系统中所有线程都出现了有界优先级反转。所以，我们基本上将无界优先级反转转换成通常可能性更高的有界优先级反转。

优先级继承

另一种可能的解决方案是由参考文献 [7] 提出来的，使用了一种优先级继承的算法。算法背后的思想很简单：当作业 A 占有资源，而更高优先级作业 B 也尝试去使用该资源，A 会继承 B 的优先级，这样 A 便能用这些资源完成工作。这种方法优于前一种方法，因为可以抢占具有高优先级且不会争用资源的任务，然而在前一种过分简单的方法中，这不会发生，因此会引入额外的优先级反转。OS 通常都会支持优先级继承，例如 SYS/BIOS 的 GateMutexPri 支持优先级继承[18]："为了防止优先级反转，GateMutexPri 实现了优先级继承：当高优先级的任务试图获取低优先级任务占用的门时，只要高优先级的任务一直在等待那个门，低优先级任务会暂时提升到高优先级。高优先级任务会将自己的优先级'贡献'给低优先级的任务。当多种任务等待某个门时，门所有者会获得那些任务中最高的优先级。"

SmartDSP OS 并不直接支持优先级继承。如果有人决定在现有 API 的基础上实现这种算法，那么需要改变一些 API。例如，当前的 API 不允许获得一个挂起的任务的信息。

优先级置顶

这种优先级继承算法不能解决所有可能的情况（特别是当我们考虑到多种资源需要保护时），例如死锁，而且可能产生一些时间异常[17]，所以引入一种更加复杂的算法——优先级置顶算法[7]。我们至今没有看到哪一个 DSP RTOS 实现了优先级置顶算法。

14.8　DSP OS 辅助工具

现今有几种类型的工具：

- 日志可视化：使 OS 日志可视化的工具。
- IDE 中支持上下文：浏览线程的变量。
- 配置：可视化配置 OS 支持的模块、驱动等。

让我们更加详细地讨论上面的工具。

当调试一种竞争条件时，确定进程是否被抢占很有用。当试图找到关于优先级反转的问题时，了解系统运行时不同事件的时间线很重要。硬件中断、调度事件、上下文切换和用户自定义事件会记录并可图形化显示（如图 14-16 所示）。这种工具非常有用，可以轻松测量不同事件的时间间隔。这种工具的实现有两个部分：目标处理器上发生的事件的记录，以及从目标处理器上获得这种数据并使其可视化的工具本身。在目标处理器上的实现应该非常高效，而且不会干涉其他程序，因为它不应该影响程序的正常执行。

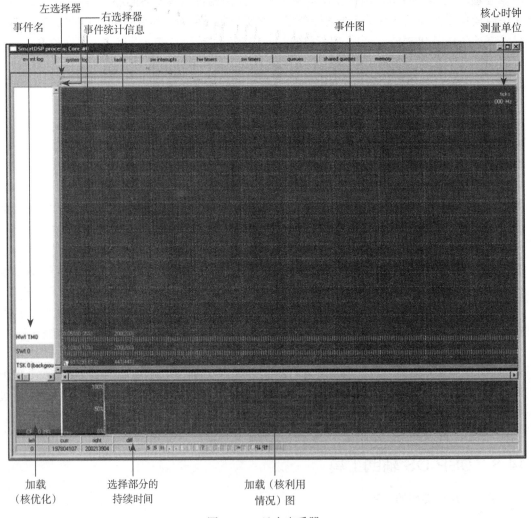

图 14-16 日志查看器

SYS/BIOS 支持名为 System Analyzer 的工具，可以提供上面的功能 [22]。用户也可以使用统一仪器架构（Unified Instrumentation Architecture，UIA）的概念在目标处理器上添加功能。例如，使用 System Analyzer 来测量两个调用之间的时间，用户可以调用：

```
Log_write1(UIABenchmark_start, (xdc_IArg)"user_thread_1");
```

然后调用：

```
Log_write1(UIABenchmark_stop, (xdc_IArg)"user_thread_1");
```

SmartDSP OS 也有了类似的工具（如图 14-17 的截屏）。

现今另一种功能变得很重要，即在一个 AMP 系统不同的 OS 实例之间，甚至在异构系统（例如，Linux 和 SYS/BIOS）不同 OS 之间进行时间轴相关性的分析。

有时候需要用一种源码级调试器调试 OS。在 DSP 中，可能会使用一个 JTAG 连接和某些 IDE。当 RTOS 在目标处理器上运行时，IDE 必须识别该系统的存在，这样才能正确地显示信息，例如，显示特定上下文中的变量，显示不同执行线程的程序指针。

有时可视化工具处理的另一个方面是配置初始化。这样的工具可以帮助 OS 添加一个特定的模块或帮助配置硬件。图 14-17 展示了 SmartDSP OS 自带的工具——CommExpert。该工具使用图形化界面配置 OS 和底层的硬件。

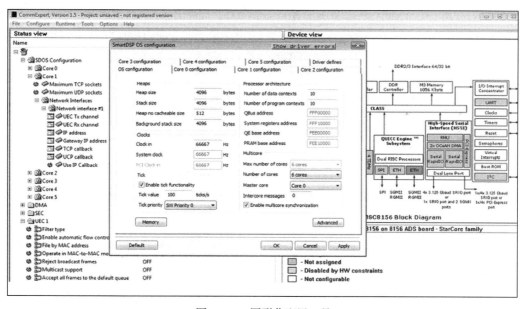

图 14-17　图形化配置工具

14.9　总结

今天的 DSP RTOS 必须支持复杂的 SoC，包括多个 DSP 核、大量与外部设备和网络交互的外围设备、带有几级高速缓存的内存子系统、总线或交换结构、不同类型的内存、DMA 或 DSP 协处理器。OS 必须通过合理地划分标准 API 层来抽象和封装这种复杂性，才能处理像 DMA 或以太网这样的通用功能。在 DSP 领域中，多核平台仍旧相对较新颖，当我们已经看到了 DSP RTOS 如何使用多核平台：硬件资源分区、网络流量早期的多路复用、合作式 AMP 以及定义明确的 IPC 是与多核相关的一些最重要的特性。

　　另一方面，在这样复杂的环境下，实时作业的调度仍旧具有挑战，而且我们看到，我们所介绍的所有理论概念并没有全部实现在 RTOS 的代码中。正如我们关于资源竞争的讨论，很明显，现在还没有一种机制能够完全解决资源竞争的相关异常问题，所以我们相信，解决这一问题最好的方式是使用合理的分区或类似于虚拟化的机制来避免资源共享。

参考文献

参考的期刊论文

[1]　L.J. Karam, I. AlKamal, A. Gatherer, G.A. Frantz, D.V. Anderson, B.L. Evans, Trends in Multicore DSP Platforms, IEEE Signal Processing Magazine, Special Issue on Signal Processing on Platforms with Multiple Cores 26 (6) (Nov 2009) 38-49.

[2]　Edward A. Lee, What is ahead of embedded software? Computer 33 (9) (Sep 2000) 18-26.

[3]　C. Douglass Locke, Software architecture for hard real time applications: Cyclic Executives vs. Fixed Priority Executives, Real-time Systems, 4 (1) 37-53.

[4]　C.L. Liu, JAMESW. Layland, Scheduling Algorithms for Multiprogramming in a Hard Real-Time Environment, Journal of the ACM (JACM) 20 (1) (Jan 1973).

[5]　J.Y.T. Leung, J. Whitehead, On the Complexity of Fixed-Priority Scheduling of Periodic, Real-Time Tasks, Performance Evaluation 2 (4) (1982) 237-250. December 1982.

[6]　Giorgio C. Buttazzo, Rate Monotonic vs. EDF: Judgment Day. Real-time Systems, 29 (1) 5-26.

[7]　Lui Sha, Ragunathan Rajkumar, John P. Lehoczky. Priority Inheritance Protocols: An Approach to Real-Time Synchronization, IEEE Transactions on Computers 39 (9) (Sep 1990) 1175-1185.

书籍

[8]　Real-Time Systems, Prentice Hall, Publication Date: April 23, 2000. ISBN-13: 978-0130996510.

参考的会议论文

[9]　Gerhard Fohler, Damir Isovi, Tomas Lennvall, and Roger Vuolle. SALSART- AWeb Based Cooperative Environment for Offline Real-time Schedule Design, Proc. Parallel, Distributed and Network-based Processing, 2002, 10th Euromicro Workshop on Issue, 2002, pp. 63-70.

[10]　Gerhard Fohler, University of Kaiserslautern, How Different are Offline and Online Scheduling? Proceedings of the 2nd International Real-Time Scheduling Open Problems Seminar, July 5, 2011, pp. 5-6, Beto, Portugal.

[11] Michal Young, Lih-Chyun Shu. Hybrid Online/Offline Scheduling for Hard Real-Time Systems, Proc. 2nd International Symposium on Real-Time and Media Systems. (1996) 231-240.

[12] C. Audsley, A. Burns, M.F. Richardson, A.J. Wellings, Hard Real-Time Scheduling: the Deadline-Monotonic Approach, Proc. IEEE Workshop on Real-Time Operating Systems and Software (1991) 133-137.

[13] John Lehoczky, Lui Sha, Ye Ding, The Rate Monotonic Scheduling Algorithm: Exact Characterization and Average Case Behavior, Proc. Real Time Systems Symposium (5-7 Dec 1989) 166-171. Santa Monica, CA, USA.

[14] E. Bini, G. Buttazzo, A hyperbolic bound for the rate monotonic algorithm, Proc. Real-Time Systems, 13th Euromicro Conference, 13 Jun 2001-15 Jun 2001, Delft, Netherlands, pp. 59-66.

技术报告

[15] Richard M. Karp, On-Line Algorithm Versus Off-Line Algorithm: How Much is it Worth to Know the Future?, International Computer Science Institute, Technical report TR-92-044.

[16] Robert I. Davis, Alan Burns, A Survey of Hard Real-Time Scheduling Algorithms and Schedulability Analysis Techniques for Multiprocessor Systems (2011). http://www.cs.york.ac.uk/ ftpdir/reports/2009/YCS/443/YCS-2009-443.pdf. Retrieved at 11.11.

[17] Victor Yodaiken, Against priority inheritance, FSMLABS Technical Report (September 23, 2004).

产品文档

[18] SYS BIOS API Documentation, Version bios_6_32_00_28.

[19] TMS320C6000 Network Developer's Kit (NDK) Software, TI Document identifier spru523g.

[20] LINX Protocols, Document Version 21. http://linx.sourceforge.net/linxdoc/doc/book-linx-protocols. pdf. Retrieved 29.11.2011.

[21] TIPC: Transparent Inter Process Communication Protocol http://tipc.sourceforge.net/doc/draft-spec-tipc-07.txt. Retrieved 29.11.2011.

[22] System Analyzer User's Guide, TI Literature Number: SPRUH43B. July 2011.

[23] SYS/BIOS Inter-Processor Communication (IPC) and I/O User's Guide, Literature Number: SPRUGO6C.

[24] KeyStone Architecture Multicore Navigator, User Guide, TI Literature Number SPRUGR9D.

[25] TMS320C66x DSP generation of devices, TI Literature Number SPRT580A.

[26] SysLink User Guide, http://processors.wiki.ti.com/index.php/SysLink_UserGuide. Retrieved 29.11.2011.

[27] MSC8156 Data Sheet, Freescale Semiconductor. Document Number: MSC8156, Rev. 4, 10/2011. http://www.freescale.com/webapp/sps/site/prod_summary.jsp?code=MSC8156. Retrieved 11.30.2011.

第 15 章
DSP 软件开发管理

Robert Oshana

15.1　概述

使用 DSP 进行软件开发和其他类型的软件开发一样，都会面对一些限制和挑战。这其中包括紧迫的产品面世期限、冗长的算法集成、紧张的调试、多任务的集成，以及实时处理的其他需求。开发人员最多有 80% 的精力用于分析、设计、实现和软件集成。

早期 DSP 开发通常都在小系统上使用汇编语言实现最高效的算法功能。然而，随着 DSP 系统复杂度和集成度的提高，使用汇编语言已经不现实。出于成本的合理使用以及时间进度的考虑，如此开发大型 DSP 系统会付出太多的精力。而此时，使用易移植、易维护、更高产的高级编程语言，比如 C 语言，完全可以满足成本和进度的需求。实时系统开发工具也致力于为复杂 DSP 系统提供更高效的开发手段。

DSP 开发环境分为主机工具和目标内容。主机工具可以为开发者提供程序编译、程序调试、可视化数据和其他分析功能。目标内容是 DSP 上软件的集成，包括实时操作系统（如果需要的话）和执行多种任务的 DSP 算法。主机和目标之间会有通信机制支持数据通信和测试。

DSP 开发包括几个阶段，见图 15-1。在每个开发阶段，都有相应工具来帮助开发者顺利快速进入下一阶段。

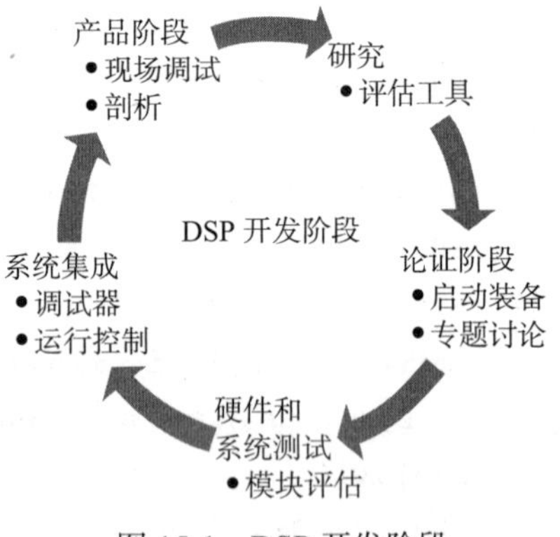

图 15-1　DSP 开发阶段

15.2　开发 DSP 应用面对的挑战

在 DSP 上实现嵌入式系统软件是个非常复杂的过程。它的复杂性来源于嵌入式系统日益复杂化的功能、紧迫的产品面世时间，以及严格控制的功耗、成本和速度。

大多数 DSP 应用的算法侧重于代码尺寸的最小化，同时也要达到指令所需内存空间最小化的目的。DSP 通常仅有非常有限的片上内存，而使用片外内存所带来的速度、功耗、成本问题对于成本敏感的嵌入式应用来说都是无法接受的。于是问题更加变得复杂，DSP 应用对内存的需求增长速度已经高于片上内存容量的提升速度。

为了应对这个问题，DSP 系统设计者越来越多地使用高级图形化设计环境，在这个环境里面可以基于分层数据流图表进行系统定义。同时集成开发环境用于进行程序管理、代码生成和调试阶段，以便更好地应对日益增加的复杂度。

本章主要目的是讲述 DSP 应用开发流程，同时还会介绍辅助 DSP 开发人员进行分析、编译、集成、测试的集成开发工具。

很久以前的 DSP 开发都是通过手动编写汇编的方式来完成。这是非常单调而且容易出错的过程。更有效的方法就是使用工具自动生成代码。当然，自动生成的代码必须高效。DSP 的片上内存弥足珍贵，其使用必须进行有效管理。使用片外存储会导致成本增加、功耗增加、降低读取速度。所有这些缺点都会对实时应用产生重大影响。因此，高效的 DSP 代码生成工具一般会强制使用 C/C++ 语言，并且使用好的编译器。

15.3　DSP 开发流程

DSP 开发流程在很多方面与软件系统开发流程极其相似。然而不同的，开发 DSP 还需要了解如何开发高效、高性能的应用。

DSP 系统设计流程的高级模型参见如图 15-2。从图中不难发现，DSP 开发流程的一些步骤和传统的系统开发流程非常相似。

图 15-2　通用系统设计流程图

15.3.1　概念和规范定义阶段

任何系统开发都始于系统需求的建立。这个阶段，设计者试图用需求的方式来阐述系统属性。需求要以用户或其他系统的视角来定义系统特性。设计阶段所有的决策和判断都遵循需求定义。

像功耗、尺寸、重量、带宽、信号质量等 DSP 系统需求，往往也属于其他电子系统的共性需求。除此之外，DSP 系统还有一些数字信号处理独有的需求，例如采样速率（与带宽相关）、数据精度（与信号精度相关）、实时限制（与系统性能和功能相关）。

设计者需要对系统进行定义，以便满足系统需求。这些定义非常抽象。创建定义的过程被称为需求分配。

DSP 系统规范定义过程

在 DSP 定义阶段，推荐使用 Sommerville 的 6 步实时设计过程⊖。6 个步骤如下：

1. 定义激励，系统要能够对激励进行处理，而且需要响应激励

2. 对于每个激励和响应，定义时间约束，时间约束必须可量化

3. 将激励和响应的处理汇聚到并发软件进程中。一个进程和某一类激励和响应相关。

4. 设计算法实现各级激励和响应，必须满足特定的时间需求。对于 DSP 系统，这些算法主要包括信号处理算法

5. 设计调度系统，它的作用是确保某个处理能在截止时限之前尽早启动。调度系统通常基于抢占式多任务模型

6. 使用一个实时操作系统来进行集成（尤其当系统足够复杂的时候）

一旦激励和响应被定义，软件功能就此确定，它要对所有可能的输入序列实现从激励到响应的映射过程。这点对实时系统非常重要。无映射的激励序列会引起系统误动作。

算法开发及验证

在概念和规范定义阶段，开发人员的大部分时间都花费在实现算法上。在这个阶段，设计者专注于在抽象层面上为规范中定义的问题寻找解决方案。在算法开发和验证阶段，算法开放者不需要太过关注算法的实现细节，而需要更多关注如何定义一个能够满足系统设计需求的计算过程。至于算法是在 DSP，GPP 上完成还是在硬件加速器（ASIC，FPGA）上完成，都不是此阶段需要考虑的内容。

大多数 DSP 应用需要复杂的控制功能以及信号处理功能。这些控制功能需要进行决策判断，控制整个应用的执行流（例如，管理手机的各种操作，或者基于用户输入调整某个算法参数）。在算法开发阶段，设计者不仅需要定义控制行为和信号处理，而且还要对其进行试验。

在许多 DSP 系统中，算法开发从浮点运算起步。在定点处理器上运行应用所引入的定点影响在这个阶段无需分析，但这不意味着这种分析不重要。它对整个应用的成功至关重要，应该马上予以考虑。在确保系统能够正常运行的前提下，让算法顺利工作是首要目标。当设计最终演变成可产品化的系统时，一个价格低廉的定点处理器也许是个不错的选择。这时，才需要考虑定点的影响。大多数情形下，使用更简单、更小数字格式和较低的动态范围可以降低系统复杂度和成本，这会给系统产品化带来好处。当然，这些只是针对定点 DSP 而言的。

许多应用在实现软件硬件系统之前需要系统设计者对算法实时性进行评估。在实现算法前，进行算法质量试验非常必要。例如，对数字蜂窝电话使用的语音压缩算法进行实时性和双向通信的评估是非常有必要的。

15.3.2　DSP 算法标准和指导原则

DSP 可以像传统嵌入式微处理器一样编程。它们都可以使用 C 和汇编混合编程，都直

⊖ 《软件工程（第 9 版）》第 16 章，作者 Ian Sommerville。

接操作硬件外设。出于性能考虑，它们大多数都没有或很少有标准操作系统的支持。因此，像传统微处理器一样，很少有商业软件组件支持 DSP。然而，和通用嵌入式微处理器不同的是，DSP 是为复杂信号处理算法而生。例如，DSP 可以用于从噪声环境中提取重要数据，或用于在汽车以 65 公里 / 小时速度移动的环境中进行语音识别。这些算法都需要经过多年研究开发，系统中的算法都要经过反复的工程实践。毫无疑问，这也必然会延长产品的面世时间。附录 F 提供了有关 DSP 算法开发标准和指南的更多细节。

15.3.3　高级系统设计和工程性能

DSP 系统高级系统设计包括系统功能划分、筛选、软件硬件组织结构。在系统规范定义阶段，算法作为系统划分和筛选的主要输入。其他的因素也需要一并考虑：

- 性能要求
- 尺寸、重量和功耗约束
- 生产成本
- 一次性工程（工程资源的要求）
- 上市时间约束
- 可靠性。

这个阶段非常重要，设计者必须在这些互相冲突的需求之间进行折衷考虑。最终目标是选择一套能够满足应用需求的硬件、软件的完整系统架构。

现代 DSP 系统开发提供了多元化选择，这些包括定制软件、优化的 DSP 软件库、定制硬件、标准硬件组件。为了满足系统最重要的需求（例如性能、功耗、内存、成本、可生产性等）设计者只能折衷考虑各种因素。

工程性能

软件性能工程（Software Performance Engineering，SPE）用于为系统创建可预测性能输入，通过开发和评估从系统源头来定义和分析量化行为。DSP 开发人员必须能够考虑到性能要求、设计和系统运行的环境。分析必须基于各种模型和设计工具来完成。软件性能工程包括搜集数据、创建系统性能模型、评估性能模型、管理不确定性风险、评估替代方案、验证模型和结果。

软件性能工程需要 DSP 开发人员使用下面的信息对整个 DSP 系统进行分析[⊖]：

- **工作负荷**：最恶劣场景。
- **性能目标**：性能（CPU、内存、I/O）评估的量化标准。
- **软件特点**：各种性能场景的处理步骤。
- **执行环境**：平台运行哪种系统以及如何划分资源。
- **资源需求**：系统主要组件所需的服务量估算。
- **处理开销**：基准测试、仿真和关键场景的原型设计。

⊖　见《性能解决方案》，这是关于该技术的绝佳参考。

15.3.4　软件开发

大部分 DSP 系统开发都包括软件部分和硬件部分。软硬件的比例取决于应用本身（系统需要快速升级或具有易变性，这样的系统应该使用更多的软件；某些系统使用了成熟的算法而且需要高性能，那么这样的系统更适合使用硬件来实现）。大部分基于 DSP 的系统通常都是偏向软件的系统。

DSP 系统的软件有很多特点。除了信号处理，还有很多软件组件也是 DSP 解决方案里不可或缺的：
- 控制软件
- 操作系统软件
- 外设驱动软件
- 设备驱动软件
- 板级支持和芯片支持软件
- 中断处理软件

现在使用可重复利用的软件组件或现有软件组件显然越发流行。这其中包括使用可重复利用的信号处理软件组件、应用框架、操作系统、内核、设备驱动和芯片支持软件。DSP 开发者应该尽可能使用可重复利用的软件组件。可重复利用的 DSP 软件组件是后续章节要讨论的内容。

15.3.5　系统创建、集成和测试

随着 DSP 系统复杂性不断提高，系统集成变得尤为重要。系统集成可以视为系统组件渐进式地连接和测试，使得其功能和技术特性合并到一个全面的互操作系统中。对于具有复杂功能的软、硬件子系统的 DSP 系统而言，系统集成变得越来越普遍。这些子系统之间的依存关系也变得更加紧密。系统集成通常贯穿于整个设计阶段。在实际的硬件生产制造完成之前，系统集成都是通过仿真来完成的。

在开发、优化子系统时，系统集成也同时进行。起初，系统集成是在 DSP 仿真器上进行，其仿真器连接着其他仿真的硬件和软件组件。下一阶段的系统集成可以在 DSP 硬件评估板上进行（这时软件可以与设备驱动、板级支持包、内核等集成到一起）。一旦硬件和软件组件都可用，系统集成就进入了最后阶段。

15.3.6　工厂和现场测试

工厂和现场测试包括在现场或者最终的工厂测试中远程分析和调试 DSP 系统。这个阶段现场测试工程师需要使用复杂的工具，在现场对问题进行快速准确的诊断，然后把这些问题反馈给产品工程师，让其在本地实验室进行调试。

15.4　DSP 系统的设计挑战

一般使用信号处理算法来定义 DSP 系统。这些算法代表了将要在 DSP 上执行的数字运

算。然而，这些算法的实现由 DSP 工程师负责。DSP 工程师面临的问题是要充分理解算法，做出明智的实现决策，既能满足算法的计算精度，又能挖掘出可编程 DSP 的全部技术，从而可能达到最佳的性能。

许多进行密集运算的 DSP 系统必须满足严格的性能指标。这些系统作用于现实世界中必须实时处理的信号的冗长部分。即便在最恶劣的系统条件下，硬实时系统也必须满足性能指标。这比软实时系统更加难处理，因为软实时系统偶尔还可以超出截止时间。

DSP 就是为了快速处理加法、乘法这样算术运算而设计的。DSP 工程师必须要能够充分利用这些优势，而且还要能够使用适合的数字格式使整个系统性能得到显著提升。选择浮点算法还是定点算法是个重要的问题。和定点运算相比，浮点运算能够支持的数据动态范围更大，同时浮点也会减小溢出的可能性，而且也消除了程序员对数据放大或缩小的隐忧。浮点算法能够大大简化算法，降低软件设计、实现和测试的难度。

浮点处理器或浮点库的缺点是比定点运行效率更低，价格更昂贵。DSP 工程师必须对整个应用的数据动态进行必要的分析和深入的理解。一个复杂的 DSP 系统在不同算法流的阶段可能有不同的数据动态范围和精度。毫无疑问，为了达到应用需要的性能指标，需要进行大量的分析来确定适合的数据格式。

为了测试 DSP 系统，需要有一组真实的数据用于测试。这组测试数据可能是发到基站的呼叫，或者是来自某个实际应用场景的传感器数据。这些真实的测试数据用于验证系统的性能和实时性。为了确保不存在可能导致系统崩溃或降质的溢出或死角情况，需要对DSP 应用进行长期反复地测试。

15.5　DSP 高级设计工具

定义系统概念的高层模型和定义行为细节的底层模型是 DSP 系统设计需要完成的工作。DSP 系统设计者必须能够开发完整的端到端仿真和各种组件的集成，集成的组件包括像控制逻辑、模拟混合信号、DSP。一旦设计者为系统建立了模型，这个模型必须也能够执行且用于验证性能。这些模型也被用于取舍设计性能、调整系统参数，进而实现系统性能优化分析。

已经有 DSP 模型化工具来帮助设计者快速开发基于 DSP 的系统和模型。分层框图设计和仿真工具可用于系统模型化和诸多模型的仿真。在应用开发库里面包括了很多 DSP 通信系统常见的模块，设计者可以利用现有应用开发库生成完整的端到端系统。在事件驱动系统里面，这些工具也可用于控制逻辑模型化。

15.6　DSP 工具箱

DSP 工具箱集合了信号处理函数，这些函数可以为模拟和数字信号处理提供可定制的框架。DSP 工具箱有图形化的用户接口，支持系统交互分析。工具箱的优势在于它的鲁棒性、可靠性和有效性。很多这些工具箱允许 DSP 开发人员修改已经提供的算法，方便其更加紧密地应用到现有的架构中，同时，开发人员也可以向工具箱里面添加自定义的算法模块。

DSP 系统设计工具也支持快速开发设计、图形化仿真和 DSP 系统原型化。通过选中和点击操作，就可以从可用库中挑选模块并进行各种互连配置。可视化交互式的模拟可以传递到后面做进一步处理。ANSI 标准的 C 可以从模型中直接生成。信号处理模块（包括 FFT、DFT、窗口函数、抽取和内插、线性预测和多速率信号处理）都可以用于快速系统设计和原型。

15.7 DSP 的主机开发工具

前面已经提到了，实时 DSP 开发人员需要面临诸多挑战：
- 成本的增加
- 简单的系统调试已经一去不返
- 软件可重用度低
- 系统日益复杂化

一套健壮的工具需要具备能够帮助 DSP 开发者加速开发、减少错误、有效管理大型项目等一系列优点。把一系列不同的开发工具集成到同一个环境下，我们称它为集成开发环境（Integrated Development Environment，IDE）。IDE 是一个封装了应用程序的编程环境。典型的 IDE 由代码编辑器、编译器、调试器和图形用户界面（GUI）构建器组成。IDE 为创建复杂的应用提供了非常友好的框架，PC 开发人员首先需要接触 IDE。

现在的应用程序庞大而且复杂，足以为 DSP 开发提供相同的开发环境。现在，DSP 厂家有自己的 IDE 来支持自己的产品。DSP 开发环境还不能覆盖完整的 DSP 开发的生命周期。正如图 15-3 所示，在早期概念研究和开发项目功能划分阶段之后，才开始使用 IDE。从 IDE 内部开发 DSP 应用程序主要涉及软件架构、算法设计和编码，以及整个项目的编译阶段和调试、优化阶段。

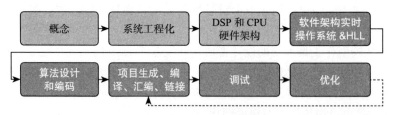

图 15-3 DSP IDE 只能用于部分的 DSP 开发生命周期，不能覆盖全部周期。

DSP IDE 包括以下几个主要部件，如图 15-4 所示。
- 代码生成（编译、汇编、链接）
- 编辑
- 仿真

- 实时分析
- 调试和仿真
- 图形用户接口
- 其他插件
- 目标系统的有效连接

DSP IDE 可以优化 DSP 开发过程。IDE 里面包含了针对 DSP 的一系列选项，使 DSP 开发与其他系统开发迥然不同。

- 先进的实时调试器，支持先进的断点、C 表达式条件断点、源代码和反汇编显示。
- 先进的观测窗口。
- 多处理器调试。
- 全局断点。
- 组间同步控制。
- 探头点（高级断点）提供类似示波器的功能。
- 文件的输入输出，带有高级的触发注入功能或者提取数据信号。

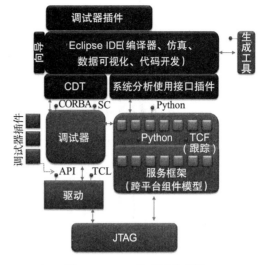

图 15-4　DSP 集成开发环境

数据可视化就允许 DSP 开发者进行图形化信号分析。这个功能会使开发者看到信号的原始状态，允许运行时修改变量并查看它的影响。你可以通过第 17 章获取更多关于 DSP 系统开发和调试的知识。

随着 DSP 系统复杂性的增加，系统从循环执行转变到基于任务的执行方式。这种情况下，需要更加先进的工具来应对集成和调试阶段的问题。DSP IDE 提供了一套健壮的"仪器盘"来帮助分析、调试复杂的实时应用。如果需要更先进的任务执行分析，可以使用第三方的插件。例如，如果 DSP 开发人员不仅要了解任务是否被阻塞，还需要深入了解为何、何处任务被阻塞，这时就需要更加专业的工具提供细节分析。

DSP 应用需要在系统运行的时候，对系统进行实时分析。在对系统带来较小干扰和负荷的前提下，DSP IDE 提供了实时监测系统功能。由于实时系统应用的多样性，这些分析功能是用户可控、可优化的。分析数据积累到一定数量，选择在系统空闲时（用低优先级，非抢占式的进程来执行这个功能，使用 JTAG 接口传送数据）把数据传送到主机。这些实时分析功能就像软件逻辑分析仪，执行在过去由硬件逻辑分析仪执行的任务。分析的功能可以显示 CPU 负荷百分比（用于发现应用程序中的热点）、任务执行历史（体现实时系统中事件执行的顺序）、DSP MIPS 粗略估计（使用一个空闲的计数器来完成），还可以记录最佳和最差的执行时间。这些数据能够帮助 DSP 开发人员判断系统是否按照设计规范运转，是否满足系统性能指标，是否存在细微的时序偏差⊖。

⊖　如果看不到问题，你也就解决不了问题。

系统配置工具允许 DSP 开发人员快速确定系统功能的优先级，并对不同运行时模型进行分析。

开发工具流从最基本的需求开始。编辑器、汇编器和链接器都是最基本的功能模块。一旦链接器生成一个可执行文件，那么工具一定有办法将它加载到目标系统。只有控制目标的执行流，才能够做到这一点。目标可能是个软件仿真，当硬件原型机还没有完成时，使用仿真是理想的选择。目标也可能是评估板或是工具包。评估板可以为开发者提供真实的硬件环境，还附带有可配置的 I/O。最终，DSP 开发人员可以在原型机上运行开发的代码，当然，这一步需要一个仿真器。

IDE 另一个重要的功能是调试器。调试器用于控制软件仿真器和硬件仿真器，允许 DSP 开发者进行底层分析和控制程序、内存和寄存器。由于软硬件的内在的特性，DSP 开发人员不必在整个开发阶段都使用真实的硬件环境，在应用开发的部分阶段完全可以使用软件仿真。这就意味着 DSP 开发人员可以在没有完整接口的条件下调试，比如没有 I/O，那么可能就会没有真正的输入数据[⊖]。这时可使用文件 I/O 来解决问题。为了分析输出文件的某个特定比特，DSP 调试器会支持数据捕获。因为 DSP 非常注重代码和应用性能，所以会提供一种用调试器测量代码执行速度的方法（这通常称为性能分析）。最终，实时操作系统可以帮助开发人员创建大型复杂的应用，插件接口允许第三方的应用集成进入 IDE。

15.8 通用数据流实例

本节提供一个简单的实例，目的是介绍 DSP 开发阶段使用工具创建全集成的 DSP 应用。图 15-5 是软件系统的简单模型。

输入会被处理、转换或输出。从实时系统的视角上看，输入来自模拟环境中的传感器，输出将用于控制模拟系统阀门。下一步就是把数据放到这个模型中。许多实时系统都有大量的输入和输出数据缓冲区，这些缓冲区用于在 CPU 繁忙的时间段缓存数据。图 15-6 是带有输入输出数据缓冲的示例。

更细节的模型是图 15-7 的双缓冲区的模型。双缓冲区是有必要的，原因 CPU 忙于处理一个缓冲区的数据，当 CPU 正在处理当前缓冲区的数据的时候，从外部接口来的数据必须被放在另外一个地方。只有当 CPU 处理完当前缓冲区数据，它才能开始下一个缓冲区数据的处理。这个老的缓冲区（之前被 CPU 处理的缓冲区）承载

图 15-5 通用数据流实例

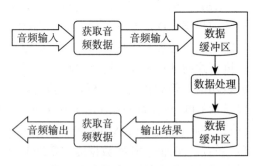

图 15-6 带有数据缓冲的 DSP 应用模型

⊖ 在本章的结尾有一个案例分析，涉及软硬件协同设计以及针对嵌入式 DSP 和微器件的分析技术。

的是当前的输入数据。当输入数据准备被接收（乒缓冲区为空，RCV = 1），乒缓冲区被空出来，输出数据进入 XMT 乒缓冲区（XMT = 0），反之亦然。输入输出数据交替重复。

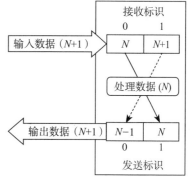

图 15-7　带数据缓冲的实时采样处理

来自环境的模拟数据会通过多通道缓冲的串行接口输入进来。外部的 DMA 控制器（EDMA）管理输入到 DSP 核的数据，并释放 CPU 以执行其他处理。双缓冲器则在片上的数据存储器中实现。这样 CPU 可以在每个缓冲器上进行处理。

图 15-8 提供了开发包或评估板上的输入输出数据流系统框图。这是一个系统框图，描述了某种 DSP 入门套件或者评估板的一个映射模型。图 15-9 所示的 DSP 开发包里面包含编码器，它的功能是完成数据转换，使数据能够进入串口使用 DMA 搬移供 DSP 核使用。通过 DMA 编程，对输入的数据进行乒乓操作，实现缓冲区的选择并自动切换，开发人员不必费力去干预双缓冲机制。

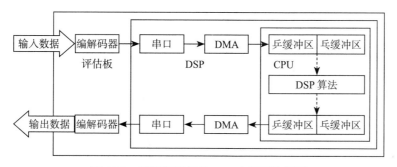

图 15-8　使用评估板的 DSP 应用系统框图

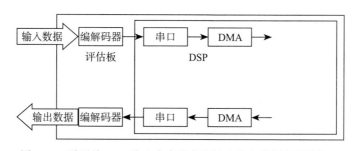

图 15-9　需要从 DSP 片上内存的获取输入输出数据的外设处理

为了对外设过程进行编码，DSP 开发人员需要进行以下操作：

- DMA 连续向乒乓缓冲区里面发送数据，一旦缓冲区满了，发中断给 CPU。
- 选择正确的 McBSP 模式来配合编码器协同工作。
- 选择正确编码器模式，通过 McBSP 开始传输数据。
- 使用 McBSP 的发送 / 接收中断作为 DMA 的同步信号。

主要的软件初始化处理流程包括:
- 硬件复位
- 复位向量
- 系统初始化
- 执行 main 函数
- 创建应用
- 创建中断
- 进入死循环
- 条件判断,如果新数据到达,则清标志
- 处理数据
- 更新缓冲区指针
- 过滤数据

复位向量操作要做如下工作:
- 把硬件事件和软件响应关联起来。
- 为硬件事件分配适合的优先级。

这是需要手工管理的一个比较特殊的任务。

运行时支持库可以帮助开发人员开发 DSP 应用程序。该运行时软件通过包含下列组件为不是 C 语言本身的一部分的函数提供支持。

- ANSI C 标准库。
- C I/O 库,包含了 printf()。
- 与主机操作系统相关的底层 I/O 函数。
- 内嵌数学运算函数。
- 系统启动函数, _c_int00。
- 允许 C 使用某些特殊指令的函数和宏开关。

DSP 应用的 main 函数的循环需要检查 buffer_data_ready_flag 标志,当数据已经准备好可以进行下一步处理时,调用 DSPBuffer() 函数。代码示例如下:

```
void DSPBuffer(void)
void main( )
{
  initialize_application( );
  initialize_interrupts( );
  while( true )
{
    if(buffer_data_ready_flag)
    {
      buffer_data_ready_flag = 0;
      DSPBuffer( );
      Printf("loop count = %d\n", i++);
    }
  }
}
```

图 15-10 解释在链接过程中如何把输入文件映射到硬件平台的真正的内存空间。内存空间要存放很多类型数据，包括中断向量、代码、栈空间、常量、全局定义。

链接命令文件 LNK.CMD 用于定义硬件，以及通过输入文件定义硬件的用法。图 15-11 给出了内存分配的示范代码。MEMORY 段列举了目标系统要包含的内存空间，以及这些内存空间对应的地址范围。这段代码是 DSP 设备特有的。SECTIONS 命令用于定义软件组件在内存中的存放位置。段类型包括：

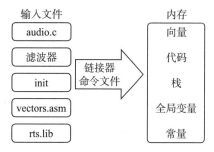

图 15-10　链接过程中输入文件到内存的映射

- .text 存放程序代码
- .bss 存放全局变量
- .stack 存放局部变量
- .system 存放堆

下一步要做的事情就是建立目标调试器。现代 DSP IDE 都支持多个硬件目标板（通常都是同一厂家的某一系列产品）。大多数的配置都能够在 IDE 里面通过简单的拖拽和下拉菜单来完成。DSP 开发者很容易在 IDE 里面配置 DSP 和非 DSP 设备。

DSP IDE 支持可视化工程管理。使用拖拽和下拉菜单可以很容易地把文件放到工程里面，同时依赖关系也被自动维护。DSP 应用涉及的大量文件管理和配置都可以在 DSP IDE 里面轻松搞定。

DSP IDE 提供的插件接口允许 DSP 开发

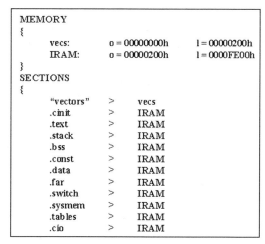

图 15-11　把输入文件映射到目标硬件的链接命令文件范例

人员定制开发环境，这样可以满足应用和开发者的对开发环境的特殊需求。在开发环境中，开发人员可以把输入输出设备分别定义为输入和分析数据。框图工具、编辑器以及编译工具都被集成到 IDE 里面，这些是对开发环境非常有意义的功能扩展。

调试——验证代码性能

DSP IDE 也需要支持软件开发周期中的调试阶段。在这个阶段，首要目标就是验证系统的逻辑正确性。正如前面讨论过的例子，这个阶段要确保对音频输入信号完成了正确的滤波操作。IDE 在建立并运行系统，校验系统逻辑正确性时需要完成以下内容：

- 加载（Load）程序代码到目标 DSP。
- 运行（Run）到 main() 或其他函数。
- 打开关键数据的观察（Watch）窗口。
- 设置断点（Breakpoint），让运行程序停在断点处。

- 以图形（Graph）方式显示数据，用于可视化分析信号数据。
- 定义探针（Probe point），可以确定观测数据的时间点。
- 通过连续运行（Animate）停在断点处。

调试阶段也要验证系统是否达到了实时性目标。在这个阶段，开发人员要判断是否代码被有效执行，是否执行时间的开销足够小。探针功能是连接运行系统和可视化工具的一个桥梁，它可以让开发人员临时查看验证系统的运行状况。每次探针点被触发时，可视化的窗口信息都会被相应更新。

15.9　代码调整及优化

实时系统和非实时系统的显著区别之一在于代码调整和优化阶段。在这个阶段，DSP 开发人员需要寻找代码的热点或是效率不高的代码段，并尝试对其进行优化。实时系统代码的优化目的是优化速度、代码尺寸或功耗。DSP 代码生成工具（编译器、汇编器和链接器）都致力让开发人员能够用 C 或 C++ 来完成大部分甚至全部的应用开发。

然而，为了充分利用 DSP 架构的技术特性，开发人员还需要获得编译器提供的帮助和指导。DSP 编译器执行架构特定的优化方式，并把编译阶段使用的假设条件反馈给开发者。在这个阶段，需要开发者迭代地寻址在构建过程中做的决策和假设，直到达到预定的性能目标。DSP 开发者能够使用编译选项给编译器发送指令。这些编译选项可以直接影响在编译代码时的优化级别，包括是否优化代码速度或代码量，是否使用高级的调试信息编译，以及其他很多选项。

很多宽松的编译选项和优化目标（速度、尺寸、功耗）的组合非常多，优化阶段所面临的权衡方案也不计其数（尤其是应用程序中对每个函数 / 文件都有特殊的考虑，需要配置不同的编译选项）。基于配置文件的优化可以用于生成针对代码量和代码执行速度的图形化概述。开发人员可以通过选择满足速度和功耗目标的选型，并使应用程序自动生成带有尺寸 / 速度权衡的选项。

15.9.1　典型 DSP 开发流程

DSP 开发者需要经历几个开发阶段。

- 应用定义：开发者要从成本、功耗和性能指标开始入手。
- 架构设计：如果系统足够复杂，那么在这个阶段需要使用框图和信号流工具进行系统级设计。
- 硬件 / 软件映射：这个阶段需要把每个框图和信号都和体系架构的设计对应起来。
- 代码实现：在这个阶段需要完成系统原型机或模型。
- 验证 / 调试：这个阶段需要验证系统的功能正确性。
- 调整 / 优化：这个阶段开发者的目标是要满足系统的性能指标。
- 生产和面世：投放市场。
- 现场测试。

如果一个应用要达到很好的优化目标，那么它就必须在优化和验证阶段之间反复实践测试。每次开发者都要修改代码、生成修改后的应用、在目标或仿真环境上运行、分析测试结果、完成功能的正确性验证。一旦应用的功能正确，开发人员就要着手对已通过正确性验证的代码进行优化。这需要根据系统要求的性能指标（比如速度、内存、功耗）调整应用程序，在目标或仿真环境上运行调整的代码以测试性能，评估开发人员在哪里分析依旧的"热点"或者仍未解决的问题区域或者仍未达到特定区域性能目标的部分（参考图 15-12）。

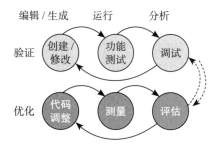

图 15-12　性能目标实现之前优化和验证过程的反复迭代

一旦上述的评估完成，开发人员要重新回到验证阶段对优化后的代码进行功能正确性验证。如果正确性验证通过，而且性能在可接受范围内，那么这个过程就停止了。如果优化破坏了代码的正确性，那么开发者就需要进行调试，找出问题所在，并解决问题，然后进行下一轮优化。对应用优化的程度越大，代码变得越复杂，距离它原来的样子越来越远。这个阶段会循环反复，直到性能指标满足要求。

一般，DSP 应用在开发初期不考虑太多的优化。在早期阶段，DSP 开发者只需要关注功能的正确性。也许这个阶段使用了很高的优化等级，实际上对性能的关注度也是不高。

这种初始查看可称为"悲观"查看，即在编译输出中没有任何积极的优化，也没有针对特定 DSP 架构积极地进行算法转换，从而让应用程序在目标 DSP 上可以更高效地运行。

对一些关键的代码调整和优化就会带来系统性能的显著提升：

- 紧凑压缩具有多次迭代次数的循环体。
- 确保片上内存资源的合理使用。
- 尽可能展开循环。

优化的技巧将在 DSP 软件优化一章中讨论。实施这些重要的优化手段，系统整体性能就会显著提高。如图 15-13 所示，对很小的一段代码进行关键优化，能够带来性能的显著提升。在附加的优化阶段，随着可用的优化手段越来越少，优化的难度也随之增加。

在没有达到性能目标之前，要对 DSP 应用进行持续优化，直到应用可以运行在理论峰值性能。成本／效益并不证明该方法的合理性。

在每次优化后，需要分析消耗的时间和内存使用情况。DSP IDE 提供了强大的剖析功能可以让开发人员进行分析，搜集有效信息，例如代码量、总的循环次数，特定函数里面的算

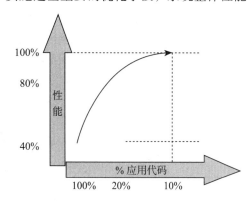

图 15-13　达到期望性能指标时优化 DSP 代码消耗的时间和精力

法循环次数。这些信息对于选定优化目标非常有帮助。

对 DSP 应用进行剖析的目的就是要选中最适合的区域然后进行优化。这就意味着用最少的精力就能够换取最大的性能提升。最耗时的区域排序（如图 15-14 所示）会给 DSP 开发者提供非常有效的帮助，可以快速找到对性能影响最大的区域。

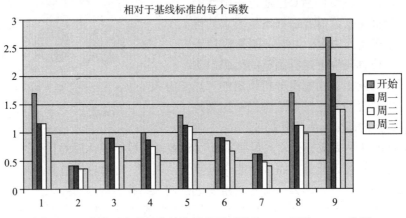

图 15-14　允许开发者首先关注最重要区域的 DSP 函数 pareto 分析

15.9.2　新手入门

DSP 开发包非常容易安装，它可以帮助开发者快速入门。开发包包括子板扩展槽、目标硬件、软件开发工具、调试器并口、电源、电缆。

评估模块更加复杂而且用于深层次分析。在更加先进的软件和硬件的支持下，评估模块才能进行分析和评估。

15.10　总结

图 15-15 给出了完整的 DSP 开发流程，开发流程有五个主要阶段：

- 系统概念和需求：这个阶段包括系统功能级和非功能级（有时称为"质量"）要求的引出。功耗要求、服务质量、性能还有其他系统级需求都需要在这个阶段明确。像信号流图这样的建模技术可以用于检查系统的主要构建模块。
- 系统算法研究和试验：在这个阶段，需要基于给定的性能和精度需求来开发算法的细节。首先需要在浮点开发系统上分析是否性能和精度目标能否可以被满足。如果可能的话，出于成本的考虑，可以把系统移植到定点处理器上。这个阶段的分析不必使用价格昂贵的评估板。
- 系统设计：在这个设计阶段，需要用原型化和仿真的方法分析是否可以使用特定的硬件和软件组件来实现系统应用，并且达到预期的性能指标。软件组件可以由用户开发也可以复用原有的组件。

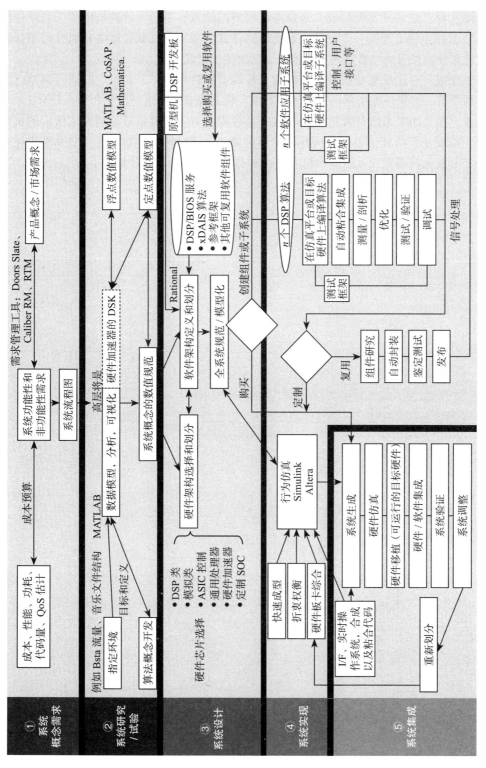

图 15-15　DSP 开发流程

- 系统实现：在系统实现阶段，来自系统原型的输入、不同设计的折中研究和硬件综合选项都会用于开发一个完整的系统协同仿真模型。不仅软件算法和组件用于开发软件系统。信号处理算法和控制框架也同时用于系统开发。
- 系统集成：在系统集成阶段，要在仿真环境或硬件环境下，执行、验证并调整已生成的系统。如果性能指标不符合预期效果，就需要对系统进行分析和重新划分。

在很多方面，DSP 系统开发过程和其他开发过程类似。随着信号处理算法所占的比例越来越大，前期基于仿真结果的分析显得尤为重要。在实时性和针对性能反复调整优化这方面，DSP 开发人员需要投入更多的精力。在本书中我们已经讨论过细节了。

第 16 章
DSP 多核软件开发

Michael Kardonik、Akshitij Malik

16.1　概述

对称多核处理（Symmetrical Multi-Processing，SMP）适用于相同的多个处理器都访问相同的子系统内存的场景。非对称多核处理（Asymmetrical Multi-Processing，AMP）适用于 DSP 和 RISC 等不同处理器访问不同的内存空间的场景。

同时，AMP 和 SMP 概念也用于应用软件和操作系统。多核环境里面的应用软件，如果它具有对称的软件模型，那就意味着多核环境中的每个核都有相同的功能。反之，非对称应用意味着每个核处理不同的功能，执行不同的任务。

本章以 Freescale MSC8144 DSP 为例，讨论设备的对称多核处理。MSC8144 包括 4 个相同的 StarCore SC3400 核及子系统，如图 16-1 所示。

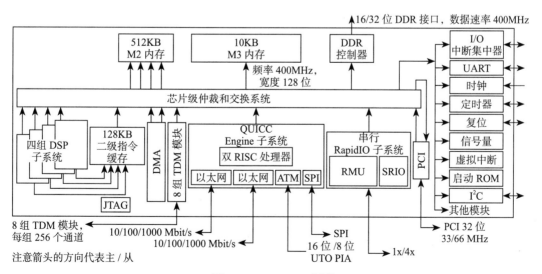

图 16-1　MSC8144 框图

每个 SC3400 核都是一款高性能通用定点处理器，它每兆赫时钟频率能够处理 4MMACS（每秒百万次乘加操作）运算。

除了 SC3400 DSP 核，MSC8144 还包括以下内存系统。

- 每个核上包括 16KB 的一级指令缓存和 32KB 的一级数据缓存。
- 128KB 的二级指令缓存，可供 SC3400 核共享使用。
- 512KB 的 SRAM M2 内存，有 4 个 Bank，最多支持 4 路并行访问，总线宽度为 128 位，工作频率 400MHz。
- 10MB 的 M3 内存在一块多芯片模块上实现，用的是嵌入 DRAM。

芯片级仲裁和交换系统（CLASS）是一个互联结构，它的功能是实现系统主设备访问从设备的资源，例如内存和设备外设。MSC8144 上的 DMA 控制器使得数据搬移和重新排列的操作与 SC3400 核的处理可以并行执行。

在 MSC8144 中，4 个 SC3400 是完全相同的处理器，而且它们可以访问所有的内存系统，所以说它是一个真正的 SMP 设备。处理器和核这两个术语在本章不做区分。

16.2　多核编程模型

两个通用的多核处理模型可以用于像 MSC8144 这样的 SMP 设备，这两种模型是：

- 多个单核模型是指 SMP 环境下每个核独立执行一个应用。
- 真正多核模型是指 SMP 环境下核与核协同工作，共同完成一个任务。

本章将关注三个方面：调度、核间通信以及输入输出，如表 16-1 所示。无论选择哪种模型，这三个方面都是非常重要的。

表 16-1　多核设计的考虑

需要考虑的因素	描述
调度	应用的调度方法要在多核系统调配资源，它主要通过管理核的处理过程，来有效满足系统对时间和功能的需求
核间通信	在多核环境中，消息传递和共享公共系统资源大量使用核间交互；公共的系统资源包括外设、缓冲区和队列；总的来说，操作系统提供了消息传递和资源共享的服务
输入和输出	对输入/输出数据进行管理；定义输入数据在核间的分配和划分，以及对输出数据进行汇集并从设备发送出去

除了表 16-1 列举出的内容之外，还有其他一些重要的因素需要考虑，本章将不予涉及。

下面的小节将介绍这两种编程模型，同时也将讨论这些概念在实际应用中可能会面临的问题。

16.2.1　多个单核系统

在多个单核软件系统模型中，所有核都是相互独立，它们执行各自的应用，运行在各个核上的应用可以相同也可以不同。

　　这种模型的特点最容易把应用移植到多核环境，原因是各个核之间不需要交互。因此移植的工作就是把各自核上的应用复制到多核系统上对应的核。因此开发人员基本上无须考虑核与核之间的依赖关系，可以轻松地把单核应用复制到多核环境中的对应核。

　　图 16-2 就是典型的多个单核系统。这个例子是使用 MSC8144 DSP 实现的 VoIP 媒体网关。每个核都相互独立，负责处理不同用户通道的数据流。QUICC Engine 是负责解析、分类和分发网络数据的子系统。

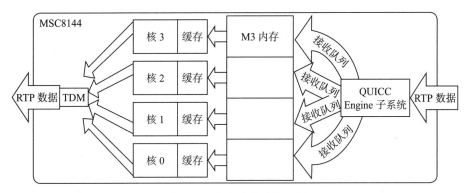

图 16-2　多个单核系统示例

多个单核系统的优点

　　多个单核系统的优点是可以通过增加核数目来扩展系统，也可以通过丰富每个核上应用的功能来实现系统功能扩展，而无论是哪种方法，针对每个核应用的改变是完全相同的，就像对待独立单核系统应用一样。当然，相应的总线吞吐量、内存和 I/O 也需要满足新增的需求。

　　这个模型还有其他有价值的优点，如表 16-2 所示。

表 16-2　多个单核系统的优点

需要考虑的因素	优点
调度	由于缺少核间特定的交互机制，核间任务调度和负载均衡的需求不存在了。相关的复杂性和开销降低，取而代之的是一个更易于维护和调试的可预测系统
核间通信	核与核之间相互独立的应用不需要核间通信，自然也不会引入相关负载以及核间数据一致性的问题
输入和输出	核不参与输入输出数据的分割与分发；尽管输入数据到达设备的统一外设接口或 DMA 控制器，实际上数据还是被分到了每个核对应的独立流。因此不需要软件干预输入数据的流向。输出数据也是一样，来自不同的核的数据流被硬件汇聚到统一的外设接口并发送出去

多个单核系统的缺点

　　多个单核系统模型有它内在的缺点，如表 16-3 所示。

表 16-3 多个单核系统的缺点

需要考虑的因素	缺点
调度	使用这个模型的应用可能存在某些核负载过重而某些核负载很轻或空载的情况。这是由系统缺少调度机制造成的，每个系统只能处理属于自己的数据
核间通信	不能够进行核间通信或在核间进行任务指派和调度
输入和输出	I/O 外设必须能够把数据分到每个核独立的流。如图 16-2 所给出的例子，MSC8144 QUICC Engine 子系统支持 IP 网络上多个 I/O 端口连接。此外，操作系统需要能够管理 I/O 设备

多个单核应用系统的特性

下面描述适用于多个单核系统模型的应用特点。

* 多核系统里面的核能够使用核相关的系统资源（内存、总线带宽、I/O 等）满足应用的需求。
* 每个核能够分到相应的 I/O，运行阶段不会被干预。这种 I/O 资源在编译阶段分配，或系统启动阶段分配，或由多核设备外部的实体分配。
* 多个单核系统模型支持多个可预测执行，因为单个核的应用不依赖其他核，也和其他核没有交互。因此，具有复杂控制流或严格实时性限制的应用最适用于多个单核系统。
* 应用在进行数据处理时需要有效使用高速缓存。如果应用在数据处理时没有有效使用缓存，那就意味着高速缓存需要在多个核之间进行划分，这样会导致缓存无意义地被刷新。

16.2.2 真正的多核系统

对于真正的多核模型，多核环境中的核需要互相协同工作，更好地使用系统资源。对于某些应用，使用多个单核模型会让处理变得太复杂，这个时候真正的多核模型是唯一的选择。

在一个真正的多核系统，核并不一定要执行相同的任务，因为任务的分配和调度都是在多核之间通过 I/O 或其他方式进行。如图 16-3 所示，在核 0 和核 1 上都执行不同处理。核 0 使用输入数据流，输出数据由核 1 产生。中间结果需要在核 0 和核 1 之间交互。

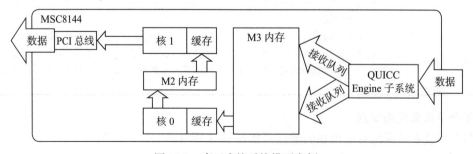

图 16-3 真正多核系统模型实例

多核系统的优点

表 16-4 列举了使用多核系统模型的诸多优点。

表 16-4　真正多核系统的优点

需要考虑的因素	优点
调度	真正多核系统的调度器可以动态管理整个系统资源。调度的方法有很多，调度器可以位于一个核，然后把任务指派给系统的其他核，调度器也可以分布在多个核上，由每个核自行决定执行哪个任务。无论是哪种方法，都可以得到更好地利用系统资源，实现性能最大化
核间通信	核间通信与应用相关，一般包括控制信息和状态信息在核与核之间的传递。消息可以发往指定的核或广播到所有核。总的来说，操作系统通过 API 提供了核间通信机制。核间通信需要核与核之间相互配合，协同工作
输入和输出	对于真正多核系统，可能会有一个核来统一管理 I/O。它的特点是可以减少管理 I/O 所引入的额外开销

真正多核系统的缺点

使用真正多核系统模型不得不面临应用的复杂性所引入的过多系统开销。复杂性主要来自于调度、核间通信和 I/O，所有这些都会给系统带来相应的开销。表 16-5 概括描述了这些方面的相关细节。

表 16-5　真正多核系统的缺点

需要考虑的因素	缺点
调度	调度器引入了系统开销，在一定程度上会影响应用的实时性需求。这必须通过核与核之间的协同工作所带来的性能提升来弥补
核间通信	传递核间消息所引入的开销会对应用的性能产生负面影响。此外，任务运行在不同核上，任务之间的依赖关系也会影响系统的性能

16.3　移植向导

本节通过一个主从方法介绍如何把一个单核应用移植到真正多核系统。JPEG 例子很好地诠释了这套方法。

16.3.1　设计上的考虑

把一个单核系统移植到多核环境下，在多个核上并行执行的任务或线程是首要考虑的内容。在规划和评估这些任务时，需要遵循下面的通用准则：

- 选择带有实时性特征的任务。
- 多核环境下的任务需要明确定义它的实时性特征，正如在单核系统中一样。
- 避免任务过于短小。
- 与短任务相关的开销相应地要比长任务的要重要。对一个应用进行过度分割虽然可以带来灵活性和有效的并行执行，但是通常会引入大量任务和优先级，让调度器变得更加复杂，增加了系统开销，使应用变得难以实现和调试。

- 把核间的依赖性降到最低。过度设计任务之间的相互依赖以及交互会使系统调试和实现变得很困难。核间依赖关系势必会引入系统开销。
- 单核系统中的任务顺序执行。在多核环境下，同一个任务可以并行执行，也可以不按照一定的顺序完成。多核环境会把单核系统隐藏的依赖关系暴露出来。

注意

假设某简单的应用使用三个相同优先级任务：Task A、Task B、Task C。Task C 只能在 Task A 和 Task B 完成后才能执行。在单核环境下，可以把应用设计为 Task A 触发 Task B，然后 Task B 触发 Task C。在多核设备上，Task A 和 Task B 可以在不同的核上同时运行，Task C 必须等 Task A 和 Task B 完成后才能开始执行。这是个简单的例子，在实际设计中会有几个核执行多个优先级任务，由于存在数据的依赖关系，在运行阶段这些任务的执行时间点会随时变化。

16.3.2　MJPEG 案例分析

本例用于说明如何把 MJPEG 应用移植到 MSC8144 DSP 的多核系统模型。选择这个应用实例的原因是它可以覆盖大部分的讨论要点。输入数据流是到达 DSP 网络接口的原始视频图像的实时序列。DSP 所有核都参与处理视频流，每个核对当前帧的部分数据使用 JPEG 压缩算法进行编码。输出数据流按照收到数据的顺序汇聚并发送至网络接口。PC 可以接收这种编码后的数据格式，对其解码并实时显示。

JPEG 编码

JPEG 编码过程包含图 16-4 所示的五个步骤。解码过程包括逆序的对应步骤逆操作。

输入数据

输入视频流包括连续的原始数字图像，这些图像分割为像素块，即最小编码单元（Minimum Coded Unit，MCU）。每个 MCU 包括 16×16 个 8 位像素信息，构成了 256 字节亮度信息（Y）和 256 字节色度信息。图片中的每个像素都有亮度信息，而色度信息由 2×2 像素块的中间值给出。

512 字节 MCU 分为 4 个 8×8 像素块，作为离散余弦变换处理块的输入。两个 MCU 块之间没有任何联系。

离散余弦变换

离散余弦变换的目的将原始像素块用空间频率表示。这些空间频率代表图像的细节等级。因此一个拥有很多细节的块就有许多高频率分量，同理，具有较少细节的块大部分都用低频分量来表示。通常，大部分的信息都聚中在低频分量。

离散余弦变换作用于 8×8 像素块，图像帧的作用顺序从左到右，从顶到底。结果是一个新的 8×8 整数（称为 DCT 系数）块，接下来需要使用 zig-zag 对其进行重新排序。

zig-zag 重排序

8×8 DCT 系数块使用 zig-zag 模式遍历，如图 16-5 所示。

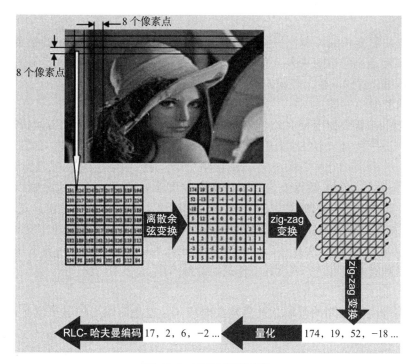

图 16-4　JPEG 编码过程

　　重排序的结果是一个拥有 64 个元素（0 ～ 63）的向量，从最低频到最高频分量排列。向量的第一个值称为 DC 分量，代表最低频率分量。其他 63 个元素称为 AC 分量。这个 64 元素的向量进入量化模块进行下一步处理。

　　量化

　　在这个阶段，经历了 zig-zag 重排的 64 元素的向量需要除以预先定义好的值，并四舍五入到最相近的整数。因为人眼对低频分量更加敏感，所以量化过程需要去除输入向量中的高频分量。这个过程可以这样实现，即将矢量中较高频率分量的系数除以更大的数值，较低频率分量的系数除以较小数值。这个操作的结果会使较高频率分量变成零。

　　行程编码

　　行程编码（Run Length Coding，RLC）利用了输入向量中的较高频分量有连续零的特点，提供了一对整数，前面一个表示连续零的个数，后面一个表示非零的数值。例如，系数为 45，33，0，0，0，12，0，0，0，0，0，0，0，5。行程编码就是（0，45），（0，33），（3，12），（7，5）。特殊场景此处不赘述。

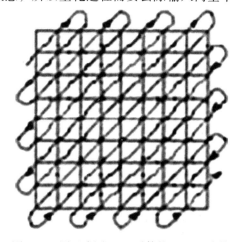

图 16-5　用于遍历 DCT 系数的 zig-zag 变换

哈夫曼编码

这个过程使用变长编码表把另一个位串映射在上述编码步骤中产生的每个编号对的整数，这个位串用最小的空间来表示原始信息。可变长编码的优势是使用最短的比特流表示最常出现的数据，这样就输出数据的长度就小于输入数据长度。

设计中的考虑

JPGE 算法仅仅需要使用 MSC8144 一小部分处理能力，因此每个核可以执行几个 JPEG 编码任务。本小节主要讨论 MJPEG 应用的几个特点，以及这些特点如何影响 MSC8144 的移植。

输入

MJPEG 编码器的输入数据流包括了原始数据图像帧的连续流。这些帧以特定的帧速率从 PC 发送到 DSP。一帧数据被分割为多个 MCU 块，发往 DSP 网络接口定义好的 IP 地址。MCU 块发往 DSP 的速率是预先确定的，它不会因为视频图像帧的速率变化而改变。

在这个应用中，管理 QUICC Engine 子系统和处理中断，并将输入数据块分发到其他核，对单核处理能力而言，完成上述工作绝对绰绰有余。

调度

因为没有硬实时应用的限制，这是软实时应用。这里对输出帧速率没有做强制要求。如果输出帧速率低于期望，那么 PC 就会暂停或停止视频流的播放。

DSP 进行数据处理的时间不固定，所以延迟并不重要。然而，我们需要 DSP 按照数据块到达网络接口的顺序进行处理。

因为一帧内的 MCU 块是相互独立，由哪个核处理哪个 MCU 块都不存在任何限制。当然，最好不要把输入块都静态地分配给一个指定的核，原因是 JPEG 算法中的其他任务和正在处理的数据有依赖关系。因此，DSP 最好基于核的处理负载动态地进行数据分配。

以上特点以及输入数据的特征都决定了带有主 – 从机制、支持调度的多核系统模型是 MPEG 应用的最佳候选方案。主核管理输入数据流，根据可用的资源把任务指派给本核或其他核。

核间通信

主核将指向下一个 MCU 数据块存储位置的指针复制到在全局队列中，以便让所有核访问，然后通知其他从核数据已经到达，可以进行数据处理。

所有非空闲核（包括主核）然后争先恐后地处理输入块。如果一个核已经在处理一块，它就忽略主核中的消息。

输出

输出视频流通过网络接口发给 PC 进行译码和实时显示。因为 JPEG 算法的有数据相关性的特点，经过核处理的编码数据块不可能与输入数据块以同样的顺序输出。这是在单核处理器上被隐藏的相关性的问题。因此，在发送给 PC 之前，输出数据块必须被有序放置。这个过程叫输出串行化，由主核完成。如果序列中的下一个数据块没有准备好，主核必须暂停输出数据流。

16.3.3　实现细节

可以把真正多核系统应用设计为主从机制。在主从机制中，应用控制权在主核。系统的其他核为从核。主核负责完成应用调度和 I/O 管理。图 16-6 展示了一个系统，核 0 承担了主核的角色。核 0 管理应用程序的 I/O，并通过内存中的队列把任务分配给从核 1、2 和 3。

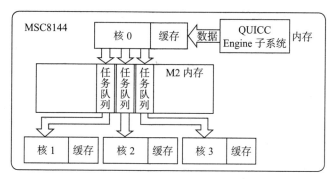

图 16-6　主从系统

本章接下来的内容将着重关注真正多核系统的主从实现机制。

开发阶段需要用到的 MSC8144 的开发工具如下。

- CodeWarrior Develop Studio

这个开发包是一个完整的集成开发环境，它涵盖了硬件启动阶段到编程调试嵌入式应用所需的所有工具。CodeWarrior IDE 提供了两个有用的特性，一个是 Kernel Awareness 插件，它可以对 SDOS 进行可视化调试；另外一个是 Profiler，使用它就可以看到系统中各种模块和交互的性能数据。

- Smart DSP 操作系统（SDOS）

SDOS 是一个基于优先级的抢占式实时操作系统，专门针对嵌入式环境中具有严格内存要求的高性能 DSP 而设计。它支持多核操作，例如它支持用于管理核间相关性的同步模块和核间消息。方便而且统一的 API 接口管理各种 I/O 外设设备和 DMA 控制器。

我们移植 MJPEG 应用的步骤如下。首先，我们需要在 MSC8144 一个核上运行 MJPEG 的简单实例。一旦功能验证无误，我们就将在同一核上运行两个或更多的 MJPEG 处理实例。这个方法非常好，因为调试单核比调试多核更简单。在这个过程中，我们可以使用 CodeWarrior IDE 提供的功能仿真器，这样在开发阶段就可以摆脱对硬件环境的依赖。在完成这些步骤后，暂时不考虑任何核间通信，让 MJPEG 应用可以执行在一个核或多个核上。接下来我们再补充核间通信的功能。

调度

MSC8144 上的应用使用主从调度，主要的调度功能在核 0 实现，核 0 为主核，核 1、核 2、核 3 都是从核。主核管理 I/O 并处理应用，从核需要等待处理任务，如图 16-7 所示。

图 16-7 所示为 MSC8144 QUICC Engine 网络接口接收原始视频图像数据。主核接收 QUICC Engine 中断，然后发送消息给从核。从核收到消息，然后承担被指派的 JPEG 编码任务。如果从核已经在处理数据块，它完成当前数据块编码后，才从队列中提取新的任务。

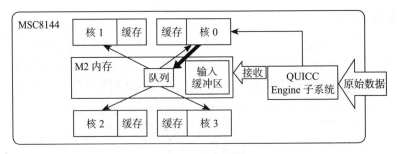

图 16-7　任务调度

注意

　　尽管核 0 是主核，如果处理带宽有需要的话，它也同样需要承担 JPEG 编码处理任务。

　　一旦从核结束 JPEG 编码，它会通过消息队列通知主核，如图 16-8 所示。主核从消息队列提取编码后的数据块，然后确定它是否是输出流中的下一个输出数据块（这个过程称为串行化）。如果是输出流的下一个输出数据块，主核就把编码后的数据块通过 QUICC Engine 接口发送到网络。

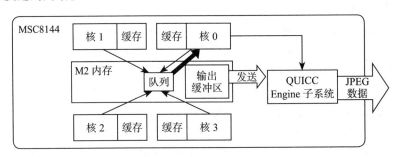

图 16-8　任务结束

　　如果主核承担编码任务，它就不需要使用队列处理，只是串行化输出并发送缓冲区（如果可能的话）。

　　SDOS 操作系统为应用提供了基础调度模块。换句话说，主核可以使用操作系统 API 进行调度。同样，从核可以使用 SDOS 提供的服务响应主核。

　　SDOS 的背景任务是一个用户自定义的函数，在没有其他可执行的任务时，执行背景任务。背景任务具有最低优先级，在没有其他更高优先级任务执行时，它在一个无限循环里面执行。背景任务可以使用 wait 指令把核停在 WAIT 状态。WAIT 状态是一个中间节电模式，它可以把核的使用率降到最低从而减少功耗。在这种场景下，核可以保持在 WAIT 状态，直到有消息通知像素块信息已经准备好，可以进行 JPEG 编码。对主核而言，它可以一直保持在 WAIT 状态，直到有消息通知它编码后的数据块已经准备好并可以发送。

核间通信

核间通信主要包括主核和从核之间的消息交互。这些消息可以使用 SDOS 提供的服务，调用操作系统 API 就可以使用这些服务。核间通信数据流如图 16-9 所示。

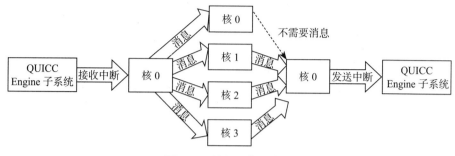

图 16-9　核间通信流程图

当收到原始视频图像数据块后，QUICC Engine 子系统会向主核发送中断。在接收中断服务程序中，核 0 发送消息给所有的从核以及自己，用于通知数据已经准备好。在编码结束，从核向主核发送消息，告知编码已经完成，可以发送数据。这里，核 0 不需要向自己发送消息。

在初始化过程，每个核创建用于收发消息的队列，参见表 16-6。消息有两种类型，从主核（核 0）发送的消息用于指示原始数据已到达，可以进行编码处理。从核发送的消息用于指示数据块已经完成编码可以发送。由核 0 完成的编码数据块则不需要消息通知。

MSC8144 使用虚中断实现核间消息。表 16-6 给出了接收消息的用户函数优先级。

表 16-6　初始化阶段定义的消息队列

消息	位置	回调优先级	目的
核 0 发给核 0/1/2/3	核 0	6	发送 / 接收消息，指示数据块可以开始编码
	核 1/2/3	5	接收消息，指示数据块可以编码
核 1/2/3 到核 0	核 0	3	接收消息，指示 JPEG 编码完成
	核 1/2/3	N/A	发送消息，指示 JPEG 编码完成

输入和输出

对于 MJPEG 应用，I/O 接口需要特殊考虑。原始图像视频数据从 PC 经过 IP 网络到达 MSC8144 QUICC Engine 接口。正如前面提到的，主核（核 0）初始化并为 QUICC Engine 子系统处理中断。对输入数据块不需要进行复制，消息携带指针、数据块尺寸和其他信息通知从核进行 JPEG 编码处理。

数据输出过程更加复杂。输出块要按照接收顺序经过 IP 网络回传到 PC 端，但是 JPEG 编码过程数据相互独立，各个核完成编码的顺序不同，这就会导致输出数据块乱序。因此，需要对输出数据块进行缓存，重新排序，这个过程就是输出串行化。

主核搜集从核提供的输出缓冲区的指针，进行串行化处理。只有当后续输出数据流已经准备好的情况下，才能把编码数据发送到 PC。图 16-10 描述了这个过程。在这里例子中，串行器里面有数据块 #6、#7、#9 已经准备好，可以发往 PC；然而当前指针指向下一个等待接收的数据块 #5。从核核 1 结束数据块 #10 的编码，通知主核可以把数据块导入串行器。然后核 0 提供数据块 #5，这样数据块 #5，#6，#7 发往 PC，这时串行器就等待数据块 #8 的到达。

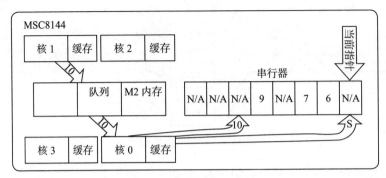

图 16-10　输出数据串行处理

串行器概念类似于 VoIP 应用中使用的抖动缓冲区，其差别在于 VoIP 的抖动缓冲区位于语音连接的接收端。

16.4　总结

多核应用的设计人员必须考虑数据处理、任务优先级、诸如缓存和外设等硬件特性，操作系统和工具等等因素。例如 CodeWarrior 开发环境中的 Kernel Awareness 模块对于 MJPEG 应用的调试和实现就非常有帮助。

因为多核系统能够把隐藏的数据相关性和复杂性暴露出来，从一个简单场景或应用处理的一小部分入手是不错的选择。例如，在开发的早期阶段就实现最优的任务调度、核间通信和 I/O 是非常不现实的想法。在单核上使用静态调度，通过测试和调整逐步满足设计需求是个非常不错的选择。

为了能在多核多任务环境中进行有效的应用开发，Freescale 多核处理不仅支持多核 SMP 设备，像 MSC8144 DSP，同时也提供了像 CodeWarrior 这样的集成开发环境。硬件和软件工具能够帮助设计人员开发应用系统，考察系统性能和查看资源使用情况，同时也支持功能调试、测试和优化。

第 17 章
DSP 应用程序的开发与调试

Daniel Popa

17.1　集成开发环境概述

CodeWarrior IDE 是基于最新 Eclipse 平台开发的集成开发环境，使用集成开发环境可以加速嵌入式应用的开发速度。

Eclipse 平台的上层提供了特定的 CodeWarrior 插件，诸如编译器、链接器、调试器和软件分析引擎，使用这些插件可以接触到 DSP 的某些特性。

甚至，基于 Eclipse 的开发环境还鼓励用户使用第三方软件，可以把第三方软件嵌入到 IDE 中来满足用户的需求。其他工具不支持这个特性。例如，用户可以把自己的编辑器集成进来，这样在使用工具时会感到更加舒服。

图 17-1 描述了模块化理论。任何与 Eclipse 平台兼容的第三方服务都可以嵌入到 IDE 中，用户可以充分享受它所带来的便利。

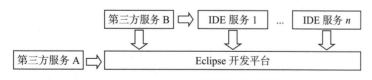

图 17-1　CodeWarrior 模块化体系架构

为了重复利用其他平台上创建的软件，IDE 里面的特定工具也可以被当作插件（例如 Flash 编程器是 Power Architecture 和 StarCore 家族共用的插件）。

为了提供更高的性能和更好的用户体验，IDE 里面的一些重要的软件组件被嵌入到 Eclipse 里而不作为单独插件来发布。

17.2　新建项目

首次使用的用户不熟悉 Eclipse，会发现有很多与其他传统开发工具不同的地方。IDE

打开，首先看到的就是一个叫工作区（workspace）的东西，如图 17-2 所示。

工作区是一个容器，它包括了嵌入式软件项目师编辑、生成和调试项目所需要的所有东西。对于每个用户，工作区表现为项目的本地物理存放位置的格式，IDE 把项目历史记录和工具配置信息保存在 .metdata 结构中。

本地工作区提供了更好更有效的合作方式，它使项目成员更加轻松地通

图 17-2　工作区对话框

过网络共享池来进行代码级的交互。每个项目成员都可以根据自己的喜好定制本地工作区，使用相关的插件、按照喜好排布显示窗口、文本编辑器等。在工作区创建后，用户能够在工作区从预先定义一系列选项中，开始执行下面的操作。

默认的 Eclipse 提供菜单可做如下改进：

- 创建一个新的项目，这个项目自带默认初始化、DSP 启动代码和 JTAG 连接。
- 导入现有的项目到工作区。
- 移植一个原有的项目到新的 IDE。
- 基于一套源文件创建一个新的项目。
- 创建和自定义一套新的目标连接用于调试。
- 创建新的配置文件用于外设配置。

图 17-3 显示了新建（New）菜单中所有的选项。创建新的项目，可以使用 StarCore Project 中的一些简单的步骤。这个菜单将引导用户创建新的项目，包含如下步骤：

- 设置项目名字
- 选择项目的目标设备
- 选择调试器连接和板卡

新建项目的主要步骤如图 17-4 所示。

菜单的选项非常丰富，可以支持很多不同的特性。IDE 提供了非常丰富的实例，可以覆盖大部分的硬件。这些实例的设计目的是缩短开发周期，它提供现成的应用、驱动和 API。

后续章节会用一个基于 SDOS 的应用来介绍软件开发的特点。

asymmetric_demo 是基于 SDOS 的实例（可以通过新菜单创建），经过修改其目的是展示每个 DSP 核使用非对称内存模型，这样使得每个核上可以运行不同的代码和数据。当每个核都有不同的应用时如何链接多核系统也是这个实例要演示的内容。此外，这个实例还使用了软件中断、定时器和特定的 SDOS 功能。图 17-5 展示了如何把现有项目导入工作区中。

IDE 会要求用户自定义项目的路径。然后，它自动更新用户指定文件夹下面的项目列表。在这个文件夹中只能有一个项目。每个项目有一对 XML 文件，分别是 .project 和 .cproject。这两个文件记录了项目设置，包括项目属性、文件组织结构、工具设置。

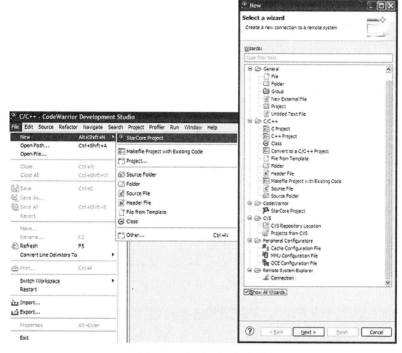

图 17-3　新建项目的菜单

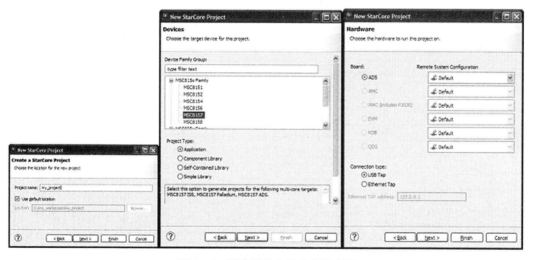

图 17-4　新建项目向导的主要步骤

导入（Import）对话框也需要用户决定是否把项目从当前位置复制到激活的工作区内。当你需要保留原始项目版本的时候，这点非常有用。

项目成功导入后，IDE 自动打开 C/C++ 视窗（Perspective），可以看到整个项目资源的概况，如图 17-6 所示。

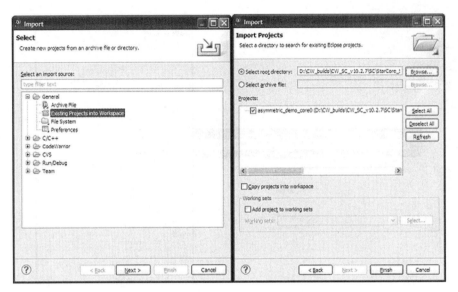

图 17-5　导入现有项目

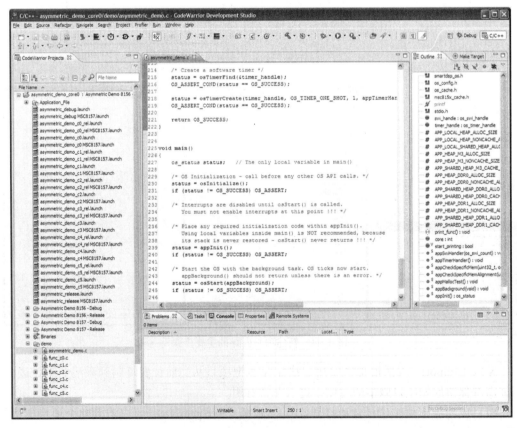

图 17-6　默认的 C/C++ 编辑器视窗

视窗这个术语来自 Eclipse 平台，它代表一个可视化容器，用于承载用户和 IDE 的交互，同时也提供面向任务的用户体验。

IDE 有两个默认视窗。

- C/C++ 视窗提供了软件开发需要的工具，例如：文本编辑、项目实现、概述、编译控制台和问题查看窗等。
- 调试视窗用于 DSP 目标调试，可以显示栈、源代码/反汇编编辑器、变量和寄存器查看窗、输出控制台。

图 17-7　所有可用工具列表

所有的视窗都是可定制的，可以根据用户的需求添加或删除。IDE 支持的所有工具和特性列表都可以在窗口/显示视图/其他（Window/Show view/Other）路径下找到，如图 17-7 所示。

在左手边，项目面板中包含了属于 asymmetric_dem 的所有文件。在这个面板，用户可以控制所有项目的配置，也容易找到项目文件和文件夹。IDE 支持把文件分组到虚拟文件夹或组（这些文件夹不是真实存在）或加入真实文件的链接，这样用户可以选择不同的文件组织模式。IDE 可以对项目文件和路径组织结构实现全方位控制。

整个项目的属性、单独某个文件或文件夹属性都可以通过点击右键轻松获得。图 17-8 给出了操作后的选项列表。

17.3　多核 DSP 环境下进行编译与链接

在描述编译和链接过程前，必须先讲述 SDOS 和应用内存映射。

17.3.1　DSP SDOS 操作系统

SDOS 是为 StarCore DSP 设计的实时操作系统。它包括免费源代码、实时响应、C/C++/asm 支持、小内存空间。它支持 SDOS 系列产品，完全集成到 IDE 中。

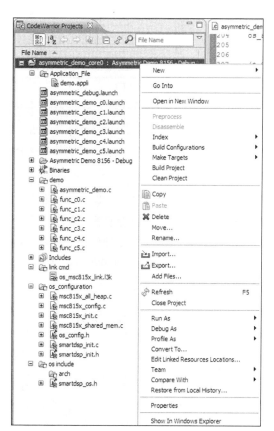

图 17-8　项目编辑选项列表

DSP 操作系统的主要特点包括：

- 基于优先级由软件或硬件触发事件驱动调度机制
- 进行任务处理和异常处理的双栈指针
- 使用消息队列、信号量和事件的任务间通信
- 每个核都运行自己 OS 实例的非对称多处理系统
- 管理共享资源和支持核间通信

DSP 操作系统架构如图 17-9 所示。操作系统包括：内核、外设驱动、Ethernet 协议栈（UDP/TCP/IP）和实时工具（Kernel Awareness、HEAT、eCLI）。

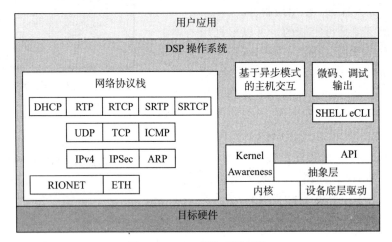

图 17-9　DSP 操作系统架构

SDOS 集成到一个非对称的项目里面，作为一个库被调用。在使用时，用户只要把它和应用链接到一起就可以了。除了库，SDOS 的配置文件和头文件必须包含到项目里面，这样可以让用户根据自己的需求进行修改和配置。

这些可修改的配置文件位于 os_configuration 和 os_include 两个虚拟文件夹。用户可以自由改变这些设置，小到修改堆栈大小，大到修改和 OS 函数相关的运行核的数目、核同步、缓存策略，内存屏障。

17.3.2　应用程序内存映射

应用程序是涉及多指令多数据模型的复杂话题。在这种场景下，每个核执行自己的私有代码，处理私有数据。

这种概念让复杂的软件设计被拆分为多个更小的更简单的任务。因此，多指令多数据设计能够把应用拆分为很多小部分，并且分发到所有核，这样可以让 DSP 资源的使用变得更加高效。

应用中最重要的一个方面是把 DSP 资源合理分配给任务。DSP 上的每个内存都有它的特点和用途：

- **系统共享内存** 在多核处理器间共享
- **对称内存** 对每个核来说是私有的，但各个核都拥有相同的虚拟地址
- **私有内存**

除了虚拟内存，用户还必须在系统中使用物理内存。例如 Freescale MSC8156 可选择的物理内存有 M2、M3、DDR0、DDR1（见图 17-10）。

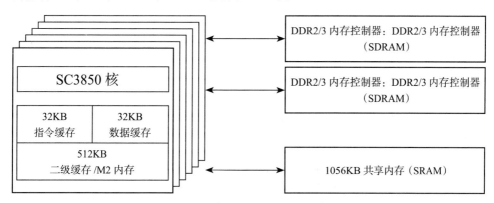

图 17-10　MSC815x DSP 物理内存

系统项目师需要考虑应用中的每个模块怎样放在内存中。每个物理资源（见图 17-10）必须要划分为私有内存或共享内存。划分代码段和数据段所需的步骤将在下面两个小节中谈论，那里也要重点讲述编译器和链接器选项。下面的例子会帮助读者更好地理解如何使用编译器和链接器命令。

在这个例子中，需要核间共享的模块有：

- ANSY 库和函数
- 启动代码
- SDOS

每个核私有的模块有：

- 堆和栈
- 地址翻译表
- 用户应用层使用的私有模块

图 17-11 展示的是 asymmetric_demo 项目使用的物理内存映射。用户应用层通过函数 func_c（0-5）来模拟。在这些模块内部，用户可以插入自己的代码，这些代码在各核上独立运行。

在 DSP 系统启动后，SDOS 和用户应用开始执行。在所有初始化工作完成后，操作系统作为背景任务运行。

此后，用户函数在初始化阶段创建的软件定时器里面调用。

M2	私有内存空间	核 0: 0x3000 0000 ~ 0x3003 FFFF (256KB) 核 1: 0x3100 0000 ~ 0x3103 FFFF (256KB) ... 核 5: 0x3500 0000 ~ 0x3503 FFFF (256KB)	0x3000 0000 0x3503 FFFF	操作系统堆栈和每个核上库运行时使用的堆
M3	私有内存空间	核 0: 0xC000 0000 ~ 0xC000 7FFF (32KB) 核 1: 0xC000 8000 ~ 0xC000 FFFF (32KB) ... 核 5: 0xC002 8000 ~ 0xC002 FFFF (32KB)	0xC000 0000 0xC002 FFFF	操作系统的私有数据和私有代码段
	Shared	核 0，核 1，... 核 5（864KB）	0xC003 0000 0xC010 7FFF	操作系统共享数据
DDR0	私有内存空间 0	核 0: 0x4000 0000 ~ 0x40FF FFFF (16KB) 核 1: 0x4100 0000 ~ 0x41FF FFFF (16KB) ... 核 5: 0x4500 0000 ~ 0x45FF FFFF (16KB)	0x4000 0000 0x45FF FFFF	地址转换表
	私有内存空间 1	核 0: 0x4600 0000 ~ 0x4600 7FFF (32KB) 核 1: 0x4600 8000 ~ 0x4600 FFFF (32KB) ... 核 5: 0x4602 8000 ~ 0x4602 FFFF (32KB)	0x4600 0000 0x4602 FFFF	用户应用代码空间和数据空间
	Shared	核 0，核 1，... 核 5（928MB）	0x4603 0000 0x7FFF FFF	操作系统内核运行阶段和初始化代码空间
DDR1	私有内存空间	核 0: 0x8000 0000 ~ 0x80FF FFFF (16MB) 核 1: 0x8100 0000 ~ 0x81FF FFFF (16MB) ... 核 5: 0x8500 0000 ~ 0x85FF FFFF (16MB)	0x8000 0000 0x85FF FFFF	跟踪采集信息用的虚拟缓冲区
	Shared	核 0，核 1，... 核 5（930MB）	0x8600 0000 0xBFFF FFFF	空闲空间

图 17-11　内存映射

17.3.3　应用程序的编译器配置

　　IDE 为代码和数据的内存空间分配提供了简单、直观的方法，正如图 17-11 所示。使用应用配置文件（*.appli）通知编译器把应用函数和变量放置在合适的段。

　　另一个方法是使用像 pragme place 和 attribute 这样的关键字通知编译器将代码或数据放在合适的内存空间。如果使用这种方法，代码的可移植性就会受到影响，原因是这些限定词 / 关键字是 DSP 特有的，只能被 DSP 编译器所识别。

　　应用配置文件是输入到编译器的文件，用于把编译器默认生成的段，例如 .text，.

data，.bss 和 .rom 段放到用户自定义的段。链接器会使用这些段，把它最终放到 DSP 适合的内存资源上面。

使用自定义部分让在多核环境的上下文中定义应用程序程序元素的映射更加容易。

考虑到应用的特点，用户特定的段必须被放在专用私有段。

在 demo.appli 文件中，相关的使用方法如下：

```
section
    program = [
                Entry_c0_text          : ".private_text" core="c0",
                Entry_c1_text          : ".private_text" core="c1",
                Entry_c2_text          : ".private_text" core="c2",
                Entry_c3_text          : ".private_text" core="c3",
                Entry_c4_text          : ".private_text" core="c4",
                Entry_c5_text          : ".private_text" core="c5"
                ]
```

用户特定的数据也需要被放在私有段内。在 demo.appli 文件里，可以看到数据段的定义和代码段的定义方法类似。

```
section
    data =      [
                Data0                  : ".data" core="c0",
                Data1                  : ".data" core="c1",
                Data2                  : ".data" core="c2",
                Data3                  : ".data" core="c3",
                Data4                  : ".data" core="c4",
                Data5                  : ".data" core="c5"
                ]
```

最后一个步骤是通知编译器把缺省的用户私有代码段和数据段放在哪里。

```
module "func_c0" [
                program = Entry_c0_text
                data= Data0
                rom= Rom0
                bss= Bss0
                ]
```

对于每个用户模块，编译器把默认段重命名到刚刚创建的段，例如 Entry_c0_text，Data0，等等。

代码编译完成后，编译器向链接器提供新创建的段，链接器把用户要求的提供资源映射到对应的内存镜像。如果不这样做，这个过程就令用户很费解，而且当有更多的变化时，用户根本不可能处理。

DSP 编译器的配置都在一个简单的面板内完成的。Project properties/C/C++ Build/ Settings 路径下可以找到配置窗口的面板，如图 17-12 所示。

关于编译器如何生成代码，上报错误和警告，如何和用户环境交互（编译过程、输出文件、日志文件等），用户都能够通过编译器配置面板进行管理和控制。

外部配置文件可以通过配置文件（Configuration File）菜单加进来，如图 17-13 所示。

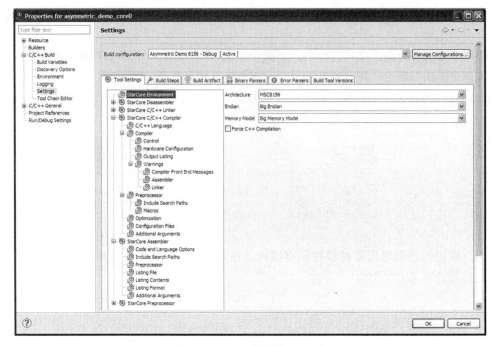

图 17-12　DSP 编译器配置面板

Machine Configuration File		Browse...
Configuration View	Asymmetric_View	
Application Configuration File	..\..\..\Application_File\demo.appli	Browse...

图 17-13　为 DSP 编译器添加用户定制的配置信息

DSP 编译器提供了从标准 C 语言到低级目标特定优化的各种优化。用户可以在速度和代码尺寸之间进行选择，也可选择使用交叉文件优化（见图 17-14）。

DSP IDE 提供了用户与编译器内部组件交互的接口，这样可以使代码性能最优。只有当性能问题成为瓶颈时，才需要使用这些选项。

为了充分发挥编译器优化的作用，用户必须能够理解编译器的内部结构并且了解编译器的标志 / 开关和选项。

图 17-15 为常见的 DSP 编译器。用户通过 DSP IDE 调用编译器 shell 为 C 文件或汇编文件指定编译选项。C 前端识别源文件，通过包含所有头文件，扩展所有宏定义来产生编译单元，最终把文件转换为中间文件，这些中间文件以后需要供优化器使用。

大多数 DSP 商用编译器一般包括两个优化阶段。

- 高级优化器用于处理与平台无关的优化。通常，这类优化为大家所熟知，而且对大多数编译器而言也是通用的。在这个阶段进行的优化包括：减弱强度（循环转换），函数内联，消除表达式，循环不变代码，常量折叠和传播，跳至跳转消除，死存储和赋值消除等。同时，凭借厂家的编译技术优势，高级优化器也能够进行特定优化，包括能够被其他编译器内部组件使用的额外信息。在这个阶段，输出是线性汇编代码。

- 低级优化器用于执行特定硬件目标的优化，进行指令调度、寄存器分配、软件流水线、条件执行和预测、投机执行、增量检测、窥孔优化等。

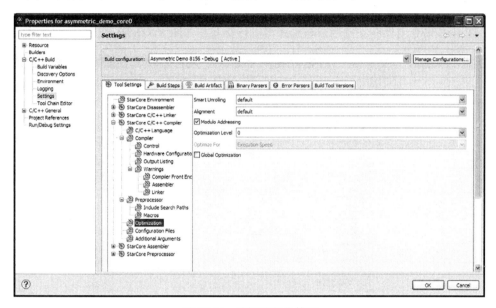

图 17-14　编译器优化等级

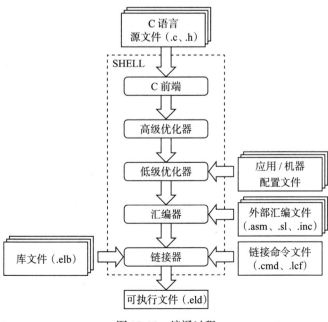

图 17-15　编译过程

低级优化器是最重要的内部组件，因为它有别于其他编译器技术。它把线性代码转换为更优化的并行汇编代码。为了达到这个目标，低级优化器往往会默认使用传统保守的假设前提。

一些对 DSP 工作机制有深入了解的用户，在这个阶段可以让编译器运用更加冒险的手段达到代码优化和并行执行的目的。

DSP IDE 以专用界面支持用户与编译器进行交互，如图 17-16 所示。

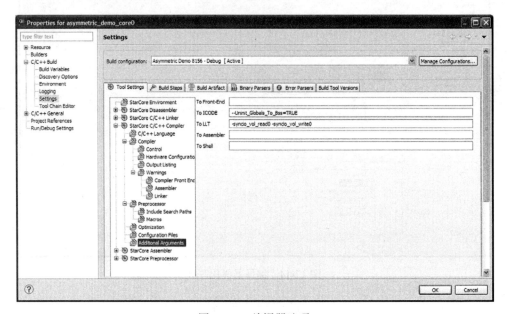

图 17-16 编译器选项

17.3.4 应用程序的链接器配置

得到可执行文件之前要执行的最后一个步骤是链接。链接器的工作就是把所有编译器生成的目标文件放在一起，解析所有的符号，基于内存分配机制生成可以运行在目标硬件上的可执行镜像。

DSP 链接器基于 GNU 格式，为了满足多核 DSP 的限制又丰富了一些额外的功能。用户通过编写链接命令文件 *.l3k 控制链接器。

大部分用户发现编写 *.l3k 文件非常困难。IDE 试图帮助用户简化这一过程，它提供了默认的物理内存配置和预定义好的链接器符号。

特定的链接器函数，例如 arch() 和 number_of_cores() 为默认的物理内存分配提供了保障。这类函数告知链接器如何生成适合的物理内存映射并且提供所需的可执行文件的数目。

一旦正确理解了链接器的工作原理，将所有目标文件链接到一起的过程就变得简单多了。使用最简单的方式，链接器仅需三步就可以完成映射。

- 定义代码段和数据段对应的虚拟地址空间。这可以通过 GNU 风格的命令完成：

```
MEMORY {
  os_shared_data_descriptor                 ("rw"): org =_SharedM3_b;
  shared_data_m3_descriptor                 ("rw"): AFTER( os_shared_data_descriptor);
  shared_data_m3_cacheable_descriptor("rw"): AFTER( shared_data_m3_descriptor);
          }
```

上面的例子（参见 asymmetric demo 中的 os_msc815x_link.l3k）定义了三个虚拟内存段，分别是 os_shared_data_decriptor，shared_data_m3_descriptor，和 shared_data_m3_cacheable_descriptor，并配置可读 / 可写属性。第一个内存段 os_shared_data_descriptor 从虚拟地址 _SharedM3_b 开始，其他段都紧接其后。

```
SECTIONS {
        descriptor_os_shared_data
        {
            .os_shared_data
            .os_shared_data_bss
            reserved_crt_mutex
        } > os_shared_data_descriptor;
    }
```

- 将编译器生成的输出段分配到链接器的数据段，并且把这些段放在之前定义好的虚拟内存区域。

编译器生成的段，例如 .os_shared_data 被放到了一个更大的叫作 descriptor_os_shared_data 的链接器段，这个链接器段也被放在了 os_shared_data_descriptor 虚拟内存空间内。

```
address_translation (*) map11 {
    os_shared_data_descriptor               (SHARED_DATA_MMU_DEF): SHARED_M3;
    shared_data_m3_descriptor               (SHARED_DATA_MMU_DEF): SHARED_M3;
    shared_data_m3_cacheable_descriptor     (SYSTEM_DATA_MMU_DEF): SHARED_M3;
```

- 第三步是使用 MMU（Memory Management Unit，内存管理单元）的地址转换表把虚拟内存空间映射到物理内存空间。这个例子是把之前定义好的虚拟内存空间映射到 M3 物理内存上，这里定义为 SHARED_M3，同时配置的 MMU 属性为 SHARED_DATA_MMU_DEF。这个符号在 sc3x00_mmu_link_map.l3k 文件中定义。

对于共享段和私有段的定义，需要不断重复这三个步骤。在这个例子中，私有代码和数据在各个核上独立运行，它看起来是下面的样子：

```
unit private (task_c0) {
    MEMORY {
            private_text_0                  ("rx"): org = _VirtPrivateDDR0_b;
            private_data_0                  ("rw"): AFTER(private_text_0);
    }
    SECTIONS {
            privateCode {
                "c0`.private_text"
            } > private_text_0;

            privateData {
                "c0`.data"
                "c0`.bss"
                "c0`.rom"
            } > private_data_0;
    }
```

```
}
address_translation (task_c0) {
    private_text_0                    (SYSTEM_PROG_MMU_DEF):PRIVATE_DDR0;
    private_data_0                    (SYSTEM_DATA_MMU_DEF):PRIVATE_DDR0;
}
```

上面的例子介绍如何定义代码和数据的虚拟内存空间（private_text_0 和 private_data_0），以及如何把编译器段放置在适合的私有物理内存空间。其他核可以复制这段代码。

在链接应用之前的最后一个过程是加入 SDOS 库，这可以通过链接库来完成，如图 17-17 所示。

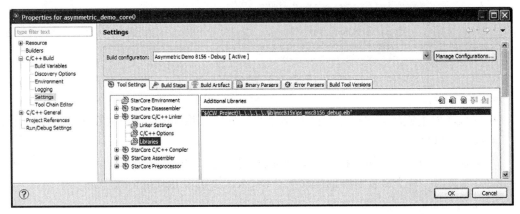

图 17-17　链接库文件

这时剩下的工作就是生成项目。DSP IDE 默认调用 GNU Make 在工作区内构建项目。使用 makefile 的团队可以利用网络进行工作，也可以在其他操作系统上生成应用。生成器的设置可以通过如图 17-18 所示的对话框来配置。

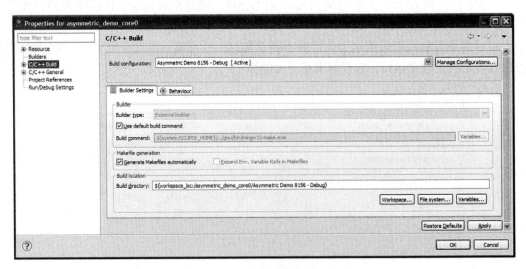

图 17-18　生成选项

当选择项目 / 生成项目选项，IDE 将基于生成选项自动生成所有中间文件，开始执行生成过程，如图 17-19 所示。在这个过程中，用户可以通过 IDE 控制台看到生成过程的进展情况。

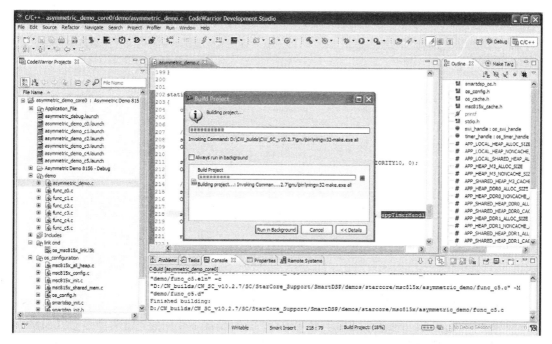

图 17-19　DSP 应用生成过程

一旦生成过程结束，用户能够得到可执行文件并开始调试和测试代码。

17.4　在多核 DSP 上执行和调试应用程序

DSP IDE 为调试应用程序提供了丰富的功能特性。本章即将讨论与之密切相关的功能特性。IDE 为 C/C++ 提供了全面可配置的默认调试视窗，如图 17-20 所示。

视窗提供了与栈相关的信息（左上角）、变量、寄存器、缓存和断点查看窗口（右上角），C 编辑器和反汇编（中间偏右），以及各种用于调试的查看窗口（屏幕下方）。

本章将全面讨论与多核调试相关的操作步骤。

17.4.1　创建新连接

把代码下载到 DSP 内存之前，必须要先建立调试器连接。CodeWarrior 连接基于 Eclipse 远程系统开发（Remote System Explorer，RSE）向导。它允许用户创建一个新的 RSE 系统，通过该系统可以对物理连接的参数进行定义。此外，无需额外的操作步骤就可以把不同的应用程序连接到 DSP 目标。

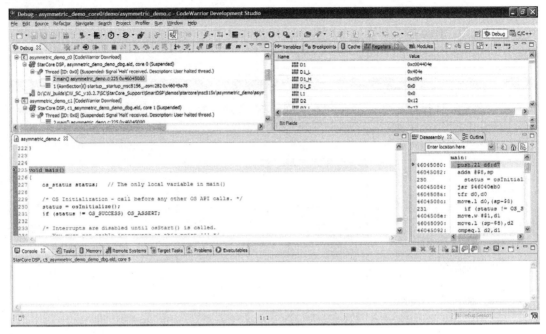

图 17-20 IDE 默认调试窗口

DSP IDE 支持三种类型的连接，这取决于连接目标的探头。物理连接可以通过 USB Tap 或以太网 Tap。第三种链接适用于软件仿真，这种情况下使用的连接类型是 CCSSIM2。

为了创建新连接，首先从 Remote system 面板中选择 New/Connection。需要对出现的对话框进行配置，如图 17-21 所示。

一旦连接类型和连接服务器（Connection Server，CCS）端口配置完成，这个连接就准备好了。除了这个基本步骤，CodeWarrior 还允许用户配置更复杂的场景，比如远程连接就是远程 CCS 运行在一台 PC 上，而 DSP IDE 则运行在另外一台 PC 上。

不同的 JTAG 配置链和定制调试器内存配置文件，以及加载方法都可以通过系统属性来选择（见图 17-22）。

正确配置连接后，被创建的 RSE 系统（在这里是 my_RSE）在远程系统察看窗内是可见的。如果是相同的 DSP 目标，创建的 RSE 系统也可以被其他项目复用。这个做法的优势是不需要为每个新建项目都创建新的连接，它可以被工作区中的所有项目复用。如果对 RSE 系统进行修改，这些变化也会立即体现到工作区中

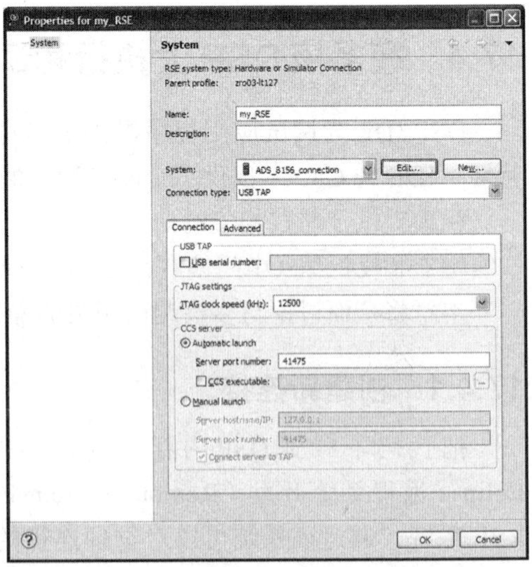

图 17-21 RSE 系统

的所有项目。

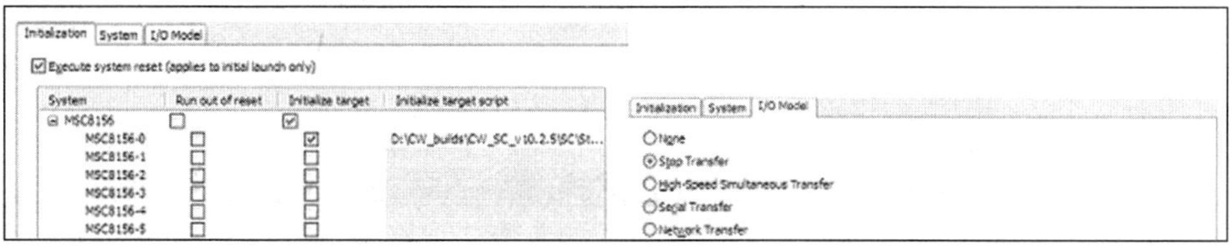

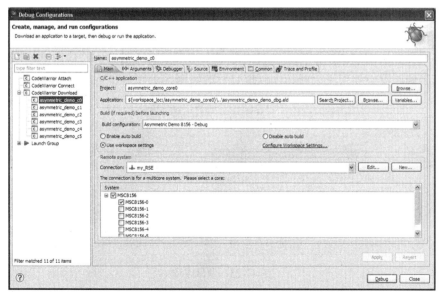

图 17-22　连接属性

17.4.2　建立运行配置

每个 DSP 核都有一个自己的运行（Launch）配置。运行配置是一个 xml 文件，它存放与某个指定的可执行文件相关的全部调试器配置。CodeWarrior 支持三种类型的运行配置。

- 附着（Attach）运行配置针对代码已经运行在目标板卡的情况。因此这种配置不需要运行目标初始化文件。使用这种模式连接到目标处理器时，不会对处理器的运行状态有任何影响。调试器为当前构建目标的可执行文件加载符号调试信息。
- 连接（Connect）运行配置需要运行目标初始化文件。这个初始化文件用于连接前启动板卡。Connect 运行配置不加载任何符号级调试信息。因此无法进行源码级调试并观察变量信息。
- 加载（Download）运行配置可以将目标停下来，运行初始化脚本，下载指定的可执行文件，并修改程序指针。

适合的运行配置根据用户期望的操作选择。DSP 核 0 的默认调试运行配置如图 17-23所示。

图 17-23　DSP 核 0 的调试运行配置

如果不止一个可执行文件需要下载到目标 DSP，运行组（Launch Group）这个选项能够允许用户在单个调试器内把两个或更多的运行配置做成一个组合。当执行运行组时，CodeWarrior 自动加载所有的可执行文件，并且作相应 DSP 目标配置。对于 asymmetric demo，所有六个运行配置文件将作为一个组被执行（见图 17-24）。

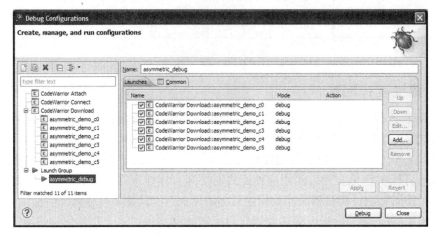

图 17-24　运行组

17.4.3　调试器使用

常见的调试器操作都排列在了调试（Debug）面板的顶部。选项如：复位、运行、暂停、停止、断开连接、Step In、Step Over、Step Out 等，可用于每个调试线程。这些选项会因对应的多核选项而翻倍，并且都标有"m"。

当某个调试线程激活时，IDE 自动显示对应的 DSP 核的全部上下文（见图 17-25）。从一个线程转移到另外一个线程时，CodeWarrior 需要维护数据查看窗口和线程的一致。这种机制会因缓存算法而加倍，该算法的目的是减少与目标的通信并保持线程之间准确的快速变化。仅当调试器检测到更改时，才读取目标的数据，否则与目标器件的 IDE 通信保持空闲状态。

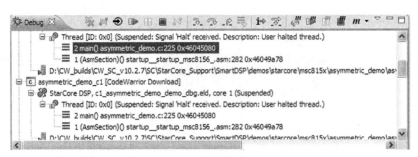

图 17-25　调试线程

寄存器（Register）视图见图 17-26。它为用户显示所有相关寄存器的信息。每个寄存器

的最新的改变都被 PC 以高亮的方式显示，另外还可以看到针对每个寄存器的完整的位段
描述。

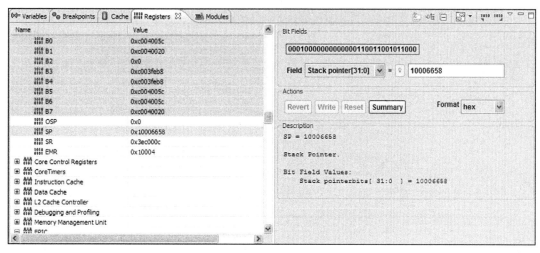

图 17-26　寄存器视图

如果没有使用断点，就意味着没有有效的调试对话。IDE 支持硬件断点和软件断点。硬件断点最多为 6 个而软件断点数目不限。使用单击动作，用户能够设置和观测应用程序的断点。根据断点的类型不同，IDE 用不同的风格来标注断点，如图 17-27 所示。

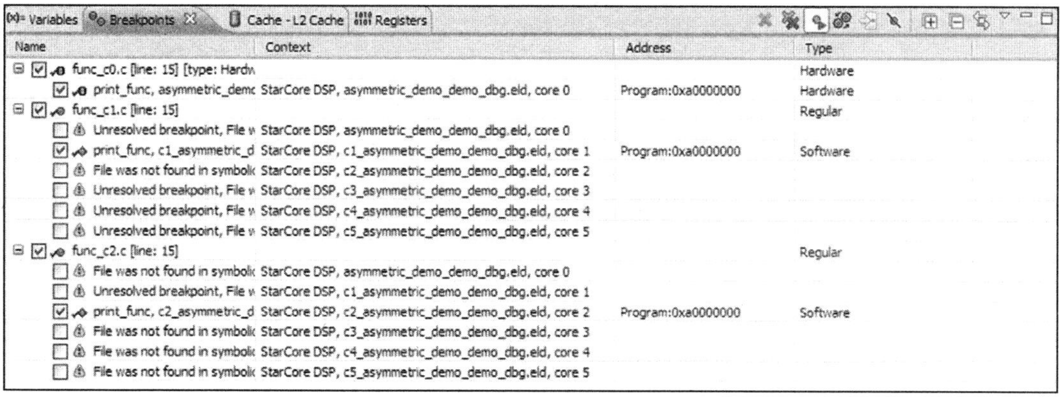

图 17-27　断点视图

每个断点的其他信息也可以看到。在这个例子中，同一个函数 print_func 中设置了三个断点（一个硬件断点和两个软件断点），该函数可从 SDOS 软件定时器任务中调用。因为代码是每个核私有，它的虚拟地址对于各个核来说是相同的。调试器自动地显示出断点被安装在哪个核。对于每个断点，用户能够通过断点属性（Breakpoint Properties）菜单选择当执行到断点处需要执行的不同的动作（见图 17-28）。

利用断点属性菜单可以改变断点处需要执行的动作。一个常见功能是条件断点（见

图 17-29），它用于在调试循环体时控制断点。用户利用它来控制调试器，只有条件满足的时才触发断点。

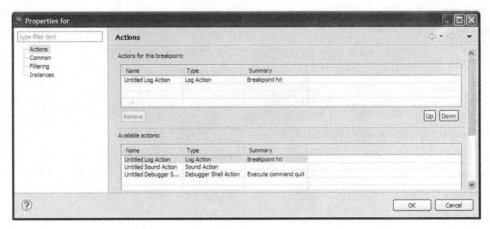

图 17-28　断点的动作

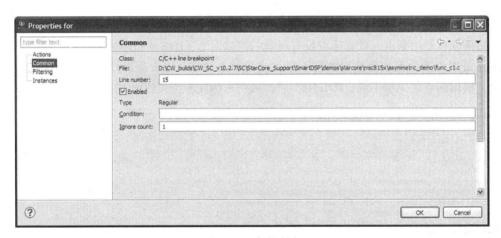

图 17-29　条件断点

当执行到断点处或执行完所有代码，调试器会高亮显示执行过的指令，并提供一个可视监测窗口，如图 17-30 所示。最后执行的三条反汇编指令使用灰色标注。

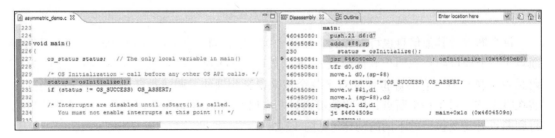

图 17-30　最新被执行过的反汇编指令被高亮显示

对于用户来说，准确地理解断点如何与应用程序交互以及如何在多核应用中使用断点是相当重要的。

硬件断点是使用特殊的处理器单元来实现的，这也是硬件断点数目有限的原因。逻辑电路在每个时钟周期都监测总线，当监测到地址匹配，它就把核停下来。硬件断点不修改代码、栈或任何目标资源。从这一点来说，它完全无破坏性。

甚至，因为运行阶段线程间的同步更为重要，所以说多核应用更加适合使用这类断点。因为断点与程序或核没有任何交互，运行期间安装硬件断点将不会对应用程序带来任何负面影响。

相比较而言，软件断点会插入一小段代码（通常调试器插入特殊指令，该指令执行时可以触发中断）。从这一点看，软件断点是有破坏性的。在调试中断触发后，调试器把核停下来，然后用原始代码替换这段代码。

对于支持可变长指令集（Variable Length Instructions Set，VLES）的 DSP 而言，使用不同类型的断点进行调试可能会表现不同的结果。使用硬件断点，VLES 一旦包含了匹配的地址后，调试器会马上把核停下来，尽管这个地址可能位于指令集的开始或中间位置。正因为如此，寄存器和内存也会包含这个 VLES 中其他指令的数据。

对于软件断点，调试器会回退到真正指令执行前一刻的寄存器和内存信息。

DSP IDE 必须提供工具和方法限制软件断点进入到激活的调试上下文。每个软件断点可以设置在一个核上，也可以设置在所有核上。当用户选择调试多核共享的一段代码时，使用限制软件断点进入激活调试上下文的功能，调试器可以控制用户选定的核，而其他核不受任何影响。如果没有这个功能，作为共享代码段，调试器只能控制所有 DSP 核。

当一个调试会话处于活动状态时，用户可以通过一组完整的功能与目标进行交互，以导入或导出内存数据，如图 17-31 所示的内存监视器，图 17-32 所示的目标任务，等等。导入导出数据可以根据用户的需要保存成各种文件格式。

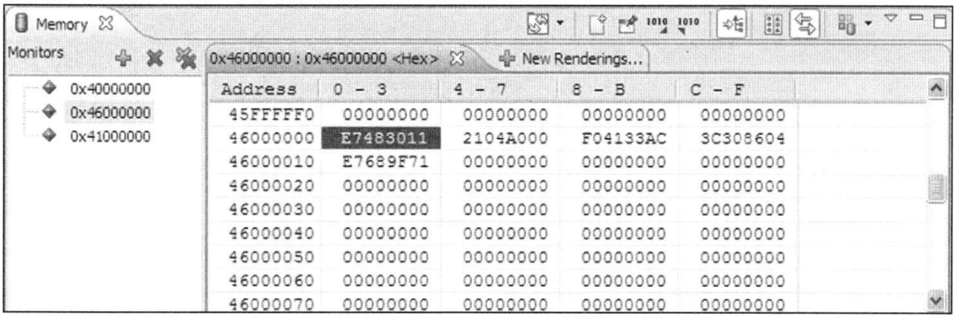

图 17-31　内存视图

IDE 提供了目标配置和验证的先进的工具。例如 MMU 配置工具能够在调试时随时监测 DSP 目标。这对多核应用而言是非常有用的工具，它允许用户监测是否有错误发生（如图 17-33 所示，使用了未初始化的指针进行内存非法访问）或者修改内存映射（如图 17-34 所示）。

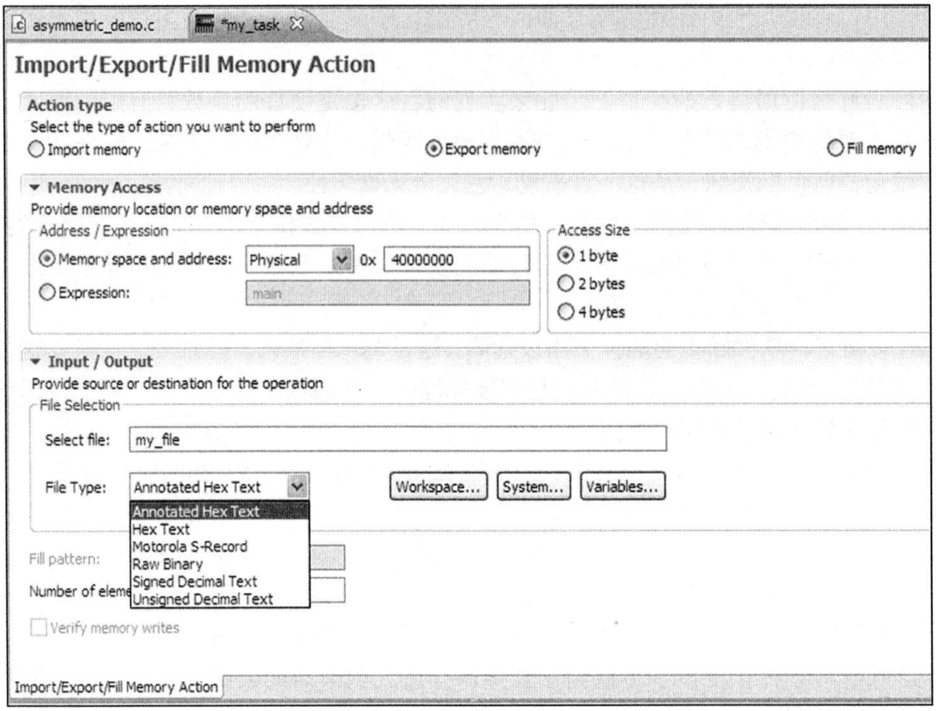

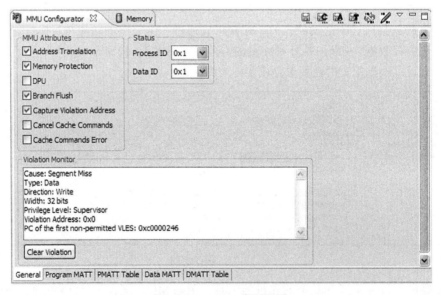

图 17-32　创建目标任务

图 17-33　MMU 常用视图

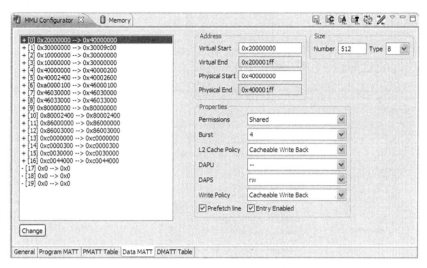

图 17-34　MMU 数据内存映射

17.5　使用软件和硬件专用资源跟踪与剖析多核应用程序

如今的 DSP 系统有非常强大的片上调试和分析单元（Debug and Profiling Unit，DPU），它可以监控和衡量产品的性能，诊断错误，把 DSP 核上嵌入式应用的运行信息记录下来。调试和分析单元的操作如图 17-35 所示。

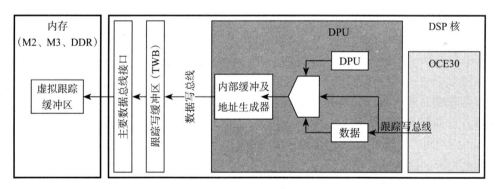

图 17-35　DPU 工作流程

DPU 把自己生成的跟踪信息或 OCE（On Chip Emulator，片上仿真器）生成的信息写到虚拟跟踪缓冲区（Virtual Trace Buffer，VTB）。VTB 可以位于内部存储器，也可以位于外部存储器，具体位置由用户通过链接命令文件指定。

DPU 的写操作被缓存在跟踪写缓冲区（Trace Write Buffer，TWB）中，然后通过数据总线接口以突发脉冲（burst）的方式写到目标地址。向 VTB 的写请求使用最低优先级的总线请求。TWB 满了就提高总线请求的优先级。在优先级改变后的第一个时钟周期，DPU 发起核暂停请求。

17.5.1　软件分析设置

为了配置和分析 DPU 生成的跟踪数据，IDE 提供了软件分析插件。

使用图 17-36 和图 17-37 所示的几个简单选项，就可以自动建立 DPU 分析。

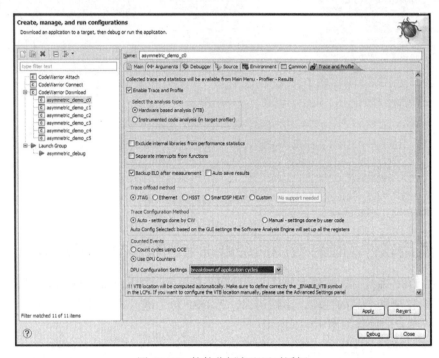

图 17-36　软件分析主配置对话框

对于每个调试器配置，用户都能够以一个核或多个核选择打开跟踪开关。从主配置对话框窗口看，用户能够选择丰富的计数事件。使用 IDE 提供的默认选项，用户可以配置 DPU 以统计最具代表性的事件。除此之外，这里还支持更强大的选项用于对每个 DPU 计数器进行配置。DPU 中六个计数器中的任何一个都可以用于统计 DPU 支持的所有事件。

利用链接命令文件可以把 VTB 放在相应的内存空间，也可以选择手动把它放在目标处理器的一段空闲内存空间。关于 VTB 存放空间的限制是针对多核应用的，由于数据的特殊性，这个缓冲区对每个 DSP 核来

图 17-37　VTB 配置

说必须是私有权限。否则，这个数据就会被其他核的事件破坏。

一旦 VTB 定义在不同的地址空间，而且保证 DSP 各核之间不会相互覆盖，DPU 就会自动地管理数据，无需用户干预。

在主机 PC 上，DSP IDE 分别处理每个 VTB 的数据。也可以说，PC 侧对各个核上采集到的数据是独立处理的。

如果用户希望对应用程序进行合理的 DPU 配置，而且希望对采集结果进行软件分析并显示，就需要把跟踪配置方法设置为手动模式。在这种模式下，CodeWarrior 将不执行任何 DPU 初始化，它仅仅解析 DPU 寄存器的值。在这种情况下，用户需要自行完成正确的 DPU 配置步骤。

因为有些应用程序可能把大量数据导入 VTB，CodeWarrior 提供了四种方法把跟踪数据从目标板发送到主机。根据用户的硬件和软件情况，CodeWarrior 能够通过 JTAG 或以太网端口获得数据。最快的方法是使用以太网端口，但是这种方法需要在用户应用程序中链接一些额外的库才能够办到。

建立新的调试会话以后，代码测试就自动开始执行了。一旦 DSP 核被挂起，或当调试会话结束，就可以马上得到跟踪结果。

跟踪和剖析结果（Trace and Profile Results）视图可以看到每个应用程序的跟踪结果，如图 17-38 所示。

对于每个调试配置，这里有五个子菜单。每个子菜单都显示指定的分析结果。

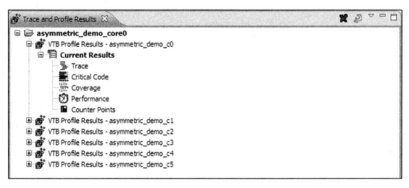

图 17-38　跟踪和剖析结果视图

17.5.2　跟踪

图 17-39 是 DPU 跟踪采集结果。DPU 自动计算，并把硬件单元生成的地址与可执行文件的符号信息相匹配，再把计数器的内容和事件配对。为了找到某个特定的事件，用户可以将表格中的结果导出或使用过滤处理。

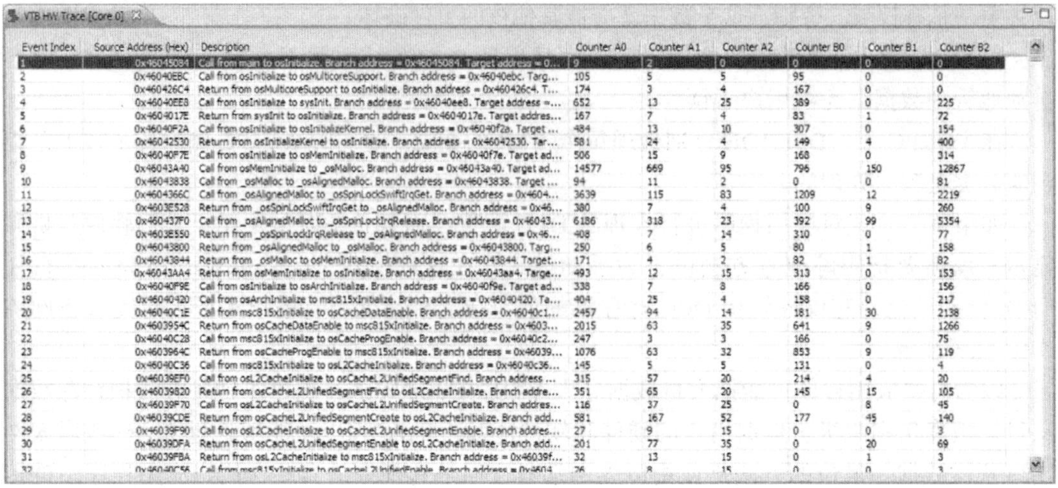

图 17-39　跟踪采集结果

17.5.3　重要的代码

重要代码菜单是所有跟踪数据中最重要的。它帮助用户对应用程序中重要的部分进行优化。基于 DPU 计数器的值，可以得到应用程序中的每个函数以及重要代码计算所花费的时钟周期，如图 17-40 所示。

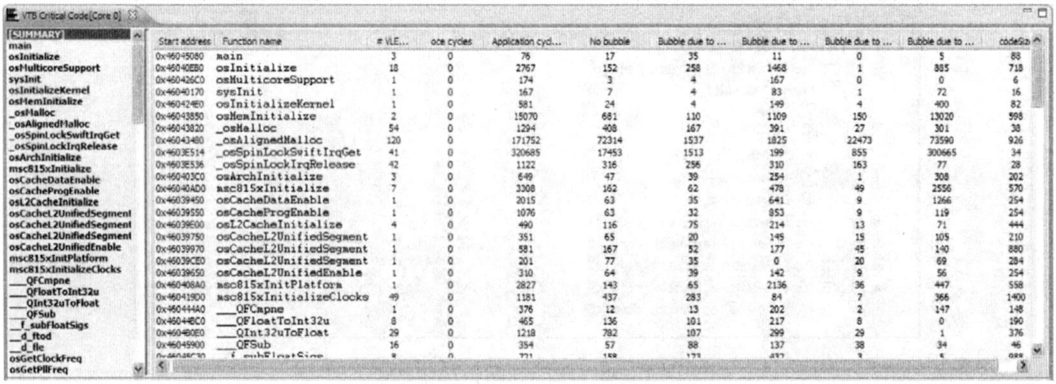

图 17-40　重要代码

在确定最重要的函数后，用户需要对这段代码进行深入的分析。确定函数后，重要代码（Critical Code）窗口中将显示每行代码的相关数据。可以要求观察窗口以不同的风格显示（仅 C 语言，仅汇编语言，或混合）。

如图 17-41 所示，用户能够很快定位出哪里消耗的时钟周期最多，然后就需要考虑为何会消耗大量的时钟周期，如何减少时钟周期的消耗。

在第 38 行，重要代码窗口显示了 DataIn 缓冲区，因为有大量数据阻塞而消耗的时钟周期数目。这是数据没有命中缓存的典型案例，换言之，当数据需要使用时，数据还没有存储在高速缓存中。

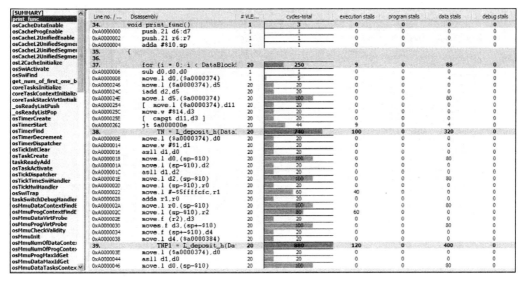

图 17-41　重要代码函数细节

17.5.4　代码覆盖

代码覆盖观察窗需要将应用程序实际的跟踪结果和可执行文件做对比，产生源代码和 PC 的映射。参见图 17-42 中示例。

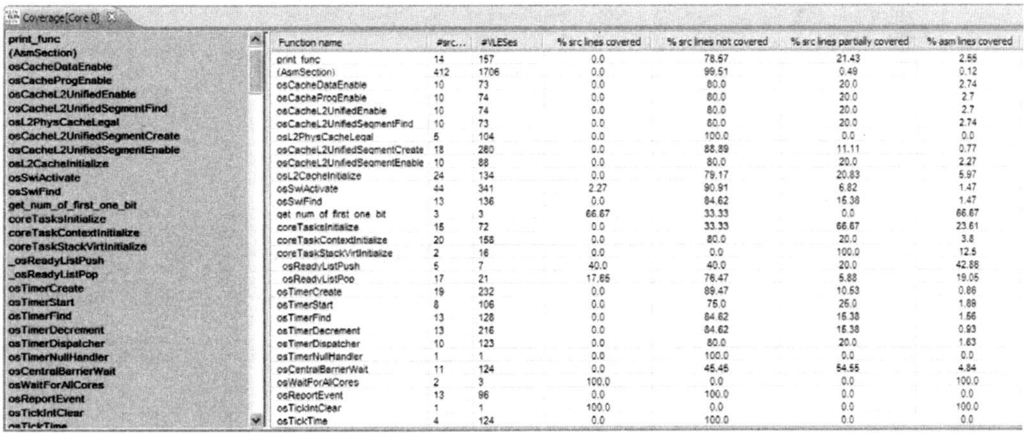

图 17-42　代码覆盖窗口

通常这个特性用于检查测试阶段是否会完全覆盖算法流，之后在原始跟踪数据中得到 PC 地址与可执行文件中的相匹配。没有覆盖的代码以绿色显示，否则以红色高亮标注。图 17-43 和图 17-44 给出了 asymmetric demo 的这两种情况。（请注意印刷的书无法显示颜色。）

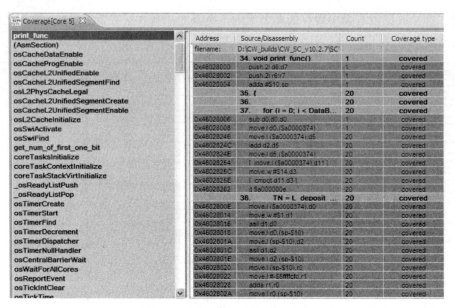

图 17-43　代码覆盖函数细节分析

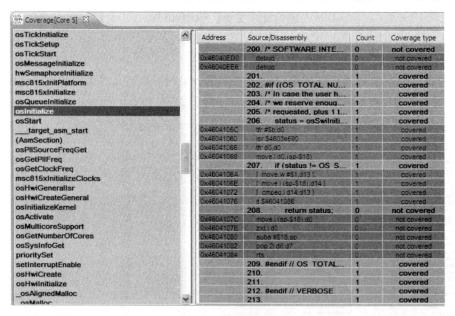

图 17-44　代码覆盖细节

如果全部的代码都高亮显示，说明测试遍历了运行阶段所有可能经历的场景。

17.5.5　性能

缺少应用模块的总体概况分析，软件分析功能是不完整的。性能（Performance）观测窗支持对应用程序的总体情况进行预览，如图 17-45 所示。

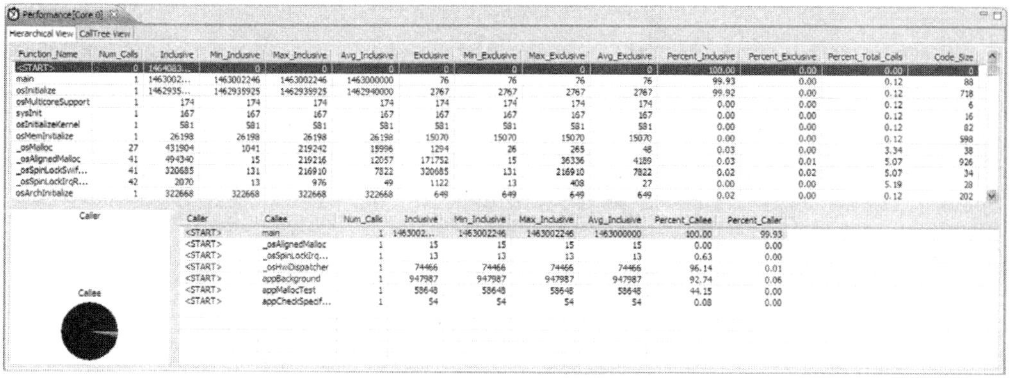

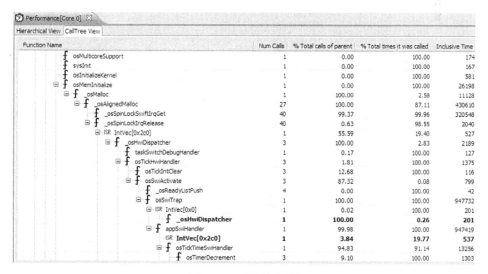

图 17-45　性能分析

这个窗口把应用程序的所有函数都加入进来，并且对调用者和被调用者进行统计和计算。基于原始跟踪数据，IDE 计算每个函数的主要代码消耗了多少个时钟周期（不包括其内部调用的函数），或者计算这个函数调用和返回消耗的所有时钟周期（包括其内部调用的函数）。同时，代码大小也能够计算出来。为了帮助用户确定最耗时的函数，所有的耗时数据体现在饼图上，很容易从中确定最耗时的函数。

图中看到的结果很容易以 Microsoft Excel CSV 的格式导出。通过 Excel 就可以察看这些数据。

除了性能统计数据，性能观察窗还可以用于察看应用调用树。asymmetric demo 完整的函数调用关系可以在图 17-46 中很清楚地看到。这个特性为用户深入了解操作系统执行流提供了有效的途径。

图 17-46　调用树视图

案 例 分 析

案例分析 1
LTE 基带软件设计

Arokiasamy I、Vatsal Gaur、Nitin Jain

引言

在过去的几年中，无线通信技术飞速发展。第一代（1G）模拟蜂窝系统，例如高级移动电话系统（Advanced Mobile Phone System, AMPS）、完全接入通信系统（Total Access Communication System, TACS）等只支持带漫游限制的语音通信。第二代（2G）数字蜂窝系统允许更高的容量，支持国内和国际漫游，并且因为拥有增强全速和可调多速的编解码器，语音质量比模拟蜂窝系统更好。两种普遍部署的第二代蜂窝系统是 GSM（Global System for Mobile Communication，移动专家组，后来称为全球移动通信系统）和 CDMA（Code Division Multiple Access，码分多址）。2G 系统最初用来支持最高速率为 14.4Kbps 的低速率数据传输语音通信，这在 2G 标准靠后的版本中有介绍。

国际电信联盟（International Telecommunication Union, ITU）倡议的 IMT-2000（国际移动电信 -2000）为 3G 铺平了道路。一组需求（例如峰值速率达到 2Mbps 和支持车载移动性等）在 IMT-2000 倡议下被提出。GSM 的移植基于第三代合作伙伴计划（3rd Generation Partnership Project, 3GPP）而 CDMA 的移植基于 3GPP2。

高数据速率、低延迟和分组优化的无线接入技术，支持超 3G 技术的灵活带宽部署是 LTE 的主要目标。

新的网络体系结构的设计目标是支持无缝移动的分组交换业务、高服务质量以及最小的延迟。表 1 总结了 LTE 系统中空中接口的相关属性。

表 1　LTE 属性

带宽	1.25 ～ 20MHz
双工	FDD、TDD、半双工 FDD
移动性	350km/h
多重接入	下行链路：OFDMA 上行链路：SC-FDMA

（续）

带宽	1.25 ～ 20MHz
MIMO	下行链路：2×2，4×2，4×4 上行链路：1×2，1×4
20MHz 下的峰值数据速率	下行链路：2×2 MIMO 时 173Mbit/s，4×4 MIMO 时 326Mbit/s 上行链路：1×2 天线配置时 86Mbit/s
调制	QPSK、16QAM、64QAM
信道编码	Turbo 码
其他技术	链路自适应、信道敏感调度、功率控制、混合 ARQ

LTE 系统架构

LTE 用来支持分组交换服务，而不再使用之前蜂窝系统的电路交换模型。它的目的是提供用户设备（User Equipment，UE）和分组数据网（Packet Data Network, PDN）间无缝互联网协议（Internet Protocol, IP）的连接，在移动的过程中终端用户的应用不会发生任何中断。

LTE 的概念包含无线接入的长期演进也就是演进的通用陆地无线接入网（Evolved-UTRAV, E-UTRAN），伴随它提出的还有非无线方面的演进，称为"系统架构演进"（System Architecture Evolution，SAE），SAE 包括演进的分组核心网（Evolved Packet Core，EPC）。LTE 和 SAE 一起组成了演进的分组系统（Evolved Packet System，EPS）。EPS 利用 EPS 承载概念来路由从 PDN 的网关到 UE 的 IP 业务。一个承载是指网关和 UE 之间定义了服务质量（Quality of Service，QoS）的一个 IP 数据包流。E-UTRAN 和 EPC 根据应用的需求一起建立和释放承载。

这里有几种不同类型的节点，其中有些简要地示于图 1。eNodeB 通过 S1 接口连接到

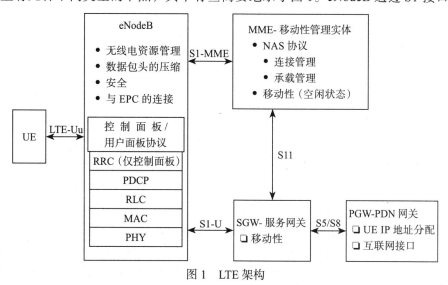

图 1　LTE 架构

EPC，更具体讲是通过 S1 的用户面部分也就是 S1-u 连接 S-GW，并通过 S1 控制面部分也就是 S1-MME 连接 MME。出于负载分担和冗余的目的，一个 eNodeB 可以被多个 MMEs/S-GWs 连接。

演进的系统组件和设计

随着一段时间内系统复杂性和实时处理需求的增长，LTE 系统中的组件也在演进。接下来会讨论主要的组件和相关设计上的考虑。

多核数字信号处理器

由于时钟速度只能提高到一定的值，所以多核处理器已经成为执行复杂软件的首选，例如 LTE 物理层。为了使应用程序能够充分利用演进的多核架构，从一开始就要明确将其设计成多线程的，也就是一个应用程序分解为许多小的任务，这些任务可以同一时间在不同的核上运行。

多核处理器设计的挑战

死锁预防和数据保护

用例 1：系统优化

在一个多核的环境中，当数据保存在一个共享内存中，而这个共享内存被设计成多核的多进程都可访问时，这个数据需要被保护以保证数据的正确性。这个可以通过一个有效的锁工具来完成。

有时，当一个进程本身需要另一个进程完成才能触发时，就需要保证时间同步。这个可以通过使用屏障来完成。

屏障对控制程序执行是非常有用的机制，尤其是当多核需要执行到同一点时。这些都可以在不同的情况下实现。集中屏障保证所有的核到达一个执行点而部分屏障保证只有一些核到达一个共同的控制函数或者标记时才可以继续向下执行。

在典型多核平台的软件设计中，一个核用来负责系统的初始化。这保证集中的"记录一致的初始化动作"并且方便调试。一个主要的系统初始化任务的例子是初始化任务清单结构，它定义了系统中存在的各种任务。当一个任务被动态或静态创建时，都需要在系统中注册自己以及相关的句柄函数以帮助任务清单结构的建立。因此，这个结构维护了系统中各种任务的清单。这个结构需要放在共享内存中，以便每一个核都可以在自己核上或其他核上发起任务。在一个多核系统中，不同的核可以在不同的时间完成复位。在这种情况下，有可能被分配执行结构初始化的核在初始化任务清单结构前，其他先从复位中出来的核已经使用这个任务清单结构在系统中注册了一个新的任务。

这种设计问题可以使用屏障的功能来解决，它将迫使所有的核在一个共同的执行点上达到同步。在同步点到达之后，这个结构可以被负责初始化的核来进行初始化。只有这步完成以后，核才可以继续执行下面的程序。图 2 给出了初始化中使用屏障进行同步的过程。

一个软件中数据保护的重要方法是锁的使用。使用锁，软件设计人员可以让不同的进程有效地分享相同的资源。这个可以通过自旋锁来完成，这时每一个核一直检测资源的可用性。另外一个实现的方法是通过使用信号量逻辑，这时若资源不可用，任务会进入一个队列。

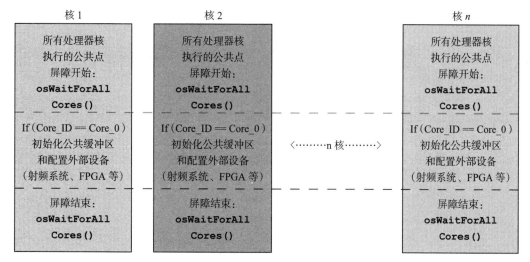

图 2　使用屏障进行初始化和同步

核间通信

用例 2：串行和并行进程的触发

多核上的软件设计需要一个有效的核间通信机制。这个通信机制应该保证运行在一个核上的进程可以触发本核或者其他核上的任务。一般情况下，两种核间通信机制是必不可少的：点对点的消息发送和点对多点的消息发送。

一个核完成它的任务后触发另一个核上的其他任务时，可以使用点对点的消息发送。点对点消息发送通常涉及基于中断的消息处理。

图 3 给出了一个核触发另一个核上任务的例子。

在一个主从模型中，当所有从核都需要接收中断或者必须轮询主核发来的消息时，点对多点的消息发送是最适用的。主核发来的消息将触发每个从核上不同类型的任务。可以使用自旋锁防止消息丢失或者被破坏。这会保证只要目标核没有读消息并清除自旋锁，消息所使用缓冲空间就不会因为发送其他消息而被占用（图 4）。

调度 – 动态和静态

为了获得一个高效的系统设计，软件设计者必须思考并实现一个有效的机制来调度 SoC 上各个核的各项任务。

一般有三种调度策略可以选择：

1. 动态调度。

2. 静态调度。

3. 静态调度和动态调度相结合。

用例 3：动态调度

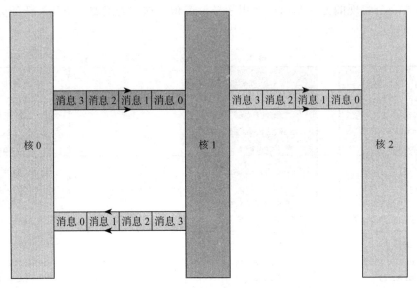

图 3　点到点的队列

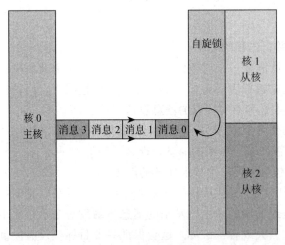

图 4　点到多点的队列

在一个设计中使能任何形式调度机制的关键在于创建多任务清单并控制其执行流程和依赖关系的能力。一个被称作控制器的模块被设计用来在不同的核上调度特定的任务。

动态调度控制器模块上下文在使能变化的参数和场景方面提供了最大的灵活性。因为不同的任务可以在任何核上被调度，这种形式的控制器必须使用共享内存接口，使各核都可以访问那些"可能"分配给他们的所有任务上的所有数据。一个共享内存接口相应地使得数据需要使用锁来进行保护。其次，控制器模块在一个特定核上的运行依赖于有效的点对点和点对多点通信机制，使得不同的任务可以被卸载到核上并且执行的结果可以返回到控制器中。

为了在不同的核上高效地调度不同的任务，控制器软件模块需要下面三种信息：

1. 需要在系统中处理的任务清单。

2. 每个任务的处理顺序（例如每个任务都有一个依赖性信息列表）：控制器模块应该明确地包含这些依赖信息，在所依赖的任务没有处理完时不会调度这个任务。这个可以通过一个依赖性模型来完成。

3. 一个能够动态计算并存储每个执行任务计算成本的方法：可以利用此信息有效地均衡所有任务的分配，使所有的内核都高效加载。

这个设计方案可以通过第一层的上行符号处理来说明。这里，清单包含下面四个任务：

1. 符号接收。

2. 解调参考信号（Demodulation Reference Signal, DMRS）的产生。

3. 信道估计。

4. 均衡。

基于任务清单创建的依赖性模型如下所示。

任务编号	任务	任务描述	任务依赖
J0	产生 DMRS	生成时隙 0 的参考符号	来自 L2 的子帧配置可用之后，且必须在信道估计前执行
J1	符号接收	时隙 0 中的参考符号	在天线接口上的符号可用之后
J4	信道估计	针对时隙 0	J0、J1
J2	产生 DMRS	生成时隙 1 的参考符号	来自 L2 的子帧配置可用之后，且必须在信道估计前执行
J3	符号接收	时隙 1 中的参考符号	同上
J5	信号估计	针对时隙 1	J2、J3
J6	均衡	针对内插	J4、J5（针对内插的信道估计）

该模型显示任务 J4 只能在任务 J0 和 J1 完成后才可以执行。类似地，定义为 J6 任务的均衡只能在任务 J4 和 J5 完成后才可以执行。

最后，控制器软件模块需要记录每个任务的计算成本。这可以是控制器处理相同任务时收集和存储的一组历史数据平均值。通过这个方法，控制器可以保证，如果一个任务的执行依赖于其他两个任务的完成，那么它可以估计这些任务应该在哪些核上被执行从而使得这个依赖任务的空闲等待周期最短。

举个例子：任务 J4 依赖于 J0 和 J1，控制器需要估计 J0 和 J1 成功执行所需的时间。如果 J1 占用的时间大于 J0 占用的时间，并且 J0 和 J1 在不同的核上执行，这时除非 J1 已经完成，控制器是不会调度 J4 的。同时，任务 J4 在等待 J1 的完成——控制器可以将 J2 调度到之前完成 J0 任务的核上。这种形式的运行时间信息允许控制器设计任务调度（图 5）。

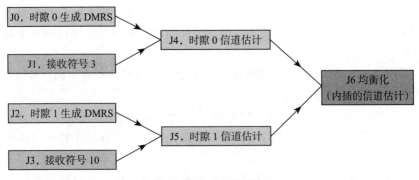

图 5　任务依赖性模型

　　利用这种方法，设计者可以通过增加任务或通过功能上的逻辑划分来细分现有的任务以扩展任务清单，在分别调度这些任务时为控制器提供更多的选择。例如，符号接收功能可以分为三个子任务：循环前缀的移除、循环移位和 FFT。如果这些增加的子任务也在之前讨论的依赖模型中，这时控制器模块可以根据任务的依赖性模型和计算的需求来进行执行调度。虽然这些被分解的小级别任务可以使每个任务都根据依赖性模型单独地执行，但是设计者需要注意对任务进行更细的分块可能会引起性能的下降。这种分块可能会带来更多的核间通信，因为多任务需要彼此间沟通计算结果和所依赖的数据。这种分块还需要使用更多的共享空间来代替内部存储器。使用更多的共享内存可能引起更大的数据时延，因为一般共享内存比内部存储器需要更长的等待时间。

　　用例 4：静态调度

　　可以动态调度多任务的控制器模块设计起来非常复杂。当用例定义和限定良好时，可能不需要完全智能的调度机制。在这种情况下，静态地配置控制器模块是更合理的选择。这种方法有助于简化控制器逻辑的执行，因为多核上任务的分割是静态估算的。这种方法也会使得对问题的调试更加容易，因为系统的行为更具确定性。但由于任务调度规划是静态完成的，所以系统通常需要以最坏的例子作为标准，一些情况下，会导致非最佳的性能。

　　对比动态调度，使用静态调度的方法可以有效地执行案例 3 中所讨论的例子。

　　在这个例子中，控制器模块必须负责处理链中不同系统资源和任务的初始化。它还需要负责维护一个静态定义的表格，这个表格可以识别在不同核上运行的不同任务。这种任务到核的静态绑定形式赋予了系统一种确定性行为的概念，并且简化了控制器的逻辑。

　　为了高效地调度不同核上的不同任务，控制器软件模块需要以下三种类型的信息：

　　1. 在系统中需要处理的任务清单。

　　2. 每个任务的处理顺序（例如每个任务都有一个依赖性信息列表）：控制器模块应该明确地包含这些依赖性信息，在所依赖的任务没有处理完时不会调度这个任务。这个可以通过一个依赖性模型来完成。

　　3. 任务到核的联系和绑定。

　　这个设计方案可以通过第一层的上行符号处理来说明。这里，清单包含下面四个任务：

1. 符号接收。

2. 解调参考信号（Demodulation Reference Signal, DMRS）的产生。

3. 信道估计。

4. 均衡。

基于任务清单创建的依赖性模型如下所示。

该模型显示任务 J4 只能在任务 J0 和 J1 完成后才可以执行。类似地，定义为 J6 任务的均衡只能在任务 J4 和 J5 完成后才可以执行。这种依赖性信息逻辑应该被创建在控制器逻辑内。

任务编号	任务	任务描述	任务依赖	处理器核编号
J0	产生 DMRS	生成时隙 0 的参考符号	来自 L2 的子帧配置可用之后，且必须在信道估计前执行	1
J1	符号接收	时隙 0 中的参考符号	在天线接口上的符号可用之后	0
J4	信道估计	针对时隙 0	J0、J1	1
J2	产生 DMRS	生成时隙 1 的参考符号	来自 L2 的子帧配置可用之后，且必须在信道估计前执行	1
J3	符号接收	时隙 1 中的参考符号	同上	0
J5	信号估计	针对时隙 1	J2、J3	1
J6	均衡	针对内插	J4、J5（针对内插的信道估计）	2

这种任务划分显示系统每产生 1 毫秒节拍，核 0 就会处理每一个时隙的符号接收。类似地，一旦第二层的子帧信息可用，核 1 会使能生成 DMRS 的处理。核 1 也会处理信道估计，这依赖于 DMRS 生成的输出结果和符号接收功能（图 6）。

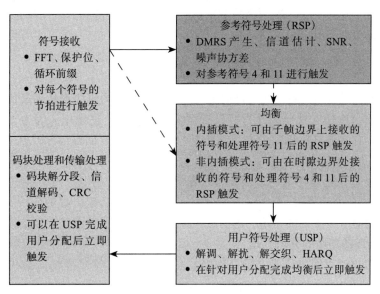

图 6　静态调度设计

上面所讨论的支持静态调度的控制器，它的设计与一个特定核上的各任务具有紧密的联系。这个逻辑可以扩展，给控制器赋予一定的决策能力。使控制器逻辑具有更多智能性的一种方法是，考量一组有限的系统参数后提供一个核绑定任务的准则。这些参数可能是一个用户所分配的资源块数量等。

并行和流水

多核系统本身很适合软件设计人员在底层算法上充分利用并行性。因此，软件设计人员面临的主要挑战之一是将软件模块化为在系统的多核上运行的多个独立的和相关的模块，此外还需要确认多任务间的依赖关系。这些已经通过之前章节中的案例 3 和案例 4 做过了说明。在前面的例子中，我们已经讨论了第一层软件中最初的几个上行任务在多核上的划分。

这一节会讨论其他在第一层处理时应用并行从而提高系统整体性能的技术。

用例 5：下行链路中的并行处理

下行物理层数据链非常适合高度并行处理。软件设计人员可以利用这个固有的并行属性来选择架构相关的技术。

图 7 给出了下行处理链路上关键处理模块的示例。

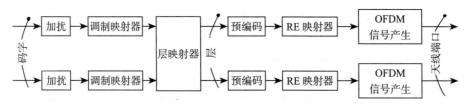

图 7　LTE 下行链路固有的并行性

在能达到系统更高效能的多核任务划分方面，软件设计人员有下面三种主要方法可选择：

1. 同时处理同一个用户的不同码块。

2. 同时独立地处理不同的用户下行链路。

3. 预编码后，在多核上同时处理天线数据。

软件设计人员可以选择在下行时同时处理一个用户的不同码块来达到最优的系统性能。

图 8 所示的多核任务划分，并行并没有完全发挥码块处理作用，因为多个码块在核 1 上进行处理时，它是顺序执行的。这会增加码块处理的延迟从而最终导致处理超过严格的 1 毫秒实时窗口。

确保码块处理分配到可用的多核上可以避免出现这样的情况。可以通过不同的决策方法在两个核上对码块处理进行分工。图 8 中给出了示例，只让单数的码块在核 1 上处理。实验发现这能建立一个平衡的系统，因为核 1 也可用来执行下行链路控制信道的处理。

用例 6：上行链路中的并行处理

在用例 3 和 4 中我们讨论了上行处理中的前三个任务：符号接收、DMRS 生成和信道估计。这些处理后上行的主要任务有：

1. 均衡。

2. 用户符号处理。

3. 码块处理。

4. 传输快处理。

这四个任务是顺序执行的，因此直接使用并行并不直观。

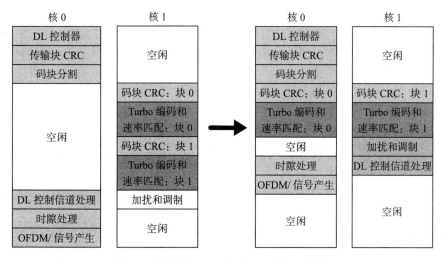

图 8 码块并行处理以提高核的使用和效率

所以，可以通过两种不同的方法来考量并行：

- 每个用户并行
- 用户间并行

为了让每个独立的用户都能更好地实现并行，每个用户可以在不同的核上同时执行这四个任务，而这四个任务在每个核上是顺序执行的。因此，所有这四个任务，对于每个用户来说是在同一核上执行的。所以当有四个核在上行处理中可用时，核 0 分配给用户 1，核 1 分配给用户 2，核 2 分配给用户 3，核 3 分配给用户 4。此后，用户编号与核编号相关。

核编号	用户编号	核上的任务
0	1	均衡→用户符号处理→码块处理→传输块处理
1	2	均衡→用户符号处理→码块处理→传输块处理
2	3	均衡→用户符号处理→码块处理→传输块处理
3	4	均衡→用户符号处理→码块处理→传输块处理
0	5	均衡→用户符号处理→码块处理→传输块处理

图 9 给出了这种划分机制。

当不同的用户在资源块分配上区别很大时，这种方法对达到最优系统性能提出了很大的挑战。一个智能的调度逻辑可以保证只要一个用户的处理已经完成，控制器逻辑就会调度其他的用户到这个空闲核上。

另外一个多用户间实现并行的机制是分配四个任务中的每一个到唯一的核上。所有用户需要在这个任务上处理的数据都必须在这个服务核上运行。

任务	核编号	用户编号
均衡	核 0	所有用户
用户符号处理	核 1	所有用户
码块处理	核 2	所有用户
传输块处理	核 3	所有用户

均衡处理被分配给核 0。用户 1 的均衡处理完后，核 0 会计算用户 2 的均衡。每个用户都会进行这个处理。用户 1 均衡处理的结果会输入核 1 来进行用户符号处理。一段时间后，处理任务的流水线建立，四个核中的每个核都在为不同的用户处理他们所分配的任务。所以在一个给定的时间，核 0 在做用户 3 的均衡，核 1 在执行用户 2 的用户符号处理而核 2 在对用户 1 进行码块处理（图 10）。

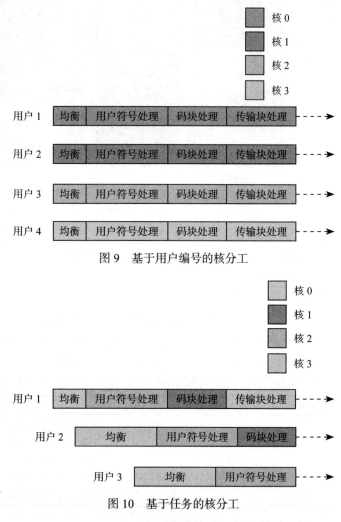

图 9　基于用户编号的核分工

这种类型的任务划分会引入非常多的核间通信，因为处理链上执行下一个任务的下一个核需要得到所有用户的相关数据。

这个方法的第二个挑战是每个用户每个任务的处理量由关键的算法参数来决定，例如每个用户需要处理的资源块数量。如果第一个用户的资源块数量小于下一个用户的资源块数量，则第一个用户每个任务的复杂性将减少，因为有较少的数据需要处理。这

图 10　基于任务的核分工

会导致"空闲浪费周期"。例如，如果第二个用户的均衡比起第一个用户的用户符号处理花费时间更长，核 1 会产生一个空闲时隙。这是因为当核 1 完成了用户 1 的用户符号处理时，它还不能开始用户 2 的用户符号处理，因为用户 2 还在核 0 上运行均衡处理。

用例 7：上行链路中的算法并行

用例 6 已经说明了如何在多核上分发任务从而有效利用各种系统资源的机制。多核的软件划分可以通过在底层算法上找出能够并行的切入点而得到显著的提升。

以案例 6 中讨论的例子开始讨论，均衡是一个算法密集型的任务，它只能在信道估计完成后执行。

利用一级并行的简化模型如图 11 所示。图上显示核 0 用来执行符号接收相关的操作。核 1 基于核 0 上接收的第三个和第十个符号的符号信息来处理参考信号。在参考信号处理（包括信号估计）完成后，核 2 开始均衡任务。在给定的子帧中，当前子帧 "n" 的均衡在最后一个符号（符号 13）被接收时触发。图 11 显示一旦均衡任务开始处理，将转入下一个子帧 "n+1"。在子帧 "n" 上所接收的 12 个符号的均衡计算处理需要相当于 4 个符号的附加时间。虽然这个设计已经利用了任务并行，但它没有实现足够的算法并行。最终这将导致得到子帧 "n" 的结果被延时。而且，这个设计方法不能连续使用核 2，核 2 大部分的时间处于 "空闲" 态。

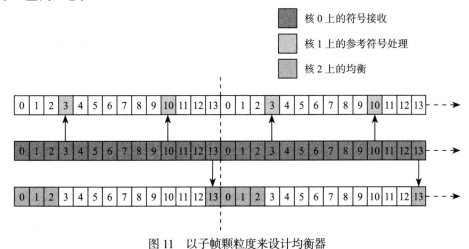

图 11　以子帧颗粒度来设计均衡器

上述的设计方法可以改进提高算法级并行。这可以通过确保任务处理的颗粒度变为符号级来实现。这意味着，图 12 所示符号 3 的参考信号处理完成后，均衡就开始符号 0-2 的均衡处理。这个处理估计会占用相当于 1 个符号的时间，如图 12 所示。只要时隙 0 上所有的符号被接收，均衡会再次触发以处理符号 0、1、2、4、5 和 6。这需要相当于 2 个符号的时间。

时隙 1 有类似的处理。均衡在符号 10 的参考信号处理完成后开始并占用相当于 1 个符号的时间。在时隙 1 所有相关符号被接收后，均衡会被再次触发来处理符号 7、8、9、11、12 和 13。这需要相当于两个符号的时间，如图 12 所示。

这个设计有两个主要的优势。首先，当前子帧 "n" 的均衡结果在下一个子帧 "n+1" 的第一个符号时会获得。在之前的设计中，这需要下一个子帧 4 个符号的时间。第二，核 2 有更多的负载，因此得到更好的利用。

这里的主要挑战仍然是当前子帧 "n" 的均衡结果只有在下个子帧 "n+1" 时才能获得。因此，这种方法仍然增加了整体系统时延。

通过进一步修改上述的设计方法，可以确保当前当前子帧" n "的均衡结果不会被计算到下个子帧" $n+1$ "中。这种实现需要对均衡进行更深入的讨论。

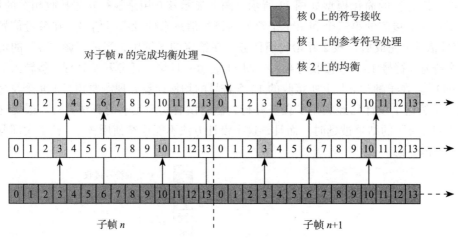

图 12 以符号级颗粒度来设计均衡器

根据下式，均衡（$\hat{s}$）使用干扰抑制合并（Interference Rejection Combining, IRC），包括传送符号在频域的估计。

$$\hat{s} = (H^H \times P_n^{-1}H + C_x^{-1})^{-1} \times H^H \times P_n^{-1} \times r$$

在这个等式中，关键的输入参数是接收天线数（Number of Receiver Antennae, NRxAnt）和发送天线数（Number of Transmmitter Antennae, NTxAnt）。基于接收的数据，其他信息如下：

方程变量	值描述	值派生自
H	信道估计值	NRxAnt 行、NTxAnt 列的矩阵
r	接收的符号	NRxAnt 行、NTxAnt 列的矩阵
P_n	噪声协方差矩阵	NRxAnt 行、NTxAnt 列的矩阵
C_x	发射信号的协方差矩阵	NRxAnt 行、NTxAnt 列的矩阵

上面的等式可以表示为：

$$\hat{s} = A \times r$$

在这个等式中：

$$A = (H^H \times P_n^{-1}H + C_x^{-1})^{-1} \times H^H \times P_n^{-1}$$

矩阵 'A' 最重要的属性是它只依赖于参考符号处理（即信道估计、发送协方差和噪声协方差）。因为每一个时隙只有 1 个参考符号，在使用没有内插的信道估计时，矩阵 A 在整个一个时隙将保持一致。因此，矩阵 A 可以在参考信号处理后马上计算出来，如图 13 所示。

在这个例子中，一旦符号 3 被接收，矩阵 A 可以立刻在核 2 上计算。接着，符号 0、1、2 的均衡结果也可以在核 2 上被算出。

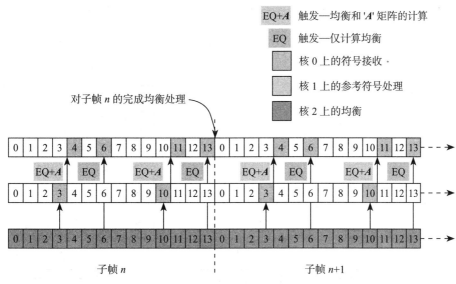

图 13 算法计算划分为几个任务来设计均衡器

现在，只要核 0 接收了符号 6，符号 5、6、7 的均衡会在核 2 上触发。这会利用之前计算出的矩阵 A。在这个方式中，最后三个数据符号的均衡因为不需要重新计算矩阵 A，所以更加简单了，因此通过保证均衡处理结果在当前子帧的相同时隙里被获得，总的系统时延得到了改善。

用例 8：上行处理中的子帧流水

上行处理中一个主要的挑战是整个子帧"n"的处理依赖于这一帧的所有符号被接收。如案例 7 中所讨论的，可以通过有效的设计技巧来保证当前子帧"n"的接收，参考符号处理和数据符号的均衡在同一子帧"n"中被完成。然而，在当前子帧的边缘完成整个上行链路的处理是不可能的。用户符号处理、码块处理和传输块处理不可避免地需要带入下一个子帧中。

图 14 所示为核 3 上执行的码块处理。对于当前子帧"n"，码块处理在子帧"$n+1$"的第一个时隙完成。如前面所解释的，这不可避免地产生了一个子帧的延迟。

总之，这个方法说明了一个比较极致的实现两级并行的方式。在第一级中，通过在不同核上划分不同的任务而实现并行。在第二级中，这个任务划分还加入了算法并行。

负载平衡

在多核结构上，有效软件设计的一个主要目标是建立一个负载完全平衡的系统。对于有限的用户场景，一个负载平衡的系统需要确保有效地利用所有的核，并将空闲周期数减少到最低。也可以说，一个负载完全平衡的系统也要确保软件设计人员充分地利用了处理的并行和数据的并行。

案例 3 和案例 4 的讨论已经介绍了管理系统任务调度的控制器模块的概念。这个控制器模块本身可以工作在一个主核上，控制系统中的多任务。

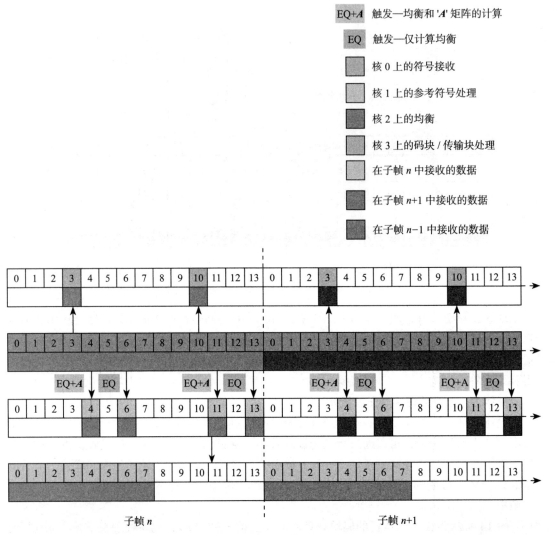

图 14　子帧间任务的并行流水

　　这可以通过一个依赖性模型的建立有效完成。这个依赖性模型应该包含一个详尽的清单，包含所有需要执行的任务以及处理链上每一个任务相对其他任务的依赖性信息，因此这个控制器逻辑可以保证只有在一个任务所依赖的所有任务都被执行完后，才会调度这个任务的执行。这种基本的智能控制器逻辑形式，避免了调度一个还没准备好的任务所带来的空闲核周期。

　　为了协助额外的负载平衡，控制器可以被赋予更高的智能性来保证了解一个具体任务所需的处理量以及不同核可用的处理周期数。控制器得到这样的信息可以保证它有能力基于核可用的处理周期将任务绑定到最合适的核。

　　图 15 概括了调度器的整体功能与负载平衡。

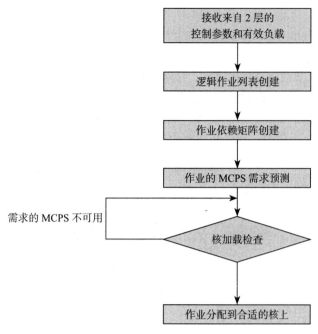

图 15 负载平衡调度

硬件加速器

DSP 系统中硬件加速器的思想

先进的多核 SoC 越来越多地使用复杂的硬件加速器来辅助执行复杂的计算动作。因此，总的系统性能变得依赖于多核的任务划分以及硬件加速功能的有效使用。

硬件加速器具有与软件实现速度相当的多种优点，而且由于硬件中的功能被抽象化而显著降低了测试成本。从核中卸载重要的任务到专用硬件上，使得系统性能更具确定性，并且因为加速器工作在更低的时钟频率上，所以产生功耗较少。

在基础建设（LTE eNodeB）中的硬件加速器

这一节通过一系列的例子说明硬件加速器在第一层处理中的使用。示例所描述的硬件加速器是一个先进的协处理器，称为多加速平台引擎基带（Multi-Accelerator Platform Engine for Baseband, MAPLE-B）。MAPLE-B 是 Freescale MSC8156 多核处理器的硬件加速器。它由一个被称为可编程系统接口（Programmable System Interface, PSIF）的可编程控制器、一个 DMA 和四个处理单元组成：

- CRCPE（CRC 处理单元）
- TVPE（Turbo/Viterbi 处理单元）
- FFTPE（FFT 处理单元）
- DFTPE（DFT 处理单元）

这些处理单元（Processing Element, PE）可以基于中断或轮询模式使用。通过单一的任务准备和触发机制，MAPLE-B 模块避免了各处理单元上的重复配置开销。

通过一组定义好的针对不同功能的应用程序接口，第一层软件在用户空间可以充分利用 MAPLE-B 的性能。

用例 9：下行共享信道处理的硬件 - 软件划分

图 16 给出了一个完整的 LTE 第一层下行链路处理的实现框图。在一个纯粹只有多核的架构中，整个链路都需要在软件中实现。然而，使用了硬件加速器后（例如 MSC8156 多核架构中的 MAPLE-B），许多计算密集的模块就卸载到了硬件加速器上。

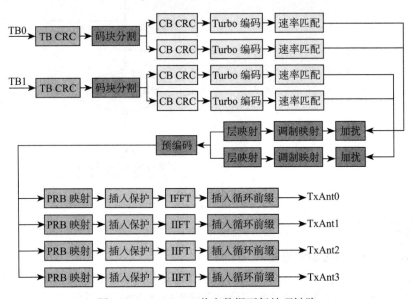

图 16　LTE eNodeB 共享数据下行处理链路

在图 16 中，阴影块表示全部或部分功能映射到硬件加速器上的模块。这些模块包括：

1. 传输块（Transport Block, TB）的 CRC 计算映射到了 MAPLE-B 硬件加速器的 CRCPE 上。

2. 编码块（Code Block, CB）的 CRC 计算映射到了 MAPLE-B 硬件加速器的 CRCPE 上。

3. 在生成 OFDM 符号时所做的 FFT 操作映射到了 MAPLE-B 硬件加速器的 FFTPE 上。在执行 FFT 的同时，FFTPE 硬件加速器还可以插入保护子载波。

用例 10：上行共享信道的硬件 – 软件划分

图 17 给出了一个完整的 LTE 第一层上行链路处理的实现框图。

在图 17 中，阴影块表示全部或部分功能映射到硬件加速器上的模块。硬件协处理器在上行处理中起着重要的作用，它帮助满足了上百个激活的 LTE 用户在符号接收和后续任务处理时的高计算要求。MAPLE-B 加速器被使用在下面的任务中：

1. OFDM 符号被接收后——循环前缀（Cyclic Prefix, CP）移除，FFT 计算和保护子载波的移除会在 FFTPE 中执行。

2. 时域信道估计使用 DFTPE 来做 IDFT 和 DFT 操作。

3. DFTPE 实现从作过均衡的用户数据中恢复出调制符号所需的 IDFT 功能。

4. Viterbi 译码和 Turbo 译码使用 TVPE 来计算。TVPE 内部会使用 CRCPE 来进行码块的 CRC 校验。

5. 最后，TB 的 CRC 校验使用 CRCPE 来计算。

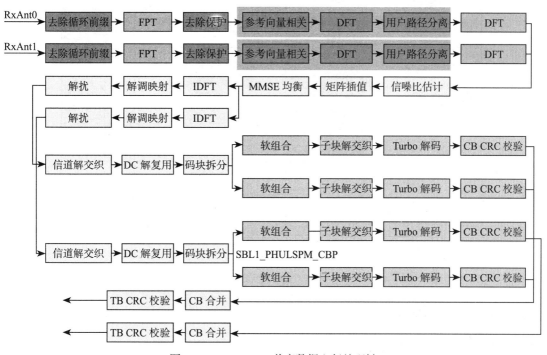

图 17　LTE eNodeB 共享数据上行处理链

用例 11：上行共享信道的流水与并行

图 18 示例了一个 LTE 第一层上行共享处理系统设计中的流水线和并行操作，这个系统中包括多个核和一个 MAPLE-B 硬件协处理器。如这节之前所解释的，MAPLE-B 协处理支持 DFT/IDFT 和 Turbo 译码处理引擎。它们可以独立且同时运行。

如图 18 中所示，IDF 操作在 MAPLE-B 上执行，同时均衡操作在核上执行。IDFT 后，用户信号处理（解调映射、解扰、解交织、解复用以及码块的解级联）在核上运行，同时 Turbo 译码操作在 MAPLE-B 硬件协处理器上进行。通过减少上行执行的延迟，上面介绍的设计很明显地提高了整体的吞吐性能。

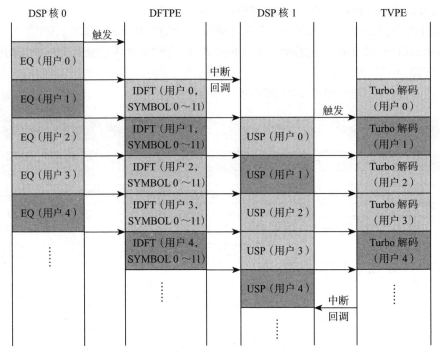

图 18　在软件和硬件之间的并行处理

案例分析第 2 部分：

多核上的无线基带软件——第二层

Akshitij Malik、Umang Garg

引言

　　新一代无线协议，例如 LTE，由于本身具备高吞吐量以及高频谱利用率等优势，为用户带来了更好的体验，并为服务供应商带来了更高的投资回报率（Return on Investment, RoI）。这些先进的协议需要底层处理器架构具备更高的处理能力。新一代的多核架构，例如 Freescale 的 P4080 片上系统（System On Chip, SOC）可以满足增强处理能力的需求。

　　先进多核嵌入式平台的采用还增加了对传统软件开发的挑战，这包括一些新挑战，例如：有效地使用多核器件、使用可演进的工具、灵活的软件划分、不断达到更高的性能、满足不断提高的软件质量需求等。另外一个挑战是，在软件改变最小的情况下，使得软件在不同内核数量的多核器件上具有相同的负载。

这里会通过一个真实的无线协议软件开发生命周期来说明如何有效地应对这些挑战。

工艺和质量

指导原则

多核平台上的软件开发是一个不断演进的模式。对于多核设备上一个可靠的软件开发来说，最重要的是需要一个以质量为导向的方法，来保证由不断发展的技术引入的挑战不会影响软件的开发周期以及降低用户的体验。更高质量的需求在这里比以往任何时候都大。

可以帮助确保一个成功开发周期的 5 个关键质量准则是：

- 敏捷开发
- 模块化的软件设计
- 重构
- 重用
- 工具

敏捷开发

对于一个工艺流程来说，敏捷开发法的科学性是有据可查的。对于一个专注于在有限的关键期内交付复杂硬件上复杂软件的团队来说，敏捷开发是一个提高生产率、提高交付效率、创造积极投资回报率的好方法。敏捷开发非常适合不断发展的多核平台，因为团队既要面临满足客户对新器件上复杂软件需求的挑战，同时还要学习错综复杂的新一代芯片平台。一个关键的可以保证成功的定性要求是内部团队的紧密合作，而一个关键的定量要求是采用工程学指标，例如：阶段遏制有效性、根本原因分析、每月缺陷报告、圈复杂度，以及测试覆盖数据等。

模块化的软件设计

如本文后续将要介绍的，在软件质量措施要求模块软件设计具有良好的接口定义、清晰制表的内存要求以及实验模块的情况下，以低成本将相同的软件适配到不同软件划分的需求变得可行。此外，需要将应用隔离并简化为更小、更简单模块的软件，使其适合在开发过程中集成敏捷方法学。

重构

质量措施应该引入不断设计和代码重构的过程来加深对平台结构的理解。当代码被不断重构时，这个过程必然要引入新的缺陷，因而降低软件的质量。但模块化的软件设计以模块为单元进行测试，并保证所有不同定义的用例和配置参数的接口都会测到，因此降低了这种风险。以单独模块级来验证应用程序的测试也可以帮助隔离问题区域。最后，重构已经被证明有利于提高系统的性能，并增强先进功能的开发。它的利超过了短期挑战的弊。

重用

产品开发的力度往往取决于"上市时间"的要求。产品的开发通常要满足上市时间的要求，而不是上市时间由产品开发情况决定。一个值得考虑的选择是软件重用或部分重用。软件最初可能不是为多核架构设计的，而要使用的架构却可能包含多个核和相关的加速器，所以这个决策过程至关重要。本文通过多个实例讨论说明软件中只有特定的部分需要完全重写，而大部分只需要小的改动就可以重用。适当的平衡是必要的。可以基于移植到多核平台所需要的固有变化、变化的大小，和变化对现存的其他方面（如测试用例和文献）所带来的影响而做出选择。作为一般的指导原则和试探方法，如果代码的改动超过 50%，同时其他相关方面的改动超过 50%，那么从头进行软件设计比起在继承的软件上做出一系列错综复杂的修复更加有效。如果改动在 20% ～ 50% 之间，那么最好确认哪些子模块通过打补丁后可以重用，哪些子模块需要重写。

产品质量软件需要持续关注易用性，并随时更新设计、测试和需求文档。此外，产品质量软件是非平凡测试的结果，旨在确保该软件完成应该实现的功能。

事实上，超过 50% 的工程时间花在与开发测试用例相关以及与完成设计、测试和需求文档相关的工作上。因此在进行代码重构和软件重用时，要努力确保文档和测试相关分支以一种可以简单维护的方式生成。可以利用如 Doxygen（参考文献 [1]）等工具来生成准确的和相关的详细设计信息。这允许文档记录高层的细节，而低层的细节记录在代码的注释中，并由 Doxygen 来捕获。这使得低层文档可以在代码重构过程中进行自动更新。

工具

成熟的软件工具在复杂软件的高质量开发中是一个不可或缺的部分。当开发平台全新且仍在不断演进时，软件工具也在自己的演进周期中。这给软件开发周期带来了额外的复杂度，因此不能使用单一的工具套件来提高开发工序。开发过程需要多个工具的支持。这些工具有些可能是开源的，而有些可能是专有的，因此基本上会与 SoC 的支持软件捆绑在一起。然而，所有的工具都很重要，出于讨论的目的，我们将工具分为 5 大类。

- 第 1 类工具本质上用于完成软件编译、汇编，以及目标平台的执行。因此，它们必须以可靠的方式提供上述的功能。
- 第 2 类工具完成调试和分析。大多数情况下，这些工具的成熟周期落后于第 1 类工具。但至少，这些工具必须提供最低限度的命令功能来进行调试，如设置断点、单步执行等。更加成熟的调试工具集提供了更好的可视性以及跟踪信息等。代码分析的支持是必不可少的，需要用它来测量和了解在不同用例场景下软件功能的性能影响。最重要的分析支持是测量 CPU 的核周期数、缓存命中数和缓存未命中数。具有较高成熟度的分析工具有能力分析 SoC 中可用的大量寄存器。这些寄存器 / 计数器通过分级缓存行为的认知、函数智能分析等功能提升了软件开发。
- 第 3 类工具通过仿真软件进行开发。仿真环境通常可以正确模拟硬件硅环境的功能性，因此可以在硅环境开发出来前进行预开发，从而满足"上市时间"的需求。更先进的仿真平台还能提供"周期数精准"的环境。

- 第 4 类工具一般是通用的软件工具。其中包括静态分析工具，它可以使开发团队浏览代码、收集统计信息，如行数，以及测量圈复杂度等。这类工具还包括错误管理工具、静态缺陷分析工具、配置管理工具等。
- 第 5 类工具的独特之处在于它可以让开发团队评估开发平台对正在开发软件的影响。这些工具提供分析软件分区选择、隔离并发问题等功能。

软件模块和组件

增强的节点 B（enhanced Node B，eNB）是 LTE 网络（参考文献 [3]）中一个关键的网络元素。eNB 的功能包括控制面和数据面的处理。eNB 的数据通路到 LTE 网络的其他部分有两个主要的接口。

- S1-U 接口：S1 接口是基于 IP 的接口，它使用基于 IP 的协议来和 LTE 网络的其他部分交换数据包。
- LTE-Uu 空中接口：LTE-U 接口用来和实际的移动站（UE）通过无线媒介交换数据。LTE-Uu 由处理 LTE 无线传输技术的特定协议组成。

S1 和 LTE-Uu 接口由 eNB 协议栈中多个协议子层构成。这些协议子层有自己独立的功能，因此被视为单独的模块 / 子模块。

图 19 给出了一个 eNB 数据通路的图形表示。

从单核软件向多核上移植所面临的挑战及其应对方法可以通过 eNB 软件实例说明。eNB 软件统称为 eNB_App。

作为模块化运用的一部分，eNB_App 在逻辑上被分为了两个软件模块：传输模块和第二层模块。

传输模块在内部实现的协议子层的基础上进一步被模块化。它由两个模块组成：

- IPSEC
- GTPU 子层

同样地，第二层软件模块被分为三块：

- PDCP
- RLC
- MAC 子层

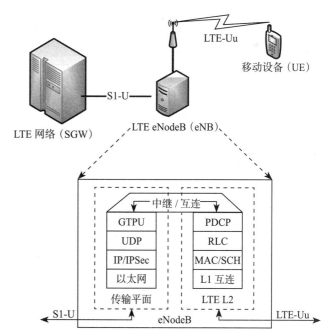

图 19　LTW eNodeB 协议栈

除了第二层软件模块的协议子层外，一个简单的调度（SCH）子模块也被开发用来负责 LTE-Uu 接口上传输报文的调度工作。SCH 子模块是一个简单的 FCFS 类型调度器，它和 MAC 子模块集成在一起。

传输软件模块以及 PDCP 模块负责处理在 S1 接口上异步接收的报文。LTE-Uu 接口要求用精确的 1ms 时间完成在 eNB 和 UE 之间的帧交换。LTE-Uu 数据的同步处理在 RLC 和 MAC 软件模块内进行。RLC 和 MAC 模块，由于它们的同步性，具有硬实时约束，并要求在 1 毫秒内进行处理。

图 20 给出了一个 eNB_App 内子模块组织的高层示图。

IPSEC 子模块负责执行 eNB 的 IPSec 相关功能。IPSEC 负责处理入口的加密报文，并应用所需的解密算法提取和验证负载。在出口侧，IPSEC 识别向外发送数据包的安全关联并利用它来生成加密的 IPSec 包，随后可以安全地将包发往目的端。

GTPU 模块接收 IPSec 数据包有效载荷中封装的 GTPU 报文，并根据 LTE 第二层协议栈确定数据传输的上下文（利用地址信息以及 GTP 隧道标识符来完成）。同样地，在出口处，GTPU 模块接收 PDCP 交付的包，并且通过创建包含 GTPU 隧道标识符的 GTPU 包头来识别传出的 GTPU 上下文，等等。

PDCP 模块和 GTPU 模块一起作为传输协议栈和 LTE 第二层协议栈的中继模块。PDCP 模块接收单独的用户数据流，并（如果经过配置的话）使用包头压缩算法来减小数据包的大小，从而减少需要在空口传输的比特数。此外，在越区切换过程中，PDCP 模块转发那些没有被传递到目标 eNB 附近的 UE 的缓存报文。在上行（出口）方向，PDCP 模块接收 RLC 交付的数据，并且（如果经过配置的话）使用包头解压缩算法来恢复与数据流相关的包头信息。之后，PDCP 将转发未压缩包头的报文给 GTPU，并伴随着适当的上下文标识符来帮助 GTPU 识别数据包需要在哪个隧道上发送。

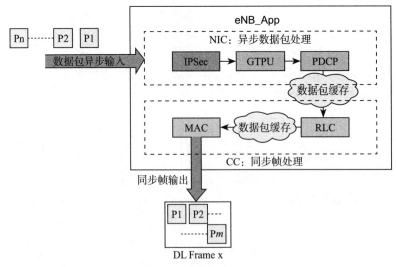

图 20　eNB_App 子模块

RLC 模块主要负责进行 UE 数据链路级的处理。RLC 被配置为运行在确认模式（AM 模式）下时，它也执行 ARQ 的功能来保证 UE 数据的可靠传输。RLC 模块也负责缓存将要传送的数据和接收过程中由多个 RLC 的 PDU 重组的数据。

MAC 模块（以及调度功能）负责和 eNB 的第一层联合发送和接收 UE 的空口数据。MAC 模块负责选择 UE 以及 UE 在每 1 毫秒帧内传送和接收数据的逻辑信道。此外，它还负责将多 UE（以及它们的多条逻辑通道）的数据复用到一个单帧中传送，同样地，在接收帧中提取出每一个 UE 的数据。它还执行 HARQ 处理的任务来保证 eNB 和 UE 之间进行有效的和可靠数据交换。

单核应用

高性能单内核的 SoC 是一代工程师嵌入式软件开发的基石。通过更加成熟的自然演进，这些工作平台具备了稳定的开发工具链、简单的编程选择，以及软件能力上的早期权衡（这本身和用例需求以及硬件能力有着紧密的联系）。

单核平台上开发的应用在跨核软件划分上需要最少的设计选择。根据预期的核周期数和处理中所需的内存大小，软件划分的挑战往往通过使用多个 SoC 来解决。这个方法限制了改变软件划分的灵活性，因为它会影响多个 SoC 上运行的软件以及整体的系统架构。任何软件分区的改变都会带来软件测试以及相关分支变化的额外开销。这样的解决方法也面临 SoC 设备间交换数据所使用的传输机制所带来的限制。

当使用单核 SoC 时，对于**软件块和模块**中可标识的软件块和模块，有两个合理的分区方法：

a）传输层和第二层软件在同一个 SoC 上运行。

这个方法通过在一个单核 SoC 上执行全部的协议栈而简化了设计和分区选择（图 21）。

按照这样的方法，eNB_App 的所有模块在一个单核 SoC 上执行。虽然这个方法似乎是最简单的，但是，设计者必须注意要在所有的场景下满足 1ms 帧处理的硬实时要求。这增加了标注每一个模块的大小以使得每个模块在 1ms 帧节拍中能很好地完成处理的负担。此外，由于系统大小划分必须考虑到每个模块最长的处理时间，所以不太可能最大化系统利用率（因为必须保持足够的余量）。

由于处理能力有限，这个方法也降低了（未来）为用例需求赋予可扩展性的软件能力：

b）图 22 给出了传输层软件在一个 SoC 上运行而第二层软件在第二个 SoC 上运行的示例。

比起单 SoC 的解决方法，这种方法允许开发人员更灵活地执行应用程序。

异步包触发的网络处理模块 NIC 可以运行在与首个单核 SoC 相

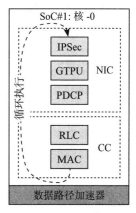

图 21　eNB_App 的
单 SoC 设计

关的一个线程上，而同步的、时间敏感的部分（CC）可以作为一个独立的线程运行在不同的单核 SoC 上。

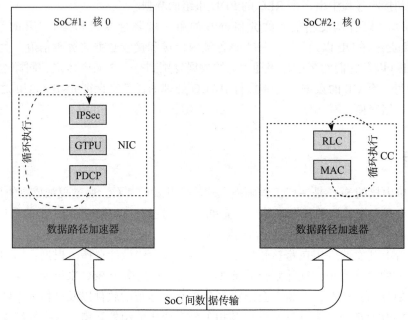

图 22　eNB_App 的单 SoC 设计

对比之前**传输层和第二层软件运行在同一个 SoC 上**的方法，这个设计允许 NIC 和 CC 中的每一个子模块组最大限度发挥各自的性能。NIC 和 CC 甚至有可能使用不同的 SoC，每一个 SoC 都有专用的加速器进一步提高性能。

然而，这种多 SoC 体系结构会导致材料成本的增加、功耗的增加，以及整体架构复杂性的增加。此外，获得的性能可能会被上面提到的两个 SoC 间数据传输机制的局限性所引起的时延而抵消。最后，由于这是一个明确固定的 SoC 布局，整体方案的可扩展性也是有限的。

一个多核 SoC 的例子：P4080

P4080（如图 23 所示）SoC 是一个高性能多核器件。它由八个 e500mc 核和一个用来简化网络应用开发并产生高性能的多功能硬件加速器组成。P4080 内核的使用非常灵活，允许八个核被合并为一个完全对称的、多处理的 SoC，或者它们可以具有不同程度的独立性来执行不对称的多处理。每一个核可以用来执行独立的系统。这使 P4080 在控制、数据通路和应用处理间的划分上具有很强的灵活性。此外，内核和相关加速器所提供的处理能力总量允许将之前分散于多个独立处理器上的功能整合到一个单一的器件上。

图 24 给出了一个 P4080 多核 SoC 的高层框图。分层的缓存结构和器件上大量的加速器是提高软件解决方案性能的关键性因素。主要的加速器包括：

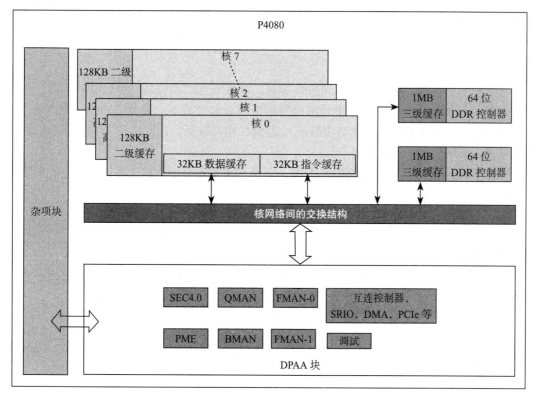

图 23　P4080 的高层模块框图

- 安全引擎（SEC）可以用来加密和解密。
- 缓冲区管理器（BMAN）用于内存划分和管理。
- 队列管理器（QMAN）用于系统内部的通信。
- 帧管理器（FMAN）用于以太接口的高速数据交换。
- 模式匹配引擎。

对于大部分的终端用户而言，直接编写与硬件交互的软件是不切实际的。通常，有一个硬件抽象层允许高层的应用利用更多的通用 API（应用程序接口）来使用硬件。对于 P4080，轻量级执行指令（Light Weight Executive，LWE）是其中一个硬件抽象层。LWE 由提供硬件配置的软件 API 组成，例如 DPAA 模块——运用具有 DP 功能的 DPAA 模块来使能数据通路（Data Path，DP）功能。

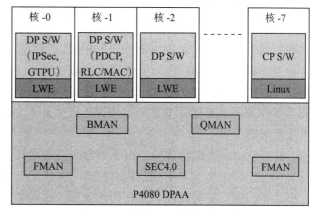

图 24　P4080 上的支撑软件 LWE

移植到多核

优势

对于相同的部署方案，相比单核 SoC 来说，多核嵌入式架构是一个自然的选择。因为它本身具有很多的优势，例如，更低的原料成本和总购置成本、更低的功耗、更高的（未来）可扩展性，以及更高的性能。多核嵌入式 SoC 相对较新，因此必须投入所需的工程力量来实现平台所提供的各种优势。

在接下来的章节中，我们将使用 eNB_App 为例来重点介绍适用于当前软件应用从单核到多核环境可遵循的步骤。

为了直接在多核环境下开发应用程序，也可遵循一系列类似的步骤。

多核注意事项

除了单核应用的典型设计问题外，当在多核环境下设计应用程序时，还需要注意下面的问题：

- 并发性
- 信息共享
- 负载共享和分布

多核平台软件开发中遇到的问题可以通过一系列的四个步骤进行处理：

1. 原子化。
2. 串行化。
3. 分发。
4. 平衡。

作为原子化步骤的一部分，软件设计者需要识别各种可对接收数据执行的独立操作。这些操作可以放在独立的模块或子模块中。这些子模块应该已经很好地定义了和其他子模块进行数据交换的接口，以便每个子模块独立工作。

先进的多核器件（例如 P4080）为核上的子模块（隐式）分配提供了易于使用的机制。这些机制会在详细讲解 P4080 上先进加速器的使用：实例的相关例子时进行说明。

下一步是串行化。作为串行化处理的一部分，软件设计者应该识别模块和子模块的执行顺序。作为串行化的一部分，设计者需要考虑以一个可以增进系统性能的优化方式来在各个子模块间共享报文上下文。在共享报文上下文时，还需要保证在重新设计阶段考虑到并发性问题。

在 P4080 一类的结构中，由于平台底层的属性，与共享报文上下文相关的并发性挑战可以简化。将上下文和不同的帧对列进行关联是一个可行的办法。两个或多个模块在独立的核上执行时，有可能会访问相同的资源，这时必须使用稳定的机制来保护这些资源，例如自旋锁、互斥，等等。

下一步是将原子化和串行化的模块在可用的核上进行分发。这种分发是一种用例要求实现的功能，还要顾及模块 / 子模块的评估性能要求，以及任何传统的设计参考。

最后，完整的软件要在实现最佳系统性能和保证未来扩展性之间进行权衡。这一步可能需要改变上一步的分发机制。为了今后的可扩展性，建议在所给用例的最大负荷条件下，所有核的负载不超过 70%。

上面所解释的步骤用来移植单核的 eNB_App 到基于 P4080 平台的多核解决方案。图 25 给出了使用原子化、串行化、分发和平衡步骤对 eNB_App 进行重构的工作流。移植中的详细流程会在接下来的章节中说明。

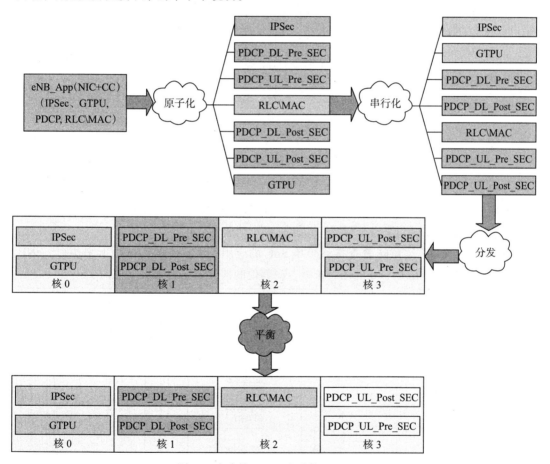

图 25　在多核 P4080 上重构 eNB_App

单核到多核

如之前所讨论的，多核 SoC 可以被视为一个多线程的环境。所以从单核到多核 SoC 移植可以被视为单线程应用程序的并行化。要考虑的是，由多核 SoC 产生的线程数量是有限的。此外，因为多核 SoC 往往配备了一组丰富的加速器，所以还需要将可用的加速器用在应用程序中。

可以通过图 26 所示的步骤将一个现有的软件从单核 SoC 移植到一个多核 SoC 中。

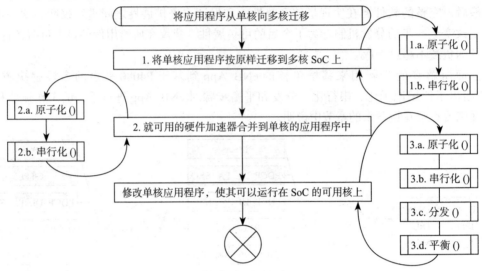

图 26　移植到多核应用的步骤

步骤 1：移植单核应用程序到多核 SoC

采用多核 SoC 的第一步是移植（现有的）单核 SoC 应用软件到多核架构的一个核上。这种方法允许提早采用新平台，而且可以预期最小的软件变化。

对于 eNB_App，这意味着直接移植单 SoC 的应用到 P4080 的一个核上来执行。eNB_App 的执行循环运行在 P4080 的任一核上，而其他的核处于空闲状态（图 27）。

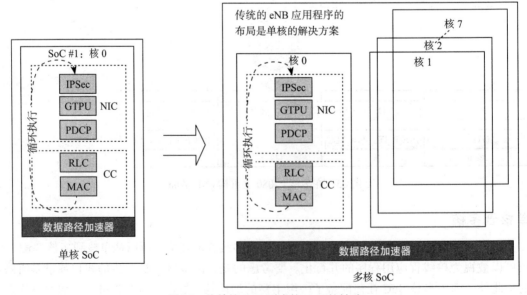

图 27　从单核 SoC 到多核 SoC 的转移

在图 28 中可以看到，将一个现有的单核应用运行适配在一个多核 SoC 上时，重点是要保持简单和简约。在上面的代码中，对现有应用的唯一改变是确保它只执行在多核 SoC 的一个可用核（核 0）上。

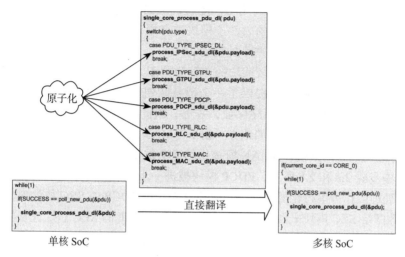

图 28　从单核代码到多核的直接翻译

除此以外，原子化和串行化（图 26 中的步骤 1.a 和 1.b）现有的应用模块对于在新平台中提高软件适应性是非常有用的。在这一阶段，只需要在原子化和串行化上花非常少的精力。

步骤 2：在多核 SoC 上使用硬件加速器

采用多核架构的第二步是使用硬件平台上所支持的硬件加速器。这一步需要更改软件来使用硬件加速器。因此，对硬件能力及其用法的初步认识是必不可少的。

这是一个适合对应用程序子模块进行原子化和串行化（图 26 中步骤 2.a 和 2.b）的阶段，其目的是最大限度利用可用的硬件加速器。

eNB_App 首先会利用 P4080 的缓冲区管理器（BMAN）所提供的功能。强大的缓冲区管理在任何的嵌入式软件中都是关键功能。通过卸载缓冲区管理的任务，例如在 BRAM 上面的内存分配、释放和管理，可以减少软件的逻辑，否则将需要一个复杂的软件缓冲区管理子模块。

BMAN 使数据在 SoC 的各核和各加速器上可用，在无需翻译的情况下伴随最小的数据搬移（和拷贝）。

接下来，eNB-App 会利用 P4080 的安全引擎（SEC）所提供的功能，如图 23 所示。SEC 支持 PDCP 和 IPSec 等模块所需要的多种加解密算法。IPSec 模块利用 DES/TDES 这样的算法来加解密与其他 LTE 网络中的节点交换的报文。PDCP 模块利用 SNOW-3G F8-F9 算法来加解密与 UE 交换的数据。

作为第二步的一部分，这两个模块都会被适配，使其与 SEC 模块交互，以卸载消耗计算量的加解密算法以及数据的加密和破译的过程。这会涉及重写 PDCP 里负责与加解密算法相接的子模块。通过卸载这些任务到 SEC 模块上，执行用户数据加解密的内核处理负荷将显著减少。

下一个 P4080 上被使用的 IP 是帧管理器（FMAN），如图 23 所示。FMAN 提供了解析接收报文协议头的功能，接下来它利用用户配置的策略规则来分发这些报文。因此，负责识别传入的 IPSec 包及其安全关联的软件子模块被弃用，这些工作被卸载到 FMAN 上。这一步需要对 IPSEC 模块的实现做一些小的改动。

随后，FMAN 模块被用来执行校验块的计算和验证，从而进一步节省内核周期。

最后，队列管理器（QMAN）提供了一个消息队列类型的 IPC 机制以及一些先进的功能，例如，消息的优先级和消息顺序保证，等等。因此，QMAN 被用来统一替换掉 eNB_App 里所有模块和子模块用到 IPC 的地方。由于 QMAN 是为 P4080 多核环境设计的，所以它支持并发性相关问题的处理。QMAN 所提供的这个重要功能已经大量用于下一阶段。

如图 26 中步骤 2.a 和 2.b 所示，PDCP 模块被进一步原子化为两个子模块——SEC 前处理和 SEC 后处理。作为串行化的一部分，应该首先安排 PDCP 的 SEC 前处理模块执行，然后传递明文数据给 SEC 模块来做加密。加密的载荷由 PDCP 的 SEC 后处理子模块回收，以完成 PDCP 到 SEC 的卸载。IPSec 模块遵循了类似的方法。

在图 29 中可以看到，在下行链路（DL）方向，PDCP 执行了五个主要的任务——缓存接收的 SDU、压缩 SDU 内的网络包头、在 PDCP 的 PDU 包头创建前对其载荷进行加密、形成一个 PDU、发送 PDU 到 RLC。为了卸载加密的工作到 SEC 模块，在 DL 方向上处理 PDCP 的 SDU 函数 process_PDCP_sdu_dl 被分解为两个原子函数 process_PDCP_sdu_dl_preSEC 和 process_PDCP_sdu_dl_postSEC。这两个原子函数的串行操作可以得到保障，因为它们都使用 QMAN 与 SEC 模块相连，而 QMAN 保证了入队数据顺序地进行传送。

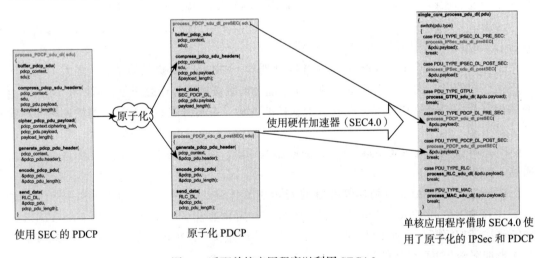

使用 SEC 的 PDCP　　　　　　原子化 PDCP　　　　　　单核应用程序借助 SEC4.0 使用了原子化的 IPSec 和 PDCP

图 29　适配单核应用程序以利用 SEC4.0

图 30 给出了 eNB_App 使用 SEC 模块来进行加解密，同时使用 FMAN 模块进行 IP 头

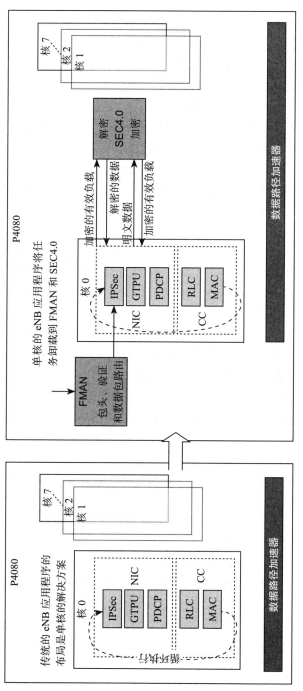

图 30　卸载处理到多核 SoC 的 DPA 上

预处理并对传入的 IPSec 报文进行路由的例子。

使用硬件加速器的间接影响是整个系统的质量得到了提升，原因在于：

- 硬件加速器通常被许多模块共用所带来的高度重用
- 缩减了代码的大小，使其更专注于当前的任务
  - □ 更少的软件代码意味着更少的缺陷
  - □ 软件代码更少，审查、测试和覆盖会更加彻底

步骤 3：在多核 SoC 上分发应用程序

为了有效地使用多核架构，第三步会使用多个内核以及加速器，从而完全利用架构潜在的能力。软件设计者需要分析和决定能够满足用例并方便以后扩展的最合适的软件划分。

这阶段程序的重构首先是在可用的核上分发模块以及子模块，并且平衡各个核所产生的负载以便最大程度地提升系统的整体性能。图 26 中的步骤 3.c 和 3.d 指示了这些任务。此外，为了在多核上分发子模块，或者出于平衡系统的目的，需要进一步原子化和串行化一些子模块。

根据图 26 所示的步骤 3.c 和 3.d，我们可以在第一轮将 NIC 和 CC 功能分在 P4080 的两个核上。因此，P4080 的核 0 被用来处理和传输层协议栈相关的模块，而核 1 被用来处理和 LTE 第二层协议栈相关的子模块。然而，因为 PDCP 子模块的定时需求与 RLC 和 MAC 子模块的定时需求不同，所以作为平衡系统的一部分，PDCP 模块也在核 0 上执行。

要移植到上述的两核方案上，首先将单核解决方案中 DL 的 SDU 处理函数 single_core_process_sdu_dl 原子化为在逻辑上独立的两个函数 process_sdu_NIC 和 process_sdu_CC。在各核上使用特定的 SDU 处理函数适配主处理循环可以简单地将这两个函数分到 P4080 的两个核上（图 31 和图 32）。

然后对每个子模块进行性能分析，以评估其需要的 CPU 核周期。图 33 显示了每个子模块在单核上运行时所消耗核周期数的大概分布。通过卸载加解密功能到 SEC 上，IPSEC 模块的处理需求显著减少。RLC 和 MAC 模块消耗了最大比例的核周期。对于 PDCP 模块，RoHC 所需的额外处理造成了系统的不平衡，并且降低了系统的吞吐量。因此，eNB_App 被重构，PDCP 模块进一步分解为上行（UL）和下行（DL）执行分支，这两个分支被分到独立的核上。

利用负载分析的信息以及每个子模块执行的逻辑功能，子模块可以按照下面的方式分发：

核 0：传输层功能，IPSec + GTPU 模块。

核 1：PDCP-DL 功能，PDCP_DL_Pre_SEC + PDCP_DL_Post_SEC 子模块。

核 2：帧驱动部分的功能，RLC/MAC + PHY Sim 子模块。

核 3：PDCP-UL 功能，PDCP_UL_Pre_SEC + PDCP_UL_Post_SEC 子模块。

对模块分区的时候还要考虑到 eNB_App 需要扩展为三小区的解决方案。图 34 所示为对系统做过平衡处理后的 eNB_App。

若要移植到上述的四核解决方案上，则需平衡 P4080 中四个核的处理负载。IPSec 和 GTPU 功能还放在核 0 上，而 PDCP 的 DL 和 UL 功能被分解为两个独立的函数 process_ sdu_PDCP_dl 和 process_sdu_PDCP_ul。它们分别转移到核 1 和核 2 上执行。RLC 和 MAC 模块直接移到核 3 上执行（图 35）。

　　代码的模块化以及在核上划分不同子模块的过程可以通过一个体系框架得到改进。这个框架除了其他一些模块特定的相关信息外，还包含每个子模块与执行它的核的绑定信息。这就大大简化了在多核上重新安排子模块的任务。

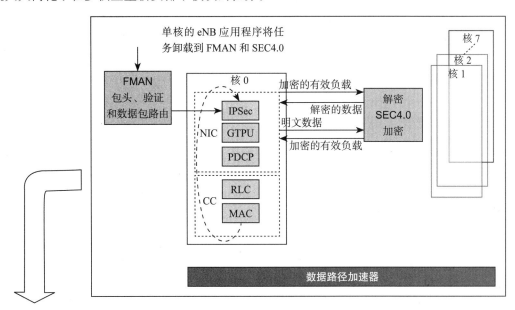

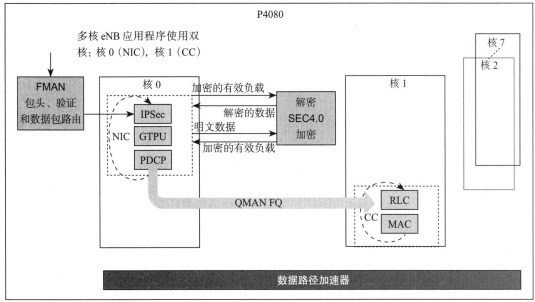

图 31　eNB_App 分发到两个核上

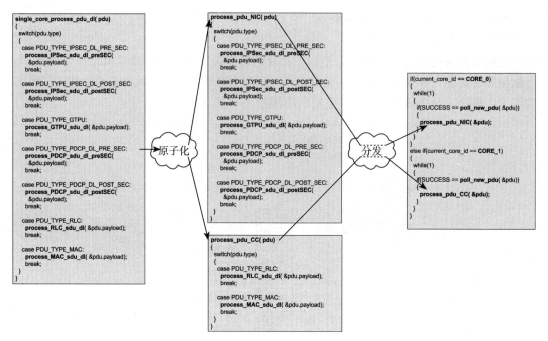

图 32 分发 NIC 和 CC 到两个核上

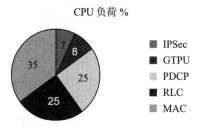

图 33 一小区单核应用的负荷分布

如图 36 所示，子模块初始化信息的全局列表被保存在模块信息表中。指定的核以及池通道作为子模块初始化信息保存下来。在应用初始化时，体系框架会检测是哪一个子模块在当前核上执行，然后向 QMAN 提出请求，使数据只从为 FQ 指定的专用池通道中出列。

图 37 中给出的一段代码说明了如何使用模块信息表来简化软件模块的初始化流程。这样的一个抽象还带来了很大的灵活性，它允许在系统内的模块重新规划或者底层平台替换时，应用程序保持不变。这大大减少了开发一个可在多种 SoC 上部署并具备良好扩展性的软件时通常伴随的维护和适配负担。

每个子模块和特定核的绑定实际是利用 QMAN 的池通道来完成的（接下来的章节会详细讲解如何使用 QMAN 来进行通信）。每一个子模块可以和一个单独的池通道相关，这将使得每一个核可以通过配置 QMAN 来让 FD 从仅有的特定池通道中出列。使用这个联合特性，我们可以将子模块绑定到特定的核上。

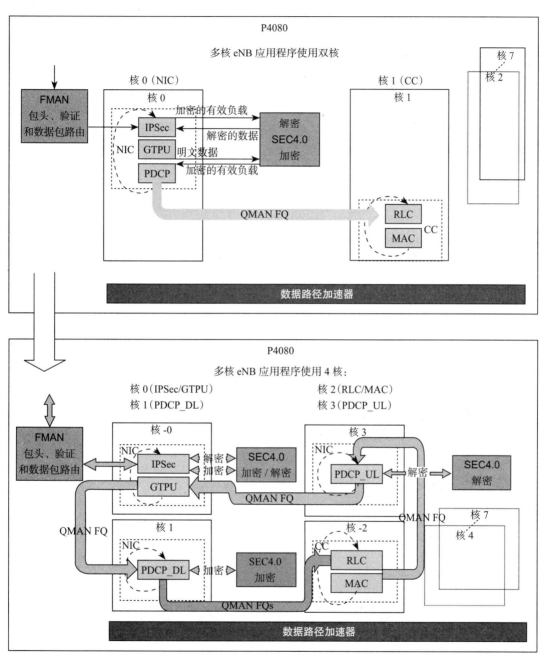

图 34　eNB_App 在四核上的分布

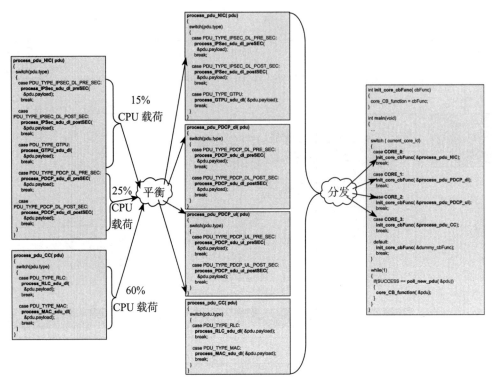

图 35 将模块原子化来平衡负载

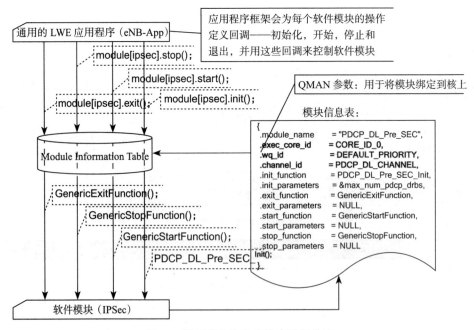

图 36 使用模块信息表格来进行分发

```
int initialize_software_modules()
{
    int             ret;
    int             module_index;

    /*! Initialize the Modules specifically required by the Software Modules. */
    module_index = 0;
    while ( strlen( g_module_information_table[module_index].module_name))
    {
        if (g_current_core_id == g_module_information_table[module_index].exec_core_id)
        {
            /*! Call the Init-function of the Software Module. */
            ret = g_module_information_table[module_index].init_function(
                g_module_information_table[module_index].init_parameters);
            if (0 != ret)
            {
                APP_ERROR ("ERROR!!! Failed to initialize Module: %s",
                    g_module_information_table[module_index].module_name);
                return ret;
            }
            APP_INFO ("Initialized Module: %s",
                g_module_information_table[module_index].module_name);

        }
        module_index++;
    }
    APP_INFO ("Software Module-specific initializations done.");

    /* return SUCCESS */
    return 0;
}
```

图 37　初始化定义在模块信息表格中的软件模块

P4080 上先进加速器的使用：实例

作为将 eNB_App 从单核移植到多核（P4080）的一部分，第二步和第三步会涉及使用 P4080 的 DPAA 中可用的硬件加速器。P4080 的 DPAA 广泛应用在下面的任务中。

FMAN：入口报文的解析和分发、常用包头的识别。

QMAN：模块间的通信、上下文锁存。

BMAN：所有子模块间共享数据缓冲区的内存管理。

SEC：加密 / 解密操作的卸载。

下面是几个使用 P4080 的 DPAA 对 eNB_App 的软件进行卸载和简化的例子。

a）使用 FMAN 对 IP 包进行预处理

图 38 标出了 eNB_App 的 IPSec 模块和 P4080 DPAA 的 FMAN 模块之间的交互。

FMAN 的 PCD 功能（Parse, Classify, and Distribute，解析、分类和分发）被 eNB_App 用来卸载一部分报文处理（或预处理）的工作。LTE eNodeB 接收的数据包首先由 FMAN 的 PCD 功能来进行分析。FMAN 内的 PCD 功能会首先解析传入报文的包头来辨识相关的包。例如，FMAN 将解析传入的 IP 包以辨认 IP 包的所有包头域。实际上，解析功能也会对传入报文中跟在 IP 包头后的所有常用包头进行分析（例如，在一个 UDP/IP 包中跟在 IP 包头后的 UDP 包头）。

包头被解析后，报文根据包头中的值分类。例如，包头中"协议"域的值为 17（0x11）的 IP 包会分类为 UDP 包。同样地，包头中"协议"域的值为 50（0x32）的 IP 包会被分类为 IPSec 包。

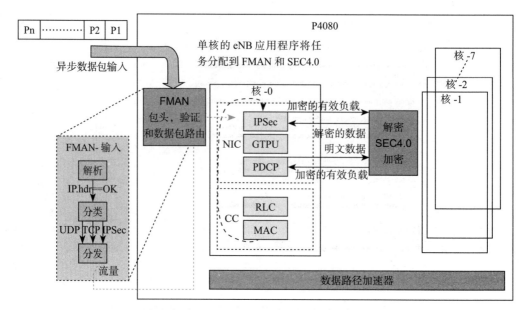

图 38　FMAN 在报文预处理中的使用

接下来，分类的报文会根据特定的规则分发，这个规则也可以在之前解析包头域时使用。报文的分发通过将选择的数据包入队到一个 QMA 的帧队列（FQ）上完成。QMAN 的 FQ 为入队的报文提供一个可靠的、顺序的传送机制。报文处理上下文（例如，IPSec 模块）负责处理入队的帧。甚至可以通过辨识这类包中的特定流来对报文进行进一步的预处理。

图 39 给出了一个 PCD 文件的示例，说明如何配置 FMAN 来解析传入的 IPSec 报文。ipsec_ingress_policy 首先尝试分发 IPSec 报文（使用 ipsec_in_distribution）。ipsec_in_distribution 为进一步分类以辨认 SA（ipsec_in_classification）只转发接收到的 ESP/IP 报文（protocolref name="ipsec_esp"）。如果接收报文的 IP 源 / 目的地址对为'192.168.100.11'和'192.168.100.11'，则报文被分类到 SA_1，这样的报文还可以基于 ESP 包头的 SPI 值来进行进一步的分类。如果 ESP/IP 包的 SPI 值为 250（0xF0），则接收报文将被放在 FQ 号为 0x4100 的帧队列上（为进一步处理）。任何 SPI 值不为 250 的报文将被当作一个未知的报文转发到一个为"垃圾"数据预留的 FQ 上。

因此，使用 FMAN 可以直接完成一些常见的任务，例如将数据包直接路由到 eNB_App 中合适的模块，同时模块可以通过移走解析和路由的功能被简化，而这些功能通常作为 SAP（Service Access Point，服务接入点）处理模块的一部分。

b）使用 SEC4.0 卸载 SNOW-3G

重复使用和计算密集的加解密算法非常适合卸载到一个专用的硬件模块上。P4080 上的 SEC4.0 模块可以基于 SNOW-3G 算法（在 LTE 中使用）执行加密 / 解密。为了有效地利用 SEC4.0 模块来加解密，PDCP 模块需要被重写。这与重用那节提出的代码重用思想一致。

此外，P4080 的 SEC4.0 模块在 LET 上有广泛的应用。SEC4.0 模块具有先进的功能处理 LTE 的 PDCP 子层执行"协议可识别"。

```xml
<netpcd xmlns:xsi="http://www.w3.org/2001/XMLSchema-instance"
xsi:noNamespaceSchemaLocation="xmlProject/pcd.xsd" name="fman_test" description="FMAN Tester
configuration">

    <!-- Eth0 policy: This carries both dl & ul traffic -->
    <policy name="ipsec_ingress_policy">
        <dist_order>
            <distributionref name="ipsec_in_distribution"/>
            <distributionref name="..."/>
        </dist_order>
    </policy>


    <!-- =================== -->
    <!-- START : IPSec Rules -->
    <!-- =================== -->

    <!-- IPSec traffic; classify by SA. -->
    <distribution name="ipsec_in_distribution">
        <protocols>
            <protocolref name="ipsec_esp"/>
        </protocols>
        <action type="classification" name="ipsec_in_classification"/>
    </distribution>

    <!-- IPSec traffic: classification based on SA = { IP src, IP dst, IPSec SPI }
         Since different types of header extraction are used for IP and IPSec,
         need to do the classification in two stages -->
    <classification name="ipsec_in_classification">
        <key>
            <fieldref name="ipv4.src"/>
            <fieldref name="ipv4.dst"/>
        </key>
        <entry>
            <!-- SRC = 192.168.100.11; DST = 192.168.100.10 -->
            <data>0xC0A8640BC0A8640A</data>
            <action type="classification" name="ipsec_in_classification_sa_1"/>
        </entry>
    </classification>

    <classification name="ipsec_in_classification_sa_1">
        <key>
            <fieldref name="ipsec_esp.spi"/>
        </key>
        <entry>
            <!-- NOTE:- it is not necessary to have a mathematical relation
                 between the SPI value and the FQID -->
            <data>0xF0</data>
            <queue base="0x4100"/>
        </entry>
        <action type="distribution" condition="on-miss" name="dl_ipsec_garbage_dist"/>
    </classification>

    ...

    <!-- Default queue for IPSec packets that didn't match any of the CC entries -->
    <distribution name="dl_ipsec_garbage_dist">
        <queue base="0x4006" count="1"/>
    </distribution>
</netpcd>
```

图 39　使用 FMAN 进行自动报文分析

- 解析 PDCP 的 PDU 包头，抽取解密需要的信息。
- 成功完成加密后，创建 PDCP 的 PDU 包头。

报文本身装入 BMAN 的缓冲区中。BMAN 的帧描述符（FD）为存储在 BMAN 缓冲区的数据提供标记。FD 允许数据包在不进行实际数据搬移的情况下处理（图 40）。

（此外，FD 为软件模块以及所有的 DPAA 模块提供一个统一的接口来存取保存在 BMAN 缓冲区的数据）。

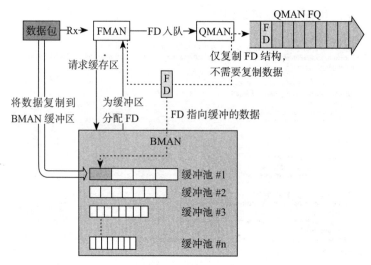

图 40 FMAN、QMAN 交互中的 BMAN 缓冲区

图 41 重点说明了如何使用 SEC4.0 模块来解密 PDCD 负载。

对一个解密上下文进行初始化时，SEC4.0 模块通过一个包含解密上下文的描述符来进行配置。此外，一个接收加密的 PDCP PDU 的 QMAN 帧队列（FQ-In）会与解密上下文的各特征以及相对应的出口帧队列（FQ-Out）相关联。

如图 42 所示，初始化一个 SEC4.0 模块内的上下文包含创建一个共享描述符和一对用于从 SEC4.0 发送和接收数据的 QMAN 帧队列。一个核共享的内存区域以及 SEC4.0 模块用来维护共享描述符内的上下文。FQ-In 被初始化，它包含共享描述符和 FQ-Out 的标记。

图 43 描述了一个初始化 SEC4.0 模块的算法，它创建了一个安全的上下文，这个上下文用来加密（或解密）与其相对应的报文。P4080 内的 SEC4.0 模块维护共享内存空间——共享描述符内的加密上下文。初始化 SEC 上下文的步骤如下：

- 步骤一包括对 SEC4.0 模块共享内存的分配；一个 BMAN 缓冲区被分配。
- 在步骤二中，共享描述符和包头前端描述符的实际起始地址被确定。包头前端描述符被用来传递 SEC4.0 模块专用的参数，而共享描述符被用来传递特定算法的参数。
- 在步骤三中，一个 BSP 应用程序接口用来构造与加密算法（SNOW_F8）相对应的共享描述符。特定算法相关的参数被提供给 BSP 的应用程序接口，这个应用程序将构造与 SEC4.0 兼容的描述符。
- 在步骤四中，包头前端描述符更新，以便 SEC4.0 模块管理包含在共享描述符中的信息。
- 最后，一旦加密上下文更新了共享描述符，一个专用的 QMAN 帧队列将在步骤五中被创建。

除了创建 QMAN 帧队列函数的默认参数外，一些额外的信息，例如，共享描述符的高位和低位地址，用来和 SEC4.0 模块通信的特定通道（qm_channel_caam）以及回传加密数据的帧队列（FQID_PDCP_FROM_SEC_DL），都需要提供给创建帧队列的应用程序接口。

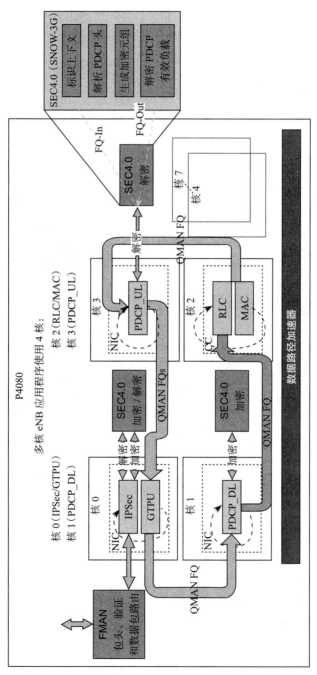

图 41　使用 SEC 块分担 SNOW-3G 的工作

因此，数据通过这里初始化的 QMAN 帧队列（FQID_PDCP_TO_SEC_DL）发送给 SEC4.0 模块时，SEC4.0 模块将使用这个 QMAN 帧队列相关共享描述符内存储的信息，加密给定的数据，并在返回 QMAN 帧队列上（FQID_PDCP_FROM_SEC_DL）回传加密的数据。

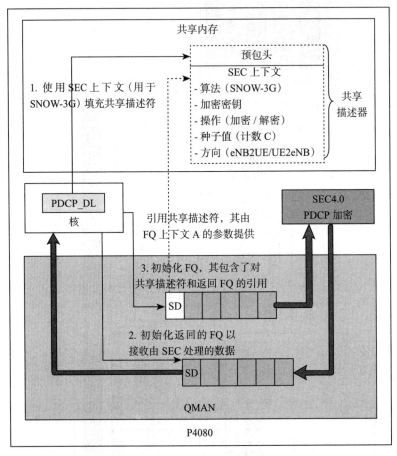

图 42   使用共享描述符来初始化 SEC4.0

当一个加密的 PDCP PDU 被接收时，它可以通过一个合适的入口帧队列（FQ-In）直接转发给 SEC4.0 模块。SEC4.0 模块将从接收 PDCP PDU 的帧队列上取出解密上下文。为了获得运行时的上下文信息，SEC4.0 模块解析收到的 PDCP PDU 包头来直接产生所需的解密上下文。之后，解密的 PDCP 负载会返回到处理 PDCP UL（上行）数据的 PDCP 子模块中。

需要注意的是：将 SEC4.0 模块插入 PDCP UL 的处理路径需要 PDCP UL 模块分解为 SEC 处理前和 SEC 处理后两个功能模块。因此，PDCP UL 模块被进一步原子化为 PDCP_UL_Pre_SEC 和 PDCP_UL_Post_SEC 子模块。

同样地，在 DL（下行）方向，SEC4.0 模块可以直接接收 PDCP 负载。SEC4.0 模块将基于存储的加密上下文（加密每一个 PDU 后，会自动更新）对 PDCP 负载进行加密处理。在成功对 PDCP PDU 的负载部分进行加密后，SEC4.0 模块还可以直接产生 PDCP 包头。

```
struct bm_buffer         bman_buf;
uint32_t                 ctxA_hi;
uint32_t                 ctxA_lo;
uint32_t                 *shared_desc   = NULL;
sec_descriptor_t         *prehdr_desc   = NULL;
...

STEP 1).
 /*! Assign a buffer that can be shared with SEC4.0 Block. */
 if( 0 >= dpa_allocator_get_buff( g_buff_allocator, sizeof(sec_descriptor_t), &bman_buf))
 {
   APP_ERROR("Buffer allocation failed for SEC descriptor");
   return -ENOMEM;
 }

STEP 2).
 prehdr_desc = (sec_descriptor_t *)BMAN_get_buffer_payload(bman_buf);;

 /*! Skip the Pre-Header space to point to the address of the Shared-descriptor. */
 shared_desc = (uint32_t *) ((uint8_t *)prehdr_desc + sizeof(struct preheader_s));

STEP 3).
 /*! Construct the Shared-Descriptor for the PDCP Bearer's Ciphering context
  * in the SEC4.0 Block. */
 if (0 > cnstr_shdsc_snow_f8(
       shared_desc,
       &shared_desc_len,
       ciphering_key,
       F8_KEY_LEN * BITS_PER_BYTE,
       DIR_ENCRYPT,
       count_c_value,
       pdcp_bearer_id,
       direction_eNB_to_UE, ...))
 {
   APP_ERROR("Failed to Construct Shared-Descriptor.");
   ASSERT(0);
 }

STEP 4).
 /*! Now initialize the Pre-Header descriptor according to the Ciphering Algorithm. */
 prehdr_desc->prehdr.hi.field. ... = XYZ;
 prehdr_desc->prehdr.lo.field. ... = XYZ;

STEP 5).
 /* Create an FQ to deliver unciphered packets to SEC.  */
 fq = (struct qman_fq *)memalign(CACHE_LINE_SIZE, sizeof(struct qman_fq));
 if (unlikely(NULL == fq))
 {
   APP_ERROR( "malloc failed.");
   ASSERT(0);
 }

 /* Create an FQ to SEC which contains a reference to Shared-Descriptor memory. */
 ctxA_hi = GET_HI_ORDER_PHYS_ADDR(prehdr_desc);
 ctxA_lo = GET_LO_ORDER_PHYS_ADDR(prehdr_desc);
 APP_DEBUG( "Initializing PDCP -> SEC DL FQ 0x%x.", FQID_PDCP_TO_SEC_DL);
 ret = QMAN_initialiaze_frame_queue(
       fq               /* Pointer to the FQ structure */,
       FQID_PDCP_TO_SEC_DL  /* FQID for the FQ being created*/,
       qm_channel_caam      /* Channel ID for sending data to SEC*.,
       WQ_ID            /* Work-Queue ID giving default priority*/,
       ctxA_hi          /* High-order address of the Shared-Descriptor*/,
       ctxA_lo          /* Low-order address of the Shared-Descriptor*/,
       FQID_PDCP_FROM_SEC_DL /* ctxB == FQID of the FQ on which SEC will return the
                            ciphered data */,
       ...);
 ASSERT(ret == 0);

...
```

图 43　为 SNOW-F8 算法初始化 SEC 描述符

c）使用 QMAN 进行通信

接收报文在 FMAN 处理后会转发给 PDCP，开始 LTE L2 DP（第二层数据处理）中的下行处理。作为原子化动作的一部分，PDCP DL 的处理已经被分成 SEC 前处理和 SEC 后处理子模块。

在第三阶段（步骤三）中，为了在 P4080 平台上优化 eNB-App，eNB_App 被分发到 P4080 的多核上。分发的目的是平衡 eNB_App 中各个子模块的资源要求。此外，一个新的可以灵活配置子模块与核相关的机制（如图 36 所示）被提出。使用这个方法，可以支持对 eNB_App 使用不同配置时，子模块在可用的核上有不同的分配。这允许对平衡 eNB_App 进行多次迭代来最大化 eNB_App 的性能。

如步骤三：在多核 SoC 上分发应用程序所提到的，QMAN 帧队列是模块间通信的主要机制。

使用 QMAN 帧队列可将一个单核应用快速转变为一个多核应用。

每个 FQ 与一个通道和通道内的一个工作队列（Work Queue, WQ）相关。与 FQ 相关的通道用来定义在 FQ 上入队的 FD 的消费者，而 WQ 用来给 FQ 分配处理优先级。

有两种类型的通道：直连（Direct Connect, DC）入口和池通道。

DC 入口是与特定硬件（HW）模块相关的通道。每一个硬件模块有一个 DC 入口和自己相关联。因此，只有拥有 DC 入口的硬件模块可以使 FD 出队，这些出队的 FD 之前被入队在与 DC 入口相关联的 FQ 上。

顾名思义，池通道允许与这个池通道相关联的 FQ 被一群消费者使用。任何核可以与这个池通道相关联，并且一个核也可以与多个池通道相关联（图 44）。

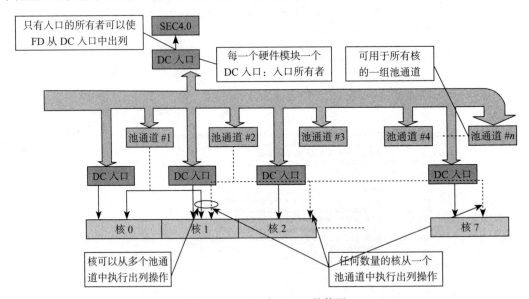

图 44   QMAN 在 IPC 上的使用

池通道所带来的灵活性已经广泛用于将应用程序从单核重构到多核。

QMAN 的 FQ 可以被初始化用来执行 P4080 SoC 上各个模块（硬件模块和软件模块）

间队列化的进程间通信（IPC）。每一个需要使用的 QMAN FQ 在使用前必须进行初始化。QMAN FQ 可以用来连接 DC 入口，或者连接池通道。DC 入口是硬连接的，终端是 P4080 SoC 上特定的硬件模块，例如，'qm_channel_caam' 用来连接安全引擎模块。

为 IPC 创建一个 QMAN FQ 包含两部分基本的操作：qman_create_fq 和 qman_init_fq。当创建一个 QMAN FQ 时，它被给予一个唯一的标识：FQ 号（FQ-ID），以及管理 FQ 操作的参数，例如，它的终端是否为一个 DC 入口，或者它是否被用于从一个硬件模块接收 BMAN 缓冲数据，等等。一旦一个 QMAN FQ 成功创建，它的行为和上下文将被初始化。QMAN FQ 的上下文包含这样的信息：与 QMAN FQ 相关的通道和工作队列、所有与这个 FQ 相关的硬件和软件的上下文，以及锁存特性是否被使用（图 45），诸如此类。

```
int QMAN_initialiaze_frame_queue(
 *fq, fq_id, channel, wq_id, ctxA_hi, ctxA_lo, ctxB,
 <various_flags> ...)
{
 /*! Set the configuration & flags to be used when creating the FQ. */
 create_flags = ...;

 /*! Create the frame queue. */
 ret = qman_create_fq(fq_id, create_flags, fq);

 /*! Set the configuration & flags to be used when initializing the FQ. */
 init_flags = ...;

 /*! Update the S/W or H/W Contexts
  * that would be associated with this FQ. */
 /*! Use Context B to store reference of S/W Context. */
 if (is_sw_context_supplied)
   fq_opts.fqd.context_b = ...;

 /*! Use Context A to store reference of H/W Context. */
 if(is_hw_context_supplied)
   fq_opts.fqd.context_a = ...;

 /*! Enable Stashing (if required). */
 if (is_stashing_used)
   fq_opts.fqd.context_a.stashing = ...;

 /*! Initialize frame queue. */
 ret = qman_init_fq(fq, init_flags, &fq_opts);
}
```

图 45　初始化一个 QMAN 帧队列

如之前所提到的，QMAN FQ 的终端由与它相关联的通道来决定。DC 入口与硬连接的终端相关，而与池通道相关的 QMAN FQ 可以由任何核组合来处理。为了处理一个特定核上与池通道相关的 QMAN FQ，核必须明确指导 QMAN 对已经在特定池通道上入队的帧进行出队处理。qman_static_dequeue_add 应用程序接口被用来注册在特定核上出列的池通道（图 46）。

每一个软件模块都与单一独立池通道相关联，即 QMAN_PC_NIC，QMAN_PC_PDCP_DL，QMAN_PC_PDCP_UL 和 QMAN_PC_CC。如图 46 所示，这允许软件模块很容易地被分发到核上：

1. 为每一个与特定池通道相关联的软件模块初始化接收数据所需的 QMAN FQ。

2. 增加特定的池通道（与软件模块相关的）到通道列表中，QMAN 将只在被指定运行这个软件模块的核上进行出列操作。

如之前在多核注意事项一节中提到的，修改单核应用到多核上，必须保证适当地分发和平衡子模块。

图 47 中的例子说明了 PDCP_UL 模块在 P4080 的多核上的分发和平衡。

这个例子使用了三个核，配置 PDCP_DL 和 PDCP_UL 模块运行在核 1 上。通过配置 QMAN 可以从核 1 上的池通道 PDCP_UL_CHANNEL 中取出 FQ。这个模块使用的与通道相关的模块配置保存在模块信息表中。

```
int add_IPC_channel_to_core( core_id, channel, ...)
{
 /*! Add the Pool Channels from which QMAN would
  * De-Queue Frames on this Core. */
 g_core_channel_map[core_id] |= channel;
 qman_static_dequeue_add( g_core_channel_map[core_id]);
}

int main(void)
{
 ...

 switch ( current_core_id)
 {
  case CORE_0:
   init_core_cbFunc( &process_pdu_NIC);

   /*! Specify the Channels from which IPC data would be read. */
   add_IPC_channel_to_core( current_core_id, QMAN_PC_NIC);
   break;

  case CORE_1:
   init_core_cbFunc( &process_pdu_PDCP_dl);

   /*! Specify the Channels from which IPC data would be read. */
   add_IPC_channel_to_core( current_core_id, QMAN_PC_PDCP_DL);
   break;

  case CORE_2:
   init_core_cbFunc( &process_pdu_PDCP_dl);

   /*! Specify the Channels from which IPC data would be read. */
   add_IPC_channel_to_core( current_core_id, QMAN_PC_PDCP_UL);
   break;

  case CORE_3:
   init_core_cbFunc( &process_pdu_CC);

   /*! Specify the Channels from which IPC data would be read. */
   add_IPC_channel_to_core( current_core_id, QMAN_PC_CC);
   break;

   ...
 }

 ...
}
```

图 46　设置 QMAN 限定每核的 FQ

```
int process_PDCP_sdu_dl_preSEC( ipc_pdu)
{
 PDCP_CONTEXT_t *pdcp_context;
 PDCP_SDU_t   *sdu = (PDCP_SDU_t *)ipc_pdu->payload;
 PDCP_PDU_t   *pdu;
 BMAN_BUFFER_t *frame_buffer;

 /*! Perform Error Checks. */
 if ((PDCP_SDU_SIZE_MIN > ipc_pdu->length) ||
   (PDCP_SDU_SIZE_MAX > ipc_pdu->length))
 {
  /* Error handling. */
  ...
 }

 /*! Use the Context-Stashing feature of QMAN FQs to retrieve PDCP Context. */
 pdcp_context = (PDCP_CONTEXT_t *)fq->stashed_data;

 /*! Perform Pre-SEC processing of the PDCP SDU. */
 buffer_pdcp_sdu( pdcp_context, sdu);

 frame_buffer = BMAN_get_buffer( PDCP_HEADER_SIZE + sdu->length);
 pdu     = (PDCP_PDU_t *)BMAN_get_buffer_payload( frame_buffer);
 pdu.length  = compress_pdcp_sdu_headers( pdcp_context, sdu,
                 pdu.payload, sdu->length);
 BMAN_set_payload_length( frame_buffer, pdu.length);

 qman_enqueue( FQID_PDCP_TO_SEC_DL, frame_buffer, ...);
}
```

图 47　QMAN 的 FQ 用于 IPC

图 48 给出了一个在四个核上分发的例子，仍然配置 PDCP_DL 运行在核 1 上，但是配置 PDCP_UL 模块运行在核 3 上。这可以通过修改模块信息表中 PDCP_UL 模块的配置来完成。PDCP_UL 模块的配置被修改，所以通过池通道 PDCP_UL_CHANNEL，QMAN FQ 将被出列到核 3 上（代替图 49 所示的核 1 ）。

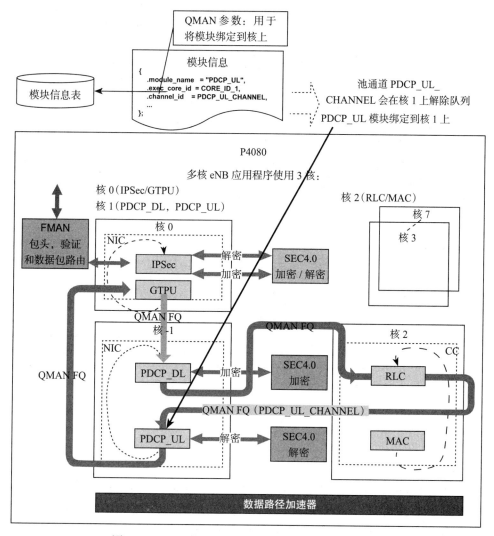

图 48　QMAN 的池通道用于在核 1 上执行 PDCP_UL

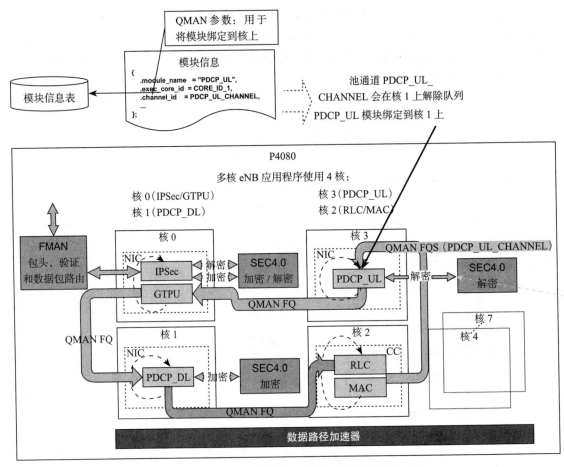

图 49 QMAN 的池通道用于在核 3 上执行 PDCP_UL

提示和技巧

1. 硬件的使用

大多数多核 SoC 包含各种硬件加速器以协助实现目标。使用这些硬件加速器不仅提高了所运行应用程序的性能，也减少了开发应用程序过程中的开发和测试工作。前面章节中所介绍的 SEC4.0 的应用是一个很好的使用加速器的例子。

2. 数据结构的访问

当分发软件模块到多核上时，必须注意确保数据结构为分发的操作进行了优化。必须尽可能减少多核上共享的数据结构——这可能需要重新设计原始的数据结构，以便运行在不同核上的模块同时访问它们各自的数据，并且需要最少的同步。

3. 变量的范围

当应用从单核移植到多核上时，需要特别注意分析全局变量的使用。必须要检查全局变量使用的竞争条件和同步错误。

一个好办法是减少对全局变量的使用。如果需要使用全局变量，那么在变量值有可能会发生变化时，都要声明为易失性（volatile）型变量。在任何其他的情况下，它们都需要被当作常量变量。如果有的变量为各自的核全局可见，那么它们需要被声明为一个全局变量数组，每一个索引代表特定核的全局变量值：可以定义一个访问机制来存取特定核的全局变量（图 50）。

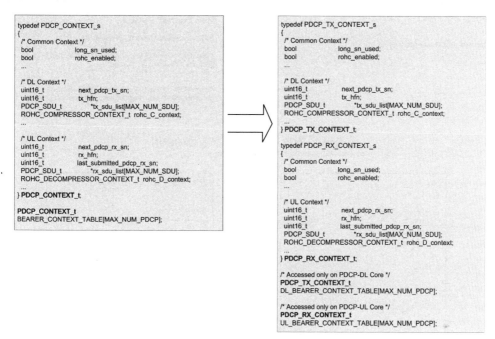

图 50　数据分发的例子

图 51 所示的例子中，指向当前有效 PDCP 上下文的指针使用范围改变，从而避开了在多核同时处理 PDCP SD 时的竞态条件。从示例中可以看出，标识 PDCP 上下文的变量的范围从全局缩减到局部。因此，当 PDCP 在多核上执行时，涉及使用合适的 PDCP 上下文来处理 PDCP SDU 的竞态条件消除了。

4. 参数数量

当调用嵌套函数时，要注意限制被传递的形参的数量。

一个良好的编程习惯是减少传递到函数的形参数量，因为太多的形参将导致数据被压入堆栈中。叶函数是个例外，因为编译器会优化叶函数的形参，使其保存在寄存器中。不过，即使在这种情况下，过多的参数还是会对性能带来不利的影响。

5. 局部变量的使用

对函数内使用的局部变量进行初始化，应该尽可能靠近使用它的代码段。这样会使变量保存在寄存器中，而结构体可以保存在缓存中（图 52）。

```
PDCP_CONTEXT_t g_pdcp_ctx_tbl[MAX_NUM_PDCP];
PDCP_CONTEXT_t *g_pdcp_ctx;

int generate_PDCP_pdu_header( payload)
{
 /* Check if PDU Header contains Long-SN.*/
 if (g_pdcp_ctx->long_sn_used)
  return generate_PDCP_pdu_LongSN( payload);
 else
  return generate_PDCP_pdu_ShortSN( payload);
}
...

int process_PDCP_sdu_dl_PostSEC( rb_id, payload)
{
 g_pdcp_ctx = &g_pdcp_ctx_tbl[rb_id];
 ...

 generate_PDCP_pdu_header( payload);
 ...
}
```

```
PDCP_CONTEXT_t g_pdcp_ctx_tbl[MAX_NUM_PDCP];
PDCP_CONTEXT_t *g_pdcp_ctx;

int generate_PDCP_pdu_header( pdcp_ctx, payload)
{
 /* Check if PDU Header contains Long-SN.*/
 if (pdcp_ctx->long_sn_used)
  return generate_PDCP_pdu_LongSN( pdcp_ctx, payload);
 else
  return generate_PDCP_pdu_ShortSN( pdcp_ctx, payload);
}
...

int process_PDCP_sdu_dl_PostSEC( rb_id, payload)
{
 PDCP_CONTEXT_t *pdcp_ctx;

 /* First ensure that global 'rb_id' is valid. */

 /* Assign local variable to the relevant PDCP Context. */
 pdcp_ctx = &g_pdcp_ctx_tbl[rb_id];

 ...

 /* Pass PDCP Context info as a function parameter. */
 generate_PDCP_pdu_header( pdcp_ctx, payload);
 ...
}
```

图 51　移除不必要的全局变量的使用

```
int foo_bar(void)
{
  int a = 5;
  int b = 3;
  int p;
  int q;

  ...
  ...

  p = a * 10;
  q = b * 5;
  return p+q;
}
```

```
int foo_bar(void)
{
  int a;
  int b;
  int p;
  int q;

  ...
  ...

  a = 5;
  p = a * 10;
  b = 7;
  q = b * 5;
  return p+q;
}
```

图 52　变量使用局部化

6. DMA 拷贝和 MEMCPY 的比较

在基于帧的协议中（例如 RLC/MAC），一个 PDU 可能由多个 SDU 段构成，使用 DMA 从多个 SDU 段拷贝数据比起使用 MEMCPY 更有效率。在这种情况下，SDU 段被分别确认，它们的内存位置和大小被保存在数据结构中，一直到最后的 PDU 形成处理。在 PDU 形成时，将内存偏移和段长度输入给 DMA 控制器会使组合 PDU 更加有效率。

总结

本案例研究表明，一个定义良好的系统化开发战略能够将为单核 SoC 设计的嵌入式应用解决方案成功移植到新一代高效的多核 SoC 上。本案例第六节中所讨论的移植步骤，同样适用于为多核平台设计的嵌入式应用。当应用直接设计在多核平台上时，移植仍然可以从一个多内核 SoC 的单核开始。

之后，这个方案可以扩展为使用各种可用的加速器以及多个可用的核，以获得更高的系统性能。最后，高性能多核平台上的软件开发仍在不断地发展，而工程师团队需要采取一种循序渐进的开发方法，致力于最高质量的软件以降低由新的技术模式引入的风险。

缩写

3GPP	第 3 代合作伙伴计划
BMAN	缓冲管理器
CPU	中央处理器
DL	下行链路
DPAA	数据路径加速架构
FMAN	帧管理器
FQ	帧队列
GTPU	GPRS 隧道协议——用户面
IPC	进程间通信
IPSec	IP 安全协议
LTE	长期演进
MAC	介质访问控制
QMAN	队列管理器
PDCP	分组数据汇聚协议
RLC	无线电链路控制
SEC	安全引擎
SoC	片上系统
UL	上行链路

参考文献

[1]　http://www.stack.nl/~dimitri/doxygen/.

[2]　http://www.freescale.com/webapp/sps/site/prod_summary.jsp?code=P4080.

[3]　http://www.3gpp.org/ftp/Specs/html-info/36300.htm.

案例分析 2
DSP 在医疗器械上的应用

Robert Krutsch

医疗成像简介

医疗成像是以临床或医学科学为目的，用于创建人体或动物体图像的过程和方法。截至 2010 年已经有约 50 亿项医疗成像研究，我们可以从中窥见医疗成像设备在现代社会使用的广泛和其重要性。

如今，我们有相当多的技术，可以从临床的角度获取实用的图像信息。最常见的是 MRI（Magnetic Resonance Imaging，核磁共振成像）、CT（Computed Tomography，计算机断层扫描）和超声成像。CT 成像基于电离辐射，可能对健康造成一定的危害。MRI 则完全不同，在人体健康方面并没有带来任何负面影像。MRI 和 CT 技术涉及大型设备和较大的功耗，在此章案例研究中不会进行深入讨论，因为我们的重点在便携设备上。超声成像基于人们非常熟悉的一个现象，即回声。虽然这个技术可能无法像 CT 和 MRI 那样提供所有的解剖细节，但超声成像有如下的几个优势，使它成为一个重要的技术选择：

- 有很好的工具来分析移动的物体结构。
- 无已知的健康危害或记录。
- 只需低成本的设备和扫描流程。

超声成像的概念与那些有关的声纳的概念是非常相似的。而两种技术之间的差异在于，声纳使用固态物体的单反射成像，而超声成像则利用物体组织的边界反射信号成像。

现代超声成像机器的鼻祖是超声探伤仪 [6]，能在示波器的屏幕上显示随时间变化的回波振幅。这类被称为 A 模式的仪器，是最基本的超声成像代表性设备。从那时起，随着在信号处理、声学和电子电路领域的发展，超声成像在图像质量以及所有应用方面都有长足的进步。

现代超声成像技术的主要局限已从早期的技术领域，变为受限于更基本的物理方面的障碍：声音在人体中的传播速度（约为 1540 米 / 秒）。形成图像意味着等待回波从受到关注的部分返回，这表示成像的帧速率受限于声音的速度和扫描深度。对于缓慢移动的器官如肝脏或肾等，低帧速率的成像结果还可以接受，但用于定性评估心脏收缩能力的心脏成像，保证较高的帧速率是非常重要的。

超声成像技术基础

本节的重点是推导一些公式，它们将作为基础规则指导超声系统设计。该方法对医用超声系统做了简化，并试图为设计工程师提供直观的答案。

在图 1 中，有一个长度为 $2A$ 的线性孔径和一个位于（0，R）的目标点。超声波从一个特定的孔径点开始传播到达目标点（0，R）所需的时间与孔径点到目标点的路径距离成比例。

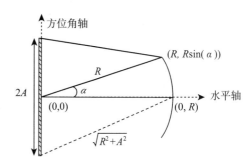

如果我们考虑到，在给定的传播介质中声音的速度是一个常数，我们可以得出这样的结论：研究从两个不同的孔径点到目标点的路径差等效于研究声波在两条路径上传播的时间差。在医疗超声成像学中，声音的速度通常被认为是恒定的（约为 1540m/s），尽管在现实中不是这样的情况。这个假设中得出的传播时间差被称为像差。

图 1　长度为 $2A$ 的线性孔径和位于（0，R）的目标点

我们假设这个孔径为 $2A$ 的物体中心频率为 f_0，则其波长为：

$$\lambda = \frac{c}{f_o} \tag{1}$$

坐标系的中心点设在孔径的中点处。我们把沿着孔径的方向称为方位角轴，过孔径中心点并与其垂直的方向称为水平轴。

考虑孔径上的两个点，坐标分别为（0，0）和（$-A$，0），我们可以用勾股定理计算出这两点到目标点的距离差，记为 Δ。通过分析孔径上每个点相对于中心点（0，0）到目标点之间的距离差，我们发现距离差最大的两个点位于（$-A$，0）和（A，0）。

$$\Delta (A) = \sqrt{R^2 + A^2} - R \tag{2}$$

我们假设 A 在 0 点附近，对上面的公式使用泰勒近似展开，可以得到：

$$\Delta (A) \approx \frac{A^2}{2R} \tag{3}$$

从式（3）所示的距离差公式可以看出目标点在什么时候离孔径的距离更远。超声成像中我们希望孔径上的每个点都能连贯一致地传播到目标点上，以达成有益的累加效果，因此我们往往希望这个 Δ 会很小。

一般情况下，Δ 小于 $\frac{\lambda}{8}$ 则可以忽略不计。Δ 可认为忽略不计时的距离 $\overline{R}$ 由下式定义：

$$\overline{R} = \frac{A^2}{\lambda} \tag{4}$$

在成像学中，根据声波传播路径得出的可忽略相位误差的区域，我们称为远场或夫琅禾费区域（Fresnel region）。相位误差不能忽略不计区域则称为近场区域或菲涅耳区。

在医疗成像的使用情况下，我们需要专注于用多个单点形成一个完整的图像，我们假定目标点在如图 1 中所示的一个圆弧上。应用余弦定理，我们可以计算出最大延迟为：

$$\Delta(\alpha, A) = \sqrt{R^2 + A^2 - 2RA\sin\alpha} - R \tag{5}$$

对 $\Delta(\alpha, A)$ 做近似泰勒展开，则得到下面的式（6）：

$$\Delta \approx -Aa + \frac{A^2}{2R} \tag{6}$$

假设我们讨论的是远场的情况，则（6）式中的二阶项可以忽略并得到下式，

$$\Delta \approx -A\alpha \tag{7}$$

当两条路径之间的相位差（φ）超过 π/2 时，则会产生相消干涉。

$$\varphi = \frac{2\pi|\Delta|}{\lambda} \geqslant \frac{\pi}{2} \text{ 或者 } |\Delta| \geqslant \frac{\lambda}{4} \tag{8}$$

为了不产生相消干涉，从式（7）和（8）中我们可以得到 α 的范围如下

$$\alpha \in \left[-\frac{\lambda}{4A}, \frac{\lambda}{4A} \right] \tag{9}$$

从上式易知角度跨度范围或角度分辨率为：

$$\overline{\alpha} = \frac{\lambda}{2A} \tag{10}$$

基于式（10），我们可以得出方位角轴的分辨率如下：

$$\overline{L} = R\overline{\alpha} = \frac{R\lambda}{2A} = F_{\#}\lambda \tag{11}$$

$F_{\#}$（f 数）定义为幅度和孔径值的比率，是医疗超声公式中一种很常见的参数。式（10）和（11）是有助于定义超声系统参数的一些基本公式，稍后我们将看到这些公式在评估系统整体的复杂性上面也有帮助。

到现在为止我们已经进行的所有的计算都基于这样的假设：我们研究的是远场区域，但在医用超声成像中这种情况是不存在的。为从远场计算获得近场公式的逼近，我们需要关注孔径的大小：使用如图 2 中的延迟可以解决这个问题。

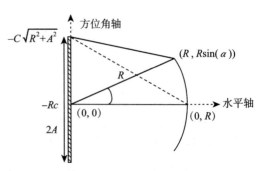

图 2　用延迟聚焦于孔径

考虑之前使用的相同物理参数，我们将得到基于目标点 $(R, R\sin(\alpha))$ 的延迟：

$$\Delta\ (\alpha, A) = \sqrt{R^2 + A^2 - 2RA\sin\alpha} - \sqrt{R^2 + A^2} - (R - R) \tag{12}$$

对于上面的公式，假设 A 在 0 附近，则通过泰勒近似展开，可得：

$$\Delta \approx -A\alpha \tag{13}$$

可以观察到，角度分辨率不再是目标点深度的函数，方位角轴的分辨率与目标点深度成比例，这与远场的情况相似。然而，这种简化并没有以预先计算为代价。如果我们偏离聚焦点，则在图 3 中所示的延迟误差会增加，直到它变得不可接受。

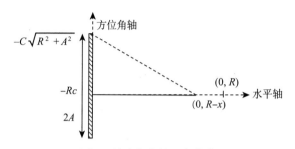

图 3　从聚焦点的一点偏移

与之前的方法相同，我们首先计算延迟误差，再在 0 点附近对其进行泰勒近似展开：

$$\Delta(\alpha, A) = \sqrt{(R-x)^2 + A^2} - \sqrt{R^2 + A^2} - [(R-x) - R] \approx \frac{A^2 x}{2R^2} \tag{14}$$

从式（14）中可以看出，延迟误差随着从聚焦点的偏移量 x 的增加而增大。与前面描述的类似，可接受的延迟误差定义为：

$$|\Delta| \leqslant \frac{\lambda}{8} \tag{15}$$

从式（14）和（15）中可以得出，为了得到可接受的延迟误差，x 的取值范围如下：

$$|x| \leqslant F_{\#}^2 \lambda \tag{16}$$

可接受的延迟误差对应的 x 的跨度范围我们称之为焦点深度，由式（16）易得其表达式：

$$\bar{x} = 2F_{\#}^2 \lambda \tag{17}$$

另一种使延迟误差和 f 数带来的效果可视化的方法为，求目标点处接收到的信号大小和总体激励信号的强度的比值：

$$I_1 = \frac{\int_{-A}^{A} e^{2\pi j\left(f_0 t - \frac{\Delta}{\lambda}\right)} \mathrm{d}a}{\int_{-A}^{A} e^{2\pi j f_0 t} \mathrm{d}a}, \quad \Delta = -a\alpha = -\frac{aL}{R} \tag{18}$$

上式中的 L 代表弧长，a 是用于解析孔径长度为 $2A$ 的所有点的一个变量。对于 $x = 0$ 的情况，对上式做积分运算，可得：

$$I_1(L) = \mathrm{sinc}\left(\frac{L}{F_{\#}\lambda}\right) \tag{19}$$

为了得到 B 模式的超声影像，其单独的信号处理链路包含检测（回波包络的平方值）和压缩过程。此过程会对上面提到的比率 I 带来有趣的影响：

$$|I_2| = \left| \frac{\int_{-A}^{A} e^{4\pi j \left(f_0 t - \frac{\Delta}{\lambda}\right)} da}{\int_{-A}^{A} e^{2\pi f_0 t} da} \right| = 2A \mathrm{sinc}\left(\frac{2L}{F_\# \lambda}\right) \tag{20}$$

方程 $|I_1|=0$ 和 $|I_2|=0$ 得到的第一个解答值对应方位角轴分辨率。我们可以观察到，在检测过程中波束宽度会减小（图 4）。这个观察结果能够帮助定义对某个扇区进行充分采样所需的扫描线数（实际上，人们往往需要两倍的扫描线数）。

我们可以观察到一个有趣的现象，如果孔径越大，则图中的主瓣越窄，而实际上，我们可以区分更紧密间距的更好的对象。

几何方法是很好的工程工具，在设计阶段能对许多问题给出简单而直观的解答。然而，这种方法也有其限制，其无法解答许多医用超声学中的关键问题（比如从对象物体到图像的变换）。对于这些问题和挑战，傅里叶技术能够给出更深入的分析和解释[2], [6], [7]。对这些技术的详细阐述超出了本章的范围，我们会专注于提供一些面向工程师的实际视角。

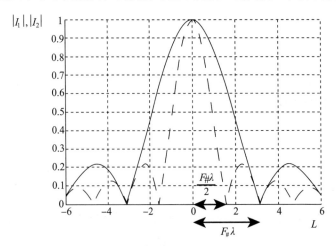

图 4　从检测过程带来的波束宽度减小

超声波换能器

超声换能器包含一个或多个压电元件，当它们受正 / 负电压刺激时会相应收缩 / 展开。因此这些元件可以将电能转化为声能，并在用户所希望的频率上发射超声波。使用相同的压电元件，该过程反过来也是可以的（将声能转化成电能）。图 5 中画出了超声波换能器的二维几何示意图。

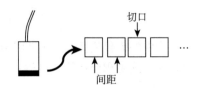

图 5　超声波换能器的二维几何示意图

有许多类型的换能器，每种都会对目标扫描类型带来一定的增益。最常见的换能器类型如图 6 所示。

（a）线性阵列：使用大的压电元件提供较大的跨度范围，通常没有束流控制，并且某一时刻只有一组元件在使用。

（b）曲线阵列：类似于线性阵列，但由几何弯曲的形状提供一个更广阔的视野。

（c）相控阵：比线性阵列的跨度要小，并使用较小的压电元件。扫描线在转换器表面有共同的起源位置。

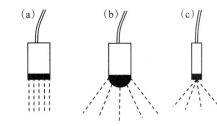

图 6　超声波换能器类型（a）线性阵列（b）曲线阵列（c）相控阵列

成像模式

当今的技术允许多种成像模式出现，可以为各种使用情况带来便利。我们将专注于脉冲波而不是连续波的方法，因为前者更为常见，并具有多个优点，特别是基于多普勒效应的成像模式 [2]。最常见的成像模式有如下几种。

- A 模式（图 7）：这是最基本的一种成像方法，显示了随着深度（时间）变化，经过对数压缩后的回波幅度大小变化。
- M 模式（图 8）：回波的幅度通过不同的亮度水平来表示，x 轴表示在相同方向进行连续的查询探测，y 轴表示探测到的深度。
- B 模式（图 9）：回波强度是灰色的色调编码；y 轴表示深度，在 x 轴上表示横向位置。可以通过更新显示图像引入时间维度，从而对位于扫描处的物体对象创造一个动态影像。
- 彩色多普勒（图 10）：提供血液速度和方向的信息，在 B 模式图像的基础上增加了颜色编码。这种方法也可以给出血液流荡的信息。
- 能量多普勒（图 11）：能够提供血流速度的信息，在 B 模式图像的基础上增加了颜色编码。此方法不提供血液流动方向的信息，但对低血流量很敏感。

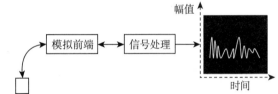

图 7　基于脉冲波的方法——A 模式

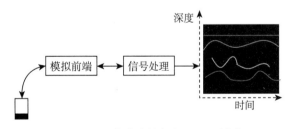

图 8　基于脉冲波的方法——M 模式

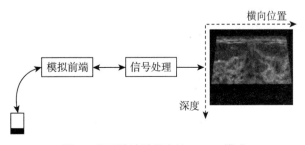

图 9　基于脉冲波的方法——B 模式

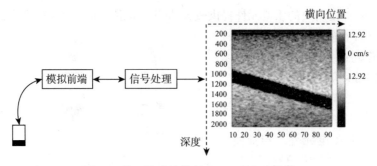

图 10　基于脉冲波的方法——彩色多普勒

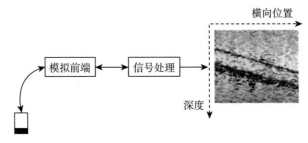

图 11　基于脉冲波的方法——功率多普勒

- 频谱多普勒（图 12）：提供血流速度的估计和方向信息。它是针对局部区域的探测，因此它具有良好的时间分辨率。这是一个分析血流分布的好方法。正如人们可以想象得到血流速度在扫描区域的各个部分不是一个恒定的值。

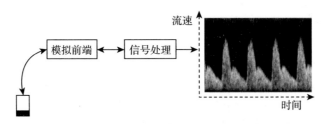

图 12　基于脉冲波的方法——频谱多普勒

多普勒效应基础

　　多普勒效应是指物体辐射的波的频率因为波源和观测者的相对运动而产生变化。多普勒超声成像是用来估计血流速度的。由换能器发射的超声波击中红血细胞等，反射回换能器后其频率会有一个变化，变化大小同血流速度成比例。当血液流动的方向是朝向换能器的时候，回波将会有一个比发射波更高的频率，若血液流动的方向是远离换能器，回波将会有一个比发射波更低的频率（图 13）。发射波和回波之间的频率偏移现象被称为多普勒频移。

　　然而在实际应用时，超声波换能器很少能够正对着血管，通常超声波的传播方向和血液的流动方向之间会有一个夹角（图 14）。

　　此时的频率偏移可以通过以下的公式计算：

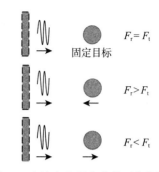

图 13　血流方向朝向或是远离换能器

$$\Delta F = F_r - F_t = \frac{2F_t v \cos\theta}{c} \tag{21}$$

　　上式中，F_r 和 F_t 分别为回波和发射波的频率，c 为声音在介质中传播的速度，v 为目标运动的速度，而 θ 为多普勒夹角。

　　可以从式（21）中观察到，当多普勒夹角来非常接近于 $\pi/2$ 的时候，多普勒频移将几乎为零。这可能导致得出没有血流量的不正确结论。此外，如果对多普勒夹角估计有误，则可能会导致不正确的扫描结果。通常超声检查会对多普勒夹角进行校正，并确保多普勒角度不超过 60° ～ 70°（此度数以上余弦函数曲线变得陡峭，任意的一点角度误差都会有很大的影响）。

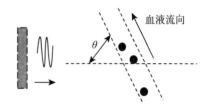

图 14　换能器指向血管发射超声波

　　鉴于我们正在讨论的是脉冲波的方法（这意味着我们正在传送一个其频率称为脉冲重复频率（Pulse Repetition Frequency, PRF）的脉冲）和使用多普勒频移公式计算血流速度，读者直觉上可能会提出一个问题："如果血液速度过高，会不会有混叠？"答案是这种情况是可能存在的，如果血流速度超过奈奎斯特极限，就可以观察到混叠现象。这从得到的彩色多普勒图像中很容易识别，颜色混合部分就对应正向和负向的速度。

　　估计血流速度的大小和方向涉及复杂高斯过程中的参数估计，不在此进行深入讨论，读者可以在文献 [1-4] 中找到更详细的信息。

系统总体概述

　　图 15 简要展示了超声诊断系统的高层架构。由 Tx 部分控制的电信号通过换能器转换成声波。声波通过介质（在这种情况下为人体）传播，其中一部分在具有不同声阻抗的物体边界（不同类型的组织器官）反射回来。反射部分被换能器捕获、放大，并由 AFE 模块转换为数字信号。换能器是由若干元件组成的，刚才所描述的信号路径可以扩展到所有的换能器元件上。图中波束成形器的 RX 部分将合并所有换能器元件所捕获的数字信号，并形成扫描线。而在波束成形器的 TX 部分控制何时向压电元件发出什么样的脉冲激励信号。最后，扫描线经过处理，形成图像，并传送到显示设备上。

　　TX/RX 开关、脉冲发生器，以及 AFE 模块的组成器件不在这里讨论，读者可以登录半导体供应商的主页获取这些器件的详细资料。

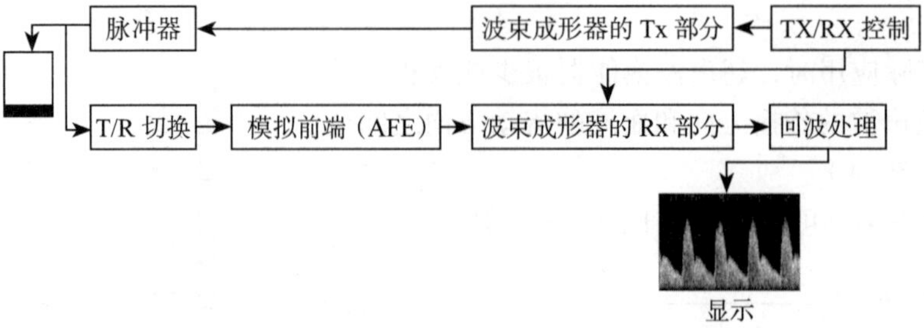

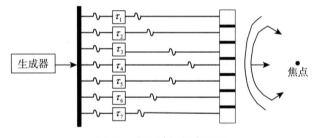

图 15　超声诊断系统的总体架构

经典波束成形概述

波束成形是所有医疗超声仪器中信号处理的核心部分。由于较大的通信带宽和较高的计算要求，这通常是在 FPGA 和 ASIC 上实现的。数字信号处理器的最新发展（有四个以上内核的高度并行架构，例如来自 Freescale 的六核 DSP MSC8156）使得波束成形也能在通用处理芯片上完成。

医学超声成像首先需要在接收端创建出聚焦的超声波发送指向性图案（与发送方向相同）。关注的区域由一组相邻波束覆盖，波束之间的间隔由所需的最小分辨率定义。对发送到每个元件的电脉冲加延迟能够形成控制辐射方向图的超声波束。在接收端，方法是相似的，对每个元件上的信号施加与发送时相同的延时，然后再进行累加。相位延迟是为了确保累加的超声波 / 信号都是在同相状态，从而避免破坏性的累加发生（图 16）。

图 16　发送端的相位延迟

整个波束成形过程可以通过以下的公式表达：

$$r(t) = \sum_{i=1}^{N} A_i(t) s_i(\tau_i(t)) \qquad (22)$$

其中 N 是元件的数量，A_i 是切趾系数（权重），s_i 是接收的回波，而 τ_i 为延迟。该切趾系数是为了在产生指向性图案的同时抑制旁瓣。

延迟系数是基于声波的传输时间计算的。图 17 中的起源和接收元件之间的距离表示为 x，深度为 R，返回路径为 d，与换能器表面垂直的平面和扫描线之间的角度记为 α。然后，我们可以基于余弦定理计算出完整的回波路径：

$$p = R + \sqrt{R^2 + x^2 - 2xR\sin(\alpha)} \qquad (23)$$

用声波的速度去除式（2）中的 p，我们将获得从 P 点发出的声波的传输延迟，对从两个元件 i 和 j 发出的声波的相干求和，意味着增加如下的延迟系数：

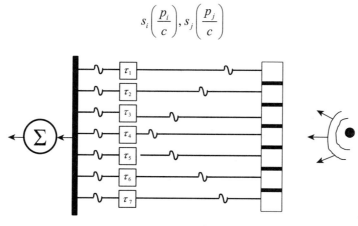

$$s_i\left(\frac{p_i}{c}\right), s_j\left(\frac{p_j}{c}\right)$$

图 17　接收端的相位延迟

从式（23）中可以观察到，计算延迟意味着计算 sin 函数和平方根函数，这对应时钟周期（数字信号处理器）/ 芯片面积（FPGA/ ASIC）的消耗。对于使用 DSP 的情况，延迟计算可以离线进行，并将得到的结果存储在内存中，但在 FPGA/ ASIC 中的延迟计算通常需要具有一定的精度。在本章后备注的文献中可以找到许多近似计算延迟的方法[2], [6], [7]。完整的回波路径的计算如图 18 所示。

设计实例

基于前面推导出的公式法则，我们将详细讲述一个设计实例。首先，让我们假设如下的一些系统参数：

- 一个探头上有 30 个元件使用，用于发送和接收的孔径都为 0.9cm。
- $(A_{tx} = A_{rx})$。
- 目标深度为 17cm（R）。
- 感兴趣的区域被定义为一个 75° 角的扇区（θ）。
- 采样频率为 32 MHz（f_s）。
- 2 MHz 的中心频率（f_0）。
- 声音在人体内的传播速度为 1540m/s。

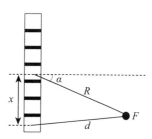

图 18　完整回波路径的计算

如上所述，为了形成图像，我们必须采集涵盖感兴趣区域的多条扫描线。要形成一条扫描线，超声波必须发射到所需的深度并反射回来，这将给出获得一条单一的扫描线所需的时间帧长度：

$$T = \frac{2R}{c} \tag{24}$$

在我们这个设计实例中，这意味着获取一条单一的扫描线所需的时间帧长为 2.2078e-0004 秒。

根据角度分辨率的计算方法（公式 10），我们可以得出，为了对感兴趣的扇区进行采样，所需要的扫描线个数为：

$$\bar{\alpha} = \frac{\lambda}{A_{tx} + A_{rx}}, \quad \lambda \stackrel{\text{def}}{=} \frac{c}{F_0} \qquad (25)$$

$$N_{sl} = \frac{\theta}{\bar{\alpha}} \qquad (26)$$

其中，$\bar{\alpha}$ 是角度分辨率，N_{sl} 为扫描线个数，λ 为波长。在上面的角度分辨率公式中，孔径的长度我们使用的是发送和接收之和，因为在成像环境下，我们必须将 Tx 和 Rx 方向的孔径都考虑进去。

在超声成像基础那一节中我们提到过，在实际成像过程中，角度分辨率一般为理论计算结果的一半。这表明实际所需的扫描线数量为：

$$N_{req} = 2N_{sl} \qquad (27)$$

在我们这个设计实例中，扫描线的数量为：

$$N_{red} = 62$$

根据式（24）和（27）我们可以计算出能够达到的最大成像帧速率为：

$$Fps_{max} = \frac{1}{TN_{req}} \qquad (28)$$

在我们这个实例中，最大成像帧速率的计算结果为 73 帧 / 秒。

从式（28）可以观察到，帧速率在很大程度上受限于声音在人体内的传播速度。在本章后的文献中，读者可以找到不同的方法来增加帧速率，请参考文献 [6] 中的详细解释。

一旦设置好了能够达到的最大性能边界，我们就需要从硬件的角度来分析如何实现这些特性。如前所述，波束成形曾经只是针对 FPGA / ASIC 实现的功能，但随着现代 DSP 的发展，出现了一个低成本通用处理器替代方案。在此我们有两个关键的指标需要进行评估：

1. 带宽。

2. 循环计数。

MSC8156 是六核 DSP 芯片，每一个核的子系统都带有两个层次的缓存。所有的核都可以访问大约有 8 GB/s 总带宽的 M3（位于裸片上）和两个约 12.2 GB/s 带宽的 DDR 内存。

IO 接口我们会考虑使用 Rapid IO，因为它可以提供高达 9.11 Gbit/s 的吞吐速率。目前的 DSP 或模拟前端的缺点（取决于你从哪里开始定义）在于他们不能直接对连，也许后续一些标准接口的出现会解决这个问题。既然不能直接接口，则需要设计某种形式的连接器。这种连接器可以在 FPGA 或 ASIC 中实现，实际上，只需要一个简单版本的 FPGA/ASIC 来完成波束成形，因为它只需要收集到数据，并通过 FIFO 发送给与其相连的 DSP。

纯软件的方法将提供更多的灵活性，并降低 NRE，因为使用复杂的硬件来计算的延迟和切趾系数是不必要的，所有这些参数都可以预先计算并存储起来，如果需要，可以通过软件很容易地更新。

影响带宽的一个重要因素是单个元件的指向性。一个元件发出的超声波必须经过一定深度的传播，才会有助于进行波束成形，而传播深度又由扫描线方向、元件的位置和指向性图案的角度等因素决定。如果我们考虑将指向性图案的角度限制为如下的范围：

$$\left[-\frac{\pi}{4},\frac{\pi}{4}\right]$$

并且对三角形 ABC（图 19）应用 sin 函数公式，可以得到：

$$\frac{AC}{\sin\left(\dfrac{\pi}{4}\right)}=\frac{x}{\sin\left(\dfrac{3\pi}{4}+\varphi\right)} \tag{29}$$

$$AC=d_{start}=\frac{x}{\sqrt{2}\sin\left(\dfrac{3\pi}{4}+\varphi\right)} \tag{30}$$

对于一个与水平方向（实际上在我们的用例中使用了最后的扫描线）成 37.5° 角的扫描线，和一个距离中心点 0.44cm 的元件，有助于进行波束成形的深度需要大约 2.4cm。

可以设想到整个系统是流水处理的，如图 20 所示。

当 DSP 处理现有数据的同时，新的数据采集和传输将被触发。波束成形及图像生成，和新的回波数据的传输是并行执行的。时间帧分配将最后定义每秒的帧数目，可以设想如下的主要参数：

- 数据采集及传输：0.34375ms。
- 波束成形：0.1385ms。
- IF：0.205ms。

基于上面的参数，又考虑到每次采集 64 个扫描线，得出约每秒 45 帧的速率。

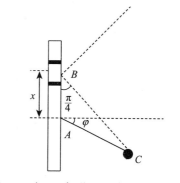

图 19　对于三角形 ABC 应用 sin 函数公式

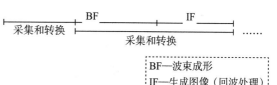

图 20　系统流水处理

MSC8156 有 6 个内核，每个内核能够处理 1000 MCPS（百万次计算每秒），在下面的估计中，我们会考虑尽可能使核占用率低于 90%，从而为操作系统的开销留一定余量。此外，DDR 和 M3 带宽的最大利用率将不超过 60%，这样我们的估计不会接近超载的边缘。

由我们之前计算得出的一系列参数可知，深度范围为 4 ～ 17cm，帧速率为每秒 45 帧，每次大约 64 个扫描线，我们可以计算出如下的系统带宽（基于式（24））：

$$BW=\frac{32e6Hz\dfrac{0.17m+0.13m}{1540m/s}\dfrac{16\,bit}{1024^3}30\,channels}{T}\approx 8.1Gbit/s \tag{31}$$

$$T=0.34375ms$$

此数据带宽可以通过 DSP 侧的 Rapid I/O 进行处理，并且有大约 1 Gbit/s 的裕量[8]。

在波束成形的输出中，每一个扫描线约有 6200 个采样值。聚焦和切趾系数的更新速率必须不低于焦距限制的要求（见本章超声成像技术基本里的式（17））。对于本例的使用情况，当焦距接近 4 cm 时，此参数更新率至少为 6.8ms 一次。经过考虑，最后我们将采样每 20 个采样一次（约每 0.9625ms 一次）的更新速率（可根据声音的速度和采样率计算得到）。

波束成形模块将每 20 个采样值更新一次参数，但应在每一步中都进行插值运算。这意味着我们需要预先计算：

- 延迟和切趾系数：两个 8 位值。
- 更新偏移量：一个 8 位值。

很明显波束成形不能由一个单一的 DSP 核来处理，所以我们必须把它分解成多个任务，并在多个 DSP 核上并行化处理。我们将看到五个 DSP 核足够完成此任务。图 21 给出了该架构的示意。在第 1 阶段，五个 DSP 核中的每一个将

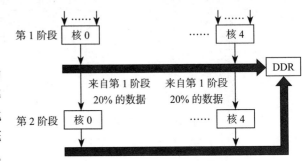

图 21　波束成形处理在核间的分配

处理 6 个信道数据，在第 2 阶段，第 1 阶段的输出将被添加，每个 DSP 核将处理总数据的 20%。插值会完全在第 1 阶段完成，鉴于向量已连贯一致地排放好，因此在第 2 阶段进行简单的累加就足够了。波束成形的时间框架将被分配如下：

- 第 1 阶段：0.125ms。
- 第 2 阶段：0.0135ms。

考虑到为了进行波束成形，需要在较短的时间内（0.125ms）传输式（31）中计算出的同样数量的数据，我们可以计算出在第二阶段的时间范围内 M3 的带宽要求大约为 30 Gbit/s，其余时候，M3 仅用于 Rapid I/O。

既然要考虑保持 M3 主要用于 I/O，我们必须将超过 0.8 MB 的延迟和切趾数据放在 DDR 中。在第 1 阶段的时间框架内要求传输的带宽可以由以下公式计算出：

$$BW_{DDR,coeff} = \frac{\dfrac{6200samples}{20} 24\,bit\,30\,channels}{1024^3 T} \approx 1.66 Gbit/s \qquad (32)$$

$$T = 0.125ms$$

采样数据使用 16 位表示，但因为模拟前端使用 12 位的精度，我们认为最高 4 位都为 0。在第 1 阶段，考虑到将六个 12 位的数值加在一起后最高位的增长不会超过 4 位，DSP 核将向 DDR 写入五个向量，每个向量为 6200 个 16 位样本。最终计算出的带宽需求如表 1 所示。

表 1　处理带宽需求

	第 1 阶段		第 2 阶段	
存储类型	M3	DDR	M3	DDR
带宽需求	30.04	5.3	8.1	33.9
可用带宽	60	96	64	96

可以观察到，在所有时间段的 DDR 带宽都低于其最大可用带宽的 60%。一般 DDR 带宽使用率不应该超过 60%，否则估计结果不是 100% 可靠。该表显示，从带宽的角度来看，这是在可接受的范围内，没有地方需要特殊的关注和评估。

MSC8156 每个 DSP 核具有四个数据算术逻辑单元（Data DALU）和两个地址生成单元（Address Generation Unit, AGU）。另外，还有以下两条指令将显著减少计算所需的时钟周期：

macd Da,Db,Dn $Dn + (Da.L * Db.L) + (Da.H * Db.H) \rightarrow Dn$

mpyd Da,Db,Dn $(Da.L * Db.L) + (Da.H * Db.H) \rightarrow Dn$

利用本指令，一个 DSP 核可以在一个单时钟周期内执行 4 个插值操作。如果能正确地排好流水，相干求和将需要大约 9 个时钟周期（见图 22 中的伪代码）。每 20 个采样点需要读取新的延迟和切趾系数，这需要大约 8 个时钟周期，从而得出在第 1 阶段每个输出样本约耗费 9.4 个时钟周期（参见图 23 中的伪代码）。不包括数据读取的时间损失，第 1 阶段中总的周期数 /DSP 核为 5.8e4 时钟周期。在第 2 阶段，第 1 阶段的五个输出加在一起。在最简单的实现中，可以同时并行计算两个输出样本，这可能会导致约 2.5 个周期 / 输出样本，从而得出总的周期数为 2.4e3 时钟周期 /DSP 核（图 24）。

- 压缩第 1～3 信道的数值
- 从第 4 信道读新数值

- 第 1～3 信道的插值和切趾（mpyd）

- 第 1 和第 2 信道数值相加
- 从第 5 信道读取新数值

- 将第 3 信道加到第 1 和第 2 信道的和上
- 从第 6 信道读取新数值

- 压缩第 4～6 信道的数值

- 第 4～5 信道的插值和切趾
- 第 6 信道的插值和切趾；加上第 1～3 信道的总和（macd）
- 从第 1 信道读取新数值

- 第 4 和第 5 信道相加
- 从第 2 信道读取数值

- 将第 6 信道加到第 4 和第 5 信道的和上
- 从第 6 信道读取新数值
- 写入内存中

图 22　第 1 阶段中每个 DSP 核所耗费的时钟周期

当考虑数据传输时的时间损失时，有以下一些经验法则参考：

使用 M3 时，约为 80 时钟周期 /128 字节。

使用 DDR 时，约为 100 时钟周期 /128 字节。

| 读取第 1 和第 2 信道的偏移 |

| 读取第 3 和第 4 信道的偏移 |

| 读取第 5 和第 6 信道的偏移 |

| 读取第 1 和第 2 信道的偏移 |

| 读取第 3 和第 4 信道的偏移 |

| 读取第 5 和第 6 信道的偏移 |

| 读取第 1～4 信道的插值和切趾系数 |

| 读取第 5～6 信道的插值和切趾系数 |

$$M = C0(i)+C1(i)$$
$$N = C2(i)+C3(i)$$
$$P = C0(i+1)+C1(i+1)$$
$$Q = C2(i+1)+C3(i+1)$$
读取 C0 和 C1 的新数值

$$A = M+N$$
$$B = P+Q$$
读取 C2 和 C3 的新数值

$$A +=C4(i)$$
$$B +=C4(i+1)$$
读取 C4 的新数值

写入 A 和 B

图 23　第 1 阶段中每个 DSP 核所耗费的时钟周期　　　图 24　整个路径中每个 DSP 核的循环计算

如果提前使用 dfetch 指令来获取数据，可以减少以上列出的时间损失。同时必须提及的是，M3 的 80 时钟周期 /128 字节这个数字，已经包括了较大的裕量以应付可能的 Rapid I/O 瓶颈。

第 1 和第 2 阶段的性能要求列于表 2。

表 2　第 1 和第 2 阶段中处理性能的需求

阶段	M3 时间损失	DDR 时间损失	核时钟周期
	0	约 9.6e3	约 2.4e3
第 2 阶段		整个阶段 2：约 12e3	
		可用：约 13.5e3	
	约 4.6e4	约 4500	约 5.8e4
第 1 阶段		整个阶段 1：约 10.8e4	
		可用：约 12.5e4	

从表中的数据可以看出，第 1 阶段中核的利用率约为 86%，而第 2 阶段中核的利用率约为 89%，这都没有超过我们之前给出的预设范围。

从以上分析我们得出的结论是，波束成形不再仅在 FPGA/ ASIC 上才能实现；对于低成本和低端设备而言，在 DSP 上实现波束成形也是可行的。考虑到在上述实例中，计算需求尚未达到 DSP 的最大限制，读者可以进一步评估多线采集在 DSP 上实现的可行性，不过这不在本章的讨论范围之内。

回波处理

波束成形器的输出是对应于扫描线的 RF 数据。之后的回波处理过程负责从多个扫描线中形成实际的图像。以下内容将着重讲述 B 模式成像，因为它是超声波机中必须具有的一项功能。

图 25 给出了形成 B 模式图像的两种方法。方法 A 使用了射频解调和采样点抽取，方法 B 使用了基于对输入信号进行平方运算的经典包络检波算法。

从换能器接收到的信号是典型的带通信号，其带宽约为中心频率的 50% ~ 70%（图 26）。这可以直观地解释以下事实，即换能器元件仅对某一频率范围内的信号敏感。

对于 RF 解调来说，有以下两种常用的方法：

a. 基于希尔伯特变换。

b. 基带下变频转换。

在第一种方法中，同相信号（I）通过延迟原始信号获得，而正交信号（Q）通过使用希尔伯特 FIR 滤波器获得（图 27（A））。对原始信号在频域上施加希尔伯特变换也能得到类似的结果。该方法的优点是与中心频率无关。

第二种方法是基于图 27（B）的描绘通过 cos 和 sin 信号进行混频，该方法是与中心频率相关的，可以证明，从耗费的时钟周期的角度来看，这比基于希尔伯特变换的方法要好。

无论使用的是上述哪种方法，下一个步骤都是低通滤波和抽取。此步骤不仅可以减少后续处理步骤所需的时钟周期，也因为最终的图像显示分辨率有限（如 320×240，640×480 等）。

包络检测和对数压缩是一个简单的算法，该算法可以分为如下步骤：

步骤 1：$O = \sqrt{I^2 + Q^2}$

步骤 2：$\text{out} = k + d\log_p(O)$

第二个步骤是必需的，因为有反射镜和散射反射之间的大动态范围。为了克服动态范围的问题，可以应用一个灰度级变换，这通常是通过使用对数函数完成的（参见图 28 和图 29）。估计参数 d、K、和 p，可以使图像的动态范围在适合人眼察觉的最大动态范围内，同时还能够调整所需的亮度水平。

RF 解调和抽取是用于多普勒成像模式的一种方法，但在 B 模式中，由于我们只需要信号

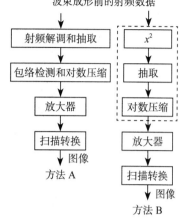

图 25　生成 B 模式图像的两种方法

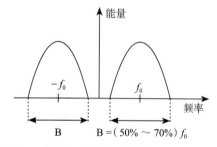

图 26　从换能器接收到的信号是典型的带通信号，其带宽约为中心频率大小的 50% ~ 70%

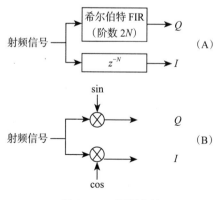

图 27　RF 解调方法

包络，因此从耗费的时钟周期的角度看，所需的计算资源过于密集。另一个经典的方法，即图 27 中描述的方法 B 则更为合适。在图 30 中可以看出，对输入信号进行平方运算，可以将原始信号的中心频率搬移到 0 Hz 附近，并在原信号中心频率的两倍处带来一个副本信号。

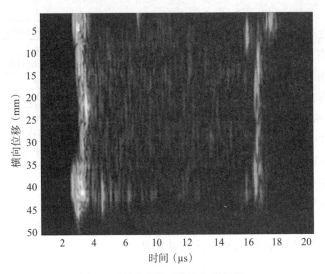

图 28   使用对数函数的灰度转换

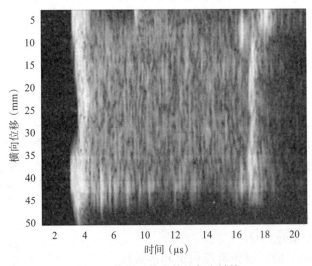

图 29   使用对数函数的灰度转换

接下来的步骤是筛除中心频率两倍处的副本信号。这种过滤可以纳入抽取之前所需的低通滤波器一并完成。对数压缩在在抽取之后进行，以避免在那些将被丢弃的样本上消费无用的时钟周期。

不占用过多时钟周期的抽取过程涉及使用 CIC 滤波器和补偿办法。关于 CIC 滤波器的详细理论描述超出了本文的讨论范围，读者有兴趣可以参考文献 [9] 中的文章。要记住的一个有趣的事实是，CIC 滤波器是位增长的。当输入的比特数为 B_{in} 时，滤波器输出的比特数要求为：

$$B = N\log_2(R) + B_{in} \tag{33}$$

其中，N 为滤波器阶数，而 R 是抽取因子。

这很容易超过寄存器的可用比特位数，使实施变得复杂。例如，对于一个 19 位输入（在波束成形模块中，对 128 个信道的 12 位数据累加得来），滤波器的阶数为 4，抽取因子为 10，输出数据的比特数将超过 32 位。有些 DSP（像 Freescale MSC8156）有 40 位的寄存器，允许 CIC 滤波器有效实施更大范围内的抽取因子，或较大的滤波器阶数。

扫描转换可以视为从一个坐标系（采集图像时的坐标系）到另一个坐标系统（显示的坐标系）的变换。通常，这是一个两维空间中进行插值的操作，以下是可能会执行的具体技术。

- 最近邻点取样：快速，但图像质量稍微差一些。
- 线性插值：快速，但图像质量稍微差一些。
- 双线性内插值：通常能在质量与速度之间有较好的权衡。
- 最优插值：缓慢，但具有良好的图像质量。

有兴趣的读者可以参考文献 [5] 中回波处理模块在 MSC8156 上计算量估计的内容。参考文献 [5] 中的讨论也延伸到一些经典的图像增强算法，如中值滤波和直方图均衡等。

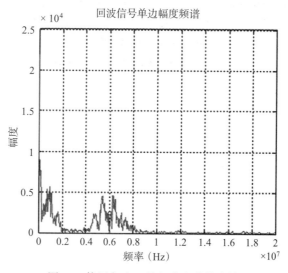

图 30　使用方法 B 的经典多普勒成像

总结

本章给出了一个简短的理论背景，将工程师和应用架构师引入医用超声设备的领域，并对一些经典的成像类型进行了介绍和描述。

本章的第二部分详细介绍了一个典型的应用场景，从而使读者了解了如何在医用超声领域中，对现今的 DSP 处理能力进行评估。这里重点关注了波束成形算法，因为它需要消耗大量的计算资源，最后还对回波处理模块进行了描述，并对其应用在现代高端 DSP 的情况进行了评估。

参考文献

[1] IEEE Transactions; May 1985; Chihiro Kasai，Koroku Namekawa; Real-Time Two-Dimensional Blood Flow Imaging using an Autocorrelation Technique.

[2] Thomas L. Szabo; Diagnostic ultrasound imaging inside out.

[3] US National Library of Medicine; Lind B，Nowak J; Analysis of temporal requirements for myocardial tissue velocity imaging.

[4] Jørgen Arendt Jensen; Estimation of blood velocity，using ultrasound.

[5] EETimes Design，2/5/2011，Robert Krutsch，Taking a multicore DSP approach to medical ultrasound beamforming.

[6] Tore Gruner Bjastad，January 2009，High frame rate ultrasound imaging using parallel beamforming.

[7] Borislav Gueorguiev Tomov，January 2003，Compact beamforming for ultrasound scanners.

[8] Iulian Tapiga，Freescale Semiconductor Application Note，April 2010，Optimizing Serial Rapid IO Controller Performance in the MSC815x and MSC825x DSPs.

[9] Matthew P. Donadio，Iowegian，July 2000，CIC Filter Introduction.

案例分析 3
VoIP DSP 软件系统

VoIP 领域简介

有线 TDM 电信网络

普通老式电话服务（Plain Old Telephone Service, POTS）提供的业务满足了世界几十年的通信需求，在此期间它被发展和完善，并达到了著名的"五个九"标准。人们依赖的公共交换电话网络（Public Switched Telephone Network, PSTN）在 99.999% 的时间里都能够提供稳定的服务。这样的高可用性意味着每年的宕机时间小于 5.26 分钟。为了达到如此高的可用性，网络需要实现多种控制协议并在其中建立一定的容错范围。PSTN 的组成包括一系列的中心局（Central Office, CO），也被称为端局或 5 类交换机，其在网络边缘通过被称为"本地环路"的模拟或数字连接为最终用户提供服务，核心网络中的汇接局连接各个中心局，这是一个连接各个中心局的分布数字网络，这些网络元素通过汇接局和一个信令系统来控制。

图 1 描绘示出的 PSTN 架构使用了两种类型的传输技术：模拟和数字。此模拟和数字链路的组合产生了在成本上最有效的方法来覆盖到所有终端用户，并提出了有效的适应机制来改善该网络以提供一个优质的话务服务，此优质服务在很长一段时间内一直被视为"长话质量的标杆"。模拟传输使用连续变化的电信号来表示语言话音。数字传输系统将模拟电信号转换为用二进制 0 和 1 表示的离散值来传递信息。

图中描绘的是使用双绞铜线的本地环路的模拟信号传输，另一种称为 ISDN 的技术为客户端设备（Customer Premises Equipment, CPE）引入了数字传输，尤其是在那些人口稠密地区，其服务收入可以抵消相对较高的部署成本。尽管本地环路可能使用模拟或数字传输技术，但整个网络的其余部分都会使用数字连接，以保证更好的传输质量和效率。

原则上，数字化会在 CO 中（图 2）完成。然而，从 CO 部署较长（几公里）的铜线到遥远的用户端会带来许多复杂的问题，比如用于用户信令（例如摘机）的直流电流电衰减、电的声音信号衰减，以及沿途安装的放大器带来的噪音水平增加。用户环路载波（Subscriber Loop Carrier，SLC），也被称为数字环路载波（Digital Loop Carrier，DLC）的提出就是为了解决这些问题，使得编解码器尽可能在接近移动客户端的地方部署，比如在大型建筑的附近。一般 CPE 和 DLC 之间使用铜线连接，然后用数字中继线将集中的数字语音话务连接到 CO。

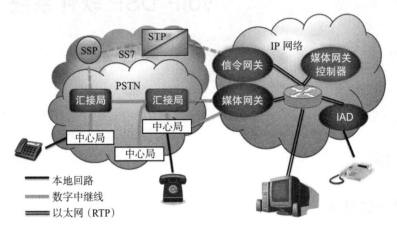

图 1 PSTN 架构

随着语音话务的数字化，使用相同的物理导体同时传送语音和数据（或信令）使 PSTN 网络变得更有效率。通过使用正确的协议格式，比特流可以在干线的两端进行打包和解压，使得两种类型的信息（语音和数据）可以恢复。

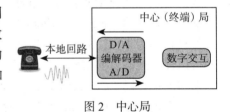

图 2 中心局

最常用的调制技术是脉冲编码调制（Pulse Code Modulation, PCM）和自适应差分脉冲编码调制（Adaptive Differential Pulse Code Modulation, ADPCM）。

在 PCM 的情况下，假设信号带宽为 4kHz，虽然实际使用的是 3.1 kHz 的带通滤波器（300 ～ 3400Hz），每个模拟通话转换成 8000 个样本 × 8 比特 / 抽样样本 = 64 000 比特每秒的数字比特流。ADPCM（在 ITU-T 建议 G.726 中所描述的调制技术实现机制）是一种技术上更先进的方法，它依赖于人的语音固有的可预测性，使用 PCM 编码的数字为输入，并分析其之前的模型以预测下一个可能的样本。它将 PCM 的比特码率从 64 减少到 40、32、24 或 16 kbit/s。

64kbit/s 的 PCM 调制技术，作为由 ITU-T 的 G.711 建议书中给出的标准，在 PSTN 中已使用了几十年。自 1962 年其在贝尔实验室实现以来，64 kbit/s 作为增量（简称为 DS0）单位已成为数字化传输系统的基本构建模块。在北美，传输系统被称为 T 载波，每个 T1（也称为 DS1）捆绑了 24 个 DS0，总容量为 1 544 000 bit/s。T3（也称为 DS3）是一个更大容量的数字干线，捆绑了 28 个 T1，总容量为 45 Mbit/s。而多个 T3 传输通道可以捆绑成更高容量的光通道（OC），同步光纤网络（Synchronous Optical Network, SONET）即在此基础上开发。在欧洲，类似的传输通道命名为 E 载波（由欧洲邮政会议电信管理部门 CEPT 开发，即欧洲电信标准学会（Europe Telecommunications Standards Institute, ETSI）的前身，对北美的 T 载波进行了改进），将 32 个 DS0 合并在一个称为 E1 的传输通道中（其中 30 个时隙用于语音信道，一个用于成帧定位，一个用于信令传输），多条 E1 可以组合成一个 E3。

　　VoIP 之前的电信被归类为"电路交换"，因为所有的数字电话在一个称为时分复用（TDM）的链路上传输，其在整个网络中的资源分配在呼叫建立中就已完成，类似配置多个"虚电路"以创建一个连续的端到端的语音路径。这种方法的好处在于能提供较高质量服务的内在特性，因为每个用户的数据或语音传输都会被分配一个专用的时隙。而该时隙不能由另一个用户的语音或数据同时占用。而其缺点是，对暂时闲置的资源进行投机性的使用是不可能的，即如果专用时隙未被当前用户的语音或数据所使用，则此时隙资源将被浪费掉，因为它不能与其他用户共享。

　　图 3 显示了一个 T1 帧格式。其中的帧比特位用于同步，而连续的 T1 193 位帧可以聚集成超帧格式（如 D4 或 ESF）。在早期的部署中，DS0 中的最低位作为信令使用。超帧中的某些 T1 帧的信令位会被抢作其他用途，例如 D4 格式超帧中的第 6 和第 12 T1 帧，每个 D4 超帧由 12 个 T1 帧组成。在早期的 PSTN 部署中，这有效地将语音信道的吞吐量限制在 56 kbps。

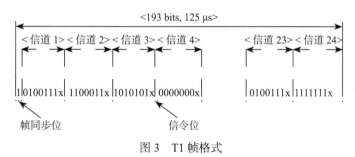

图 3　T1 帧格式

对于用户之间的信令呼叫，PSTN 后来部署了一种在北美称为信令系统 7（Signaling System 7, SS7），其他地方称为 ITU-T 的公共信道信令系统 7（Common Channel Signaling System 7, CCSS7）的基于分组数据的网络，以确定最佳的呼叫路由，连接主叫方并提供呼叫控制。

　　中心局提供一些基本的功能，如拨号音、拨号（处理呼叫建立请求）和来电通知（电振铃电流）等。SS7 网络和 CO 一起工作能提供一些更先进的功能，如来电显示和呼叫转移。

　　私人语音网络系统，如专用分支交换机（Private Branch Exchange, PBX）和按键系统，以及规模更小的实现方式，也能与 PSTN 一起提供一种混合的公共 / 私人网络。一个 PBX 允许多个用户在一个站点分享传入和传出的 PSTN 干线，所以不需要对 PBX 站点中的每个用户电话分配单独的 PSTN 线路。该交换机还可以通过缩位号码拨打 PBX 分机，以便内部呼叫绕过 PSTN 网络以节省额外的开支。此外，PBX 提供如呼叫转移、呼叫代答、自动话务员等功能。PBX 和按键系统还集成了其他的增值应用和功能，如语音邮件系统、统一消息，以及交互式语音应答（Interactive Voice Response, IVR）系统等。IVR 系统可以根据呼叫者的音频指令与其交互，并帮助其转接通话。

向基于 IP 传输的转变、市场驱动及技术变革

VoIP 的目标是使基于分组网络的电话用户，不仅彼此之间可以进行语音通信，也可以同常规的 PSTN 电话用户进行语音通信。VoIP 网关提供传统电话网络和网络电话的数字世界之间的互联。

网关设备的主要功能是在两个不同的域之间提供翻译服务，包括传输格式通信协议以及音频编解码格式的转换。

网关在电话网络和基于 IP 网络之间提供了一个双向接口。当然这种双向接口也是可选的，例如只有企业局域网体系结构时，它也没有必要与常规的公共交换电话网络互连。它承担起在 H.323 或 SIP 终端与 PSTN 的 T1、B-ISDN、SS7 等网络之间建立和拆除语音信道的任务。

互联网工程任务组（Internet Engineering Task Force, IETF），在其 RFC2705 中的媒体网关控制协议（Media Gateway Control Protocol, MGCP）里，提出了一些电话网关的具体例子，这些网关在应用程序域里都具有一些专门的功能。最常见的网关类型如下。

- 中继网关：管理大量的数字电路。
- 接入网关：对模拟电路提供支持。
- 住宅网关：提供更少的容量，但支持在人们家中常用的多种通信技术。

随着第三代（3G）无线网络的到来，第四种网关类型在此加入：

- 3G 媒体网关

通过两个标准化组织 ETSI（TIPHON）和 ITU-T 定义的网关模型是提供这种转换接口的单一盒式设备，但网关模型也可以分解为三个独立的部分组成，并在三个不同的平台上运行。

1. 媒体网关是一个互联互通的关键工作单元，在基于不同标准的网络间进行媒体转换（例如，电路交换网络和 IP / 以太网）。它提供流媒体格式的转换，如语音、数据、视频等，并对不同网络之间的信息传输进行管理。因此，它相当于本地或电路交换网络里的中转开关。例如，PSTN/IP 媒体网关在基于 IP 的 G.723.1 的 6.3 kbit/s 数据到 G.711 中的 64 kbit/s 数据之间提供语音业务转换。媒体网关一端连接到 10/100BT 的以太网局域网，另一端连接到 T1 中继线或 ISDN 线路等电话网络，从而在两端兼容 H.320 标准的视频设备间进行视频通信。此平台需要永久保持工作状态，以防两个端点间出现任何服务中断。媒体网关必须是一个高可用性的平台，需要有最小的宕机时间，并允许在系统运行时进行维护操作。此节点的功能还包括抖动控制、延迟、回声消除或任何有关通信服务质量（Quality of Service, QoS）的其他特性。

2. 媒体网关控制器提供了对网关的全面控制。它与 Gatekeeper 通信获取关于 IP 地址和

电话网络之间的映射的数据库信息。

3. 信令网关负责 VoIP 信令如 H.323 和 SS7 信令网之间的接口。

DSP 在 VoIP 应用中的角色

TDM-IP 媒体网关

PSTN 到 IP 媒体网关的通信系统通常由五种类型的资源组成，各个资源模块之间通过内部背板总线互连，以传输数据和控制信号：

1. 到 PSTN 网络的一组接口卡。

2. 通常装载有 DSP 集成电路的资源卡，用于专门的语音、传真、调制解调器处理。

3. 带有一个通用 CPU 和相关外围设备的网络处理器卡（如图 4 和图 5 中的板卡带有以太网连接；ATM、TDM 和 DSP 卡分开）。

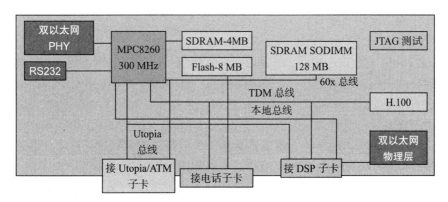

图 4　主控单板

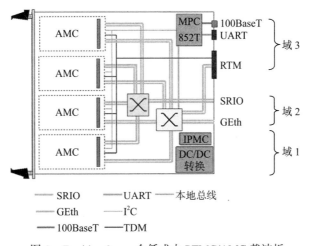

图 5　Torridon 2，一个低成本 PTMC/AMC 载波板

4. 网络接口卡, 用于连接骨干网的数据网络。

5. 一些单独的应用处理器, 有时也被称为主机处理器, 在 CPU 某些网络和应用功能执行不过来的时候使用。

媒体网关应用中的 DSP 子系统 (如图 6 中所示采用 ATCA 规格的完整系统, 载波板带有四个 AMC 卡, 由左到右依次为 MPC8548 网络处理卡、MPC8641 主机处理卡、MSC8122 DSP 处理卡和 T3 PSTN 卡) 通常执行多个话务或通道的数据转换。由于每个话务都是全双工的, 所以每个通道都有出口和入口的数据同时需要处理 (从 A 到 B 的数据必须编码, 而从 B 到 A 则必须进行解码)。

一个完整的语音处理全双工通道包含多个信号处理和管理的任务, 包括语音的编码和解码、语音压缩、网络回声消除、信令处理、各种电话功能如双音多频 (Dual Tone Multi-Frequency, DTMF) 的生成和检测, 以及内务处理功能 (图 7)。语音编码算法的类型取决于网关系统的具体应用。例如, 对于无线媒体网关, 通用的移动电话系统 (Universal Mobile Telephony System, UMTS) 无线系统到 PSTN 网络的接口, 除了 UMTS 标准中所规定的其他协议, 还需要集成一个自适应多速率 (Adaptive Multi Rate, AMR) 语音编码器。一些通道还可能包括传真连接, 通常伴有语音传真功能, 但传真业务只占了整体电话流量的一小部分, 具体的实施方法为使用 T.38/T.30 传真中继和相关数据泵。

图 6 采用 ATCA 规格的完整系统: 带有四个 AMC 卡的载波板

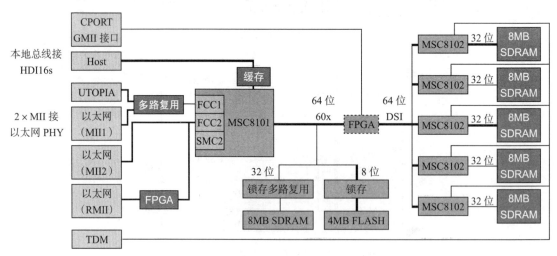

图 7 DSP 子卡 (8102PFC)

一个典型的网关包括一个 DSP 子系统, 往往由多个单板组成, 每个单板上带有多个 DSP 处理器, 其中每一个 DSP 处理器都可以处理多个语音信道。DSP 子系统的集合通常被称为 DSP 场。从 PSTN 转接到分组 / 无线网络时，DSP 处理器接收 64 kbit/s 的数据流，将其转换成数据包或 ATM 信元并将其转发到各自的接口模块。从分组网络转接到 PSTN 时，该 DSP 将执行相反的处理步骤。该 DSP 处理器通常是由主处理器或控制器来控制，下载相应的语音处理算法软件到 DSP 中并对其进行配置，并且负责各个处理器之间的负载均衡和其他网络管理功能。

由于 DSP 需要执行这些不同网络之间的语音或传真处理，因此我们认为 DSP 的 I/O 接口将支持至少一个分组接口和至少一个时分复用（Time Division Multiplex, TDM）接口，从而支持直接连接到时隙交换（Time Slot Interchange, TSI）设备。

在图 7 和图 8 中的 DSP 农场卡（farm card）（农场这个技术术语表示聚集多个计算能力源的系统），将分组域内的物理链路集中到一个单一的焦点上。这可以是一个（以太网或 Rapid IO 的）交换机，或是进行专业网络处理的 CPU。网络处理器提供了更大的灵活性来配置数据路径、指定转发规则，分担一部分网络协议栈（例如，对传入数据包的 IP 头和 UDP 进行校验，或产生传出流量）的处理，甚至实施一些系统级功能（例如，合法拦截，保存在谈话中各方发出的信号，从而使法律授权的机构可以进行监听）。

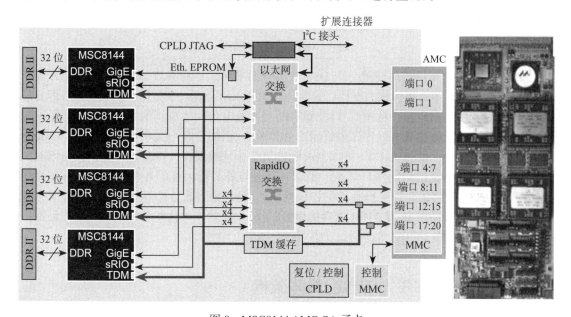

图 8　MSC8144 AMC-SA 子卡

VoIP 应用中的 DSP 架构

DSP 架构提供了全面的呼叫处理引擎，覆盖了现代电话通信的各个主导方面：语音通话、数据通信（即传真和调制解调器），并能提供与选定标准兼容的信令管理辅助功能服务，如图 9 中所示。

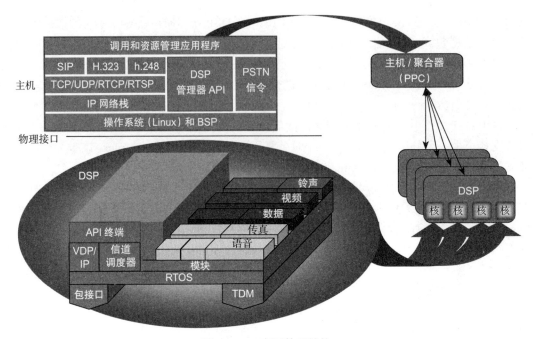

图 9   VoIP 高层体系结构

　　DSP 架构的主要目的是创建一个 DSP 解决方案平台，从而在媒体网关和 IP-PBX 等产品类型中提供对媒体处理引擎的支持。这两种应用要求结合客户期望的标准化功能（即支持的功能列表，如编解码器、铃声），以及固有的与其他电信网络应用的协作（即外部系统与一部分电信基础设施互联，以提高最终用户的体验）。例如，客户关系管理应用（Customer Relationship Management, CRM）可以连接到电信企业基础设施，以便允许更快地访问相关信息或通过电话传递的相同用户信息。虽然一部分与外部行为者的互动使用的是标准化的网络互操作机制（称为允许互操作性的协议格式），仍有相当数量的互操作是通过专有标准驱动的（如 IVR 或使用 IP 或 TDM 连接的语音邮件）。显然，对这些特性的支持是产品在市场上区分于其他竞争对手的亮点。

媒体网关中以 DSP 为中心的具体架构

媒体网关的高层体系结构及 DSP VoIP 应用

　　当需要更多媒体处理的时候，DSP 在电话基础设施中的作用更大。最初它主要用于长途电话中的回声消除，长途或国际电话在 PSTN 中的传播延迟时间越长，远端扬声器自身语音的回声越明显。电话网络引起回声的主要原因在于某些网络接口部件不完善，这些接口一般为连接四线和两线（图 10）之间的混合电路。混合电路提供四线的物理介质（两个独立的信号传输路径，一个用于发送方向和另一个用于接收方向）到两线物理连接之间的转换，从而提供一个信号在两个方向上同时传输的电连接[注]。

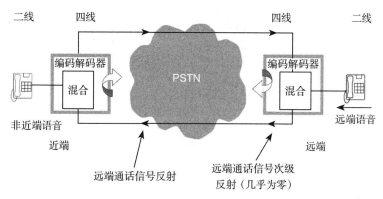

图 10　回音源

回波消除后，DSP 进行音频检测、生成以及其他功能，因此其软件代码库包含了多个包以支持不同的特性。

图 11 所示为一个特定 DSP 架构软件的各个组成部分。首先，看一下中央 API（DSPFWAPI）部分，它由应用处理器（或主机）上运行的主控应用程序所调用。任何这样的 API 都允许远程控制，因此可在 CPU 上实现通信协议，并通过 DSP 中的组件响应 CPU 侧的查询和命令下发。DSP 代码文件的结构也可以有许多形式。要考虑的一个因素是对功能特性的封装。图表中给出了三个不同类型。

- 成品组件（Component Off The Self, COTS）是一种简单的划分，基于这样的假设：即这些组件特性充分标准化，通常可在市场上购买到并集成到解决方案中。许多供应商提供二进制或源码形式的这类组件。其次，这些独立的组件在器件上的性能水平，提供了一个很好的指标来比较各个竞争平台。例如，一个确定的帧进行编解码所需的 DSP 处理周期数，与器件的核心频率、处理内核的数量以及芯片成本结合起来，用户即可建立第一轮的器件排名。

- 媒体信道是在 DSP 框架中实现了的软件构建，用于实现信道中的控制和数据流。用下图（图 12）来表示通过双向 TDM-IP 语音信道的试验性数据流，其中的软件构建通过集成的代码表示。不但参数和结果的处理，而且一些业务逻辑集成到决策流程都基于这些结果。例如一个产生的铃声，可以下发命令使其覆盖当前样品，或与当前的样品混合。其结果是，此系统级别的配置中，一个额外的混合器可以在或不在数据流中呈现。

- 内部组件 / 功能是 DSP 架构内置功能特性的一部分。在与一个本地信道或一般媒体处理系统有关联的情况下，它们与媒体信道紧密集成，而且它们大多是按照私有的协议和格式实现的。

⊖　参考：http://www.freescale.com/files/dsp/doc/app_note/AN2598.pdf，"Network Echo Cancellers and Freescale Solutions Using the StarCore SC140 Core" by Roman A. Dyba，Perry P. He，and Lúcio F. C. Pessoa

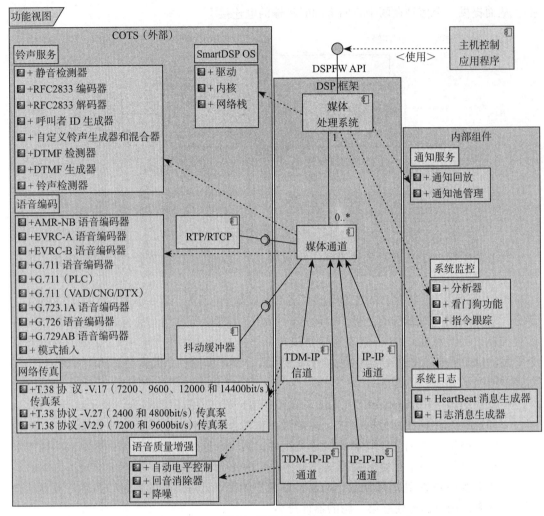

图 11　VoIP 软件架构

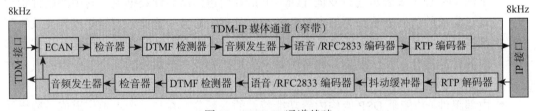

图 12　TDM-IP 通道基础

系统软件功能

媒体处理系统的总体动态运行流程如下所示（图 13）。在器件上开展主要类型的活动或服务都必须从定制 SoC 的引导程序开始。每个 SOC 都有其自身的 ROM 引导程序，并通过对配置点进行修改以适应不同需求。这里也可以通过外部支持（可以通过网络连接，或从存储设备）来加载实际应用程序。一旦应用程序完成系统和软件的初始化，它最终会并行运行两种类型的服务：系统级服务和媒体处理。"并行"在这种情况下指的是底层 RTOS 可能提供的支持方案，而 RTOS 是应用程序运行的基础。这可能意味着"优先级抢占"或"合作"的多任务处理。

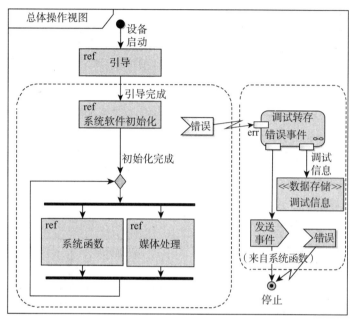

图 13   总体操作流程视图

尽管在设计过程或规格制定时可能被忽视，错误处理例程仍是非常重要的，便于用户在现场进行诊断和远处恢复。从一开始就将这样一个领域放在总体设计图中，可以强制开发人员在项目的启动阶段即重视设计 SoC 的错误处理功能。当潜在的客户在市场上选择 DSP 器件的供应商时，很少会在邀请提供报价时提及芯片的错误处理功能，但对于与片上硬件诊断子系统相关的要求，可以允许监控总线的错误或瓶颈、触发可配置阈值的诊断，或者维持 SoC 内互连结构的动态统计。

引导过程（图 14）是特定于每个 DSP 器件的，这样的软件初始化需要量身定制。对于 Freescale 的 MSC8157[⊖]，完成复位序列后引导程序即开始对 SoC 进行初始化。MSC8157 可以通过 RapidIO 接口从外部主机启动，或是通过 I2C、SPI 或以太网端口加载用户引导程序启动。默认的引导代码位于一个内部的 96 KB 大小的 ROM 中，所有 DSP 核都可对其访问。当 DSP 核完成复位序列，它们都跳转到 ROM 起始地址并运行引导代码，之后它们都会跳转到一个用户定义的地址开始运行应用程序。

引导程序不去配置 DDR 控制器，这需要通过用户的固件来完成。在大多数情况下，

⊖ Freescale 半导体公司，MSC8157 参考手册。

SoC 会连接到外部存储器，因此应用程序必须首先配置 DDR 控制器，以支持系统中的 DDR 内存。

ROM 启动代码主要对中断控制器和相应的中断向量寄存器进行初始化，寄存器中的地址将指向对应的中断服务例程。最后，微处理器配置好以执行应用程序代码，使能核的高速缓存，设置堆栈指针并跳转到相应代码。根据进一步的配置选项，它将使能各种外设，用于加载后续的应用程序代码（I²C，Rapid I/O 或以太网控制器）。用户可以选择修改在 I2C EEPROM 中的引导代码。用户可以使用这个扩展功能保存启动时运行的硬件诊断代码：验证外部 DDR 存储器或以太网连接等硬件。

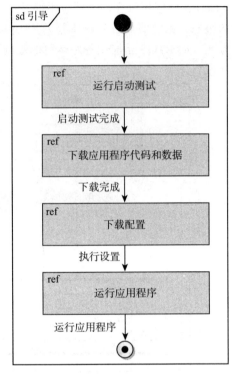

图 14　引导流程

MSC8157 器件可以通过以太网端口进行文件加载，使用图 15 中基于 IPv4 的 DHCP（Dynamic Host Configuration Protocol，动态主机配置协议）和 TFTP（Trivial File Transfer Protocol，简单文件传输协议）。SoC 中的 MAC 地址可以通过 I2C 总线在 E2PROM 中配置，此 MAC 地址在客户端第一次广播 DHCP DISCOVER 消息以查找该网络中的服务器时使用。另外，它也可以从复位配置字

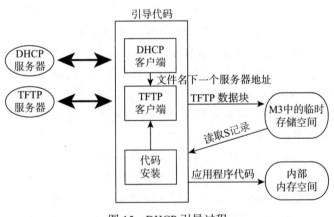

图 15　DHCP 引导过程

以及上电复位时对外部引脚信号的采样中获取。一旦应用程序代码和数据（包括自定义操作模式的静态配置数据）下载到内部和外部存储器中，就可以开始执行。在引导过程的最后一步，所有的 DSP 核都会跳转到 M3 内存地址 0xC000_0010 中写入的程序起始地址继续执行，这个地址值应该在引导文件中定义。

下面的图 16 中包含了通信系统中需要实现的典型系统服务：

- 进行错误检测和系统恢复的看门狗例程。
- 系统时间的保持，使用心跳消息实现向远程控制点传输各种小的度量指标。

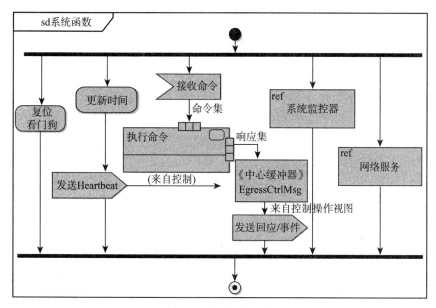

图 16　系统级的函数

- 接收来自外部控制点的命令处理，并发送回应消息。
- 系统监控功能，收集各种统计数据，例如缓冲区的状态（知晓满或空的情况，以发出潜在的上溢或下溢信号）、处理器平均负载、任务的平均执行时间、错过实时期限的任务调度数量。
- 网络服务，包括选择 TCP／IP 协议（最常见的为 IP、UDP、ICMP）以及 SNMP 网络监控和管理。

　　看门狗定时器是一个硬件计数器，可用于检测软件故障并从故障中恢复。在应用程序启动时，看门狗初始化为指定的时钟周期数，并开始向下计数，当期限届满，也就是计数器达到零时要执行一个特定的动作（MSC8157 中此动作可以是重置设备，或向一个特定的 DSP 核产生机器检查中断）。在各种平台中，看门狗一旦启动，就不能再被软件意外或故意停用。应用程序服务只复位看门狗计数器的初始值，并确保下次终止之前及时返回以进行重置。意外复位计数器的操作应该是困难的，因为及时的复位就意味着该系统运行正常。更可靠的操作是完全解析出内存访问的地址（考虑到地址寄存器位宽超出 SoC 系统总线的情况，需要允许意外地对看门狗位置进行写操作，虽然高有效地址位指向的是非法的存储空间）。还有一个功能强大的机制是背靠背的写复位操作。要注意的是，在多核器件的情况下，应该允许每个核有一个独立的看门狗定时器为其服务。一个显而易见的原因是每个核会运行不同的任务，因此用于错误检测的时序要求是不同。

MSC8157 设备中一个复杂的看门狗服务例程示例如下。该软件看门狗服务序列包括两个步骤。

1. 向系统看门狗服务寄存器写入 0x556C。

2. 向系统看门狗服务寄存器写入 0xAA39。

在这个特定的例子中，两次写操作之间可以间隔任意数量的时钟周期。这允许在两个写操作之间提供中断服务。另一种方法是其他半导体制造商在设备中规定的使用方法，必须进行背靠背的写入。时序约束要求两个写操作之间不能发生中断。第一种方法的支持者认为，两次写操作期间禁止中断可能带来成千上万个时钟周期的开销，这取决于总线上的层次结构和负载条件，从而降低了系统对实时事件的响应。写操作之间是否禁用中断，MSC8157 的看门狗状态机如图 17 所示。

看门狗操作的另一个重要方面是对复位原因的鉴定。当应用程序重新启动时，它需要查明原因。至少应该确定此次启动是一个正常的程序流程，或是由看门狗引起的。针对这种情况，MSC8157 提供了一个解决方案，通过复位状态寄存器（Reset Status Register, RSR）来捕捉各种复位事件。寄存器中的字段是

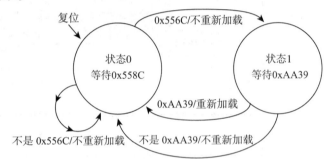

图 17　看门狗状态机

粘连的，可通过写入 1 来清除。如果不清除，事件积累能够贯穿多个复位过程，除非器件重新上电复位并恢复该寄存器的缺省值。RSR 存储的事件标志有如下几种：

- 软件看门狗定时器超时造成的复位（有 8 个计数器）。
- Rapid I/O 接口收到复位事件。
- 指示是否有软件硬复位等。

看门狗时间的配置需要仔细分析系统的计算路径。设置一个非常宽松的看门狗（MSC8157 的时钟输入为 500 MHz 时设为最大的 8.59s）可能是危险的，因为 CPU 无法及时回到线上监控系统设备。时间期限设置太紧时，可能会导致产生错误的超时，或将迫使应用开发人员在代码中的许多地方重置看门狗，从而降低代码的可维护性，并增加错过某条执行路径的可能性，导致稍后产生错误的超时。常见的方法是在后台循环任务中复位看门狗，而复位的时间间隔必须大于最大任务的持续时间与所有可能触发此任务的中断服务例程的时间之和。

在系统功能图中表示的控制流量提出了一个设计挑战：如何保持系统的可控性？比如当媒体流承载具有大数据量和不规则（突发性）性质的 RTP 音频时，控制流量在与主机控制的相互作用中如何在约束时间内给出回应。控制流量通过与媒体流量不同的介质交换的情况并不少见。经常会有这两种情况：相同类型的介质通过不同的物理端口（例如，两个不同的以太网端口）传输，或者不同类型的介质（例如，媒体流量通过以太网或串行 RapidI/O

端口，控制流量通过 PCI 端口）。

通常情况下，为了简化硬件设计，应优选相同类型的介质。一旦流量通过端口到达芯片，该平台必须对控制和媒体数据进行优先级排序并放置在不同队列中进行分离。我们可以看一个 MSC8122 DSP 四核器件中的简单配置实例。它包括一个以太网控制器进行帧识别，主要有方法有模式匹配和目的地地址匹配两种。一个帧是否被拒绝或接收取决于地址过滤、模式匹配或两者兼而有之。一般根据任何帧的前 256 个字节内容来过滤所接收到的帧，将其放置到配置的四个 RX 队列中。当只有四个队列时，使用对称多处理（Symmetric Multiprocessing, SMP ）的模型很困难。考虑到所有 DSP 核功能上是相同的，并执行相同种类的任务，这意味着每个 DSP 核对于主机控制应用程序来说具有同一性。只有四个传入 RX 队列（在 SMP 模式下每个 DSP 核分配一个队列）意味着，媒体和控制流量将落在同一队列中，这可能造成瓶颈。软件设计需要更加谨慎，并分配更多的轮询时间在控制路径上，旨在检查 RX 队列中具有更高优先级的控制包，并改变次序，将其放置在媒体数据包之前，即使它们的到达时间较晚。但是，在媒体数据包如洪水般涌入的情况下，考虑到数据速率取决于 TDM 同步速率（在 TDM-IP 信道中），队列可能很难有时间保存数据。因此，随着一个特定的队列满，控制流量将连同其他的媒体数据包被以太网控制器在端口被丢弃。通过软件架构来规避这个潜在的问题是可能的（例如，分配一个 DSP 核专门控制一个 RX 队列，当然这个 DSP 核也可以同时执行媒体处理任务，但处理的数据包来自其他三个队列）。但是理想情况下，硬件平台应该使软件设计变得更简单。

之后发布的 MSC8144 四核器件提高了 RX 队列的可配置性。通过增加一个更强大的用于网络流量处理的 QUICC 引擎加速器，UCC 以太网控制器（ UCC Ethernet Controller, UEC）能够处理更多的队列，队列数量增加到八个 RX 和 TX，每个都有其自己的中断产生功能。

媒体网关中 TDM 到 IP 处理路径

本节给出了 TDM 到 IP 处理路径工程解决方案的具体细节，功能框图如图 18 中所示，我们可以看出如何将 DSP 信号处理部件集成到 VoIP 媒体网关这样一个成熟的应用领域。对于图 12 这种 TDM-IP 通道总体框图中没有探讨的更多细节，在本节中都有涉及。

在 TDM 到 IP 路径详细设计图（图 18 ）的左上角有一个被称为 chConfig 的模块。这是所有信道的配置（一百多个参数），以及它们的长存资料的数据库。通常情况下，信道，如同任何软件一样，需要三种类型的存储器：堆栈内存、临时内存（临时被信道的一次执行使用，不需要在下次执行时恢复）和持久性数据内存（保存关键状态信息的内存，这些信息是信道在某次执行时产生的，并在随后的执行中需要用到）。这种持续的数据不仅持有被视为黑盒的软件组件的内部计算，也包括从主机控制应用下发的配置参数。例如，当应用程序配置了语音活动检测（反射系数 = 10 ），该参数将一直保存在持久化数据内存中。持久性存

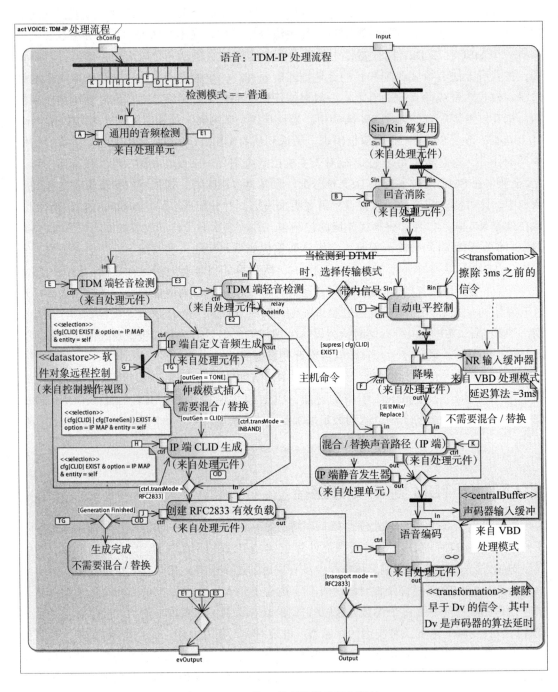

图 18　TDM 到 IP 处理路径的详细设计

储器与管理系统的关键性能高度相关，因为它可能限制系统性能。此前的 DSP 没有数据缓存。它们依靠大的内部 M2 内存，并假定软件在信道执行前会使用 DMA 将持久性数据搬移到 M2 中，执行结束后也会通过 DMA 将这些数据放到一个更大但速度较慢的外部存储中。即使在新的 DSP 中已加入了数据缓存，持久性数据在信道的整个执行过程中通常也会被多次访问（可以从图中看出始自 chConfig 模块，标有 A 到 K 的信道数据都链接到一个个单独的软件组件）。这种随机的频繁访问可能会降低数据高速缓存的性能。

　　TDM- IP 信道的输入是一个 TDM 帧。在一个同步系统如 TDM-IP 媒体网关，系统是基于该信道类型所需的时钟运行的。例如，一个 G.729 编解码器可以处理 10ms 的 PCM 输入。而 G.723.1A 使用 30ms 帧。一个常见的选择是配置 TDM 系统收集 10ms 缓冲数据，缓冲区满时触发中断。这将代表了系统的时间刻度。但是，如果我们考虑对 PCM 采样而不是帧进行编解码的 G.711 信道，则时间刻度将减少。市场上常见设备中，G.711 通道不会配置为小于 5ms 的打包率，打包率一般为 5ms（即使 RTP 标准允许更精细的粒度）的整数倍。根据以上假设，每 5ms 的缓冲区数据填充完成后，将由 TDM 子系统中断产生系统时间刻度。这是一个合理的折中，但在优质应用中是不能接受的。很显然, TDM 子系统将等待 5ms（从采样数据通过 TDM 串行线开始进入 SoC 那一刻起）。这意味着在从 TDM 到远端接收器的路径上加上 5ms 的整体延迟。考虑一个 TDM-IP 网关的完整路径，数据通过 IP 云然后再返回到 IP-TDM 网关给最终用户。整个路径会有较大的延迟（几十到几百毫秒）。优质应用程序将达到较低的延迟范围，这样由我们的设计选择决定的 TDM 缓冲长度，其所产生的两个 5ms 的缓冲延迟会引起较大关注。我们的结论是，高品质的 VoIP 媒体网关工作在 1ms 时间刻度上，而与之对应的 TDM 缓冲也为 1ms。

　　图 18 中有一个有趣的地方值得注意：信道中使用了许多检测相关的组件。其中一个称为通用音调检测，它使用直接从 TDM 传来的信号。另两个是 TDM 端轻音检测和 TDM 端 DTMF 的检测。第一个是 TDM 侧需要被检测的信号的一个超集，用于调整信道参数。轻音检测对符合 ITU-TV.8 的传真 / 调制解调器在使用 ANS（或 ANS-AM）进行握手时生成的信号进行了优化。第三个是一个 DTMF 检测器，对电话上按下的数字通过消息进行中继，并使用特殊的 RFC4733/RFC2833 数据包通过 RTP 传到远端。因此，被识别为 DTMF 按键的音频信号（即，使用无声状态以取代原始信号）会从音频媒体中提取出来，音频媒体通过编解码器进行编码，并使用特殊的数据包转达启动和停止通知。但是，回到通用音调检测，与传真 / 调制解调器音调检测相比，它们可以为需要的应用灵活选择合适的算法。例如，一个苛刻的 VoIP 媒体网关应用程序要求，其铜线客户端连接到核心网络中的新技术部件（基于 IP）必须无缝过渡。通常家庭里会有一些安全器件（防止窃贼或火 / 水事故），它们通过电话线连接到一个监控中心。同样，旧的 ATM 机通过一个安全的电话线连接到银行网络。在世界一些地区，电信网络有特殊法规，旨在支持残疾人士（听觉或视力方面）使用相关设备。所有这三个例子的共同之处在于，设备使用的各种信号（多保留向后兼容性和传统的互操作性）需要在 TDM 侧进行检测。从处理能力方面考虑，此操作一般比较昂贵，所以如果应用程序并不需要这样的使用情况，它应该被替换成更高效的标准传真 / 调制解调器检测

（注意，传真 / 调制解调器领域也有各种不同的处理方式，但 V.8 ANS -PR 检测提供了一个合理的但不完整的覆盖）。

输入信号经过的一个平行处理路径为 Sin/Rin 解复用模块。此处理模块的目的是为回声抵消器搜索 Sin 信号时提供参考信号。该参考信号是在相反的信道方向上（从 IP 到 TDM）传输的，作为 4 到 2 线混合器输出电信号的反射结果（图 9 中描述的"回声源"），会有一个衰减受损的实例，从混合器中返回到 Sin 输入信号里。解复用块的目的是为客户提供对于 TDM 输出缓冲器中 Rin 数据的及时访问。Sin/Rin 模块之后，输入信号进入三个进行语音质量增强处理的 DSP 组件：回声消除器、自动电平控制、降噪器。当音调检查器发现系统转换到其他状态如语音频带数据或 T.38 传真中继时，这些功能将被禁用。

图中的若干注解还指出，降噪算法和语音编码器会将额外的延迟加至信道中。两个 << centralBuffer >> 对象用于描述循环缓冲区，通过结构的重置动态调整该信道的延迟。例如，当接收到来自主机的一个禁用降噪命令时，考虑到它具有 3ms 的延迟，则在下一帧处理中开始没有降噪，因为持久性存储器内存储的 3ms 降噪处理的数据被丢弃，因此输出将遭受 3ms 的音频失真。关于补偿机制的更多细节将在后面讲述。

DSP VoIP 框架中的差异化

图 10 "软件架构的 VoIP 框架"中所示为 VoIP 媒体网关的众多功能需求，而其实现是允许开放创新方案的。尽管许多标准由 ITU-T 和 IETF 等机构指定，业内主要电信和半导体厂商在产业的发展中也起到了很重要的作用，他们是标准会议文献的贡献者，以及专利拥有者。本附录的后续章节会从两个方面就工程细节进行讨论。

第一个是测试传真 / 调制解调器的各种行为的商品设备（无论是普通的最终用户产品还是嵌入在通信系统中的安全系统或专用通信设备），它们在接入网关中提供铜线路到 VoIP 的转换。这里的挑战是减少 VoIP 信号处理中造成的信号失真，从而使端到端的呼叫可靠性能与使用铜线的情况相当。

第二个能带来创新和产品差异化的领域是 DTMF 检测和中继。该领域特别的挑战是对于一个短到只有 40ms 的 DTMF 按键，要尽可能快地检测到，从媒体流中提取的信息尽可能少地丢失，而且能在远端准确地重建此信号。

支持传统设备

在 VoIP 媒体网关，PSTN 媒体转换成 RTP 数据包发送到 IP 网络。从 PSTN 侧（其数字核心为，将输送到客户端的模拟信号转换成数字 G.711 64 kbit/s 的压缩格式），音频样本被聚集成帧，并使用各种具有较高或较低带宽使用率的算法进行编解码。如果该电话呼叫包括数据的传输，则有专用探测器用于监视线路，并采取适当的行动，尽快禁用可能会影响频率范围内通信的非线性信号处理。如果在音频通路中检测到已知的数据发送的信号特性，最初被配置为处理语音特性的编码路径参数，会相应改变以避免产生失真的数据（也称为语音频带数据 VBD 模式）。用于语音信号的编码方案一般会对音频流造成一定的延迟。各种语音编解码器产生的不同延时其开始工作时就一直在那了，从语音到语音频带数据模式切换时必须妥善处理，因为声音信号损失会引起原始数据信号的相移失真。VBD 模式上最常用的编解码器是 G.711，它不具有算法延迟，从语音切换到 VBD 模式时，编码路径将遭受延迟变化。一种补充配置的缓冲机制，在从语音到 VBD 模式切换时用于保存被消耗的音频，从而使 PSTN 到 IP 路径整体处理时延保持不变。

相位失真

分组交换技术用于替换 PSTN 的各个网络领域。虽然最初这种新的介质传输机制主要用于网络的核心，主要是在数字化，高流量的电话交换部分（例如 4 级电话交换机），但是现在已更积极地向网络的边缘进行部署。在某些情况下，分组交换技术甚至达到家庭，但典型的是停在"最后一公里"，这意味着到达一个住宅区的附近，从那里到家里电话的连接保留使用原来的模拟双铜线。PSTN 可以描绘成分组和电路交换这两个技术的混合地图。需要有某种具体设备进行电路交换和分组交换域之间的转换，这个功能被称为媒体网关。媒体网关功能包括用于 IP 侧传输的信号处理程序，其必须处理流量特性：减少带宽并考虑传输抖动。这些功能与当前的数据传输装置不兼容，需要改变它们的参数来尽可能地提高数据传输效率。

有专门的规格定义数据 VoIP 链路的属性，以及事件的检测并触发从语音到数据路径的特性变化（例如，ITU-T V.152）。这些标准涵盖在 VoIP 的路径上所需要的参数，以支持数据传输。在语音和 VBD 模式之间切换所采取的具体措施，一般留给厂商具体实施，以作为质量方面的区分和竞争。算法延迟是很关键的一个部分，各种语音编解码器一开始工作，其产生的不同延迟即刻发生，由于信号损失导致的相移会导致原始数据信号中的失真，因此在向语音频带数据模式过渡时延迟必须得到妥善处理。在数据音调中发生的相移失真可能在电信传输中具有特殊的含义。例如，ITU-T G.168 标准规定，在 2100Hz 音调上的相位反转表示在路径上禁用回声消除（Echo Canceller, ECAN），而 2100 Hz 的音调，当没有相位逆转产生时，则表示保持 ECAN 活跃，但可能不包括其中的某些功能。

在分组网络上传送的数据传输，媒体网关应避免人为地引入相移，因为这些失真会降低数据的传输质量。

G.729AB 编解码器是常见的初始语音编解码器。该编解码器的算法延迟是 5ms。在图 19 中，三个探头分别位于点 A、B、C。A 是"PCM 媒体处理"阶段输出，B 是进入下一个阶段"PCM 编码"的输入，而 C 是它的输出。A 和 B 信号线显然是相同的。C 点代表输出帧与编码阶段输入 B 线相比的延迟。

图 20 所示为对 2100Hz 音调的准确识别。语音到 VBD 路径切换的一个普通实施方法为，简单地将目前的语音编解码器（即，G.729AB）变为 VBD 中使用的语音编解码器（即，G.711）。在这个简单的实现中，5ms 的子帧即将要进行 G.729AB 编码，并在接下来的 10ms 帧中发送；然而，由于编解码器的变化，这个子帧将被丢弃。此 5ms 子帧代表的媒体丢失，其影响取决于在有关丢失发生时信号的频率。在这个 2100Hz 音调的例子中，5ms 为

信号周期的倍数加半个周期。由于 5ms 信号的丢失，两个分部将被反相接合。这个特定编解码器上的 2100Hz 的音调变化引起了 180° 相移（图 20 中的第二个频域表示）。而这 180° 相位转变在数据传输领域是一个重要的事件。如标准 ITU-T G.168 中规定的，2100Hz 音调的 180° 相移将被用来禁用电话线中的回声消除器。当音调数据没有发生相移时，回声消除仍将启用，但会减少一些功能。诸多数据设备严重依赖于这种抗相位失真的能力。大多数的传真（即那些第 3 组的一部分）需要回声消除器保持启用状态。

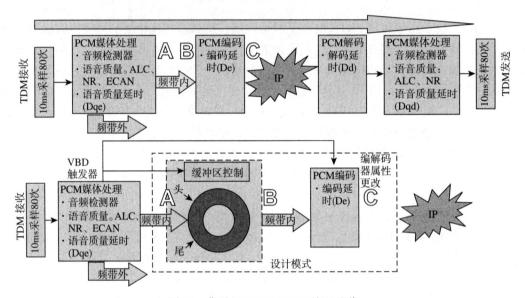

图 19　典型 PSTN-IP-PSTN 处理通道

延迟补偿机制

　　为了补偿 VoIP 信道参数改变时引起的延迟变化和媒体丢失，一般在 VoIP 路径中采用软件设计与媒体处理组件相结合的方法，而延迟补偿机制通常为多用途缓冲的形式（参见图 19 中底部的图），以便在信号处理组件被禁用，或它的延迟被降低时作为信号的供给源。这种机制的目标是：

- 保持恒定的信道算法延迟，以维护潜在的数据传输通过该信道传送时的准确性。
- 当有可能产生媒体丢失时，通过消除延迟补偿机制，将信道的算法延迟减少到可能的最小值。两个例子是：
  没有检测到语音频带的数据通信并且信号的功率为低时，消除处理路径时的缓冲机制。
  语音频带数据通信结束时，消除缓冲机制。

　　在 VoIP 通道中的每个媒体处理元件，如果带来算法延迟，则在其状态改变（启用、禁用或重新配置）时必须伴随有相应的延迟补偿机制，从而保持信道中的延迟为常数（见图 19 中观测点 A、B 和 C）。

　　媒体处理元件的延迟从 De ms 变化到 0ms 时，针对媒体丢失的补偿机制的特点是：

- 存储媒体处理元件输入样本的队列，其长度应能够存储 De ms 的样本。
- 存储操作模式下，当 P ms 的输入样本（图中的 P = 10ms）推入队列中后，最老的样本被丢弃，以保持最新 De ms 样本在队列中。
- 补偿操作模式下，当 P ms 输入样本推入队列中时，P ms 的最老的样本则从队列中检索出来，其中每个样本的延迟是 De ms。

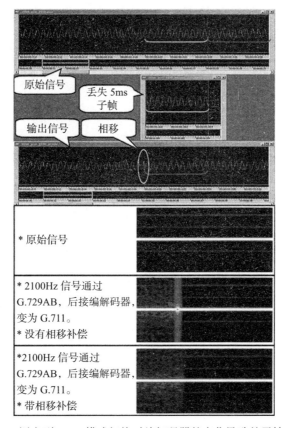

图 20　语音到 VBD 模式切换时编解码器的变化导致的子帧丢失

在图 21 中的第一个例子里，我们假设一个从编解码器 G.723.1（帧大小 Pa = 30ms，算法延迟 DeA = 7.5ms）到 G.711（帧大小每 Pb = 10ms 处理一次 80 个样本数据，算法延迟 DeB = 0ms）的转换。在初始状态下，30ms 帧分为 6 个 5ms 子帧，在补偿机制下移动且没有产生延迟；最后的 7.5ms（子帧 5 和子帧 6 的一半）存储在队列中。在探测点 C，编码器将输出的编码帧延迟 7.5ms，因此这些样本数据将保存在信道编码器的内部数据通道中，并包含在下一个编码帧中。对于接下来的 30ms 帧，当前保存的 7.5ms 的样本（子帧 5 和子帧 6）在将被子帧 11 的一半和子帧 12 替换。从语音切换到 VBD 模式后，该补偿机制将一直被使用，这意味着整个编码通道的路径将保持恒定的总延迟 7.5ms。

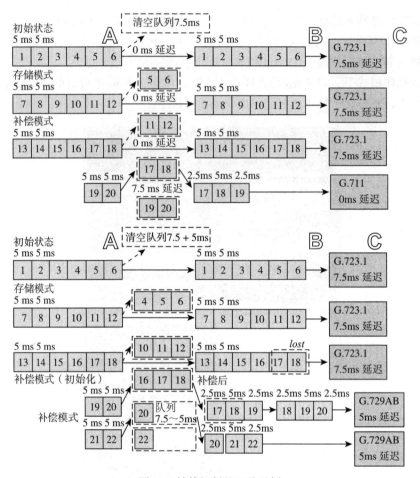

图 21　补偿机制的两种示例

　　以下通过一个更为复杂的例子说明，在切换复杂的编解码器的情况下，如何使用这种机制来保护媒体信号的完整性。此例对应于图"补偿机制的两种示例"中的下半部分，显示从编解码器 G.723.1（帧大小 Pa =30ms，算法延迟 DeA = 7.5ms）切换到 G.729AB（帧大小 Pb = 10ms，算法延迟 DeB = 5ms）。不同于之前的例子，此例中随后切换到的编解码器不具有 0ms 算法延迟。补偿机制的初始存储空间要支持 DeA + DeB（即，（7.5 + 5）ms）延迟的数据。当发生编解码器的转换后，补偿机制能够提供足够的元素，以补偿在前一个编解码器的先行缓存中丢失的样本数据，以及由后一个编解码器引入的初始延迟。应该指出的是，子帧 16 的后半部分、子帧 17，以及子帧 18 的前半部分已经发送到编解码器 A 。但是，正如图中一个标签为"丢失"的虚线矩形中强调的，其中的 7.5ms 数据已在编解码器 A 的历史记录中丢失。G.729AB，即编解码器 B 的第一次使用中，因为它的算法带来 5ms 延迟，这将图中标签为"补偿"的虚线矩形中包括的样本数据子帧 16，以及子帧 17 的一半，编码成 5ms 的静默信息。子帧 17 的后半部分和子帧 18 的前半部分将保存在编解码器的历史记录中。新编解码器（即，这里的 G.729AB，需要 10 ms 的输入信号）的第一个编码帧具有特殊的用途。这源于处理未压缩的 10ms 长度的子帧信号，这是包含在：子帧 16 最后的 2.5ms、子帧 17 中的整个 5ms 和子帧 18 中的前半部分 2.5ms。该编码器的输出实际上不是用于发送到目的地，而是被丢弃。编码操作仅允许 G.729AB 对其内部缓存的历史遗留数据进行正确初始化（如先行缓存），以尽量减少前一个编解码器（即，G.723.1）历史缓存中松动的碎片信号带来的不连续性。只有随后的 10ms 样本数据、子帧 18 的一半（2.5ms）、子帧 19（5ms），子帧 20 的前半部分（2.5ms）将被编码，且产生的帧将被向前转发。经过这一阶段，补偿机制存储空间将减少到 DeA ～ DeB（即，7.5 ～ 5ms），以使得整个编码路径的算法延迟仍然和以前一样。

　　VoIP 媒体网关的一个性能要求是具有最小的语音延迟。而缓冲算法提高了 VBD 的传输质量，它可能会导致人为增加语音通信延迟。下面描述的算法针对"语音到语音"的编解码器变化，通过实施超时机制减少缓冲算法带来的延迟：

　　1．开始（缓冲算法有效）。
　　2．初始化缓冲超时计数器 0。
　　3．流程框架。
　　4．如果检测到已切换到 VBD 模式。
　　　a．如果一直在 VBD 模式，则保持缓冲算法有效。切换回语音检测时丢弃缓冲数据。
　　　b．结束。
　　5．如果当前帧的能量超过一定的阈值，复位超时计数器。
　　6．如果当前帧的能量低于一定的阈值，增加超时计数器中的计数值。
　　　a．如果缓冲超时计数器达到一定值，即，信号能量低于阈值的持续时间超过一个预设值，删除缓冲。
　　　b．结束。
　　7．从步骤 3 开始重复。
　　8．结束。

DSP VoIP 框架的不同之处

DTMF 检测

　　对于任何 VoIP 服务提供商来说，一个主要要求是保证向后兼容性并与 PSTN 业务对接。每个 VoIP 解决方案必须能够通过在 PSTN 用户和 VoIP 用户之间建立连接，提供透明的连通性、呼叫的可靠性和质量保证。为了达成这样的目的，在基于包的网络中完成 DTMF 检测和传输是这一努力的一部分，我们会在下一段解释如何达成这三个条件。

　　节选资料

　　$1 DTMF 定义；Q.23 和 Q.24 定义

　　$2 DTMF 检测算法示例

　　DTMF 定义；Q.23 和 Q.24 定义

　　DTMF 定义。DTMF（Dual Tone Multi Frequency，双音多频）表示模拟电话线传送的信号由两个频率组成，其目的是通过模拟电话线在用户设备和电话交换机之间完成信息交换。我们日常使用的电话键盘用来产生这些类型的可听信号，它们能通过模拟线路传输，并可对我们要拨打的电话号码进行编码。DTMF 在 1963 年推出，作为旧式拨号方式（电子脉冲拨号）的替代，电子脉冲拨号主要在旋转拨号和模拟交换的电话上使用。不久，DTMF 成为最广泛使用的方法，用于在终端（手机）和提供服务的交换中心之间进行交互。

ITU-T Q.23 建议。ITU-T 建议 Q.23 共定义了 16 个 DTMF 信号，每个信号通过结合两组频率构建，每组包含 4 个频率选项。从理论上讲，这样选择的频率可以轻易检测到。这两个频率组包含互斥的值（见图 22）。

	1209Hz	1336Hz	1477Hz	1633Hz
697Hz	1	2	3	A
770Hz	4	5	6	B
852Hz	7	8	9	C
941Hz	*	0	#	D

图 22　DTMF 频率分配

一般来说，除了发送控制信息以外，DTMF 标准没有定义用于发送数据，考虑到一个 DTMF 需要在 80ms 的时间内发送完成（40ms 的 DTMF 和后 40ms 的停顿信号），这是 Q.24ITU-T 建议所允许的最小值，并且在这种情况下定义 DTMF 为 4 位 / 符号，因此仍然可以保证最大 50bit/ s 的传输速率。

ITU-T Q.24 建议：ITU-T 的 Q.24 建议定义了 DTMF 信号在接收点需要具有的一组物理特性，以便检测可靠，并保证与发送设备的兼容性。建议无意取代任何现有的标准，但它很快就被设备制造商所接受，并且它现在被业界认为是大多数交换应用的事实标准。鉴于 DTMF 检测是接收器功能的一部分，针对 Q.24 中提出的主要要求，许多符合性测试正在执行，以确保各种不同设备商的产品都能遵循这个建议规则。

该建议的要求是：

1. 在一个特定的时刻只允许产生不超过一个 DTMF，探测器应检查出存在两个或多个 DTMF。

2. 每一个 DTMF 信号的频率都应该是在特定的公差范围内。

3. 通过电话线发送的信号的功率电平可能因频率不同而有所差异，每一个 DTMF 频率的功率电平之间的差异都应该在特定的公差范围内。

4. 为了减少语音信号模拟出 DTMF 信号的可能性，持续时间小于一个特定阈值的 DTMF 信号应该被忽略。

5. 一个 DTMF 数字被中断时，可能会发生双重登记。为了尽量缓解这一缺陷，小于特定阈值的中断应该被忽略，不会检测为暂停。

6. 考虑上述两点情况，信号速度（DTMF 信号紧接着暂停的传输速率）应该有一个特定的阈值。

7. 电话网络的整体性能不应该被通过语音模拟的信号所干扰（对语音信号的虚假检测）。

8. DTMF 接收应不受拨号音的干扰。

9. 接收从长 4 线传输的 DTMF 信号，不应当被毫秒级别的回声所干扰，检测器应该能够区分实际信号和它的回声。

10. DTMF 接收应考虑到可能发生的线路噪声，并不被其干扰。

该建议还包括一个表，其中包含不同机构对 DTMF 特性的定义。

由于 AT&T 的定义在业界被广泛采用，我们本章的后续示例只考虑这种情况。

通过表 1 中所示的 DTMF 特性可以得出结论，该建议以书面形式定义了 DTMF 信号的三种检测领域：白色、灰色和黑色区域。白色区域定义每个 Q.24 参数值（特性），通过这些参数值接收组件必须保证正确且可靠地检测到 DTMF，灰区定义各个 Q.24 参数值，接收组件可能会由此检测到 DTMF，如果至少有一个 DTMF 参数位于此区域中，无法保证该组件检测到的 DTMF 信号的可靠性和正确性，而当前信号如果有一个参数在黑色区域中，则检测器必须不能将当前信号检测为一个有效值。以下只是一个例子，Q.24 的 AT&T 规定一个持续时间至少 40ms 的 DTMF 信号在"操作"区域（白色区域），所以必须被检测到。如果此信号的持续时间低于 23ms，则位于"非操作"区（黑色区域），所以不能被检测出来。问题是如果信号持续时间为 23 ～ 40ms 之间，会发生什么情况呢？由于建议没有提到任何关于灰色地带的规定，它留给设备商决定当 DTMF 具有这些参数值时如何检测。表 2 中描绘了白色和灰色区域中 Q.24 参数的集合。

基于 Q.24 标准的 DTMF 检测算法示例

此软件模块的设计基于这样的事实：任何单音频信号都可通过下面的式子来表示：

$$x(n) = A\cos(\Omega n + \varphi)$$

上式可通过修改的 Teager-Keiser 操作，映射到的一个恒定值，如下所示：

$$\psi_k(x(n)) = x^2(n-k) - x(n)x(n-2k) = A^2\sin(k\Omega)$$

此 TK 能量算子是 Volterra 滤波器的一个特殊情况，取决于幅度 A 和音调的归一化频率 Ω：

$$\Omega = 2f/f_s,$$

其中 f 是音调频率，f_s 为采样频率。观察到：

$$\psi_k(x(n))$$

它不依赖于信号的相位 φ。参数 k 定义了相关的子速率处理（TK 算法的原始定义中 $k=1$ 的情况）；注意，在采样率 f_s 的情况下应用公式 $\psi_k(.)$ 的效果，相当于在采样速率为 f_s/k 时使用 $\psi_1(.)$。在我们关注的频率范围内，子速率处理是一种优选的方法，因为它减少了计算需求。

根据不同的信号功率（即音调的幅度 A），对于具有相同归一化频率 Ω 的音调，能量操作符将生成不同水平的信号。因此，在估计 Ω 前必须有效地消除这种对幅度的依赖。此方法（使用称为 LCU 的特定模块）将在下面的段落详述。一旦依赖项被删除，通过计算以下能量算子的比率（ρ_Ω），可以间接估计出 Ω 的值：

表 1　包含不同机构对 DTMF 特性定义的 Q.24 表

参数		数值				
		NTT	AT&T	丹麦政府①	澳大利亚政府	巴西政府
信号频率	低频组	697,770,852,941 Hz	与左边栏相同	与左边栏相同	与左边栏相同	与左边栏相同
	高频组	1209,1336,1477,1633Hz				
频率容限 |Δf|	操作	≤ 1.8%	≤ 1.5%	≤ (1.5%+2 Hz)	≤ (1.5%+4 Hz)	≤ 1.8%
	非操作	≥ 3.0%	≥ 3.5%		≥ 7%	≥ 3%
每种频率的功率电平	操作	-3 ~ -25dBm	0 ~ -25dBm	(A+25) ~ A dBm	-5 ~ -27dBm	-3 ~ -25dBm
	非操作	最大 -25dBm	最大 -55dBm	最大 (A-9) dBm (A=-27)	最大 -30dBm	最大 -50dBm
频率间的功率电平差		最大 5dBm	+4 ~ -8dB②	最大 6dB	最大 10dB	最大 9dB
信号接收时序	信号持续时间 操作	最小 40ms	最小 40ms	最小 40ms	最小 40ms	最小 40ms
	非操作	最大 24ms	最大 23ms	最大 20ms	最大 25ms	最大 20ms
	暂停持续时间	最小 30ms	最小 40ms	最小 40ms	最小 70ms	最小 30ms
	信号中断	最大 10ms③	最大 10ms	最大 20ms	最大 12ms	最大 10ms
	信令速度	最小 120ms 每个数字	最小 93ms/digits	最小 100ms/digits	最小 125 ms/digits	最小 120ms/digits
语音的信号模拟		针对 -15dBm 均值电平的语音，每 46 小时 6 次失败	对于编码0～9, 3000次呼叫1次失败 对于编码0～9, *, #2000次呼叫1次失败 对于编码0～9, *, #A~D,1500次呼叫1次失败	针对 -12dBm 均值电平的语音，每 100 小时 46 次失败		针对 -12dBm 均值电平的语音，5 次失败
回音干扰			可容忍回音延迟 20ms，且降低 10dB			

①欧洲部分使用相同相同的特性，值的范围为 -22 到 -30 以适应其具体国情。

②在高频率组的功率电平可比低频率组的功率电平高 4 分贝或低 8 分贝。

③仅针对模拟多频按键式接收机。

表 2　Q.24 的白区和灰区

Q.24 参数	白区	灰区
频率容限	$\leqslant 1.5\%$	（1.5% .. 3.5%）
每种频率的功率电平	0 .. -25 dBm0	（-25 .. -55）dBm0
音频间的功率电平差	$+4 \sim -8$dB	N/A
信号持续时间	$\geqslant 40$ms	$23 \sim 40$ms
信号终端时间	$\leqslant 10$ms	N/A
信令速度	93 ms/digit	N/A
回音干扰	可容忍回音延迟长达 20ms，且至少降低 10dB	N/A

$$\rho_{\Omega} = \frac{\Psi_k\left(\frac{1}{2}(x(n-1) + x(n-m))\right)}{\Psi_k(x(n))} = \cos^2\left\{\left(\frac{1-m}{2}\right)\Omega\right\}$$

此表达式基于能量算子的定义和下面的三角恒等式：

$$\frac{1}{2}\Big[\cos(\alpha + \beta) + \cos(\alpha + \gamma)\Big] = \cos\left(\frac{\beta - \gamma}{2}\right)\cos\left(\alpha + \frac{\beta + \gamma}{2}\right)$$

因此，选择 $k = (1\text{-}m)/2$，音调的幅度 A 可由以下的比率（ρ_A）估计：

$$\rho_A = \frac{\Psi_k(x(n))}{1 - \rho\Omega} = A^2$$

遗憾的是，对于此类具有多频率分量的 DTMF 信号，上述式子的处理变得过于复杂，因此首选方法是将 DTMF 信号的频率分量分离出来，在此情况下分开处理。

当 DTMF 信号的频率分量分离出来后，为了有效使用 TK 算子，第一个步骤是消除幅度带来的影响。在这种情况下应特别注意的是，TK 算子甚至对信号电平的微小变化都非常敏感。此外，鉴于 TK 算子同样对背景噪音特别敏感，对于 TK 算子的输出信号，应使用低通滤波器认真消除噪声信号的影响。

本节包含目前使用在媒体网关上的 FreescaleDTMF 检测算法的细节，其运行在 Freescale 的 StarCore DSP 上，以及对 Q.24 规则，还有对现实世界中情况的测试方法。

软件模块的目的是在实时的环境中工作，并尽快检测所有 DTMF 信号。这使媒体网关对于在电话线上正在发送的信息能够做出快速反应，还可以执行特定的优化，例如关闭在这种操作模式下不需要的模块，等等。因此，假定软件模块接收多个 5ms 的数据输入，以 PCM 格式，8kHz 采样频率，16 位线性，并包含了由该模块处理的样本，用于根据 Q.24 规范检测出 DTMF 信号的存在，并通过 API 接口以预定义的事件通知调用函数。

该检测器的工作（图 23 中所示）包括几个阶段。第一阶段包括一个粗略的 DTMF 检测，它主要用于设置后续模块的系数，同时也阻止不相干的信号进入后续处理链。这个阶段会用到 8 个并行运行的戈泽尔滤波器，这应该是一个屏蔽的阶段，这意味着如果相关要求没有得到满足，将退出该算法的执行。第二阶段为信号调整处理阶段，这是为了克服核心检测算法 Teager-Keiser 算子的局限性。详见图 23，这个阶段会用到几个峰值和陷波滤波器，也包括称为 LCU 的模块（电平控制单元），我们将在下一段对其详细分析。信号调理后的阶段同样为一个阻挡阶段：在这一点上会执行多个检查，以确保 DTMF 信号符合 Q.24 规则并限制最终进入核心算法处理的信号。这是一个必要的阶段，有一个功率估计模块消除检测到虚假 DTMF 信号的可能性（例如语音信号）。当所有要求都满足时，该信号才可以进入下一阶段，由核心检测算法进行处理，这里有 Teager-Keiser 滤波器（每个频率对应一个滤波器）组成。最后阶段会在以前提供的所有数据的基础上作出最后的决策。结果包括 DTMF 码、它的持续时间和电平。

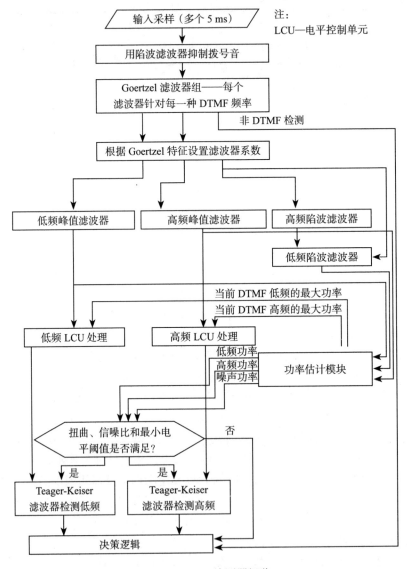

图 23　DTMF 检测器概览

Goertzel 滤波器

Goertzel 算法提供了一种有效的手段计算特定频率点的 DFT 能量。此过程的传递函数为：

$$H(z) = \frac{1}{1 - 2\cos(2\pi\omega)z^{-1} + z^{-2}}, \ \text{其中} \ \omega = 2\pi\frac{f_{\text{interest}}}{f_{\text{sampling}}}$$

频率分量 f_{interest} 处的功率，可以使用 N 个样本，通过以下公式获得：

$$P = y(N-2)^2 + y(N-1)^2 - 2\cos(2\pi\omega)y(N-2)y(N-1)$$

其中，y 是 Goertzel 滤波器的输出。

目前的 Goertzel 滤波器组是由上述定义的 8 个滤波器构成，每个滤波器工作在 8 个可能的 DTMF 频率上低频组的 697Hz、770Hz、852Hz、941Hz 和高频组的 1209Hz、1336Hz、1477Hz 和 1633Hz。

这些滤波器的主要作用是，对当前的 5ms 帧，粗略估计是否存在 DTMF 信号，如果有的话，同时估计出当前的 DTMF 频率。第二个作用是准备适当的滤波器系数来提取两个信号的频率。在这种情况下，所使用的滤波器是陷波滤波器和峰值滤波器，它们将要在下面的文本中讨论。

Goertzel 滤波器的一个重要方面是它的长度（即，样本个数）。样本越多，频率分辨率越高。另一方面，具有较高的采样数表示系统响应速度将变得较慢，不能够适应信号动态范围内的快速变化，导致一个较差的时间分辨率。这就是理论上所谓的不确定性原理：时间 – 频率分辨率。对于当前的应用程序，实验表明使用 5ms（即，40 个 8kHz 样本）的数据足够达成 DTMF 粗略估计的目的。图 24 绘制了包含 40 个样本的测试信号经过 Goertzel 滤波器处理后的输出功率电平，此测试信号为频率范围从 400 ～ 2000Hz，步长为 1 Hz 的音调信号。

仔细分析此图后得出的结论是，当信号超过一定的功率阈值时，不存在 DTMF 的频点相互重叠的情况，因此消除了错误检测的风险。可以看出，从这个实验得到的阈值完全服从 Q.24 AT & T 中定义的最低水平阈值（0 ～ −25dBm 的白区），而且它甚至涵盖了一半的白色区域，因为实验证明对于低至 −30dBm 的信号，可靠性检测仍然成立。

从图 24 中得出的另一个重要结论是，Goertzel 算法的过滤器仍不足以提供准确的 Q.24 检测，因为每个 DTMF 频率的通带（即，该频带包含的频率高于最低限的频率阈值）相对于 Q.24 规则来说仍然过大。例如，Q.24 中规定频率容差最大为 1.5%。考虑高频率组中的第一个频点为 1209Hz，则容差结果为（1209±18）Hz。这意味着，只有频率在 1191 ～ 1227Hz 范围内的 DTMF 信号应该被检测到。现在回到图 22 中绘制的结果，上述频点的容差范围为 1150 ～ 1290Hz，对于实现 Q.24 的准确性检测来说，此范围过于宽泛。

Goertzel 滤波器组模块的输出，由当前帧的低频组中的一个频率分量指示 number_l，和高频组中的一个频率分量指示 number_h 构成。该模块还检查是否存在两个以上的主导频点，在这种情况下，通过将 number_l 和 number_h 的值设置在有效范围之外，它将发送一个无效 DTMF 指示。该附加验证的目的是在 Q.24 定义的时间限制内，消除检测到一个以上的

DTMF 信号的可能性。

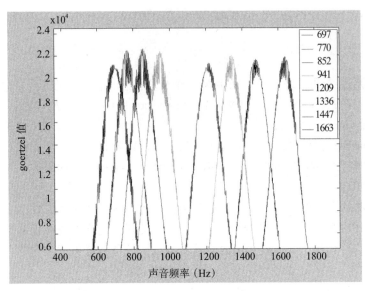

图 24　Goertzel 滤波器处理后的输出功率电平，此测试信号的频率范围从 400 至 2000 Hz

　　在 StarCore DSP 的结构中，四个滤波器可以并行运行，从而增加了整个软件解决方案的效率。

峰值滤波器

　　基于 Goertzel 滤波器的系数设置，峰值滤波器从输入信号中提取每个 DTMF 频率分量。峰值滤波器用一个带通特性的 2 阶 IIR 滤波器来实现的，具有以下一般性的传递函数：

$$b = \tan\left(\pi \frac{\mathrm{BW}}{F_{\mathrm{sampling}}}\right); \quad A_{\mathrm{dB}} = 3\mathrm{dB}; \quad A = 10^{-\frac{A_{\mathrm{dB}}}{20}}$$

$$c = \cos\left(2\pi \frac{f_{\mathrm{interest}}}{f_{\mathrm{sampling}}}\right); \quad \beta = \frac{A}{\sqrt{1-A^2}} B; \quad g = \frac{1}{1+\beta}$$

$$H(z) = (1-g) \frac{1-z^{-1}}{1 - 2gcz^{-1} + (2g-1)z^{-2}}$$

- 带宽：代表在 A_{dB} 的水平上所需的带宽；在这种情况下，带宽设置为目标 DTMF 频率的正负 2% 以内，两边的截止频率在 −3dB 水平。这种容差选择对于 Q.24 规则是足够的。
- f_{sampling}：在这种情况下为 8kHz 的采样频率。
- f_{interest}：峰值滤波器关注的频率：在这种情况下，存在 8 个可能的 DTMF 频率点。

该过滤器的系数被预先计算并存储在表中。该过滤器适用于 40 个样本的一帧数据

（5ms）。图 25 描绘了一个峰值滤波器的典型频率响应。因为它是一个 IIR 滤波器，它将呈

现一个缓慢的响应，该滤波器的衰减趋于超过信号的持续时间。在图 25 中，这两个问题将得到解决。

陷波滤波器

　　Q.24 建议要求 DTMF 信号有合理数量的背景噪声，以达到正确检测的目的。在此之外，目前的算法也通过采用 SNR（Signal to Noise Ratio，信噪比）估计避免产生错误检测。为了计算背景噪声电平，应串联使用两个陷波滤波器，根据 Goertzel 滤波器所提供的指示，每个滤波器调谐到一个 DTMF 频率点上。它们将消除 DTMF 频

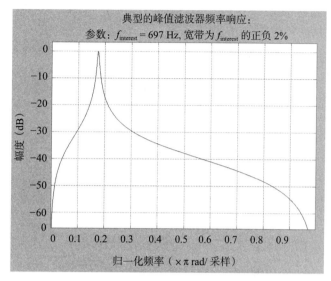

图 25　峰值滤波器的频率响应

率上的信号，只获得背景噪音。在这种情况下，根据之前峰值滤波器的计算结果，获得信噪比将变得很容易，详情请参见下面功率检测模块中的描述。

　　陷波滤波器为具有带阻特性的二阶 IIR 滤波器，它具有下列的传递函数：

$$H(z) = r\frac{1 - bz^{-1} + z^{-2}}{1 - rbz^{-1} + r^2 z^{-2}}$$

$$b = 2\cos\left(2\pi \frac{f_{\text{interest}}}{f_{\text{sampling}}}\right)$$

　　其中：r 是一个范围在 [0，1] 内取值的参数，用于控制滤波器的滚降，此例中它的值为 0.93。

　　该过滤器的系数被预先计算并存储在表中。它适用于 40 个样本的一帧数据（5ms）。图 26 描绘了一个陷波滤波器的典型频率响应。

功率检测模块

　　该模块旨在估算：
- 每个 DTMF 频率分量的功率（单位为 dBm）
- DTMF 信号的功率（单位为 dBm）
- 背景噪声的功率（单位为 dBm）
- SNR（信噪比）（单位为 dB）

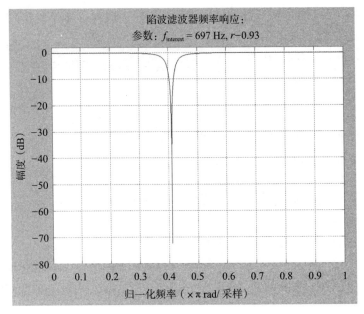

图 26 陷波滤波器的频率响应

该模块的输入是从峰值和陷波滤波器的输出信号中得到的。当前帧的能量由平方信号通过一个低通滤波器处理后计算得出，此滤波器具有下列传递函数：

$$H(z) = \frac{2^{-r}}{1-(1-2^{-r})z^{-1}}$$

参数 r 用来控制滤波器的频带过渡。在当前的实现中 $r = 5$。

上面的公式用于计算一个 5ms 帧（40 个样本）的能量，结果转换为 dBm 单位。

SNR 的计算方法为：

$$\text{SNR (dB)} = P_{\text{DTMF}}(\text{dBm0}) - P_{\text{noise}}(\text{dBm0})$$

测量中会施加一定的阈值，以避免检测到非 DTMF 信号（例如语音信号）。此例中阈值为 14dB。

LCU（电平控制单元）模块

DTMF 检测主要基于对 DTMF 信号的各个频率分量进行滤波，然后将滤波结果通过 Teager-Kaiser 算法进行处理。在过滤过程中的各个阶段，即使输入信号中的 DTMF 频率分量保持不变，其幅度由于滤波器本身的处理也会产生一定的变化。这是一个常见的影响，是各种经典的技术无法避免的。

理论和实验都已证明，对于基于 TK 算法的 DTMF 检测，输入信号的幅度波动会对检测结果造成不良的影响（慢适应，计算错误），最终造成 DTMF 检测在某些特殊情况下的局限性，如：DTMF 持续时间短（40ms），即频率偏差、环境嘈杂，等等；这也可能导致对 DTMF 持续时间的检测错误。

为了解决这个问题，需要创建一个特殊的模块，即电平控制单元（Level Control Unit, LCU），接收每个峰值滤波器的输出作为其输入，其主要作用是将信号归一化到一个恒定的幅度，而且与输入信号的持续时间相匹配。

该方法有四个阶段：

1. 建立一个输入信号绝对值的离散时域包络，搜索局部最大值点，即输入信号的一阶导数的符号从正变为负的时间点。

2. 通过线性插值连接两个连续的最大值，建立一个连续的时间包络。

3. 将输入信号除以连续时域包络的缩放版本，获取恒定幅度的目标信号。

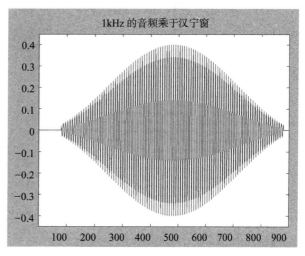

图 27　用于 LCU 示例的 1000Hz 测试信号

4. 限制目标信号，使其与输入信号的持续时间相匹配。

下面是 LCU 功能的一个例子。

该测试信号被认为是一个 1 kHz 音调信号；如果乘以汉宁窗，其幅度会有所不同，如图 27 所示。

在第 1 阶段中，LCU 建立了一个包含输入信号绝对值的数组，然后搜索这个数组里面的局部最大值。根据理论，连续函数一阶导数的符号从正变为负，意味着它通过了一个局部最大值。同样的方法也用于第一阶段的 LCU 。局部最大值会存储到本地数组。图 28 所示为上述信号的离散时间包络。

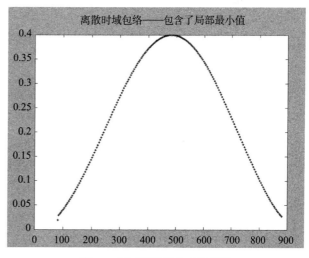

图 28　测试信号的最大数图示

在第 2 阶段中，使用线性内插器估计两个连续的最大值之间的包络，通过下列公式计算：

$$current\_sample = previous\_sample + \alpha$$

其中，$\alpha = \dfrac{max_2 - max_1}{pos\_max_2 - pos\_max_1}$

执行此步骤之后，一个连续的时间包络可用（参见图 29 ）。

在第 3 阶段中，首先对连续的时间包络进行缩放（即，乘以 2），然后将输入信号除以连续时域包络的缩放版本，以获取最终的目标信号。Freescale 的 StarCore DSP 是定点处理器，对连续时域信号进行缩放可以确保目标信号不会溢出，最终的信号水平将保持在 −8dBm 左右（见图 30）。

最后阶段（第 4 阶段）是用来补偿峰值滤波器对输出信号的持续时间相对于输入信号延长的倾向，这是由于常见的原因如滤波器环等造成的。

这里的方法是保持 DTMF 信号（上述功率估计模块的计算输出）中具有最大能量的历史频率分量，并对目标信号进行切割（即，设为零），使用一个查找表将每个能量电平匹配到对应的幅度值。切割（设为零）一般在缩放后的连续时域包络降低到阈值以下的情况下使用，此阈值使用当前最大能量作为索引从查找表中读出。

出于优化的目的，在 StarCore DSP 上，上述的一些操作会使用近似值的方法（例如，除法），并且会对信号进行下采样以实现快速处理。

LCU 的一个缺点是，内插器的不完善和性能优化使用的近似值方法会引起加性噪声。然而，噪音主要是白噪声，可以通过对 TK 输出使用平滑的（即，低通）滤波器而有效地消除噪声。

作为一个例子显示 LCU 的必要性，

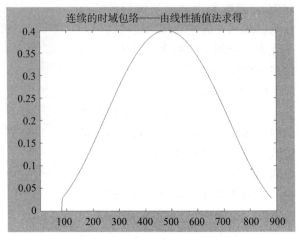

图 29　测试信号的包络图示

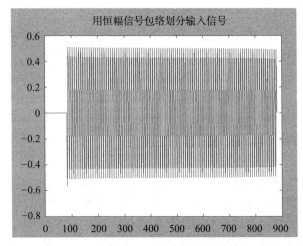

图 30　测试信号经过 LCU 成形后的图示

我们在 LCU 模块开启和关闭的情况下对当前的检测器进行了测试。图 31 和图 32 所示为结果。

图 33 所示的测试信号代表经过 LCU 处理后的结果。可以观察到，除了在开始和结束时，输入信号幅度的变化很小，小于 1dB。此信号送入 Teager-Keiser 能量算子，处理的结果将如图 34 所示。理想情况下，在信号积极变动时，信号经过 TK 处理后会看起来像一个陡峭的山谷，中间长着短小的"草"。任何不稳定的趋势都将转化为信号中断或终止。遗憾的是，从图 32 中观察到，小的幅度变化会导致大量的误差产生，使得在一定情况下无法准确检测出信号。

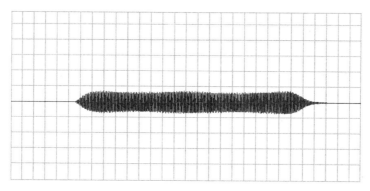

图 31　测试信号经过峰值滤波后的图示

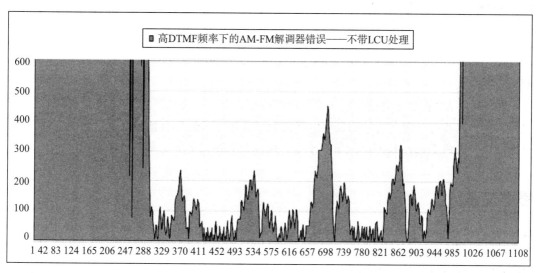

图 32　测试信号直接灌进 TK 后的图示

　　图 33 中，图 31 的测试信号如上所述经过了 LCU。此后，该信号送入 TK 算子，产生的输出如图 32 中所示。通过比较很容易看出在 LCU 处理补偿信号电平变化引起的误差。

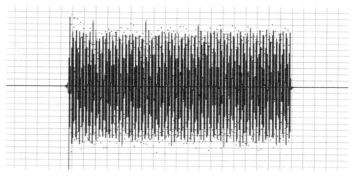

图 33　测试信号经过 LCU 处理后的图示

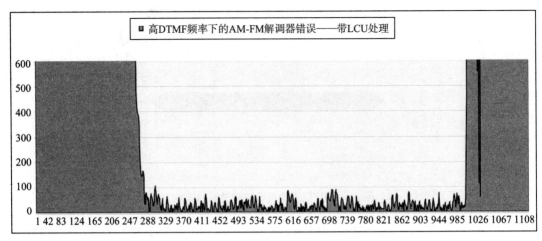

图 34　经过 LCU 处理的测试信号灌进 TK 后的图示

TK 环路

　　将信号送入 TK 算子之前，有一个最后的验证阶段，以评估所需的 Q.24 参数的有效性。双峰频点，以及每个频点信号的最小电平值和信噪比等参数都会被验证，然后 LCU 的输出目标信号被送到 Teager-Kaiser 能量算子中，执行如上述文字中定义的运算操作。

参考文献

[1]　AN2384. Generic Tone Detection using Teager-Kaiser energy operators on the StarCore SC140 core：http：//www.freescale.com/files/dsp/doc/app_note/AN2384.pdf.

[2]　ITU-T Recommendation Q.23（11/88）. Technical features of push-button telephone sets：http：//www.itu.int/rec/dologin_pub.asp?lang=e&id=T-REC-Q.23-198811-I!!PDF-E&type=items.

[3]　ITU-T Recommendation Q.24（11/88）. Multifrequency push-button signal reception：http：//www.itu.int/rec/dologin_pub.asp?lang=e&id=T-REC-Q.24-198811-I!!PDF-E&type=items.

案例分析 4
嵌入式 DSP 应用系统软件性能[⊖]

Robert Oshana

工程描述与简介

在软件开发阶段，尽早地进行系统性能评估可以避免可怕的系统崩溃。备选方案的评估一般也要提前于系统的具体实现，目的是保证应用会达到更好的性能。软件性能工程学是一个涉及数据搜集、构建系统的性能模型、评估系统性能模型、管理不确定性风险、评估备选方案和验证模型的学科。软件性能工程学也涵盖如何有效使用这些技术的相关内容。软件性能工程学概念成功地被雷神公司（Raytheon Company）应用到数字信号处理应用中，它应用于下一代基于 DSP 的阵列处理器。算法性能和高效软件实现是考量应用程序的一个标准。因为硬件开发和软件开发同时进行，在硬件投入使用之前，大量系统和软件开发差不多已经完成。这时就需要把 SPE 技巧引入项目开发周期中。系统工程负责开发信号处理算法，软硬件工程负责在嵌入式系统上实现算法，SPE 就是要将两部分结合起来。

参考图 1 所示的 DSP 系统，该应用是个大型分布式多处理器嵌入式系统。其中一个子系统包括两个大型 DSP 阵列。这些 DSP 主要负责执行信号处理算法（各种长度的 FFT 运算和数字滤波器，噪声消除和信号恢复算法）。算法流需要进行时域分解和空间分解。可以使用网格连接的 DSP 阵列，因为这样所需的空间分解可以很好地映射到系统架构。系统要求的吞吐量决定了 DSP 阵列的大小。这个系统是个数据驱动的应用系统，使用中断通知下一个数据采样到达。这个系统是也是一个硬实时系统，错过了任何一个数据处理的时间点就会导致系统性能的灾难性损失。

只有软件设计和硬件设计合理协调才能够满足系统需求，这也包括了使用高性能 DSP 设备的阵列处理器的并行开发。在这个项目中，是否满足性能需求成为系统能否达到可交付标准的关键。在比较复杂的情况下，算法需要反复被修改，目的是提升系统性能。针对诸多功能运用 SPE 技巧对规避上述风险来说尤为重要。

⊖ 本案例基于 Robert Oshana 发表在 2000 年 6 月 IEEE 计算机杂志的 " Wining Teams; Performance Engineering Through Development" 一文。

性能问题在整个开发阶段中被反复强调。下面三个方面是考量性能的指标：

- 处理器吞吐量
- 内存使用情况
- I/O 带宽利用情况

这些是选择性的指标，因为每月上报的这些指标都是客户对该项目的要求。这些初步评估的指标在项目开始前就做出了，并在开发期间每月更新一次。这样可以确定与推动这些评估的关键因素相关的不确定性。然后制定在开发工作中解决这些不确定行的计划，并确定关键日期。更新指标并维护相关的风险控制计划涉及系统工程、硬件工程和软件工程的跨职能协同工作。

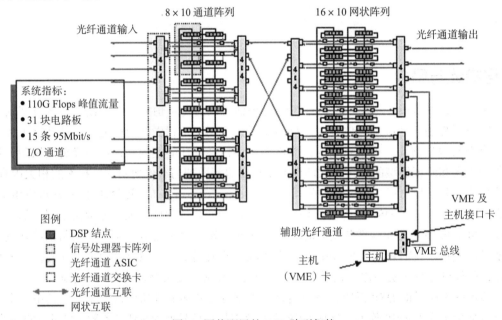

图 1　网状配置的 DSP 阵列架构

初始性能估算和性能需求

通常 SPE 估算需要的信息如下 [1]。

工作负荷：系统期望的使用情况和实际可用的性能场景。我们选择的性能场景是在阵列处理器上出现最差的数据速率。这些最差的场景是在用户和系统工程师之间沟通后开发的。

性能目标：这是评估性能的量化标准。因为客户要求每月上报 CPU 利用率、内存利用率、I/O 带宽这些指标，所以我们也用它们来衡量系统性能指标。

软件特性：描述每个性能场景的处理步骤和处理顺序。因为使用了类似算法流的前期原型机系统，我们可以精确描述软件特性。我们也有算法描述文档，它可以详细阐述每个系统功能对算法的需求。这样，可以用独立的事件模拟算法执行流。

运行环境：描述系统的运行平台。我们对硬件平台有精确的描述，其中包括 DSP 的 I/O 外设和 DSP 核的特性。其他的硬件组件可由硬件组模拟。

资源需求：提供系统主要部分的需求量统计。主要部分包括 CPU、内存和每个 DSP 软件功能所需要的 I/O 带宽。

处理开销：会让我们把软件资源映射到硬件或其他设备资源上。处理开销通常在主要性能场景下由典型运算功能（FFT，滤波器）引入。

CPU 吞吐量是最难估计和实现的一个指标。因此，本节的其他内容将主要着重于对 CPU 吞吐量进行准确估计。

进行初始估计

原始性能指标估计的流程如图 2 所示。这个流程图适用于整个开发过程，可以跟进指标。算法文档用于描述算法流。根据算法文档，系统工程部门能够开发一个算法流的静态数据表模型，该模型可以对算法文档中的每个算法消耗的吞吐量和内存进行估算。这个数据表也包括操作系统调用和处理器间的通信情况。系统工程部门使用当前主流的 DSP 处理器来实现算法原型并进行研究。

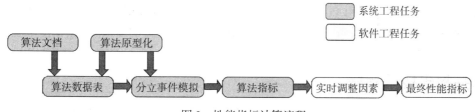

图 2　性能指标计算流程

这项工作的结果将影响算法的决策，同时也用于开发分立事件仿真。分立事件仿真用于算法流的动态性能模型中。这个仿真模型包括操作系统任务切换和相关调用。针对每个算法和分立仿真事件的初始算法资源分配数据表为系统工程提供了性能指标的"算法"。这个指标反映了执行算法所消耗的吞吐量、内存和 I/O 带宽。软件工程部门需要更新相应的性能指标，用它来反映运行嵌入式算法于健壮的实时系统的开销。这些指标的调整包括了系统实时控制的影响、嵌入测试、输入输出数据的格式处理，和其他函数开销（处理开销）。调整完成后就可以上报处理器吞吐量、内存利用情况和 I/O 吞吐量这些性能指标。

在数据表格中，会影响处理器吞吐量的主要因素：

- 算法的运算量。
- 基本的操作开销（用处理器的时钟周期来计算）。
- 平稳吞吐量与峰值吞吐量之比。
- 处理器的升级。

算法的运算量是一个算法所需执行的算术运算量的直观体现，待处理数据的数量也要考虑进来。基本操作开销通过处理器时钟周期来衡量的，如执行乘加运算、复数乘法、超越函数、FFT 等操作。平稳吞吐量与峰值吞吐量之比可以把市场标称的处理器吞吐能力降级为现实中代码需要长期保持的吞吐量。该因素允许在操作中出现处理器停滞和资源冲突的情况。处理器家族的升级用于调整数据增益，以便适应从现有处理器的运行能力升级到下一代处理器的情形。这个因素要充分考虑到时钟频率的增加、下一代处理器的流水线深度的增加等因素。

在数据表格中，会影响内存使用的主要因素：

- 中间数据的大小和数量。
- 内存使用的动态特性。
- 数据的字节数。
- 指令的字节数。
- 最恶劣场景下的输入输出缓冲区的大小和数量。

中间数据缓冲区的大小和数量来源于算法流的最直观的分析。一个分立事件仿真可以用于内存使用模式的分析并建立内存警戒线。数据字节和指令字节用于统计被处理的数据量和加载的代码镜像的大小。

目标处理器硬件、软件、算法并行开发导致了所有这些不确定因素。从现有 DSP 阵列系统可以很容易得到原型机的结果，然后就需要把从现有 DSP 阵列计算得到的评估结果，转换为对应新 DSP 体系架构（C40 超标量体系结构对比 C67 DSP 超长指令字（VLIW））、不同的时钟频率和新的内存设备（同步 DRAM 对比 DRAM）技术的结果。

跟踪并报告技术指标

软件开发团队负责评估和上报这些与处理器吞吐量及内存相关的技术指标。这些指标需要定期汇报给客户，并用于控制风险。同时也要预留资源以便未来增加功能特性（CPU 和内存的预留需求是 75%）。

在整个开发生命周期中，这些评估会因在评估和硬件设计决策中使用不同的建模技术而多变，这影响了可用于执行算法集合的硬件的数量以及测量误差。图 3 展示了第一个处理器阵列应用的吞吐量和内存历史指标。这些指标在整个产品生命周期中变化很大，它体现了为了降低吞吐量所做的大量尝试，反而由于新信息的加入导致了吞吐量的大幅上升。在图 3 中，注释部分描述了 CPU 吞吐量测量的增加和减少。表 1 记录了项目评估过程中的大事件。

评估过程中的第一个大变化是在当前处理器的原型机上实现算法。如果使用下一代处理器，这个测量的性能指标会被相应放大。为了降低吞吐量，需要花费一定的精力来优化算法。

另一个不期望的变化来源于下一代时钟精确的 DSP 仿真。这个仿真允许我们评估真实的外设访问开销、流水线阻塞、和其他可以增加算法执行开销的处理器特性。这些结果让开发团队不得不花费大量的精力针对实时操作进行算法优化。在这个阶段主要使用以下技巧：使用 DMA 来搬移片上和片外数据、重新构造代码让重要的循环可以充分使用流水线、用汇编语言实现重要的算法代码段、有效地使用和管理片上内存，等等，因为该内存的访问时间要短很多。

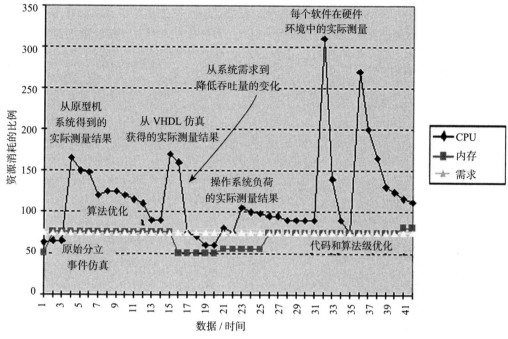

图 3　应用 1 的资源使用情况

表 1　应用 1 吞吐量降低的重要事件

测量结果的增加或减少	原因解释
作为指标评估的第一步是初始离散事件仿真	对算法周期进行评估，同时对因上下文切换造成的任务迭代进行一阶建模等，这样可以构建离散事件的仿真
基于 C40 阵列的原型机评估	原型机代码移植到基于 C40 的 DSP 小型阵列上运行，并进行测量。测量结果可以折算到基于 C67 的 DSP 全规模阵列
算法级优化	使用算法重构方法，以及降低算法流其他区域的复杂性，这样可以使算法变得更加有效
VHDL 处理器评估	因为访问片外存储器的开销比较高，估算的吞吐量会提高。需要使用几个基准指标并进行折算
更新系统需求	系统级参数的修改需要项目的统一决策。这会引起算法结构的较大调整，同时这也是客户极少遇到的情形
操作系统级负荷测量	因为使用了新款处理器，操作系统不能够马上投入使用。这是首次使用 OS 在多任务环境中运行该应用
现有硬件阵列	初期开发的代码没有考虑代码优化技巧（首先需要它正确运行，然后再考虑让它运行更快）。当我们第一次进行测量评估的时候，算法并没有进行优化
持续的代码和算法级优化	有专门的团队进行代码优化和利用其他算法转换技术来减少 CPU 的吞吐量（即，利用算法的对称性和创新技术来降低 DSP 之间的通信），以减少 CPU 吞吐量

典型的性能基准指标表明我们可以使用代码级优化技巧（使用片上内存，对重要的循环用流水线实现，等等）来降低吞吐量，但是我们始终面临无法满足整个系统吞吐量需求的风险。这个时候不得不修改系统需求来降低吞吐量。尽管对客户而言，降低数据速率和算法不是一个令人欢喜的决定，但是这可以让我们不必增加额外的硬件，可以节省成本。算法研究也能够帮助我们通过提升系统其他方面来满足系统性能需求。

当我们把整个应用运行在 DSP 阵列上的时候，就引入了第三个变化。吞吐量增加的主要原因是很多算法没有优化。只有一小部分算法在 VHDL 仿真上通过了基准测试（典型的最常用的算法像 FFT 和运行在循环体内的其他算法）。软件团队还需要对其他代码进行优化。这时团队成员已经对优化技巧非常熟悉，进展会相当快。

内存估算与吞吐量估算不同，内存估算量会随着开发周期不断增加。内存消耗量增加的主要原因有：

- 实时系统操作会需要额外的输入输出缓冲区
- 使用 DMA 的代码段会需要额外的内存空间（尽管可以节省吞吐量）
- 代码优化需要额外内存空间，例如循环展开和引起代码增加的软件流水

图 4 给出了第二组处理器阵列应用的评估结果，从中可以看到由于相同原因所引起的类似报告数据。表 2 提供了 CPU 使用率估计的所有重要事件记录。

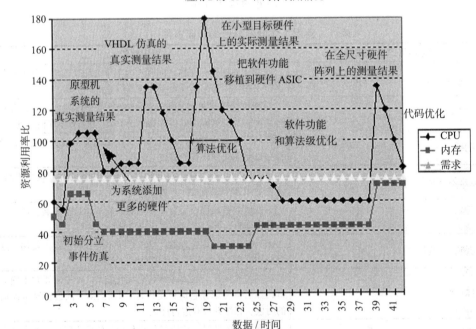

图 4　应用 2 的资源利用率指标

表 2 应用 2 CPU 吞吐量降低的重要事件

指标的增加或减少	原因解释
指标评估的第一步是初始分离散件仿真	对算法周期进行评估，同时对因上下文切换造成的任务迭代进行一阶建模等，这样可以构建离散事件的仿真
基于 C40 阵列的原型机评估	原型机代码移植到基于 C40 的 DSP 小型阵列上，并进行测量。根据 DSP 的全尺寸阵列，测量的结果会针对 C67 的增速进行调整
向系统中添加更多的硬件	通过添加更多的 DSP 板可以增加 DSP 节点数。好的硬件设计使得可扩展性相对容易
VHDL 处理器评估	因为访问片外存储器的开销比较高，估算的吞吐量会提高。需要使用几个基准指标并进行折算
算法优化	由于算法的特殊性，我们可以通过重构算法以满足流水线的需要，通过这种方法来降低 CPU 负荷
在小型目标硬件上进行的实际测量	因为软硬件并行设计，我们在很长一段时间都没有真正的硬件环境可用。在应用开发初期，我们只能在只有一个 DSP 的原型机上进行开发
把软件功能放在 ASIC 上执行	出于降低风险的考虑，把部分算法流放在另一个子系统中的 ASIC 硬件上来实现，这样在应用程序中可以节省大量的 CPU 资源
软件代码和算法级优化	有专门的团队专注于代码优化和其他算法的转换技术，从而减少 CPU 的吞吐量
在全规模硬件环境中测量	在全规模硬件环境下得到的 CPU 利用率可以说明我们低估了对各节点间的通信开销。我们开发了可裁减的通用 API 来进行跨节点的通信

初始分立事件仿真再一次被证明为不准确。另外，由于过高估计 CPU 的吞吐量而且没有考虑现实的负荷限制等，原型机系统测量结果也比预期要高一些。前期 VHDL 仿真结果忽略了某些因素，会使评估数据偏高，而长期的代码和算法优化却能够使评估结果接近目标值。偏高的评估结果会触发几种风险管理动作。

项目计划中要尽早的做第五个月的评估，而且第五个月的评估结果往往会相当高。这样项目就可以有足够的时间添加硬件资源，达到降低吞吐量和减少算法分配的目的。当然增加硬件资源会使功耗和降温方面的费用相应提高，同时还有硬件的费用（这里不需要新的设计，仅仅是补充新的板卡）。但是为了维持整个系统需求，在功耗和降温方面牺牲的费用也是无法避免。

第十九个月的测量结果让经理和技术人员目瞪口呆。尽管我们认为连续的代码级优化能够降低运算量，但是使用 CPU 75% 的处理能力（25% 预留给未来的新增特性）已经成为难以完成的目标。

引起 CPU 吞吐量估计增加的一个因素是低估了最坏情况下的系统方案，这样会导致处理流的数据速率的增加。使多个算法循环被更频繁地执行，这必然会提高 CPU 的使用率。

基于上述的情况，我们需要把 DSP 上运行的软件功能搬到硬件 ASIC 上来执行，这样就可以大大降低 CPU 的利用率（同时 ASIC 上还有大量的未使用的门阵列可用于将来实现新增功能特性）。一般在开发周期中，这个决策实施的时间点都较晚，这必然会导致大量的 ASIC 和交互重复设计和重复工作。毫无疑问，硬件的改动会推迟系统集成和测试。

从小型系统到全阵列 DSP 系统的算法移植，会增加 CPU 使用率。这个变化主要是因为对处理器之间的通讯开销估计不足。此外，基于新参数如何实现实时操作，也将是开发团队面临的挑战。在开发后期，开发人员已经没有太多的选择机会。在这个问题上，能够用到的技巧主要是代码优化、用汇编语言实现核心算法、使用额外的硬件和算法控制流的结构重建。例如，为了节省 CPU 处理时间，我们不得不削减用于节点间通信鲁棒性的 API。

用不了多少时间，管理层就会意识到 CPU 吞吐量使用率将持续处于"顶峰"，直到处于最坏情况的系统负载时，在目标系统上完成了对所有应用程序的测量。与其不断地对新的测试结果感到惊讶（我们过去一直在对部分代码进行优化，所以实际上每隔几个月，我们会有部分的算法流得到更新），不如开发行动计划和里程碑（Plan Of Action and Milestones，POA&M）图表，它可以帮我们预测什么时候我们还会有新的测试结果，每个里程碑结束时产生的测量结果，将为我们计划降低吞吐量提供有效的参考依据。在这个计划中，我们要预测还有多少个棘手的问题，并且计划如何降低这个数目（图 5）。这个报告方式体现了管理方式，表明我们知道未来还会有多少变化，并且有相应的应对措施。

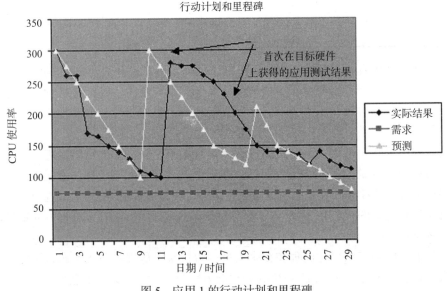

图 5 应用 1 的行动计划和里程碑

减少评估错误

当硬件和软件工具可用时，可以充分利用它们来减少性能评估错误，以细化性能工程的计划。这些得到的数据为系统开发计划提供了决策依据，它可以帮助系统设计人员判断需要对哪里进行折衷考虑，最终目的是使算法、硬件和软件设计能够达到系统成本、性能的目标。表 3 列举了能够发现错误的工具以及能够发现的错误。

表 3　性能计划中支持的工具以及可以被工具解决的错误

工具	消除的错误
代码生成工具（编译器、汇编器和链接器）	编译器的有效性、生成汇编代码的质量、下载镜像的大小
指令级处理器仿真	双处理器流水线的利用、基本操作的时钟周期
时钟精确的设备级 VHDL 模型	访问外部存储空间的影响、指令缓存的影响、处理器和 DMA 通道之间的资源竞争
单 DSP 测试卡	验证 VHDL 结果、运行阶段中断影响
多 DSP 测试卡	处理器间通信资源冲突的影响

　　一旦工具可以使用，需要在工具上执行标准测试代码并进行性能评估。项目级决策人员根据该数据对前期推荐的设计方案进行检验。要检验的内容包括计算机的硬件资源、分配给计算机的算法功能和建议的软件体系架构。所有方面的决策都可能会被修改。计算机硬件资源可以通过增加更多的 DSP 处理器节点来实现。DSP 的时钟频率可以提高 10%。一些算法可以搬到系统的其他部件上运行。软件体系架构也可以重新调整，比如删除大量冗余的中断和减少任务间切换。所有这些设计的内容都可能会被重新考虑和调整，以达到满足性能和成本需求的目的。

　　性能计划也包括分析工具的使用，分析工具可以重点分析整体可调度性并处理器阵列的大规模性能。我们尝试使用单调速率分析法（Rate Monotonic Analysis，RMA）来验证软件系统架构的可调度性[3, 4, 5]。RMA 是一个确定恶劣场景下任务可调度性的算术手段，同时它也能够帮助设计人员提前确定系统是否满足实时性需求。和分立事件仿真相比，RMA更有利的是它的模型更易于开发，而且该模型提供了保守的结果，这样完全可以确保系统的可调度性（因为系统会被打断，在一系列任务运行前，很难使用仿真器预测模型会执行多久）。RMA 工具的另一个强大的特点是它可以判别阻塞条件。阻塞和抢占是实时系统中错过截止时间的最常见的原因，所以它也是 RMA 工具关注的焦点。我们对使用 RMA 感兴趣，因为它在系统创建之前就能够辨别出系统中潜在的时间问题，同时也能够在方案实现之前就对替代设计方案进行快速分析。在使用 RMA 方面我们所进行的尝试让我们能够从很高的角度看待可调度性问题，但看不到细节。这个工具不适用于有上千个任务切换可能性且不可抢占式的大型系统（编译器的优化技巧之一就是生成软件流水线循环，因为处理器流水线的这个特点在对循环操作进行流水的时候关闭了中断，因此生成了小型非抢占的段。试图输入和建模这些成千上万的条件，对于我们的应用程序来说过于麻烦，而对于我们的目的来说变得过于抽象）。

　　因为硬件阵列和软件系统同时开发，所以在软件团队在开发初期没有目标硬件可以使用。有人使用网络 Sun 工作运行 Solaris 系统开发了一套环境，可以让软件团队尽早验证软件。使用 Solaris 操作系统，该环境可以支持创建阵列计算机的一小部分并进行处理器间通信通道的逻辑模型化。应用程序需要与一个使用 Solaris 特性实现 DSP 操作系统 API 的特殊库链接。这个功能可以让软件开发团队在得到目标硬件之前验证算法功能，包括任务间和处理器间通信。

这里的基本目标是让应用程序正常工作并让代码运行得更加高效（先让它工作正常，然后让它运行得更快）。对于应用，我们认为以下是必需的：

- 考虑到软硬件协同设计工作，如果没有处理器（和用户文档），开发团队是没法彻底了解优化算法流所需的技术。
- 算法本身很复杂，对开发团队来说理解算法也是一个风险。实现算法流的正确功能是开发团队要迈出的第一步。
- 算法流的优化需要基于应用的剖析结果来进行。只有开发团队了解了消耗的时钟周期都用在哪里，才能够有效地优化代码。优化极少运行的代码毫无意义。对需要运行上千次的循环体进行优化，减少它的运行时间，将会得到明显的优化效果。

结论和本章所学

评估吞吐量不是一门精确的学科，但是对它给予足够的关注可以降低性能风险，可以让开发人员在满足项目安排和性能目标的同时，及时转向替代方案的开发。它需要多学科的协调配合。系统性能是系统各个部分设计人员都要考虑的问题，在一个失败的团队中，任何一个人都不可能成为赢家。

处理器 CPU、内存和 I/O 使用情况，都是重要的指标。它们可以较早反映出问题，为开发团队提供足够的机会，让开发团队尽早采取应对措施。这些指标也可以为管理层提供足够信息，根据它们进行系统风险管理和调配预留资源（比如，资金和时间）。通常，一个或更多的评估参数会在开发周期的某个阶段成为棘手的问题。为了得到系统解决方案，通常需要进行仔细地分析，验证各种替代方案，比如权衡吞吐量、内存、I/O 带宽以及成本、时间表和风险。当进行分析时，理解评估结果的准确性是非常必要的。在开发初期，精确度会比开发后期要低一些，后期会因为更多可用的信息，使得评估的精度会越来越接近实际系统（图 6）。

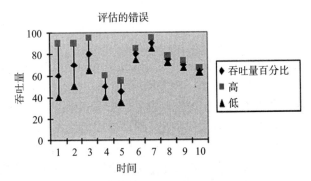

图 6 随着时间变化的评估准确性提升

在这个实验中，我们可以学到的经验教训是：

- 在开发初期使用的原型机：选用适合的原型机级别和类型可以及早暴露很多问题。尽管原型机在开发初期就使用了，由于项目时间进度的压力，开发团队早期只是放置了有效的资源在这上面。
- 基准：不要完全依赖处理器发布的市场数据。大多数处理器从来没有达到过文档上标称的性能指标。这个数字通常是理论值。在很多场合，实测结果要比标称数据低很多，而且应用和处理器体系结构存在很大相关性（DSP 运行 DSP 类算法会非常有

效，但是如果用 DSP 运行有限状态机和其他控制软件，它就不是很擅长了）。市场
数据只是表明运行它最擅长的算法会有多好的性能。

- 分析执行频率最高的函数：这些函数消耗了大量的时钟周期，它往往就是最让开发
团队头痛的地方。因为这个函数会被反复执行多次，所以只要减少这些函数中的一
部分时钟周期，就可以达到很明显的优化效果。

- 不要忽略接口：实时系统本身就有开销，一般来说，吞吐量的估算从来不把它计入
其中。尽管从系统需求和功能的角度看，信号处理算法可能是关注点，但是除此之
外，实时系统还需要进行中断处理、数据打包和拆包、数据提取、错误处理和其他
管理功能，这些开销在吞吐量评估时往往容易被忽略。到底有多少时间要花费在这
上面往往是争论的焦点。

- 分立的算法模块不能很好地放大到实时系统上；考量一个独立的算法实际隐含这个
算法对所有的处理器资源进行完整控制与使用，包括内部和外部存储空间、DMA 控
制器和其他系统资源。实际上，有很多其他任务在和它竞争相同的资源。当系统集
成以后，在全系统负荷下运行时，单个算法模块的基准指标已经不再适用。资源冲
突会引入额外的系统负荷，而且在进行吞吐量评估的时候，很容易把它忽略掉。

- 及时让管理层了解进展：当我们完成了代码级优化，我们在项目早期建立的模型已
经相当准确。然而，达到这个目标要用一定量的资源（项目计划和预算）。同时，当
我们优化和评估算法流时，要经常进行评估。这些评估结果的上报周期要足够短，
以便提早引起管理层的早期关注。太长的汇报间隔会让管理层忽略掉一些棘手的
问题。

- 相应的预算：代码优化采用功能正确性的二次通过法，这会消耗更多的时间和资源
来完成。这就需要制定计划。在开发功能的同时仅由在处理器架构和算法方面经验
丰富的工作人员尝试一轮接近代码级优化的方法。

参考文献

[1] Connie U Smith Connie U Smith，Performance Engineering for Software Architectures，21st Annual Computer Software and Applications Conference（1997），pp. 166-167.

[2] Michelle Baker Michelle Baker，Warren SmithWarren Smith，Performance Prototyping：A Simulation Methodology for Software Performance Engineering，Proceedings of the Computer Systems and Software Engineering（1992）624-629.

[3] Oshana RobertOshana Robert，Rate Monotonic Analysis Keeps Real Time Systems On Track，EDN（September 1，1997）.

[4] C. LiuC. Liu，J. LaylandJ. Layland，Scheduling algorithms for multiprogramming in a hard real time environment，Journal of the Association for Computing Machinery（January 1973）.

[5] Obenza RayObenza Ray，Rate monotonic analysis for real-time systems（March 1993）.

案例分析 5
定义嵌入式系统的行为

好的需求

在软件工程中，正确、完整、可测试的需求是基本要素。需求的质量决定了系统功能和资金两方面的成功。需求除了包含高级抽象的需求描述，也包含详细的算术功能规范。明确需求的必要性在于：

- 定义系统的外部行为
- 定义限制条件
- 作为维护的参考工具
- 作为系统生命周期的筹备记录，例如预测变化
- 描述对意外事件的处理

系统设计人员除了理解需求，还要能够很好地对需求进行组织和整理。对系统设计人员来讲，技术背景和对用户需求的深入理解都是必要的。在设计开始之前，需要理解每个需求在系统方案中的重要性和优先级。为了让开发人员和用户理解需求，通常用自然语言来描述需求。自然语言在定义复杂需求方面至少存在两个问题：含糊不清和不准确。许多词汇都有双重含义，而且会随不同的上下文环境而变化。不同的人对同一个词的理解可能全然不同。这就是所谓的歧义。例如，词汇"桥"可能对牙医、建筑工程师、电子工程师来说代表完全不同的意义。

需求需要有更加准确的语言来表述。例如，建筑图纸或电路板原理图是定义需要什么功能的形式规范，但并不必定义实现期望功能的具体细节。软件需求也是如此。这些规范不应包含实现的细节，而是应该详细描述关于软件要做什么，而不是怎么做。好的需求描述需要具备以下特性。

- 正确性：满足需要。
- 不模糊：只有唯一的解释。
- 完整性：覆盖所有的需求。

- 一致性：需求之间没有冲突。
- 重要性等级。
- 可验证性：能够写一个测试用例进行验证。
- 可跟踪性：可以很容易对应到一个需求。
- 可修改性：容易添加新需求。

在线性的二维的文档结构中，定义嵌入式应用的大型、多层次的能力基本上是不可能完成的任务。从另一个方面说，使用编程语言又太详细了。在文档中描述将实现什么就足够了，不必描述需要什么。

使用一套好的需求定义系统是比较困难的事情。在很多情况下，利益相关者并不清楚他们真正想要什么。利益相关者也仅仅能够用他们自己的语言来表达他们的需求，甚至有些人的描述是相互矛盾的。组织和政治背景因素也可能影响系统需求，而且随着新的利益相关者加入，在需求分析阶段需求也会不断变化。需求工程就是把模糊不清晰的，甚至是毫不相关的客户需求转变成为有助于系统实现的详细、准确的需求。

成功的设计通常是反复考虑和反复工作的结果。设计的多次反复是正常情况。同时，设计者也要考虑备选设计方案。总的来说，设计应该越变越简单，而不是越变越复杂。

定义复杂系统的所有行为动作是非常困难的事情，因为系统中会存在太多可能动作。为了确保系统设计的完整性和一致性，需要准确地描述都需要做什么。正如 James Kowal 所说的：

如果系统设计者和客户没有明确系统中的所有交互的类型，例如系统的行为，那么其他人就不得不完成这个工作。其他人一般是指程序员，实际上，程序员的猜测和客户真实想法完全相同的概率是极低的。

整理系统中所有可能存在的交互类型是比较棘手的工作。用例就是用来发掘查找需求的一种手段，它有助于确定触发源（系统的外部激励）和系统之间交互动作的类型。但是用例不能总是很好地把行为的完整性和一致性综合到一起。一旦用例被用于查找问题和前端分析，就需要使用其他的技术手段来完整地定义系统解决方案。我在这里介绍一个在嵌入式系统工程中表现很好的一种技术手段，叫作序列枚举。

序列枚举

序列枚举是在嵌入式系统中定义激励和响应的一种方法。这个方法需要考虑输入激励的所有可能性。序列枚举包括一个列表，这个列表包括了早期激励和当前激励以及所有激励所对应的响应。对等的历史记录用于映射响应。这个技术可以用状态机来实现。序列枚举的强大之处在于它需要开发者考虑那些容易被忽略的、比较模糊的序列。

例如图 1，我们来考虑一个有关手机的实例。表 1 给出了关于这个系统的自然语言描述的简单需求。

图 1　手机

表 1　用自然语言描述的手机简化需求

标号	需求
1	电源按钮按下，显示灯亮起，初始屏幕画面显示出来
2	如果手机已经供电，按下电源按钮，手机关闭，屏幕显示"再见"
3	在每个数字按键被按下后，对应的数字显示在手机界面
4	输入一个有效的电话号码，然后按下"拨号"按键，界面显示"正在呼叫"，把这个号码拨出去
5	如果界面上少于 4 个数字，按"拨号"键将没有任何反应
6	如果电话正在通话中，按下"挂断"按键，显示"通话结束"，此次通话结束
7	如果电话不在通话中，但是屏幕上还有数字，按下"挂断"按键，屏幕上的数字被清除
8	如果屏幕上没有数字，按"挂断"，没有任何反应
9	手机只能识别 4 位数字的电话号码

假设：

- 有效电话号码是所有四个数字的组合。
- 手机只能在有电的情况下工作。这是系统工作的前提条件，不是需求。因为给系统供电才能使其可操作，所以这不是一个系统激励。系统激励必须是可以影响系统功能的东西，它会产生一个响应。

开始，需要开发用例来描述系统的交互类型。用例从后端用户的视角来描述系统的用法。它包括：

- 前提条件：在用例运行前必须满足的条件。
- 描述：故事情节。
- 异常：故事情节正常运行时的异常情况。
- 描述：有助于理解用例的表述。
- 后续操作：用例执行完成后，系统和执行器的状态。

用例的用途是：

- 它是分析和提升功能性需求的工具。

- 它是尽快将系统功能模型化的工具。
- 可以让客户理解系统的操作。

用例必须能够明确定义最重要的功能需求。用例仅刻画系统使用的典型方法。总体上讲，一个用例不必试图定义完成任务的所有方法。重要的异常情况是在"次要"用例或者在用例的异常中描述的。一个简单的用例描述如下：

前提条件：手机开机，显示默认操作界面。

描述：用户要使用手机打电话。用户按两个数字按键，第二个数字输入错误，按下"挂断"按键，清除数字，继续输入四位数字电话号码。用户按"拨号"按键发起呼叫，在呼叫结束后，按"挂断"按键结束当前通话。

异常：无。

后续操作：手机返回到默认界面。

根据系统不同的商业场景可以开发其他用例。一旦对系统功能有了大致想法（以用例决定），我们就可以使用序列枚举来完整地体现所有激励与响应的组合。这个想法代表了系统，就像一个黑盒子，尽可能把激励和响应都体现出来。这个黑盒子如图 2 所示。图 2 整理了系统的激励与响应。

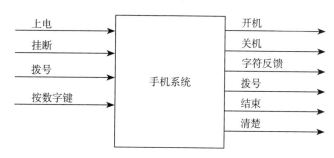

图 2　手机黑盒子

序列枚举通常使用 Excel 表格中完成。枚举需要对每个系统激励进行评估，并且确定每个激励对应的响应。表 3 的内容显示系统的枚举。正如表中给出的，每个激励都进行单独评估。开始，枚举表示是否电源激励"P"发生了（上电系统初始化），进入"电话开机"正如需求 1 所要求的那样。如果是其他激励源，则无响应，并且被认为进入了不合法序列（如果手机没有打开电源，你就将无法使用手机）。在做其他所有事情之前，需要保证"P"事件已经发生。因此，"P"激励被用于下一级枚举。

表 2　手机激励源与响应

激励		
激励	描述	需求跟踪
上电	按手机按键	1, 2
挂断	按手机按键	6, 7, 8
拨号	按手机按键	4, 5
按数字键	键盘输入数字	3, 9

（续）

响应		
响应	描述	需求跟踪
开机	电话开机，指示灯亮，屏幕显示初始界面	1
关机	电话关闭，屏幕显示"再见"	2
字符反馈	屏幕显示按下的数字	3
拨号	数字号码拨号，屏幕显示"通话中"	4
结束	通话结束，屏幕显示"结束通话"	6
清除	屏幕内容清除	7

表 3 手机序列枚举

序列枚举			
序列	响应	等效操作	需求跟踪号码
长度 0			
空操作	无		D1：电话处于关机状态
长度 1			
P	电话开机		1
S	非法操作		D1
G	非法操作		D1
D	非法操作		D1
长度 2			
P P	电话关机	空	2
P S	无	P	8
P G	无	P	5
P D	字符回显		3
长度 3			
P D P	电话关机	空	2
P D S	清除	P	7
P D G	无	P D	5
P D D	字符回显		3
长度 4			
P D D P	电话关机	空	2
P D D S	清除	P	7
P D D G	无	P D D	5
P D D D	字符回显		3
长度 5			
P D D D P	电话关机	空	2
P D D D S	清除	P	7
P D D D G	无	P D D D	5
P D D D D	字符回显		3

（续）

序列枚举			
长度 6			
P D D D D P	电话关机	空	2
P D D D D S	清除	P	7
P D D D D G	拨号		4
P D D D D D	字符回显	P D D D D	3
长度 7			
P D D D D G P	电话关机	空	2
P D D D D G S	结束	P	6
P D D D D G G	无	P D D D G	D2：处于通话中，拨号操作被忽略
P D D D D G D	无	P D D D G	D3：处于通话中，按数字键操作被忽略

第三级枚举使用的激励序列都是合法序列，或者该序列在之前的枚举级别中也没有比序列中的第一激励更短的等效序列。所以，正如表 3 中"长度 2"部分所示，第一个激励为"P"，第二个激励涵盖了系统中所有可能的激励信号（简单的叉积）。例如，"PP"序列，表示系统收到了上电信号，紧接着又收到了另一个上电信号，之后系统电源关闭。序列"PD"表示上电后，接着按一个数字按键，此时无响应（系统需要记录行为的其他部分）。换句话说，系统必须能记录一个已经输入的数字。这就意味着，我们将对特定的序列进行扩展，在长度 n+1 的序列中没有等效操作也没有非法操作。例如，序列"PD"将再次在长度 2+1 或者第三级别进行评估，如表 2 所示。此级别中每个序列都是合法的，或没有一个更短的等效序列，这些序列都必须记录，而且在下一个枚举级别中使用。

这个过程将持续，直到所有行为动作最终都被映射到等效序列（软件系统可能从来都不会结束）。表 3 体现了长度为 7 时，过程如何结束。

"长度 4"里面描述了之前提到的用例，比如"PDDS"，它有效地描述了一个应用场景，从手机上电，输入两个数字按键，然后按下"结束"按键的过程，最终系统返回到初始状态。长度 7 里面的一个用例是"PDDDDGS"，这个用例体现了一个完整的呼叫过程，并最终返回到初始状态。

表 4 手机的典型操作序列

典型序列分析			
典型序列	状态变量	当前激励源输入前的值	激励源输入后的值
空	—	—	—
P	Phone	OFF（关闭）	ON（打开）
P D	phone	ON（打开）	ON（打开）
	Phone_number	NONE（无）	1
P D D	phone	ON（打开）	ON（打开）
	Phone_number	1	2
P D D D	phone	ON（打开）	ON（打开）
	Phone_number	2	3

（续）

典型序列分析			
典型序列	状态变量	当前激励源输入前的值	激励源输入后的值
PDDDD	phone	ON（打开）	ON（打开）
	Phone_number	3	4
PDDDDG	phone	ON（打开）	ON（打开）
	Phone_number	4	4
	status	NOT_CONNECTED（未连接）	CONNECTED（已连接）

也许你注意到枚举表格中有一列是需求，它用于跟踪我们定义行为所产生的需求。这是一个跟踪行为需求非常简单和容易的手段。你也可能注意到还有初始需求（比如 D1，D2 等）。初始需求是低级需求，它是高级需求被满足的必备条件。总体来说，初始需求更具体，直接指向项目的某些子元素。初始需求经常贯穿于整个分析过程。

通过这个过程可以得到一些重要的结论。我们能够说，这个过程产生了具备以下特征的行为动作：

- 完整性：实际上，这种枚举考虑了系统对于无限长度的各种可能激励的每种组合。这样确保了我们能够考虑到每种可能的行为条件。需求跟踪也能够确保我们可以覆盖所有可能的需求。
- 一致性：每个激励源组合只考虑一次，保障了一致性。换句话说，我们没有把一个激励源组合映射到多个可能的输出序列。
- 正确性：从激励到响应的映射被正确定义，这个过程需要由相关领域的专家把关。

一旦序列枚举完成了，根据它来实现有限状态机就是相当简单的步骤了。首先，需要确定有限状态机中有多少种状态，数一下表中有效且没有等效序列的枚举项行数就可以得到。这里可以参考表 3 中的典型序列。表 3 中那些合法且没有等效操作的序列列在表 4 中。需要创造状态数据来代表典型序列对应的行为动作。表 5 给出了状态数据，可以用它来代表系统的相关行为动作。表 6 展示了这些状态数据针对每个典型序列是如何变化的。

表 5　每个典型序列的状态数据

状态变量		
状态变量	值域	初始值
phone	{ON，OFF}	OFF
Number	{NONE，1，2，3，4}	NONE
status	{NOT_CONNECTED，CONNECTED}	NOT_CONNECTED

表 6　手机状态状态数据映射

状态映射				
索引	当前状态	响应	状态更新	跟踪序列
1	Phone=ON Number=NONE Status=NOT_CONNECTED	电话开机	Phone=ON	P

（续）

状态映射				
索引	当前状态	响应	状态更新	跟踪序列
2	Phone=ON Number=1 Status=NOT_CONNECTED	数字回显	Number=1	P D
3	Phone=ON Number=2 Status=NOT_CONNECTED	数字回显	Number=2	P D D
4	Phone=ON Number=3 Status=NOT_CONNECTED	数字回显	Number=3	P D D D
5	Phone = ON Number = 4 Status = NOT_CONNECTED	数字回显	Number=4	P D D D D
6	Phone = ON Number = 4 Status = CONNECTED	拨号	Status = CONNECTED（已连接）	P D D D D G

　　基于状态数据和枚举序列代表的行为，很容易生成手机的状态机（见图 3）。共七种状态，分别对应枚举过程中的七种典型序列。

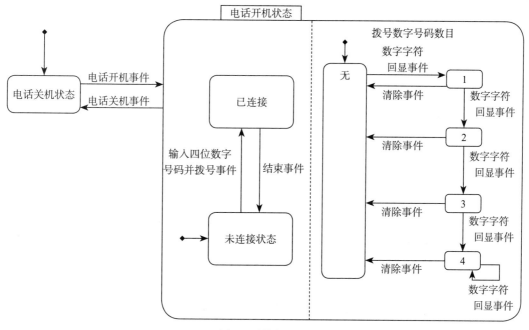

图 3　系统状态机

仅仅是数学

通过对激励和响应进行抽象化处理，上面描述的处理过程可以扩展到更大型的系统。当越来越多的系统细节暴露出来后，这些抽象可以在行为定义的低级阶段分解和扩展。实际上，我们要做的事情是为软件系统的功能定义一个规则。这个过程根植于函数论的数学理论中，它可以把一个域（系统的有效输入）映射到相关域（所有可能的结果）中的一个区间（正确结果）（见图 4）。另一方面，这个关系是一个从定义域到值域的广泛映射，它允许把一个定义域的元素映射到一个或多个值域中的元素（类似于软件系统中一个未初始化的变量，相同的输入序列可以产生不同的行为！）

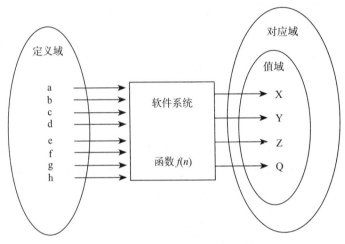

图 4   定义域到值域的映射函数

回溯到前面描述的用例，你可能发现我们可以把系统用例的行为映射到枚举序列中的部分枚举项。用例中涵盖了某些枚举项。这些序列枚举更加深入，定义了早期描述的完整行为动作。这里明显地体现了用例和序列枚举的协同工作结果。用例和场景是有效的工具，它决定我们将要为利益相关者做什么。序列枚举把完整性和一致性结合起来，给开发人员一个清晰明确的描述，让开发人员明白各种场景都需要做什么。这样就可以很好地解决利益相关者和开发人员理解不一致的问题。

案例分析 6
DSP 在软件无线电领域的应用

Andrei Enescu

简介

SDR（Software Defined Radio，软件定义的无线电）的初衷是设计一部支持多频带、多模式的终端设备，它可以根据自己期望的应用服务 QoS 水平，自适应地选择通信网络，成功建立连接。

我们需要从两个角度看待 SDR：手持终端设备和基站。手持终端设备需要支持多种通信协议，但是在某个特定时间里，根据某种标准，它只能选择其中一种。

这种标准取决于应用，可能是：

- 最佳链路：
  - ❏ 终端设备需要能够对每种备选频带进行测量。
  - ❏ 根据物理层测量结果，它选择能够提供最佳链路质量的网络，测量项有接收信号功率、信噪比。
  - ❏ 作为边界条件，终端在某个载波通常只能用一种技术时，必须在一个区域中选择操作技术。
- 最佳容量：
  - ❏ 根据链路质量和自身吞吐量需求，终端需要选择可以提供最高吞吐速率的网络。
- 预定义标准：
  - ❏ 例如，服务成本（比如，相比 3G 数据服务来说，总是优先选择 WiFi）。

针对上述所有情形，物理层完成测量工作，最终的选择决策在高层完成。在图 1 中，移动设备终端检测一个或多个不同频带的基站发出的参考信号。一旦所有频带被扫描完成，终端设备的层二将进行判决，选择可用的资源。

目前智能手机能够通过多种技术访问互联网，比如 2.5G EDGE、3G UMTS、3G+HSPA、4G LTE 和 WiFi。在某一特定时刻，只能使用其中一种通信标准进行数据传输。

目前，在这些通信标准间的切换都由高层协议栈控制完成。SDR 设备倾向于把决策层的级别降低，把决策权交给层二，而层一进行快速测量。这将大大降低协议栈的负荷。

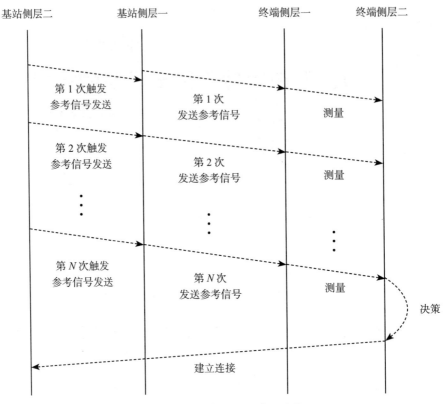

图 1 SDR 设备在层一建立连接

此外，使用同一个处理器完成所有的物理层操作是大趋势，目前很多智能电话还无法支持。不同的通信标准要使用不同的 ASIC(尤其是 WiFi 和 3G)。尽管在一个特定的时间段，只能工作于一个通信标准，但是它依旧需要支持所有通信标准。因为这个原因，耗电量始终居高不下。只使用一个处理器可以大大节省资源，原因很简单，就是资源复用。这里有一个简单的例子。如果我们有一个终端，它可以支持 LTE、WiFi 和 WiMAX，我们就可以共享 FFT 的计算资源，而它恰恰就是在三种通信标准下都频繁使用的资源。

在基站侧，我们有两种场景需要考虑。考虑到一个网络需要支持 3GPP 从 2.5G 到 4G(从 EDGE 到 LTE) 的所有通信标准。首先想到是使用几个基站，每个基站支持一种通信标准，就像有三个不同的网络 (一个是 EDGE，一个是 UMTS，一个是 LTE)，那么移动终端只要连接到其中的任意一个就可以。这是个可以支持所有场景的粗略解决方案。完美的解决方案是一个基站支持三个标准，使用同一个 RNC，不需要添加其他额外网络设备。因此支持一个新的协议标准完全不需要改变网络架构。

本案例将重点关注基站，因为这是更普遍的应用实例。终端设备在某一时刻只能支持一种标准，最适合的就是可以满足终端设备需要的网络，但是作为基站，它必须同时与各种类型的终端设备打交道，一些是较老的只支持 EDGE 的终端设备，一些是可以支持 UMTS 的终端设备，还有具备了 LTE 收发能力的新款智能手机终端设备。因此设计支持多标准的基站就成为今天电信行业热议的话题。

基站的功能架构

通用部分

图 2 为基于软件无线电设备的协议栈的通用划分。公共数字前端（Digital Front End，DFE）负责上变频 / 下变频、过采样 / 降采样、信号预畸变、波峰系数消减。前两个操作主要依赖于采用的通信技术，它并不是公共模块的一部分。这主要因为多载波发送的敏感性在时域上产生了尖峰信号，影响了峰均比（Peak to Average Power Ratio，PAPR）。在某种程度上讲，LTE 上行链路发送采用 SC-FDMA 技术（而不是 OFDM）解决了这个问题。

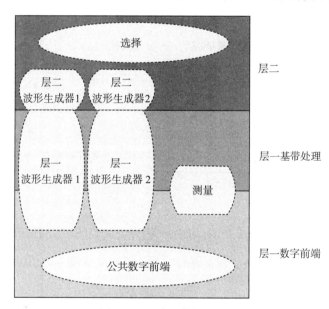

图 2　SDR 底层协议栈划分

设备中要包含几个波形生成器，比如层一波形生成器，层二波形生成器。同时还有测量模块，在 SDR 术语中称为频谱感知。这些测量模块基于不同的标准，监测不同频带上接收信号的能量。

测量报告要转发给高层，高层根据测量报告对在某个频带上使用某种特定通信标准进行网络接入进行决策。如果已经接入一个网络，高层需要对是否切换到新网络进行判决，目的是最大化地利用链路或容量资源。

LTE 基站

图 3 所示为 LTE 基站的功能框图。发送方处理的独立比特流称作码字，使用不同的虚拟天线进行发送。这取决于这些虚拟天线到物理天线的映射。一般来说，预编码需要把码字的能量扩展到所有天线上，进而在这个码字要发送的天线上形成了虚拟天线波束。每个码字都有自己的比特处理单元，包括添加 CRC、前向编码器（卷积码或 Turbo 编码）、速率匹配和交织。生成的比特映射到星座图（QPSK，16-QAM，64-QAM），然后映射到天线上的某个特定的时间 / 频率资源上，这个时间频率资源叫作资源单元（Resource Element，RE）。这时需要加入参考信号。参考信号可以是用户专用，也可以是用户共用。接下来通过 IFFT 变换和添加循环前缀来实现 OFDM 调制。

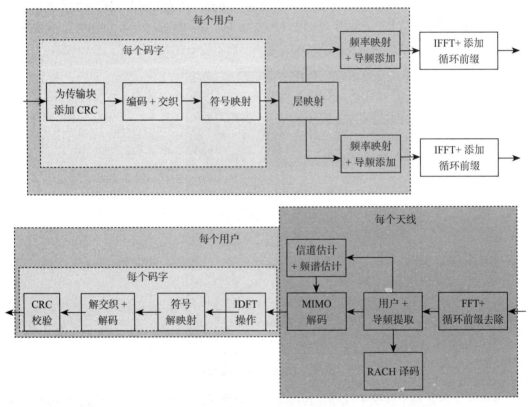

图 3　简化 LTE 基站收发机

接收侧总的来说都是逆操作。OFDM 译码，然后去除循环前缀，解下来进行 FFT 变换，从时间 – 频率网格中提取每个用户。参考信号用于进行用户信道估计和载波频谱估计。这些信道估计被用于 MIMO 解码，通常使用最大似然算法（Maximum Likelihood, ML）算法。实际应用中，接收方使用类似 ML 算法（例如球形译码）或最小均方误差（MMSE）。上行链路，LTE 使用 SC-FDMA。数据不是映射到频率上，而是使用了 DFT 变换进行扩展。因此，接收方需要使用 IDFT 变换进行解扩，接下来是符号解映射，通常这个时候是软比特输出，叫作对数似然比。接收方的比特处理是解交织、信道解码，解扰和 CRC 校验。如果存在多次重发，比如 HARQ 的场景，比特综合在译码器内部完成。

UMTS 和 HSPA 基站

3GPP WCDMA 标准向下兼容，比如相同的层一实现能够主导 R99（UMTS）和 HSPA（以及 HSPA+）传输信道实现，因为它们都基于 DS-CDMA。

图 4 为 UMTS/HSPA 收发器的总体框图。

下行方向，每个传输块被编码后，再映射到星座的符号上（QPSK，16QAM）。然后，把物理信道的更多传输块进行级联。使用信道化码对物理信道进行扩频，然后使用小区主扰码对它进行加扰。上行方向，每个用户都有自己的扰码。首先基站检测用户信息，比如传播路径，试图把所有的传播路径综合起来。这是通过路径搜索器完成的，它可以检测传播路径、时延和强度。每个路径都被解扰和解扩。Rake 接收机使用信道估计器提供的信道系数把所有的路径连贯地综合起来。RACH 信道在这里没有明确的说明，但是实际上它使用相同的架构。

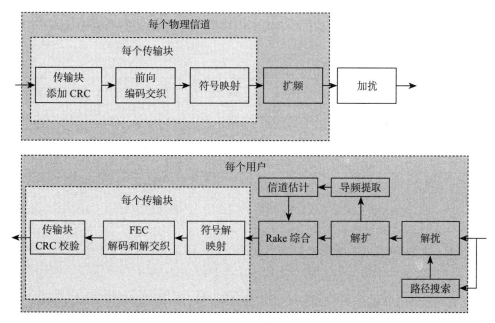

图 4　UMTS/HSPA 收发机的总体框图

联合架构体系结构

混合基站解决方案（见图 5）需要使用处理能力强大的基带处理器，目的是完成下面的工作：

• 承载来自 / 去往层二的所有通信制式的流量。

- 承载来自 / 去往射频远端的所有通信制式的采样数据。
- 对所有通信制式的收发器都有足够的处理能力。
- 绑定到一个或几个射频远端。

毫无疑问，这些需求对平台的设计引入了一些限制。对应不同通信标准的并发任务引入了多核处理的思路。一个核不能被多个实时流所共享，而多个核可以完成这个工作。这些核并行工作，并且可以提高 MIPS，提高的倍数由使用的处理器核的数目决定。增加核数目不可避免地增加了管理开销（对共享资源可能存在瓶颈，比如内存、I/O、加速器）。因此性能提升的程度不能完全与核的数目成比例。这里有一个最优的核数目，它可以提供最优性价比。目前，这个数字是 6。

除了多核处理之外，处理能力的提升还来自于硬件加速器。把一个核阻塞在符号 / 码片 / 分组级别反复处理，这是非常糟糕的设计。相反，如果这些操作是周期性发生，可以使用专用电路来完成它。通信系统的层一处理中包括的重复性操作包括：

- 用于 OFDM 调制或解调的 FFT 操作。
- UE 侧 SC-FDMA 调制使用的 DFT 操作，或基站侧解调器使用的 DFT 操作。
- 信道译码（卷积、Turbo、Reed-Muller）。
- CRC 校验。
- CDMA 系统的扩频和解扩。
- 码检测使用的相关器。

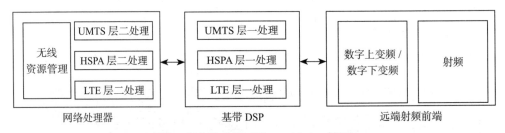

图 5　混合收发器（层一＋层二＋射频）

处理器

这里案例使用的基带处理器是 Freescale 的 MSC8157。它是一个六核（SC3850）处理器，上面有硬件加速器。这个硬件加速器是一个协处理器，叫作 Maple，如图 6 所示。

Maple 包括称为处理单元（Processing Element，PE）的多个硬件单元，专用于可能在通信设备中大规模执行的典型操作或一系列操作。

表 1 中列出了 PE 以及它们的应用案例。

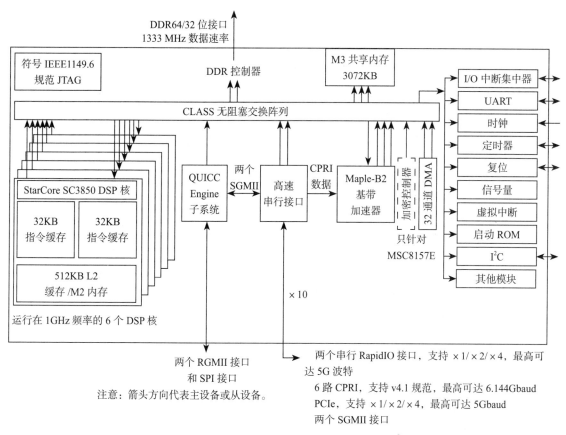

图 6 MSC8157 框图

表 1 Maple 协处理器的处理单元

PE 名称	应用场景	应用案例
CONV PE	LTE+UMTS+HSPA	用于相关（RACh 信道、路径搜索）
EQPE	LTE	MIMO 情况下，使用 MMSE、ZF 或 ML 算法进行均衡
FTPE	LTE+UMTS+HSPA	OFDMA 使用 128…2048 点 FFT SC-FDMA 使用最高 1200 点 DFT 用于 CONV PE 进行快速相关
CRC PE	LTE+UMTS+HSPA	上行链路 CRC 校验，下行链路 CRC 添加，几种多项式用于 CRC16、CRC24、CRC32、CRC16、CRC12、CRC18
eTVPE	LTE+UMTS+HSPA	Turbo 和卷积码信道译码器，软比特或硬比特输出
DEPE	LTE+UMTS+HSPA	Turbo 编码器
CRPE	UMTS+HSPA	码片处理，扩频和解扩，扩频因子最大为 256

软件架构

当使用多个核处理，设计软件架构时需要注意如何全面发挥多个核的处理能力。

图 7 描述了软件架构的控制面处理，层一的处理要访问共享资源，比如核、加速器和内存。对核的访问是通过实时操作系统实现的。操作系统的调度器调度并且把任务分配给核，分配方式有两种，专用分配方式和基于核的负荷分配方式。触发核执行任务有几种方式，分别基于不同的标准：

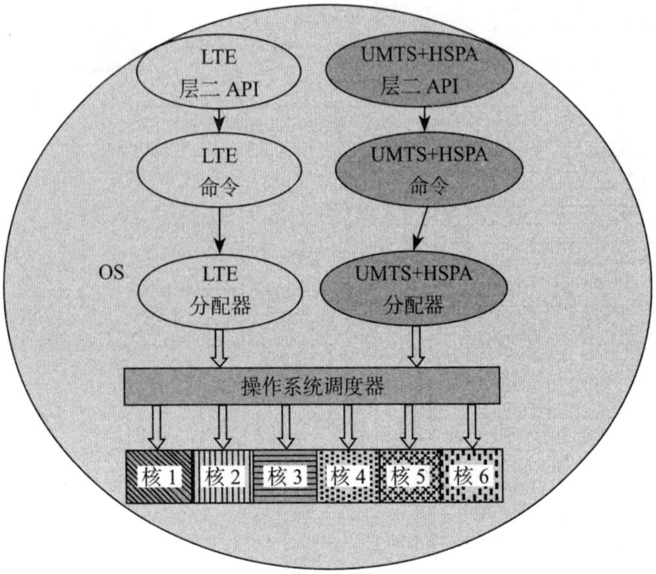

- 任务优先级
  - ❏ 当任务在队列中时，它们要优先于其他任务执行。
  - ❏ 需要读写缓冲区的任务具有更高的优先级，这样可以确保这个缓冲区没有被填满。
- 时间触发
  - ❏ 某些任务需要在某个精确的时间点执行（同步操作）。
  - ❏ 处理同步接口收发的某些任务。
- 具有依赖关系的任务
  - ❏ 某些任务必须在前面的任务执行完成后才可以运行。
  - ❏ 例如：在 WCDMA，只有在物理信道完成符号级处理后才能够进行码片级处理。

图 8 给出了 WCDMA 的任务示例。

图 7 软件架构的控制面处理

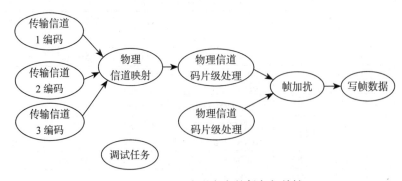

图 8 WCDMA 发送方向的任务相关性

在图 8 中，传输信道 K 编码是处理传输信道编码的任务。这些都是命令驱动的任务。当前帧的高层命令触发了它的调度。物理信道映射完成图 4 所描述的处理，一个物理信道对应三个传输信道。这个任务应该尽早执行，但是无论怎样，它也要在传输信道任务执行完成后才可以执行。因此这个任务有三个前置条件。每个物理信道都是一个 CDMA 流，要对它进行扩频操作。当然，它对前面的物理信道映射任务也存在依赖关系，必须在物理信道映射任务完成后，它才可以执行。帧加扰只能在所有物理信道完成扩频后，才能执行。把数据采样通过同步 / 异步接口发送到无线接口的任务要在帧加扰完成后才能够开始执行。当然，也可以通过定时器来触发数据发送，这样无论帧加扰任务是否完成，后续的任务都要在正确的时间点把数据发送出去。此外，调试任务优先级较低，可以把发生的不同时间记录成日志，这个任务没有实时性要求。在最恶劣的场景下，调度可以确保一旦收到所有命令，一帧数据可以被完整的处理，直到数据被发送到空中接口。上面提到的任务可以在核上运行或在加速器上运行。

这种设计可以允许不同数目的层一用独立的路径访问共享资源。调度器和高层设计的目标是把核与加速器的处理能力完全综合到一起再减去多核调度开销，让它来满足层一路径算术处理需求。这种灵活和可裁剪方式可以使多通信标准设计的需求在多核架构上的设计变得更加简单。

总结

数字信号处理已经成为无线通信领域中强大的基础。所有最新的技术（包括 OFDM、CDMA 和 SC-FDMA）都代表 3G 和 4G 网络的主要基础，如 HSPA、LTE 或 WiMAX，这些技术现在可以通过高密度的数字算法，集成到一个小型、低功耗的芯片上。此外，诸如波束成形或空间复用之类额外的信号处理技术有助于实现每秒几百万位的吞吐量和每赫兹每秒数十位的频谱效率。此外，可以在信道估计器、均衡器和位解码器中找到的一些其他复杂算法可以工作在恶劣的无线电环境中，包括在非视距通信（具有高移动性，甚至在长距离的情况下）。

大规模集成需要手持终端设备支持多种通信标准，并且兼容多种无线标准。根据服务需求和信道条件，智能手机可以选择最好的技术进行语音和数据传输。这就是为何你的智能手机能够通过 GSM、EDGE、UMTS 连接到基站。同时，它还有能力连接 Wi-Fi、蓝牙和 GPS。所有这些都要集成到一部小终端设备上，还要有长时间的电池供电。未来，这些服务的选择和复用都是通过软件完成。没有信号处理，仅仅依靠模拟器件不可能达到性能需求。目前，收发机的模拟部分已经落后于数字部分。越来越多的操作都在数字部分完成，比如滤波、上下变频以及补偿在模拟链中产生的失真，同时成本会越低，而性能会更好。此外，在高速 A/D 及 D/A 转换器的推动下，模拟部分就会被完全替代，数字收发机就将直接与天线对接。这部分叫收发机前端，在十年以前，这些都使用模拟器件，而现在越来越趋向数字化。

推荐阅读

嵌入式系统导论：CPS方法

作者：Edward Ashford Lee 等 ISBN：978-7-111-36021-6 定价：55.00元

嵌入式计算系统设计原理（第2版）

作者：Wayne Wolf ISBN：978-7-111-27068-3 定价：55.00元

嵌入式微控制器与处理器设计

作者：Greg Osborn ISBN：978-7-111-32281-8 定价：59.00元

计算机组成与设计：硬件/软件接口（原书第4版）

作者：David A. Patterson 等 ISBN：978-7-111-35305-8 定价：99.00元